Wissenschaftlich Arbeiten von Abbildung bis Zitat

Lehr- und Übungsbuch
für Bachelor, Master und Promotion

von
Prof. Dr. Berit Sandberg
Hochschule für Technik und Wirtschaft Berlin

Oldenbourg Verlag München

Bibliografische Information der Deutschen Nationalbibliothek

Die Deutsche Nationalbibliothek verzeichnet diese Publikation in der Deutschen Nationalbibliografie; detaillierte bibliografische Daten sind im Internet über http://dnb.d-nb.de abrufbar.

© 2012 Oldenbourg Wissenschaftsverlag GmbH
Rosenheimer Straße 145, D-81671 München
Telefon: (089) 45051-0
www.oldenbourg-verlag.de

Lektorat: Christiane Engel-Haas, M.A.
Herstellung: Constanze Müller
Titelbild: thinkstockphotos.de
Einbandgestaltung: hauser lacour
Gesamtherstellung: Beltz Bad Langensalza GmbH, Bad Langensalza

Dieses Papier ist alterungsbeständig nach DIN/ISO 9706.

ISBN   978-3-486-71635-1
eISBN   978-3-486-71758-7

Vorwort

Wissenschaftliche Erkenntnisse machen regelmäßig Schlagzeilen, ganz gleich, ob es um das Universum oder um winzige Einzeller geht. 2010 entdecken Forscher sowohl den erdähnlichen Planeten Gliese 581g als auch ein Bakterium, das seine Existenz anders als alle bisher bekannten organischen Lebensformen nicht sechs chemischen Grundsubstanzen verdankt, sondern von Arsen lebt. Die Diskussion um die Belastbarkeit solcher Entdeckungen vollzieht sich meistens jenseits der Massenmedien. Was heute als Sensation gilt, kann durch den Nachweis methodischer Schwächen schon morgen widerlegt sein. Während uns die Medien eindrucksvolle Ergebnisse wissenschaftlicher Arbeit präsentieren, hat das wissenschaftliche Arbeiten selbst nur selten Nachrichtenwert. Die Plagiatsaffäre um die Doktorarbeit von Karl Theodor zu Guttenberg, die 2011 zu dessen Rücktritt als Bundesminister führte, hat einer breiten Öffentlichkeit gezeigt, welche Folgen wissenschaftliches Fehlverhalten haben kann. Vor wenigen Wochen brachte eine abgeschriebene Dissertation gar den ungarischen Präsidenten Pál Schmitt zu Fall.

Als Studierende riskieren Sie mit unsauberer Arbeit zwar weder einen Ruf als Wissenschaftler noch eine Karriere, aber Sie bringen sich um Anerkennung und gute Noten. Dieses Lehrbuch soll Sie in die Grundlagen der Wissenschaftstheorie einführen und Methoden und Techniken vermitteln, die zum wissenschaftlichen Arbeiten gehören. Seine Inhalte werden Sie auch bald online lesen und mit einem interaktiven Kurs trainieren können.

Der inhaltliche Schwerpunkt des Lehrbuches liegt auf gezielten Hinweisen und Übungen zur Anfertigung von Manuskripten. Sie werden lernen, wie Sie eine Seminar- oder Examensarbeit vorbereiten, strukturieren und formal gestalten und vor allem, wie Sie Quellen richtig zitieren. Das Buch erhebt nicht den Anspruch, alle Fragen, die beim Verfassen schriftlicher Arbeiten aufkommen können, erschöpfend zu behandeln. Die Themen Literaturverwaltung, Lesen und Exzerpieren, Zeitplanung und Schreiben (Umgang mit Schreibblockaden etc.) wurden ebenso ausgeklammert wie Hinweise zur Arbeit mit Textverarbeitungsprogrammen und zur Veröffentlichung von Manuskripten.

Wissenschaftliche Arbeiten folgen bestimmten inhaltlichen und formalen Konventionen. Auch wenn es unterschiedliche Schwierigkeitsgrade gibt, wird von den Verfassern erwartet, dass sie diese Konventionen beherrschen. Wer sich nicht an die „Spielregeln" sprich die wissenschaftlichen Standards hält, der wird nicht ernst genommen.

Eine dieser Konventionen bezieht sich auf Anforderungen an eine geschlechtergerechte Sprache. Aus stilistischen Gründen werden Personenbezeichnungen in diesem Buch in der männlichen Form angegeben, sie gelten aber für beide Geschlechter. Wissenschaftlerinnen, Forscherinnen, Prüferinnen, Gutachterinnen, Autorinnen, Leserinnen und andere werden ausdrücklich einbezogen.

Lehrbücher zum wissenschaftlichen Arbeiten erwecken oft den Eindruck, dass es weniger auf den Inhalt als auf die richtige Technik ankommt. Dieses Buch wird Ihnen vermutlich ein ähnliches Bild vermitteln, weil sich die Hälfte der Kapitel im Grunde mit Formvorschriften beschäftigt. Die Annahme, dass die Qualität einer wissenschaftlichen Arbeit von ihrem äußeren Erscheinungsbild abhängt, ist schlicht falsch. Der Eindruck, den Sie mit Ihrer Arbeit hinterlassen, wird aber mit Sicherheit besser und nachhaltiger sein, wenn sie die Inhalte in der „Sprache" präsentieren, mit der man sich in der Wissenschaft untereinander verständigt.

Ein Lehrbuch zu schreiben, ist eine ganz andere Herausforderung als eine wissenschaftliche Arbeit zu verfassen. Mein besonderer Dank gilt Sarah Fehrmann, die die redaktionellen Arbeiten mit viel Umsicht und Engagement erledigt hat. Ina Dieckmann verdanke ich die Zitate auf Seite 118 f. Jeden Fehler, den Sie vielleicht aufspüren, habe ich jedoch selbst zu verantworten und bin für entsprechende Hinweise dankbar.

Ich widme dieses Buch allen Studierenden, die mich mit ihren Fragen inspiriert haben. Allen Lesern, die mit ihm arbeiten, wünsche ich mit Aristoteles viel Erfolg dabei: „Was man lernen muss, um es zu tun, das lernt man, indem man es tut."

Berit Sandberg, im Juni 2012

Inhaltsverzeichnis

Abbildungsverzeichnis

Abkürzungsverzeichnis

a. M.	am Main
a.a.O.	am angegebenen Ort
Abb.	Abbildung
abgek.	abgekürzt
Abs.	Absatz
AG	Aktiengesellschaft/Amtsgericht
Anm.	Anmerkung
Art.	Artikel
Aufl.	Auflage
Az.	Aktenzeichen
Bd.	Band
bearb.	bearbeitet
BMI	Body Mass Index
BMWI	Bundesministerium für Wirtschaft und Technologie
BT	Bundestag
BVerfG	Bundesverfassungsgericht
bzw.	beziehungsweise
ca.	circa
CD-ROM	Compact Disc Read-Only Memory
Chr.	Christus
CIP	Catalogue in Publication
cm	Zentimeter
CUDOS	communitarism, universalism, disinterestedness, originality, scepticism
D.C.	District of Columbia
ders.	derselbe
DFG	Deutsche Forschungsgemeinschaft
dies.	dieselbe(n)
DIN	Deutsche Industrie-Norm
DNA	Deoxyribonucleic acid
DOI	Digital Object Identifier
Dr.	Doktor
Drs.	Drucksache
ebd.	ebenda
eds.	editors
EN	Europäische Norm
engl.	englisch
erw.	erweiterte
et al.	et alii
etc.	et cetera

evtl.   eventuell
f.   folgende (Seite)
ff.   fortfolgende (Seiten)
fig.   figure
FN   Fußnote
GG   Grundgesetz
ggf.   gegebenenfalls
gr.   griechisch
H.   Heft
Hrsg.   Herausgeber
i. O.   im Original
ISBN   International Standard Book Number
ISO   International Organization für Standardization
ISSN   International Standard Serial Number
Jg.   Jahrgang
Jh.   Jahrhundert
KMK   Kultusministerkonferenz
lat.   lateinisch
Lit.   Literatur
Ltd.   Limited Company
m. w. N.   mit weiteren Nachweisen
min   Minute
Mr.   Mister
n.   nach
Nachw.   Nachweis
NASA   National Aeronautics and Space Administration
Nr.   Nummer
o. ä.   oder ähnliche(s)
o. J.   ohne Jahresangabe
o. Jg.   ohne Jahrgangsangabe
o. V.   ohne Verfasserangabe
OPAC   Online Public Access Catalogue
OTSOG   on the shoulders of giants
p.   page/pagina
pp.   proceeding pages
Proc.   Proceedings
Prof.   Professor(in)
s.   siehe
S.   Seite(n)
sec   Sekunde
SPIE   The Society of Photo-Optical Instrumentation Engineers
syn.   synonym
Tab.   Tabelle
u.   und
u. a.   unter anderem
überarb.   überarbeitet
UFO   Unbekanntes Flug-Objekt

UrhG	Urheberrechtsgesetz
URL	Uniform Resource Locator
Urt.	Urteil
US	United States
USA	United States of America
usw.	und so weiter
v.	vom/vor
verb.	verbessert
vgl.	vergleiche
Vol.	Volume
vollst.	vollständig
Vork.	Vorkommen
z. B.	zum Beispiel
z. T.	zum Teil
zit.	zitiert

Teil I: Wissenschaftstheoretische Grundlagen

„Die Neugier steht immer an erster Stelle eines Problems, das gelöst werden will."
(Galileo Galilei)

„Der Kopf ist rund, damit das Denken die Richtung ändern kann."
(Francis Picabia)

1 Wissenschaft und wissenschaftliches Arbeiten

„Wissen ist Macht."
(Francis Bacon)

„Nichts wissen macht nichts."
(Unbekannt)

Wenn Sie sich in einem wissenschaftlichen Umfeld wie einer Hochschule bewegen, erfahren Sie unmittelbar, was Wissenschaft ist. Sie beschäftigen sich mit den wissenschaftlichen Erkenntnissen anderer, die Ihnen in der Lehre vermittelt werden. Sie nehmen Forschungsprojekte wahr und sind vielleicht sogar selbst in solche Projekte eingebunden. Außerdem müssen Sie im Studium schriftliche Arbeiten anfertigen, die wissenschaftlich sein sollen.

Doch was heißt das eigentlich „wissenschaftlich"? Wo fängt Wissenschaft an? Wann ist ein Text unwissenschaftlich?

In diesem Kapitel lernen Sie,

- was wissenschaftlich ist und was nicht,
- was wissenschaftliches Arbeiten ausmacht und von Alltagserfahrung unterscheidet,
- dass es Lehren gibt, die einen wissenschaftlichen Anspruch erheben, aber wissenschaftlich nicht anerkannt sind,
- welche wissenschaftlichen Disziplinen es gibt, worin sie sich unterscheiden und wie disziplinäre Grenzen überwunden werden,
- worin sich Meinungsfreiheit und Wissenschaftsfreiheit unterscheiden und
- welche Unterschiede zwischen einer wissenschaftlichen Arbeit und anderen Texten bestehen.

1.1 Grundbegriffe

Einer der ersten Schritte beim wissenschaftlichen Arbeiten ist die Klärung von Begriffen, die für das Problem relevant sind, das bearbeitet werden soll. Für den Laien scheinen die Begriffsinhalte von „Wissen" und „Wissenschaft" auf den ersten Blick nicht erklärungsbedürftig zu sein. Es gibt aber Lehren, die einen wissenschaftlichen Anspruch erheben, ohne dass sie wissenschaftlich anerkannt sind. Die Abgrenzung zwischen „echter" Wissenschaft und „Wissenschaften", die keine sind, ist nicht immer einfach.

1.1.1   Wissen

Wissen ist der Inbegriff von rationalen, übergreifenden Kenntnissen. Dazu gehören die spezifische Gewissheit (Weisheit) und die begründete und begründbare Erkenntnis. Im letzteren Sinne steht Wissen für eine wahre, begründete Aussage.

Wissen unterscheidet sich von Intuition, Glauben, Vermutung und Meinung darin, dass Aussagen und Positionen beschrieben und begründet werden müssen. Eine Vermutung ist eine ungesicherte Erkenntnis bzw. eine Annahme. Der Glaube ist nur eine Wahrscheinlichkeitsvermutung. Eine Meinung ist die subjektive Ansicht eines Menschen bzw. seine Einstellung zu einem Sachverhalt, die nicht unbedingt begründet sein muss.

Wissen kann Alltagswissen sein oder auf wissenschaftlichen Erkenntnissen beruhen. Wissen bildet sich durch zufällige Beobachtungen und durch systematische Erfahrung, z. B. indem in Versuchsreihen experimentiert wird. Wenn diese Wissensbildung systematisch in Form von Forschung angelegt ist, wird von der Wissenschaft gesprochen. Menschen können sich Wissensstoff durch Lehre, aber auch autodidaktisch aneignen.

Wissen kann Voraussetzung und Mittel für Macht, Geltung und/oder Einfluss sein. Es galt lange Zeit als Privileg bestimmter Schichten, Gruppen und Stände. Heute ist Wissen allen zugänglich – zumindest in den Industrienationen und Teilen der zweiten Welt. In Entwicklungsländern und Ländern mit mangelhafter oder nicht vorhandener Infrastruktur existieren noch große Defizite beim Zugang zu Wissen. Die Verteilung und die Verfügbarkeit von Wissen haben eine soziale und ökonomische Bedeutung. Daher wird der Zugang zu Wissen auch als Gerechtigkeitsproblem diskutiert.

Was unterscheidet wissenschaftliche Erkenntnisse von Alltagswissen und wie werden sie gewonnen?

Gute Ernten sind wetterabhängig. Indem sie das Wetter gezielt beobachteten, entdeckten die Landwirte bestimmte Regelmäßigkeiten – Wissen, das in Form von Wetterregeln von Generation zu Generation überliefert wurde. Zum Teil sind diese sogenannten Bauernregeln Aberglaube, zum Teil sind sie Naturweisheiten, die relativ häufig zutreffen, obwohl sie nicht auf systematischer wissenschaftlicher Forschung, sondern auf Erfahrungswerten beruhen.

1961 versuchte der Mathematiker und Meteorologe Edward N. Lorenz durch Computer-Simulation ein mathematisches Modell zur präzisen Wettervorhersage zu entwickeln. Einmal lieferte ihm die wiederholte Berechnung eines seiner Wettermodelle ein ganz anderes Ergebnis, obwohl er die Anfangsbedingungen des Modells kaum verändert hatte. Lorenz stellte fest, dass ein Rundungsfehler beim Abrunden von sechs auf drei Nachkommastellen ungeahnte Auswirkungen hatte. Auf zwei Monate hochgerechnet hatte dieser Fehler zu einer ganz anderen Wetterlage geführt. Lorenz leitete daraus den Schmetterlingseffekt ab: Der Flügelschlag eines Schmetterlings kann Auswirkungen auf die globale Wetterlage haben. Später präsentierte Lorenz seine Erkenntnisse unter dem Titel „Predictability: Does the Flap of a Butterfly's Wings in Brazil Set Off a Tornado in Texas?".[1]

Indem er von seiner beinahe zufälligen Beobachtung ausging, entwickelte Lorenz ein neues Wissensgebiet, das deterministische Chaos. Chaotische Zustände wie das Wetter zeigen keinen unmittelbaren Zusammenhang zwischen Ursache und Wirkung; sie sind nicht vorhersagbar und verhalten sich unberechenbar. Langfristige Wettervorhersagen sind also unmöglich. Nichtlineare, chaotische Systeme unterliegen aber nicht dem Zufall, sondern folgen Naturgesetzen.

Der Schmetterling wurde zum Symbol der Chaostheorie, die auch von anderen wissenschaftlichen Disziplinen wie der Physik, der Biologie und den Wirtschaftswissenschaften aufgegriffen wurde. Es ist jedoch nie gelungen, eine einheitliche Chaostheorie zu formulieren, und die Chaosforschung konnte sich trotz enormer Popularität hübsch anzusehender fraktaler Apfelmännchen (Mandelbrot-Menge) als eigenständige Disziplin nicht behaupten.

1.1.2   Wissenschaft

Der Begriff Wissenschaft lässt sich aus drei verschiedenen Perspektiven definieren: Wissenschaft als Institution, als Tätigkeit oder als Ergebnis.

Institutionell betrachtet ist Wissenschaft ein System aus Menschen und Objekten, das Erkenntnisse gewinnt. In diesem Sinne steht „die Wissenschaft" für Personen, die wissenschaftlich arbeiten bzw. wissenschaftliche Einrichtungen wie z. B. Hochschulen und Forschungsinstitute.

Als Tätigkeit verstanden bezeichnet Wissenschaft einen Prozess. In diesem Prozess werden systematisch Erkenntnisse gewonnen, die in einem Begründungszusammenhang stehen, wodurch der Bestand an Wissen vergrößert wird. Charakteristisch für wissenschaftliche Tätigkeit bzw. Forschung sind ein systematisches Vorgehen und die intersubjektive Überprüfbarkeit des erlangten Wissens. Was nicht überprüfbar ist, gilt als nicht wissenschaftlich.

Auch das Ergebnis dieser Tätigkeit wird als Wissenschaft bezeichnet. In diesem Sinne steht Wissenschaft für die Gesamtheit an Erkenntnissen über einen Gegenstandsbereich (z. B. Biologie), die in einem Begründungszusammenhang stehen.

Entscheidend für das Verständnis von Wissenschaft sind ihre charakteristischen Vorgehensweisen und Prinzipien. [1.4 Wissenschaftliches Arbeiten, 3 Forschungsrichtungen und -methoden] Wissenschaft behandelt bestimmte Aspekte der Wirklichkeit, indem sie sie systematisch ordnet und erklärt. Wissenschaft unterscheidet sich von Alltagswissen durch eine gezielte und geordnete gedankliche Durchdringung der relevanten Probleme. Das Ergebnis ist ein methodisch gewonnenes und systematisch geordnetes Gefüge von Aussagen über einen bestimmten Gegenstand.

---

[1]   Vortrag auf der Jahrestagung der American Association for the Advancement of Science in Washington, D.C., Dezember 1972.

Wie entsteht und verändert sich Wissen durch Wissenschaft und was bedeutet wissenschaftlicher Fortschritt?

1543 widersprach Nikolaus Kopernikus der damals verbreiteten Auffassung, dass die Erde der Mittelpunkt des Universums sei, und behauptete, dass sich die Planeten um die Sonne bewegen. Seine Lehre ersetzte das geozentrische (ptolemäische) Weltbild durch das heliozentrische (kopernikanische). Dieses Weltbild wurde später durch Galileo Galilei und Johannes Kepler fundiert und erweitert, konnte aber noch nicht durch Experimente bewiesen werden, da es die nötigen astronomischen Instrumente noch nicht gab. Erst Isaac Newton lieferte mit seiner Gravitationstheorie 1687 eine theoretische Erklärung für die von Kepler beobachteten und berechneten Planetenbewegungen. Angeblich brachte Newton ein Apfel, der ihm in seinem Garten auf den Kopf fiel, auf den Gedanken, dass die Schwerkraft auch die Himmelskörper auf ihren Bahnen hält. Das heliozentrische Weltbild wich im 18. und 19. Jahrhundert schrittweise der Erkenntnis, dass unser Sonnensystem nur eine von vielen Galaxien im Universum ist.

In seinem 1961 veröffentlichten Roman „Solaris" beschreibt Stanislaw Lem nicht ohne Ironie die Entdeckung und Erforschung des fiktiven Planeten Solaris. Jahrzehntelang beobachten Wissenschaftler verschiedener Fachdisziplinen den Planeten. Sie formulieren erste Hypothesen und wundern sich später, dass Solaris' Umlaufbahn ihren Berechnungen nicht entsprechen will. Der widerspenstige Planet avanciert zum Objekt besonderen wissenschaftlichen Interesses. Die Forscher nehmen immer genauere Messungen vor, zweifeln an den Ergebnissen und müssen schließlich ihre Annahmen verwerfen. Sie stellen neue Theorien auf, streiten um deren Wahrheitsgehalt und spalten sich in gegnerische Lager. Das wissenschaftliche Weltbild gerät endgültig ins Wanken, als die ersten es wagen, Solaris' Ozean für die unbeständige Umlaufbahn verantwortlich zu machen, und andere behaupten, es handele sich um eine Lebensform. Das Wissen eines Dreivierteljahrhunderts füllt ganze Bibliotheken und hat neue Fachrichtungen hervorgebracht, doch der Planet bleibt ein Mysterium, das die Wissenschaftler an die Grenzen der Erkenntnis treibt.[2]

Wissenschaft ist der Inbegriff des Wissens einer Zeit, das als gesichert angesehen wird. Ziele von Forschung sind Erkenntnisgewinn und wissenschaftlicher Fortschritt, mit dem dieses Wissen ständig vergrößert und vertieft wird.

Häufig wird diese „reine" Form der Wissenschaft als Schulwissenschaft bezeichnet, denn ihre Erkenntnisse können in der Lehre an allgemeinbildenden Schulen vermittelt werden, weil sie als gesichert gelten. Dieses Wissen, die Theorien und zugehörigen Forschungsmethoden, sind in der Forschergemeinschaft (scientific community) allgemein anerkannt. [2.2.5 Theorie, 3 Forschungsrichtungen und -methoden]

---

[2]   Vgl. Lem, Stanislaw, Solaris (1961), Berlin 1975, S. 22–32.

Was unterscheidet eine wissenschaftliche Entdeckung von gesichertem Wissen?

Alle organischen Lebensformen auf der Erde beruhen auf sechs chemischen Elementen: Kohlenstoff, Wasserstoff, Sauerstoff, Stickstoff, Schwefel und Phosphor. Ende 2010 meldeten Forscher der NASA, sie hätten im Mono Lake in Kalifornien ein Bakterium entdeckt, dessen Stoffwechsel eine dieser Grundsubstanzen durch giftiges Arsen ersetzen könne. Der Fund der Mikrobe GFAJ-1 galt als Sensation, die die Vorstellung von irdischem und außerirdischem Leben grundlegend verändern würde. Doch noch wurden die Biologiebücher nicht umgeschrieben, denn die Studie, die in der Fachzeitschrift Science veröffentlicht wurde,[3] löste unter Wissenschaftlern eine intensive Diskussion aus. Kritiker bemängelten die veröffentlichten Daten und verwarfen die Schlussfolgerung der NASA-Forscher. Deren Erkenntnisse können also noch nicht als gesichert gelten.

Werden wissenschaftliche Erkenntnisse einem fachfremden Publikum vermittelt, wird von Populärwissenschaft gesprochen. Die Fachinformationen werden für Laien aufbereitet und häufig in einem journalistischen Stil beschrieben, wodurch es zu Vereinfachungen und Ungenauigkeiten kommen kann. Anders als Pseudowissenschaft und Parawissenschaft basiert Populärwissenschaft auf der Schulwissenschaft.

Wie wird Wissenschaft populär?

Der Astrophysiker Stephen W. Hawking ist in Fachkreisen vor allem für seine bedeutenden Arbeiten zu Schwarzen Löchern bekannt. 1988 erschien sein erstes populärwissenschaftliches Buch „Eine kurze Geschichte der Zeit: Die Suche nach der Urkraft des Universums".[4] Darin erläutert Hawking dem Laien anhand einfacher Modelle Theorien, mit denen Wissenschaftler das Universum zu beschreiben versuchen. Eine der wichtigsten wissenschaftlichen Arbeiten Hawking's enthält mehr als zehn mathematische Gleichungen,[5] das Buch nur eine einzige: Einstein's $E = mc^2$. Es wurde weltweit millionenfach verkauft.

Wenn im Wissenschaftsprozess der reine Erkenntnisgewinn im Vordergrund steht, geht es um Grundlagenforschung. Der Begriff Grundlagenforschung bezeichnet erkenntnisorientierte und zweckfreie Forschung, die die systematischen und methodischen Grundlagen einer Wissenschaftsdisziplin liefert. Die Anwendbarkeit der Ergebnisse ist zunächst ungewiss und nachrangig. Methoden und Erkenntnisse der Grundlagenforschung, der theoretischen Wissenschaft, sind buchstäblich die Grundlage für die weitergehende, angewandte Forschung und Entwicklung. Für die Anwendungsforschung hat sich in Abgrenzung zur theoretischen Wissenschaft der Begriff der angewandten Wissenschaft etabliert. Ihre Fragestellungen erge-

---

[3]   Vgl. Wolfe-Simon, Felisa et al., A Bacterium That Can Grow by Using Arsenic Instead of Phosphorus, in: Science vom 02.12.2010, Science DOI: 10.1126/science.1197258, online unter URL: http://www.sciencemag. org/content/early/2010/12/01/science.1197258.full.pdf [Abruf: 2011-11-25].

[4]   Vgl. Hawking, Stephen W., A Brief History of Time, From the Big Bang to Black Holes, New York 1988.

[5]   Vgl. Hawking, Stephen W., Black hole explosions?, in: Nature, 248. Jg., 1974, S. 30–31.

ben sich aus praxisnahen Problemen. Anwendungsorientierte Forschung folgt wirtschaftlichen oder politischen Zielen und ist auf die Verwertung ihrer Erkenntnisse und einen konkreten praktischen Nutzen gerichtet. Das gilt vor allem für die Industrieforschung in Unternehmen.

> **Wie wird Grundlagenforschung alltagstauglich?**
>
> 1971 brachte die SCHOTT AG in Mainz unter dem Markennamen Ceran Glaskeramik-Kochfelder auf den Markt. Der glaskeramische Werkstoff Zerodur stammt ursprünglich aus der Grundlagenforschung. Das Material wird nicht nur in Herden verbaut, sondern seit seiner Erfindung 1968 für die Spiegelträger von astronomischen Großteleskopen verwendet.

Der Begriff junk science (engl. für Müll und Wissenschaft) bezeichnet interessengeleitete Auftragsforschung, die politischen, wirtschaftlichen oder religiösen Interessen dient. Ihre Ergebnisse sollen politische Entscheidungen beeinflussen bzw. wissenschaftlich absichern und legitimieren. junk science arbeitet nach den formalen Regeln der Wissenschaft, ist jedoch nicht ergebnisoffen, sondern manipulativ. junk science missbraucht wissenschaftliche Methoden um Motive oder Ideologien bestimmter Interessengruppen zu unterstützen. Beim politisch brisanten Thema globale Erwärmung sind die verharmlosenden von den fundierten Studien für den Laien kaum zu unterscheiden. Ähnliches gilt für Forschungsaktivitäten, mit denen Unternehmen Produktrisiken dokumentieren (z. B. klinische Studien im Vorfeld der Zulassung von Medikamenten, Studien zu den Folgen des Passivrauchens).

1.1.3   Pseudowissenschaft

Eine Lehre, für die ihre Befürworter einen wissenschaftlichen Anspruch erheben, die aber in wesentlichen Punkten nicht den Mindestanforderungen an eine seriöse Wissenschaft genügt, wird als Pseudowissenschaft bezeichnet (von gr. $\psi\varepsilon\tilde{\upsilon}\delta o\varsigma$/pseudos für Täuschung, Lüge).

Pseudowissenschaften treten mit dem Anspruch auf Wissenschaftlichkeit auf, widersprechen aber anerkannten wissenschaftlichen Erkenntnissen. Pseudowissenschaftliche Theorien, Thesen und Aussagen sind also in Forscherkreisen nicht anerkannt. Beispiele sind die Astrologie und die Homöopathie, die aus Sicht der Schulmedizin als Pseudowissenschaft gilt.

Für pseudowissenschaftliche Behauptungen ist typisch, dass sie nicht bewiesen werden können. Anders als schulwissenschaftliche Auffassungen und Praktiken sind sie nicht intersubjektiv überprüfbar und entziehen sich anerkannten Forschungsmethoden. Pseudowissenschaftliche Theorien lassen sich nicht empirisch überprüfen und falsifizieren. Pseudowissenschaftler nutzen oftmals eine „besondere" Methode, die auf einem scheinbar leichten Weg die nötigen Daten zum Beweis einer Theorie erbringt, für Dritte aber nicht nachvollziehbar ist. [2.2 Grundbegriffe der Wissenschaftstheorie]

Ihren Kritikern halten Vertreter pseudowissenschaftlicher Lehren entgegen, dass ihre Methoden und Erkenntnisse nur Eingeweihten zugänglich seien. Häufig verteidigen sie ihre Behauptungen mit einem übertriebenen und unkritischen Anspruch. Pseudowissenschaftler reklamieren die einzige Wahrheit für sich und behaupten trotz anderer Erkenntnisse der akademischen Wissenschaft, dass gegensätzliche Auffassungen falsch seien. Während seriöse Wissenschaftler für ihre Theorien keine universelle Gültigkeit beanspruchen, hängen Pseudowissenschaftler einer Theorie an, die die Wirklichkeit angeblich vollständig erklärt. Jeder erdenkliche Fall wird so begründet, dass er zu dieser alles erklärenden Theorie passt. Es ist daher kaum möglich Kritik zu formulieren, da auch diese so gedeutet wird, dass sie die Theorie zu untermauern scheint.

> **Was unterscheidet Pseudowissenschaft von „echter" Wissenschaft?**
>
> Charles Darwin begründete mit seinem 1859 erschienenen Werk „Die Entstehung der Arten"[6] die wissenschaftlich anerkannte Evolutionstheorie, nach der die Vielfalt der Lebensformen das Resultat natürlicher und zufälliger Auslese ist. Der Kreationismus ist eine pseudowissenschaftliche Lehre fundamentalistischer Christen, die die Evolutionstheorie verneint. Vertreter des Kreationismus übertragen den biblischen Schöpfungsglauben auf die Biologie und propagieren mit dem Gedanken eines „Intelligent Design" ein Weltbild, in dem Gott den Menschen und alles Leben erschaffen hat.
>
> Das Buch „Dianetik: Die moderne Wissenschaft der geistigen Gesundheit"[7] wurde 1950 von L. Ron Hubbard veröffentlicht und gilt als „Bibel" der umstrittenen Scientology-Bewegung. Die Dianetik schlägt Theorien vor, die auf empirisch unzugänglichen Bausteinen basieren und die nicht widerlegt werden können, weil sie mit jedem denkbaren Ereignis vereinbar sind.

1.1.4 Parawissenschaft

Der Begriff Parawissenschaft (von gr. παρα-/para- für neben) bezeichnet Auffassungen, Praktiken, Theorien oder Forschungsprogramme, die sich am Rande oder außerhalb der akademischen Wissenschaften befinden. Parawissenschaften befassen sich mit übersinnlichen Erkenntnissen und Praktiken bzw. mit unerklärlichen Phänomenen (Anomalien), die mit Hilfe anerkannter wissenschaftlicher Methoden untersucht werden. Wissenschaftszweige, die sich mit Phänomenen befassen, deren Existenz aus wissenschaftlicher Sicht nicht bewiesen ist, sind z. B. die Akupunktur und die Parapsychologie.

Parawissenschaftliche Theorien und Ansätze erheben den Anspruch auf Wissenschaftlichkeit, aber es bestehen Zweifel, ob sie diesem Anspruch genügen. Die Anhänger einer solchen sogenannten Grenzwissenschaft bewegen sich damit in der Grauzone zwischen Wissenschaft und Pseudowissenschaft.

Die Parawissenschaft unterscheidet sich von der Pseudowissenschaft dadurch, dass lediglich berechtigte Zweifel an der Wissenschaftlichkeit bestehen. Parawissenschaftliche Theorien erscheinen nicht plausibel, weil sie in keinem Zusammenhang zu Tatsachen stehen, die wissenschaftlich belegt sind. Außerdem sind parawissenschaftliche Aussagen oft nicht überprüfbar. Ein Zusammenhang zwischen Ursache und behaupteter Wirkung lässt sich selten nachweisen. Der Verlauf und das Ergebnis von Experimenten sind meist nicht vorhersehbar, so dass die Versuche nicht reproduzierbar sind. Parawissenschaftler gehen davon aus, dass

---

[6]   Vgl. Darwin, Charles, The Origin of Species, London 1859.
[7]   Vgl. Hubbard, L. Ron, Dianetics, The Modern Science of Mental Health, New York 1950.

das Ergebnis eines Experiments durch geheime Kräfte beeinflusst wird, die nicht nachgewiesen werden können. Sie halten diese Form des empirischen Belegs für verzichtbar.

Wie räumt Wissenschaft Zweifel aus und warum gelingt das der Parawissenschaft nicht?

Die UFO-Forschung beschäftigt sich mit nicht identifizierten Flugobjekten. Behauptungen, es handele sich bei den beobachteten Phänomenen um außerirdische Raumschiffe, halten wissenschaftlichen Maßstäben nicht stand. Solange keine wiederholten und identischen Beobachtungen dokumentiert sind, die sich nicht als Flugzeug, als Wetterballon oder als der Planet Venus entpuppen, ist die Existenz von UFOs nicht bewiesen, kann aber auch nicht ausgeschlossen werden.

Die Kryptozoologie ist ein Teilgebiet der Zoologie, das unentdeckte und unbeschriebene Tierarten aufspürt und erforscht. Im Juli 2011 fand an der altehrwürdigen Zoological Society of London eine Konferenz statt, auf der Wissenschaftler die Frage diskutierten, ob die Kryptozoologie als Wissenschaft betrachtet werden kann. Kryptozoologen vermuten, dass Fabelwesen wie der Yeti oder das Ungeheuer von Loch Ness unbekannte Tiere sind. Obwohl immer wieder die Existenz zuvor unbekannter Großtiere nachgewiesen wird, gilt die Kryptozoologie als fragwürdig.

1.2   Systematik der Wissenschaften

Die Wissenschaften werden in verschiedene Disziplinen eingeteilt, die Forschungsgemeinschaften (scientific communities) repräsentieren. Eine Disziplin ist ein soziales System, ein Netzwerk aus Wissenschaftlern, in dem Wissen produziert und kommuniziert wird. Dies geschieht durch gemeinsame Erfahrungsobjekte, Problemstellungen und Forschungsmethoden, die für die jeweilige Disziplin typisch sind und sie von anderen Einzelwissenschaften unterscheiden.

Abb. 1 zeigt einen der verschiedenen Ansätze, die Einzelwissenschaften zu systematisieren.

Formalwissenschaften wie Logik und Mathematik befassen sich mit abstrakten, logischen Zusammenhängen und Methoden, die für andere Disziplinen relevant sind. Im Gegensatz dazu befassen sich die Realwissenschaften (Erfahrungswissenschaften) mit realen, d. h. erfahrbaren Sachverhalten und versuchen die Wirklichkeit zu erklären.

Der unbelebten Materie und belebten Natur, die Gegenstand naturwissenschaftlicher Disziplinen sind (Physik, Geologie, Chemie, Biologie etc.), steht die vom Menschen gestaltete Kultur gegenüber. Zu den Kulturwissenschaften gehören zum einen die Geisteswissenschaften, die sich mit den Schöpfungen des menschlichen Geistes beschäftigen (Sprachwissenschaften, Philosophie, Theologie etc.). Phänomene des gesellschaftlichen Zusammenlebens der Menschen fallen in den Erfahrungsbereich der Sozialwissenschaften (Gesellschaftswissenschaften). Hier werden die gesellschaftlichen Beziehungen analysiert, die Menschen auf verschiedenen Feldern eingehen (Wirtschaftswissenschaften, Rechtswissenschaften, Politikwissenschaften etc.).

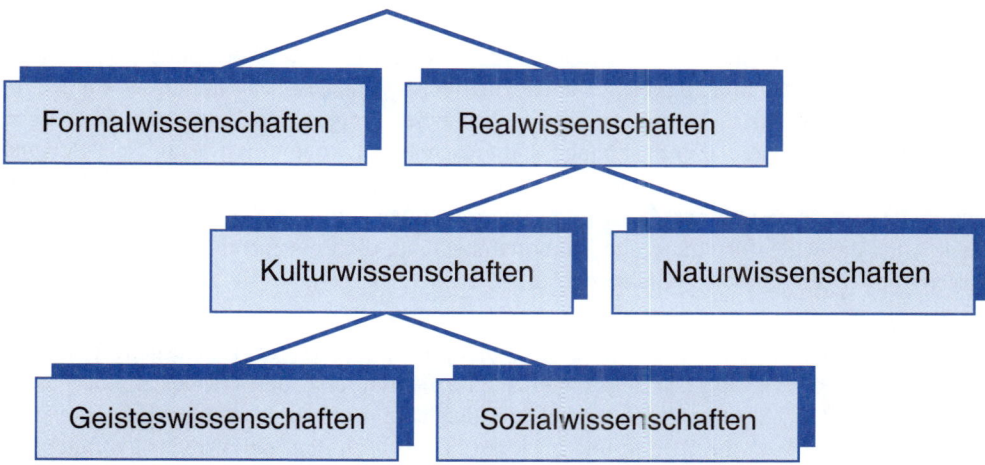

Abb. 1: Systematik der Wissenschaften (eigene Darstellung)

Nicht alle Disziplinen lassen sich diesen Klassen eindeutig zuordnen. Beispielsweise fallen Ingenieurwissenschaften, Psychologie und Kunst sowohl in die Natur- als auch in die Sozial- bzw. Geisteswissenschaften. Die Informatik berührt Formal-, Natur- und Sozialwissenschaften.

> **Worin unterscheiden sich wissenschaftliche Disziplinen?**
>
> Jede wissenschaftliche Disziplin beschreibt die Realität auf ihre Weise und erfasst damit nur einen Teilaspekt der Wirklichkeit. Der Soziologie Talcott Parsons macht das am Beispiel eines Selbstmörders deutlich, der von einer Brücke springt.
>
> Für den Physiker ist der Sprung von der Brücke ein Ereignis, das er mit Naturgesetzen erklären kann. Dass es sich um Selbstmord handelt, ist dem Physiker gleichgültig. Er interessiert sich für die Fallhöhe und die Fallgeschwindigkeit. Der Sozialwissenschaftler beschreibt den Selbstmord als Handlung. Der Selbstmörder weiß, dass er fallen und wahrscheinlich ertrinken wird, wenn er springt.[8] Ein Psychologe würde vielleicht nach den Motiven für den Selbstmord suchen, ein Soziologe würde nach der Qualität sozialer Beziehungen und den Normen fragen, die einen Einfluss auf die Tat hatten, und ein Wirtschaftswissenschaftler würde die Kosten ermitteln, die die Bergung der Leiche verursacht.

Ausgehend von der Systematik der Einzelwissenschaften stehen Forschungs- bzw. Wissenschaftsprinzipien für ein Nebeneinander der Disziplinen, für eine Überwindung disziplinärer Grenzen oder für deren Auflösung und Neuordnung.

Multidisziplinarität (Polydisziplinarität) bedeutet, dass die Einzelwissenschaften mit ihren eigenen Objektbereichen und Methoden unverbunden nebeneinander stehen und sich gegenseitig (fast) nicht beeinflussen. Ein Problem wird von den verschiedenen Disziplinen aus betrachtet und die Erkenntnisse werden quasi addiert.

---

[8]   Vgl. Parsons, Talcott, The Structure of Social Action, A Study in Social Theory with Special Reference to a Group of Recent European Writers, 2. Aufl., New York 1949. S. 734–736.

Disziplinäre Trennungen verursachen wissenschaftliche Erkenntnisgrenzen, die durch Interdisziplinarität überwunden werden können. In interdisziplinären Forschungsprogrammen
werden die Methoden und Kenntnisse unterschiedlicher Einzelwissenschaften zusammengeführt. Die Vertreter der Einzeldisziplinen gehen einer Fragestellung mit ihren jeweiligen
Methoden nach, arbeiten aber zusammen und tauschen sich kontinuierlich aus. Ein Beispiel
für Interdisziplinarität sind die Gender Studies (Geschlechterforschung), die Fächer wie
Soziologie und Ökonomie integrieren und bis hin zu Medizin und Sportwissenschaften reichen. Auch die Altersforschung, die Zukunftsforschung, die Polarforschung und die Neuro-
wissenschaften sind interdisziplinär angelegt.

Da die Lösungsansätze der verschiedenen Fachgebiete z. T. schwer vereinbar und nicht in
die Praxis umzusetzen sind, sind gesellschaftliche Problemstellungen der Ausgangspunkt für
transdisziplinäre Forschung. Das Erkenntnis leitende Interesse bei Transdisziplinarität ist
darauf ausgerichtet, lebensweltliche Probleme unabhängig von disziplinären Erkenntniszielen wissenschaftlich zu bearbeiten und zu lösen. Transdisziplinarität ist mehr als innerwis-
senschaftliche Disziplinüberschreitung, denn über diese hinaus werden Wissenschaft und
Praxis lösungsorientiert miteinander verschränkt. Das für Transdisziplinarität typische methodische Vorgehen verbindet wissenschaftliche Erkenntnisse mit praktischem Wissen. An-
wender werden in den Forschungsprozess einbezogen. Dieses Prinzip integrativer Forschung
prägt z. B. die Nachhaltigkeitsforschung, die Umweltwissenschaften und die Technikfolgen-
abschätzung.

Die eingesetzten Methoden können neu entwickelt oder aus ihren ursprünglichen disziplinären Kontexten herausgelöst und auf die neue Frage übertragen werden. Dadurch führt die
disziplinübergreifende Kooperation zu einer neuen und andauernden wissenschaftssystemati-
schen Ordnung, die die disziplinären Orientierungen selbst verändert.

Wie wird aus einer ernsten Einzelwissenschaft humorvolle Interdisziplinarität?

2009 begründeten zwei gelangweilte Psychologen die Gummibären-Forschung,
die sich in der Folge zu einem interdisziplinären Forschungszweig wider den tieri-
schen Ernst in der Wissenschaft entwickelte. Linguisten, Soziologen, Ethnologen
und Physiker publizieren auf der Webseite http://gummibaeren-forschung.de ihre
Überlegungen zur Kommunikation, zum Sozialverhalten und Sexualleben sowie zu
Aufprallgeschwindigkeiten von Gummibärchen. Die Texte sind geschrieben wie wissenschaftliche Abhandlungen, aber purer Nonsens.

1.3   Freiheit der Wissenschaft und Meinungsfreiheit

Die Gelehrten der Griechischen Antike waren die ersten, die versuchten, ihre eigenen Gedanken gegen die seinerzeit herrschenden Meinungen und Weltdeutungen durchzusetzen. Sie
schufen damit das Fundament der europäischen Wissenschaft und Philosophie. Diese Freiheit des Forschens wurde lange praktiziert. Im Mittelalter war das Forschen gegen die Lehren der Bibel jedoch bei harten Strafen verboten. Erst im Zeitalter der Renaissance besannen
sich die Menschen wieder auf antike Werte, die bis heute gelten.

Die Freiheit der Wissenschaft und die Meinungsfreiheit sind in Artikel 5 des Grundgesetzes für die Bundesrepublik Deutschland (GG) verfassungsrechtlich verankert.

Artikel 5 GG

(1) Jeder hat das Recht, seine Meinung in Wort, Schrift und Bild frei zu äußern und zu verbreiten und sich aus allgemein zugänglichen Quellen ungehindert zu unterrichten. Die Pressefreiheit und die Freiheit der Berichterstattung durch Rundfunk und Film werden gewährleistet. Eine Zensur findet nicht statt.

(2) Diese Rechte finden ihre Schranken in den Vorschriften der allgemeinen Gesetze, den gesetzlichen Bestimmungen zum Schutze der Jugend und in dem Recht der persönlichen Ehre.

(3) Kunst und Wissenschaft, Forschung und Lehre sind frei. Die Freiheit der Lehre entbindet nicht von der Treue zur Verfassung.

Nach einem Urteil des Bundesverfassungsgerichts aus dem Jahr 1994 (BVerfGE 90, 1) umfasst Wissenschaft alle ernsthaften Verfahren, die der Ermittlung von Wahrheit dienen. Demnach schützt Art. 5 Abs. 3 Satz 1 GG alle Formen von Wissenschaft, auch Forschungsansätze und -ergebnisse, die sich später als falsch erweisen. Damit wird nicht nur die in der Forschergemeinschaft (scientific community) herrschende Meinung von der Verfassung geschützt, sondern auch Mindermeinungen und unorthodoxe Methoden. Der Schutz dieses Grundrechtes hängt nicht von der Richtigkeit der Ergebnisse wissenschaftlicher Arbeit ab. Ob es sich um gute oder schlechte Wissenschaft handelt oder ob Ergebnisse wahr oder unwahr sind, entzieht sich dem juristischen Urteil und kann nur wissenschaftlich geklärt werden. Eine bestimmte Auffassung von Wissenschaft oder eine bestimmte Wissenschaftstheorie schützt das Grundgesetz nicht.

Da Wissenschaft der Wahrheit verpflichtet ist, muss sie frei und unabhängig sein. Deshalb werden Forschung und Lehre vor dem Einfluss des Staates sowie anderer Akteure geschützt. Allerdings bindet das Grundgesetz die Wissenschaft an die Treue zur Verfassung. Die Wissenschaftsfreiheit hat Grenzen, denn Forschung darf Dritte nicht in ihren Grundrechten beeinträchtigen. Beispielsweise muss medizinische Forschung den Schutz der Menschenwürde beachten. [4.1 Forschungsethische Prinzipien]

Wissenschaftsfreiheit bedeutet, dass die Wissenschaftler in der Wahl ihrer Forschungsthemen und Methoden frei sind. Wissenschaftsfreiheit bedeutet auch, dass Forschung ergebnisoffen ist. Niemand, auch nicht der Staat, darf Wissenschaftlern vorschreiben, zu welchen Ergebnissen ihre Forschungstätigkeit führen soll. Die Veröffentlichung unerwünschter Ergebnisse darf nicht zensiert werden.

Die Freiheit der Wissenschaft ist nicht gleichbedeutend mit Meinungsfreiheit (Art. 5 Abs. 1 GG). Meinungsfreiheit ist das Recht, seine persönliche Meinung zu einem Sachverhalt äußern zu können, ohne sich dafür rechtfertigen oder seine Auffassung durch Beweise untermauern zu müssen. Wissenschaft zeichnet sich aber gerade dadurch aus, dass jede Aussage durch nachvollziehbare Argumente begründet und durch überprüfbare Tatsachen belegt werden muss. Die Wissenschaftsfreiheit befreit den Wissenschaftler nicht von der Notwendigkeit, seine Aussagen und Theorien zu begründen.

Wie weit reicht die Freiheit eines Wissenschaftlers, der Kollegen Ideenklau vorwirft?

Ein Professor warf auf dem Cover und im Text eines wissenschaftlichen Buches einem Kollegen „Ideenklau" und „plagiatorische Verwurstung" vor, ohne dies näher zu erläutern und zu belegen.[9] Der Betroffene klagte gegen die Äußerungen. Die Richter urteilten, die Behauptungen unterlägen zwar grundsätzlich der Meinungsfreiheit und der Wissenschaftsfreiheit, der Beklagte liefere aber keine Anknüpfungspunkte für die Plagiatsvorwürfe. Unbewiesene Verstöße gegen das Urheberrecht seien ehrrührig und rufschädigend und verletzten den Kläger in seinen Persönlichkeitsrechten. Diese hätten Vorrang vor den Rechten des Beklagten auf Wissenschaftsfreiheit und Meinungsfreiheit, weil Belege für die umstrittene Meinungsäußerung fehlten (AG Hamburg, Urt. v. 21.02.2011 – Az. 36A C 243/10).

1.4   Wissenschaftliches Arbeiten

Wissenschaftliches Arbeiten bedeutet, systematisch und mit Hilfe anerkannter Methoden begründetes Wissen über die Wirklichkeit zu erlangen und es an andere weiterzugeben. Die Voraussetzung für wissenschaftliches Arbeiten ist Neugier. Wissenschaftlich zu arbeiten heißt Fragen zu stellen. Es bedeutet, nach dem „Warum?" zu fragen, aber auch, andere Meinungen und vermeintliche Wahrheiten kritisch zu hinterfragen.

Wenn Sie eine wissenschaftliche Arbeit verfassen, sollten Sie immer von einem Problem ausgehen und eine klare Fragestellung formulieren. Trennen Sie in Ihrer Arbeit die Beschreibung von Sachverhalten von deren Analyse und Bewertung.

Von Studierenden werden keine bahnbrechenden Forschungsleistungen erwartet. Der Erkenntnisgewinn einer Seminararbeit ist vergleichsweise gering. [6.1 Arten wissenschaftlicher Arbeiten] In der Regel geht es eher darum, mit Ergebnissen wissenschaftlichen Arbeitens, d. h. mit wissenschaftlichen Erkenntnissen Anderer, souverän und kritisch umzugehen. Von Ihnen wird erwartet, dass Sie sich im Laufe Ihres Studiums ein Verständnis Ihres Faches erarbeiten und auf dieser Grundlage überzeugend argumentieren können.

Beim Verfassen einer Seminar- oder Examensarbeit sollen Sie den Stand der wissenschaftlichen Diskussion über ein bestimmtes Thema verständlich darstellen und reflektieren. Ihre Leistung besteht in erster Linie darin, die Fachliteratur gezielt auszuwerten, fremde Gedanken kritisch zu betrachten und zu kommentieren, Sachverhalte kritisch zu bewerten und auf diese Weise eine oder mehrere Forschungsfragen, die Sie sich mit Ihrem Thema gestellt haben, zu beantworten. [5.1 Inhaltliche und formale Anforderungen]

Sie sollen sich Gedanken machen und eine eigene fachliche Meinung bilden. Meinungen erlangen in einem wissenschaftlichen Umfeld jedoch nur Bedeutung, wenn sie fundiert sind und eine objektive Geltung beanspruchen können. [1.1.2 Wissenschaft]

---

[9]   Vgl. Rieble, Volker, Das Wissenschaftsplagiat, Vom Versagen eines Systems, Frankfurt a. M. 2010, S. 19.

1.4.1 Elemente wissenschaftlichen Arbeitens

Wissenschaft ist die geordnete Gesamtheit rationaler Erkenntnisse. Wissenschaftliche Forschung folgt anerkannten Methoden und versucht, Tatbestände systematisch zu beschreiben und zu erklären. [1.1.2 Wissenschaft, 3 Forschungsrichtungen und -methoden] Wesentliche Bestandteile von Wissenschaft sind zum einen Theorien, die Modelle zur Beschreibung und Erklärung der Wirklichkeit liefern, und zum anderen Tatsachen und Beobachtungen, die diese Theorien empirisch untermauern. [2.2.5 Theorie, 3.2 Empirie] Wissenschaftliches Arbeiten bedeutet, sich durch eigenständige Forschung Wissen anzueignen. [1.1.1 Wissen] Es geht darum, das eigene Wissen zu erweitern und an Dritte weiterzugeben. Das begründete und für gesichert erachtete Wissen der jeweiligen Zeit steht durch seine Veröffentlichung für eine kritische Diskussion und weitere Forschungsarbeiten zur Verfügung.

Sind Wissenschaftler immer objektiv?

Die Annahme, Wissenschaft sei per se objektiv, trifft nicht ganz den Kern. Wissenschaftstheoretisch gesehen gibt es keine objektive, absolute Wahrheit, sondern nur eine intersubjektive. Objektiv ist Wissenschaft in dem Sinne, dass wissenschaftliche Erkenntnisse unabhängig von individueller Willkür untermauert werden müssen. Die Objektivität liegt darin, dass wissenschaftliche Aussagen intersubjektiv nachprüfbar sein müssen.

Der Brand des Deutschen Reichstages im Februar 1933 begünstigte die Machtergreifung der Nationalsozialisten. Die Umstände der Brandstiftung sind unter Historikern bis heute umstritten. Die Annahme, dass Marinus van der Lubbe, der am Tatort festgenommen und später zum Tode verurteilt wurde, ein Einzeltäter war, gilt heute als die wahrscheinlichste. Viele Historiker vertreten aber nach wie vor die These, die Nationalsozialisten hätten den Brand selbst initiiert und einen vermeintlich drohenden kommunistischen Aufstand vorgeschoben, um ihre politischen Gegner auszuschalten.

Die Auffassung von der Täterschaft der Nationalsozialisten war bis in die 50er Jahre allgemein anerkannt. Als 1962 fundierte Gegenbeweise vorgelegt wurden, brach ein Historikerstreit aus. Das Internationale Komitee zur wissenschaftlichen Erforschung der Ursachen und Folgen des Zweiten Weltkrieges, das die Einzeltäterthese vertrat, musste sich im Verlauf der Debatte vorwerfen lassen, es hätte Quellenmaterial zurückgehalten und gefälscht. Mitglieder des Komitees hatten ihre Position u. a. mit „volkspädagogischen" Argumenten begründet. Sie befürchteten, dass auch andere Verbrechen der Nationalsozialisten angezweifelt würden, wenn sich deren Unschuld herausstellen sollte. Diese Haltung zeigt, dass die Auswahl und die Interpretation von Quellenmaterial nicht immer ideologiefrei sind.

Die kritische Auseinandersetzung mit Forschungsergebnissen setzt voraus, dass diese intersubjektiv überprüft werden können. Eine Beobachtung, die über das einzelne Individuum hinaus bei Einhaltung bestimmter Regeln zu ähnlichen Wahrnehmungen gelangt, ist intersubjektiv nachvollziehbar. Intersubjektiv bedeutet, dass ein Phänomen im Prinzip für alle Menschen beobachtbar ist, dass es wiederholbar ist und dass andere die Schlussfolgerungen, die aus dem Sachverhalt abgeleitet werden, nachvollziehen können, weil sie logisch sind. [3.1 Erkenntnislogik] In der Wissenschaft bedeutet intersubjektive Überprüfbarkeit also, dass Dritte den Erkenntnisprozess und damit auch seine Ergebnisse nachvollziehen und kontrollieren können. Beispielsweise kann in der Biologie eine Versuchsanordnung wiederholt werden, um zu prüfen, ob die beobachteten Reaktionen erneut eintreten.

Ohne die Kommunikation von Ergebnissen und deren Diskussion in der Forschergemeinschaft sind Wissenschaft und wissenschaftlicher Fortschritt undenkbar. Die interne Kommunikation in der Forschergemeinschaft (scientific community) (Fachkommunikation durch Veröffentlichungen und Vorträge), die externe Kommunikation, d. h. die Vermittlung von Wissenschaft an die Öffentlichkeit (Öffentliche Wissenschaft, public science, durch Aufklärung, Beratung, Wissenstransfer) und die intergenerative Wissenschaftskommunikation (durch Lehre und Ausbildung) sind die drei Grundformen der Wissenschaftskommunikation.

Wissenschaftler streben nach Erkenntnis – und wonach noch?

Der Biochemiker James D. Watson, der zusammen mit Forscherkollegen die Struktur der Desoxyribonukleinsäure (DNA) entdeckte und einige der berühmtesten Sätze der Wissenschaftsgeschichte formulierte,[10] deutet in seinem populärwissenschaftlichen Buch „Die Doppelhelix" an, dass es ihm dabei vor allem darum ging, mit möglichst wenig Arbeit den Nobelpreis zu gewinnen. Ihn motivierte weniger der reine Erkenntnisgewinn als vielmehr Konkurrenzdenken – Wer löst das Problem als erster? –, die Anerkennung der Fachkollegen und der winkende Ruhm.[11] Watson wurde 1962 mit dem Nobelpreis für Medizin geehrt und gilt als bedeutendster Molekularbiologe aller Zeiten.

Der Soziologe Robert K. Merton formulierte 1942 vier grundlegende Normen wissenschaftlicher Forschung, die (nach ihren Anfangsbuchstaben) als CUDOS-Kriterien bezeichnet werden.[12] Diese später leicht abgewandelten Werte[13] gelten als Kriterien „guter Wissenschaft" und haben die „academic sciences" geprägt. Die CUDOS-Kriterien hatten großen Einfluss auf den wissenschaftsethischen Diskurs [4 Wissenschaftsethik], auch wenn das Ideal wertfreier Erkenntnis, das ihnen zu Grunde liegt, wissenschaftstheoretisch kritisch zu sehen ist [2.1 Erkenntnisinteresse der Wissenschaftstheorie]:

1. Kommunitarismus (communitarism): Alle wissenschaftlichen Erkenntnisse sind mit den Angehörigen der Forschergemeinschaft und der Öffentlichkeit zu teilen. Der Forscher

---

10 „We wish to propose a structure for the salt of deoxyribose nucleic acid (D.N.A.). This structure has novel features which are of considerable biological interest." (S. 737) – So die Eröffnung des Artikels „A Structure for Deoxyribose Nucleic Acid", in dem auch der bedeutungsschwere Satz steht: „It has not escaped our notice that the specific pairing that we have postulated immediately suggests a possible copying mechanism for the genetic material." (Ebd.) Watson, James D./Crick, Francis H. C., A Structure for Deoxyribose Nucleic Acid, in: Nature, 171. Jg., 1953, S. 737–738.

11 Vgl. Watson, James D., Die Doppel-Helix (1968), Reinbek 1973, S. 30 f., 40 f., 115, 129 f.

12 Vgl. Merton, Robert K., The Normative Structure of Science (1942), in: ders., The Sociology of Science, Theoretical and Empirical Investigations, Chicago 1973, S. 267–280.

13 Merton formulierte mit Organisierter Skepsis (organized scepticism) eine vierte Regel, die von anderen in die Kriterien Originalität und Skeptizismus abgewandelt wurde. Vgl. Ziman, John, Real Science, What it is, and what it means, Cambridge/New York 2000, S. 33–44.

hat kein „intellektuelles Eigentum" an seinen Forschungsergebnissen, das es ihm erlauben würde, sie aus nicht wissenschaftlichen Gründen geheim zu halten.

2. Universalismus (universalism): Forschungsergebnisse sind unabhängig von Merkmalen der Person wie Nationalität, ethnische Zugehörigkeit, Geschlecht oder sozialer Status zu bewerten und auf ihre Allgemeingültigkeit zu prüfen.

3. Uneigennützigkeit (disinterestedness): Erkenntnisstreben dient allein der Wahrheit und nicht eigennützigen Interessen des Forschers.

4. Originalität (originality): Wissenschaft muss einen Erkenntnisgewinn bringen, etwa eine neue Problemstellung, einen neuen methodischen Zugang oder eine neue Theorie.

5. Skeptizismus (scepticism): Alle Erkenntnisse sind kritisch zu prüfen, bevor sie allgemein anerkannt werden, und Bewertungen erfordern hinreichende Beweise.

Wissenschaftliche Forschung genügt diesen strengen normativen Standards jedoch nicht immer. Aus empirischen Studien zur Wissenschaftspraxis wird geschlossen, dass sich Wissenschaft als Prozess nicht unbedingt an diesen Normen orientiert, sondern dass andere Maßstäbe dominieren. Charakteristisch für die „post-academic science", die auf den Nutzen und die Anwendbarkeit von Forschungsergebnissen abzielt, sind demnach die Ausrichtung auf Teilaspekte statt auf Universalität (particularism), die Geheimhaltung (secrecy), die Ausrichtung auf Einzelinteressen (solitariness) und geplantes, starres Festhalten an Anschauungen statt Offenheit (organized dogmatism).[14]

Welche zweckfreie Wissenschaft ist zwecklos?

Unnütze Forschungsarbeiten, die im Umfeld seriöser Forschung entstehen, werden jedes Jahr von der Harvard University in Cambridge (USA) mit dem satirischen „Ig Nobelpreis" ausgezeichnet, der für verschiedene Wissenschaftsdisziplinen vergeben wird. Die Abkürzung „Ig" steht für ignoble (engl. für unwürdig, unehrenhaft). Als einer der Ersten wurde 1991 der Erfinder der Wasserstoffbombe, der Physiker Edward Teller, für seinen lebenslangen Einsatz, die Bedeutung des Wortes „Frieden" zu verändern, gewürdigt. Die Kriterien für eine Nominierung: Das Forschungsthema muss neuartig sein und – anders als in der Wissenschaft üblich – die Entdeckung kann oder soll nicht wiederholt werden. Die meisten ausgezeichneten Forschungsarbeiten muten humoristisch an, haben aber einen ernstzunehmenden Kern. Ivette Bassa gewann 1992 den Ig-Nobelpreis für ihren Beitrag zu den Errungenschaften der Chemie des 20. Jahrhunderts, der Synthese von hellblauer Götterspeise, in den USA unter dem Markennamen Jell-O bekannt. Der Physiker Robert Matthews wurde 1996 für seine Studien zu Murphy's Gesetz ausgezeichnet. Gewürdigt wurde insbesondere sein Nachweis, dass Toastbrot-Scheiben immer auf die gebutterte Seite fallen.[15]

---

[14] Vgl. Mulkay, Michael, Norms and Ideology in Science, in: Social Science Information, 15. Jg., 1976, H. 4–5, S. 637–656; Deiseroth, Dieter, Der offene und freie Diskurs als Voraussetzung verantwortlicher Wissenschaft, 2005, online unter URL: http://vdw-ev.de/whistleblower/Freier-Diskurs.pdf [Abruf: 2011-07-25].

[15] S. Matthews, Robert, Tumbling toast, Murphy's Law and the fundamental constants, in: European Journal of Physics, Bd. 16, 1995, Nr. 4, S. 172–176.

1.4.2   Besonderheiten wissenschaftlicher Arbeiten

Wissenschaftliche Arbeiten, in denen Forschungsergebnisse präsentiert werden, unterscheiden sich sowohl in inhaltlicher als auch in formaler Hinsicht von anderen Schriften. Wissenschaftliche Abhandlungen basieren auf einer theoretischen Grundlage und präsentieren Aussagen, die Allgemeingültigkeit beanspruchen. Von anspruchsvollen Arbeiten wird erwartet, dass sie einen Erkenntnisfortschritt für das betreffende Fachgebiet bringen.

Dazu wird im Allgemeinen ein Phänomen, also ein bestimmter Ist-Zustand beschrieben (Deskription). Ein weiterer Bestandteil einer wissenschaftlichen Arbeit ist die (empirische) Analyse der Ursachen, auf die sich der Ist-Zustand zurückführen lässt (Explikation). Von den Verfassern wissenschaftlicher Arbeiten wird vor allem bei der Entwicklung dieser theoretischen Begründung eigenständiges Denken erwartet. Aussagen Dritter müssen kritisch betrachtet und auf ihre Plausibilität hin geprüft werden. Eigene Aussagen müssen mit empirischen Ergebnissen oder wiederum mit Aussagen anderer Autoren belegt werden, um die Argumentation zu untermauern. Die kritische Auseinandersetzung mit der Literatur ist ein zentrales Element des wissenschaftlichen Arbeitens.

Für die Qualität einer wissenschaftlichen Arbeit ist letztlich ihr Inhalt maßgeblich, aber es gibt in der wissenschaftlichen Welt bestimmte formale Spielregeln, die Sie kennen und befolgen müssen, wenn Sie ernst genommen werden wollen. Dazu gehören zum einen sprachliche Besonderheiten. Anders als z. B. eine journalistische oder literarische Sprache ist die wissenschaftliche Sprache von Objektivität geprägt. [8.3 Wissenschaftliche Sprache] Zum anderen müssen Sie inhaltliche Besonderheiten im Umgang mit fremdem Gedankengut beachten. Es gibt allgemein anerkannte Konventionen, wie mit Zitaten aus anderen Quellen umzugehen ist. [12 Zitieren]

Für wissenschaftliche Arbeiten von Studierenden, wie Seminar- oder Examensarbeiten, gelten die Anforderungen an Erkenntnisgewinn zwar nur ansatzweise, aber Eigenständigkeit und die Einhaltung formaler wissenschaftlicher Standards werden von Ihnen unbedingt erwartet.

Worin unterscheiden sich wissenschaftliche Abhandlungen von anderen Texten?

Die beiden folgenden Texte, die hier auszugsweise wörtlich wiedergegeben werden,[16] beschreiben das gleiche Phänomen, unterscheiden sich aber u. a. im Stil, in Bezug auf die Angabe des bzw. der Verfasser und im Umgang mit Quellen. Der erste Text stammt aus der Online-Ausgabe der BILD-Zeitung, der zweite ist ein Auszug aus einem Beitrag (Paper), der auf der Webseite eines Forschungsinstitutes und auf einer wissenschaftlichen Fachtagung präsentiert wurde.

---

[16]   Im Zitat des Zeitungsartikels finden Sie Auslassungen, die wie bei wörtlichen Übernahmen üblich mit drei Punkten markiert werden […], mit einfachen Anführungszeichen gekennzeichnete Zitate im Zitat und den Klammerzusatz „sic!", der anzeigt, dass die Rechtschreibfehler so auch in der Vorlage vorkommen. [12.3 Zitierweisen]

„Leben auf dem Mars: Pupsende Mikroben entdeckt

Dicke Luft im Weltall ...

Pupsende Mikro-Organismen unter der steinigen Oberfläche des Mars sollen für Methan-Gas-Dunst auf dem roten Planten [sic!] verantwortlich sein, glauben Wissenschaftler der US-Behörde Nasa [sic!].

Die Entdeckungen der Nasa [sic!] bekräftigen die Studien der Europäischen Sonde ‚Mars Express‘, die den Planeten fünf Jahre lang umrundete und 2004 ebenfalls Zeichen von Methan aufgespürt hatte. Die Entdeckung wird als großer Hinweis dafür gesehen, dass lebende Mars-Mikroben noch heute auf dem Planeten existieren, berichtet die Zeitung ‚The Sun‘.

...

Der britische Mars-Experte Professor Colin Pillinger: ‚Die offensichtlichste Quelle für Methan ist Organismus. Wenn man also Methan in der Atmosphäre findet, kann man annehmen, dass dort auch Leben ist.‘ Sicher sei das zwar nicht, sagte der Wissenschaftler, ‚aber es ist einen genauen Blick wert.‘"[17]

„Mars microbes may make methane: the Viking view

Joseph D. Miller, Marianne J. Case, Patricia Ann Straat, and Gilbert V. Levin

Assuming a gas detected in the Viking Labeled Release experiment was methane, the extrapolated size, soil density, and aqueous requirements of a microbial population are large enough to produce that gas.

The discovery of extraterrestrial life could impact biology in a manner not seen since the discovery of the double-helix structure of DNA. Yet to date, only one life-detection mission, the 1976 Viking lander, has ever traveled to another planet. The Viking Labeled Release (LR) experiment has been a source of controversy for more than 30 years. In these experiments, a small amount of a ^{14}C-labeled nutrient solution was added to a Martian soil sample and the evolution of ^{14}C-labeled gas was monitored with a beta detector. The rapid evolution of gas and the failure to see such evolution in sterilized soil was considered presumptive evidence for Martian microbiology,[1] although alternative explanations have dominated the interpretation of this data until recently. Our more recent analyses have suggested that the presence of circadian rhythmicity, a reliable biosignature, in the temporal structure of the gas release data further support the idea that the gas was of biological origin.[2] The discovery of methane in the Martian atmosphere,[3] and its steady replacement from equatorial sites that seem to host substantial subsurface ice deposits,[4] suggests a possible biological origin, methanogenic microbes.

...

---

[17] o. V., Leben auf dem Mars, Pupsende Mikroben entdeckt, BILD.de vom 21.04.2010, online unter URL: http://www.bild.de/news/vermischtes/mars/nasa-glaubt-an-methan-pupsende-mikroben-7072564.bild.html [Abruf: 2011-07-25], Hervorhebungen im Original.

References

1. G. V. Levin and P. A. Straat, *Viking Labeled Release biology experiment: interim results*, **Science 194**, pp. 1322–1329, 1976.

2. J. D. Miller, P. A. Straat, and G. V. Levin, *Periodic analysis of the Viking lander Labeled Release experiment*, **Proc. SPIE 4495**, pp. 96–107, 2002. doi:10.1117/12.454748

3. V. Formisano et al., *Detection of methane in the atmosphere of Mars*, **Science 306**, pp. 1758–1761, 2004.

4. http://www.esa.int/SPECIALS/Mars Express/SEML131XDYD 0.html ESA Mars Express website with a discussion of water vapor/methane covariation. Accessed 28 July 2010."[18]

---

[18]   Miller, Joseph D./Case, Marianne J./Straat, Patricia Ann/Levin, Gilbert V., Mars microbes may make methane, The Viking view, in: SPIE Newsroom, 25.08.2010, 10.1117/2.1201007.003176, online unter URL: http://spie. org/documents/Newsroom/Imported/003176/003176_10.pdf [Abruf: 2011-07-25], Hervorhebungen im Original.

2 Wissenschaftstheoretische Ansätze

„Es gibt nichts Praktischeres als eine gute Theorie."
(Immanuel Kant)

„There is no sadder sight in the world than to see a beautiful theory killed by a brutal fact."
(Thomas Henry Huxley)

Erkenntnisgewinn ist das Ziel der Wissenschaft. Wer auf einem bestimmten Fachgebiet wissenschaftlich arbeitet, versucht, das gesicherte Wissen über den Gegenstand des Faches zu vergrößern. Manche Wissenschaftler beschäftigen sich damit, wie die Wissenschaft selbst funktioniert. Akademische Disziplinen, die die Wissenschaft selbst zum Gegenstand haben, wie die Wissenschaftstheorie, werden als Metawissenschaft bezeichnet. Die Wissenschaftstheorie befasst sich u. a. mit der Entstehung wissenschaftlicher Theorien und mit wissenschaftlichen Methoden. [3 Forschungsrichtungen und -methoden]

In diesem Kapitel lernen Sie,

- mit einigen Grundbegriffen umzugehen, mit denen Wissenschaftler unabhängig von ihrem Fachgebiet beschreiben, was sie tun,
- was eine Hypothese von einer These unterscheidet und was eine Theorie ist,
- welchen Einfluss die Philosophie auf den Umgang mit wissenschaftlichen Fragestellungen hat und
- auf welchen philosophischen Positionen bestimmte wissenschaftliche Methoden beruhen.

2.1 Erkenntnisinteresse der Wissenschaftstheorie

Die Wissenschaftstheorie (philosophy of science) ist ein Teilgebiet der Philosophie. Gegenstand der Wissenschaftstheorie sind Voraussetzungen, Methoden und Ziele von Wissenschaften sowie Formen der Gewinnung von Erkenntnissen in der Wissenschaft. Die Wissenschaftstheorie betrachtet, wie wissenschaftliche Theorien entstehen, wie sich Wissenschaft entwickelt und wie wissenschaftlicher Fortschritt entsteht.

Eine Teildisziplin der Wissenschaftstheorie ist die Methodologie, die Lehre von den wissenschaftlichen Methoden. Die Methodologie fragt danach, welche Methode für ein bestimmtes wissenschaftliches Problem am besten geeignet ist.

Mit der Frage, wie wir überhaupt etwas wissen können und wie Erkenntnisse entstehen, befasst sich ein anderes Teilgebiet der Wissenschaftstheorie, die Erkenntnistheorie. [2.3 Erkenntnistheoretische Positionen] Die Wissenschaftstheorie beschäftigt sich aber nicht nur mit der Entstehung und Begründung von Erkenntnissen in der Wissenschaft, sondern auch mit der Verwertung wissenschaftlicher Erkenntnisse.

2.2 Grundbegriffe der Wissenschaftstheorie

Aussage, Definition, These, Hypothese und Theorie sind Begriffe, mit denen in der Wissenschaft permanent umgegangen wird. Was eine Aussage oder eine Definition ist, erschließt sich mehr oder weniger aus dem allgemeinen Sprachgebrauch. Bei den Begriffen These und Hypothese ist das schon nicht mehr der Fall. Und mit dem Begriff Theorie verbinden viele eine Bedeutung, die von einem wissenschaftlichen Theorieverständnis sehr weit entfernt ist.

Die Theorie erscheint vielen Studierenden als Gegenstück zur Praxis im Sinne von: „Wenn es in einem Buch steht, dann ist es Theorie." Das ist so nicht richtig. Je nachdem, auf welchem Fachgebiet Sie sich bewegen, sind die Inhalte von Lehrbüchern häufig eher anwendungsorientiert. Die Theorien, die sich auf einen Sachverhalt in der Praxis und auf bestimmte Handlungsempfehlungen beziehen, werden dabei manchmal nur ansatzweise vermittelt, so dass Sie als Studierende Gefahr laufen, ein falsches Theorieverständnis zu entwickeln.

2.2.1 Aussage

Eine Aussage ist eine sprachliche Formulierung, mit der ein Sachverhalt, eine Vermutung oder eine persönliche Meinung ausgedrückt wird. Sie ist ein sprachlich fixierter Satz, der die Realität beschreiben soll und darauf geprüft werden kann, ob er wahr oder falsch ist.

Beispiele	
$1 + 1 = 2$	wahre (mathematische) Aussage
$1 + 1 = 3$	falsche (mathematische) Aussage

Die Heisenberg'sche Unschärferelation, die der Physiker Werner Heisenberg 1927 formulierte, ist eine Aussage über die Eigenschaften von Teilchen und eine der fundamentalen Erkenntnisse der Quantenmechanik. Sie besagt, dass wichtige physikalische Größen wie Ort und Impuls oder die Eigenschaften Zeit und Energie nicht gleichzeitig exakt gemessen werden können.

2.2.2 Definition

Definieren ist ein Verfahren, mit dem der Vorstellungsinhalt von Worten festgelegt wird. Eine Definition (von lat. definitio für Abgrenzung) setzt einen bisher noch unbekannten Terminus (Ausdruck) mit einer Kombination bereits bekannter Termini (Ausdrücke) gleich. Mit einer Definition wird versucht, einen Begriff möglichst eindeutig zu bestimmen und ihn zugleich von benachbarten bzw. verwandten Begriffen abzugrenzen. Dazu wird der Begriff beschrieben und erklärt.

> **Beispiel**
>
> „Ein Plagiat ist das bewusste Aneignen von fremdem Gedankengut, das als eigenes ausgegeben wird."

Definitionen sind praktisch, denn mit ihrer Hilfe lassen sich einfach gebaute Sätze über sehr komplizierte Sachverhalte formulieren. Sie kürzen einen Text und dienen der Übersichtlichkeit. Aber sie sind in der Wissenschaft auch noch aus anderen Gründen unverzichtbar.

Für die Wissenschaft sind Definitionen essenziell, denn in der Realität lässt sich nur das beobachten, was zuvor in einem Begriffsschema definiert wurde. Außerdem werden Definitionen zur Formulierung von Theorien benötigt, denn nur so kann die Anzahl der Grundbegriffe einer Theorie durch definitorische Rückführung auf wenige Begriffe verkürzt werden.

Definitionen dienen der Klärung und Präzisierung eines Begriffes. Bei einer kontroversen Diskussion können z. B. zwei Personen denselben Begriff unterschiedlich interpretieren, so dass kein Meinungsaustausch stattfindet, sondern die beiden aneinander vorbeireden. Eine vorherige Definition des Begriffes stellt klar, was jeder Gesprächspartner unter dem betreffenden Wort versteht.

Bei einer wissenschaftlichen Arbeit kommt es darauf an, dass Dritte in der Lage sind, die dargestellten Erkenntnisse nachzuvollziehen und zu kritisieren. Dazu müssen die Leser wissen, wie der Verfasser grundlegende Begriffe verwendet und mit welcher Bedeutung er sie versieht. Autoren verwenden manchmal die gleichen Begriffe, meinen aber unterschiedliche Dinge. Außerdem werden bestimmte Begriffe in der wissenschaftlichen Literatur anders verwendet als im allgemeinen Sprachgebrauch.

Zudem ist die Begriffsklärung wichtig, weil über Definitionen der Untersuchungsgegenstand einer wissenschaftlichen Arbeit konkretisiert und eingegrenzt wird.

2.2.3 These

Der Begriff These (von gr. θέσις/thesis für Platz, Stelle) wird häufig mit dem Begriff Aussage gleichgesetzt, bezeichnet aber eigentlich eine besondere Aussage, nämlich eine, die als Ausgangspunkt einer Argumentation strittig ist. [2.2.1 Aussage] Eine These ist also eine zu beweisende Behauptung, ein zu beweisender Lehrsatz. Thesen sind Leitsätze, deren Wahrheitsgehalt bewiesen werden muss.

> **Beispiel**
>
> „Das Wissen der Menschheit verdoppelt sich innerhalb von etwa 15 Jahren."

Eine These zeichnet sich durch die Eigenschaft aus, wahr zu sein. Erfüllt die These diese Bedingung nicht, ist sie unhaltbar und muss verworfen werden. Erfüllt sie diese Bedingung, kann sie beibehalten werden. Insofern gibt eine wissenschaftliche These eine vermutete Antwort auf eine Forschungsfrage und diese Antwort wird vorläufig als wahr angenommen.

Die oben angeführte beispielhafte These ist etwa vierzig Jahre alt und wurde inzwischen verworfen. Aktuellere Schätzungen geben den Zeitraum, in dem sich unser Wissen verdoppelt, mit 12 Jahren an.

Eine These muss eine klare und genau definierte Aussage sein. Sie muss während der gesamten Beweisführung identisch sein, d. h. sie darf nicht verändert werden. Eine These darf weder in sich widersprüchlich sein noch im Widerspruch zu vorher getroffenen Annahmen (Prämissen) stehen.

Die entgegengesetzte Aussage wird als Antithese (Gegenthese) bezeichnet. Die einzelnen Sätze (Begründungen), die herangezogen werden, um die These oder die Antithese zu stützen, sind die Argumente.

Um zu prüfen, ob es sich tatsächlich um eine These handelt, kann versucht werden, eine solche Antithese zu formulieren. Wenn sich keine (plausible) Gegenthese formulieren lässt, handelt es sich nicht um eine These.

Thesen stellen Kernaussagen dar, die zu ergänzenden Aussagen in Beziehung gesetzt werden können. Im wissenschaftlichen Bereich sind Thesen häufig Ausgangspunkt für eine anschließende Diskussion.

2.2.4   Hypothese

Eine Hypothese (von gr. ὑπόθεσις/hypóthesis für Unterstellung, Voraussetzung) ist eine begründete Vermutung über Zusammenhänge zwischen mindestens zwei Sachverhalten. Hypothesen sind Vermutungen darüber, warum etwas so ist, wie es ist. Bei der Formulierung einer Hypothese wird also eine Annahme getroffen oder eine Behauptung aufgestellt, die sich auf einen Zusammenhang bezieht. Es wird unterstellt, dass die Aussage über diesen Begründungszusammenhang zutrifft, was aber zu bestätigen oder zu widerlegen ist. Dazu werden Hypothesen mit Hilfe empirischer Tests an der Realität geprüft.

> **Beispiel**
>
> „Ab 2050 wird sich das Wissen der Menschheit täglich verdoppeln, weil China und Indien in die Wissensgesellschaft eintreten."

Häufig werden Hypothesen als „Wenn-Dann-Aussagen" formuliert, d. h., wenn eine bestimmte Bedingung zutrifft, dann könnte dieses oder jenes Ereignis eintreten.

Eine Hypothese, die die Art des erwarteten Zusammenhangs bzw. Unterschiede zwischen zwei Variablen beschreibt, wie in dem obigen Beispiel, wird als gerichtete Hypothese bezeichnet. Wenn vermutet wird, dass ein Zusammenhang oder Unterschiede existieren, diese aber im Vorfeld einer Studie nicht präzisiert werden können, wird eine ungerichtete Hypothese formuliert.

Eine Hypothese sollte immer zusammen mit dem grundlegenden Forschungsproblem präsentiert werden. Hypothesen sollten so kurz wie möglich formuliert werden, müssen aber einen hinreichenden Informationsgehalt haben. Sie müssen präzise, eindeutig und theoretisch fundiert sein. Anders als reine Spekulationen dürfen Hypothesen nicht auf Willkür beruhen. Je mehr Fakten und Erkenntnisse mit einer Hypothese übereinstimmen, desto gesicherter ist sie. Hypothesen können bis hin zu einer Theorie oder einem wissenschaftlichem Gesetz entwickelt werden.

Wenn es Beobachtungen und kritische Einwände gibt, die eine Theorie widerlegen könnten, müssen plausible Annahmen angeführt werden. Um zu erklären, was eine junge Theorie nicht erklären kann, werden Ad-hoc-Hypothesen (Hilfshypothesen) formuliert. Ad-hoc-Hypothesen sind vor allem in den Pseudowissenschaften verbreitet, deren Theorien es an grundlegenden Erklärungen mangelt. Ad-hoc-Hypothesen sollen Fakten erklären, die die Pseudo-Theorie widerlegen.

> **Warum formulieren Wissenschaftler Hypothesen, wenn sie nicht weiter wissen?**
>
> Geologen waren lange der Ansicht, dass die Erdkruste fest mit ihrem Untergrund verbunden ist und dass die Kontinente daher festliegen. Die geotektonische Hypothese des Fixismus passte zur Landbrücken-Hypothese, die das Vorkommen von Fossilien auf verschiedenen Kontinenten mit einer versunkenen Verbindung erklärte, auf der die urzeitlichen Lebewesen gewandert waren.
>
> Aus der Übereinstimmung der Küstenkonturen von Afrika und Südamerika und zahlreichen weiteren Beobachtungen schloss der Polarforscher und Geologe Alfred Wegener auf die Existenz eines zerbrochenen Urkontinents, Pangaea, dessen Teile auseinanderdriften. 1915 entwickelte er die Theorie der Kontinentalverschiebung, die auf der Überlegung basiert, dass die Erdkruste horizontale Bewegungen macht, weil die Kontinente im Erdmantel „schwimmen". Mit der Theorie der Kontinentaldrift wurde eine Hypothese verworfen (Fixismus) und durch ihre Antithese (Mobilismus) ersetzt.
>
> Wegener konnte mit seiner Theorie allerdings nicht erklären, *wie* sich die Kontinente bewegen. Wegener's Ad-hoc-Hypothese zur Kraft hinter der Bewegung der Kontinente schlug Gravitation vor. Das war so wenig überzeugend, dass die Theorie der Kontinentalverschiebung zu Wegener's Lebzeiten nicht anerkannt wurde. Anfang der 1960er Jahre fundierte die Plattentektonik seine Theorie. Welche Kräfte der Kontinentalverschiebung zu Grunde liegen, ist aber immer noch nicht abschließend geklärt.

Hypothesen dürfen nur dann fallengelassen werden, wenn es dafür gute Gründe gibt. Hypothesen können erst dann verworfen werden, wenn sie durch Hypothesen ersetzt werden, die sich besser nachprüfen lassen, oder wenn sich die Schlussfolgerungen als falsch herausgestellt haben.

2.2.5 Theorie

In der Wissenschaft ist eine Theorie (von gr. θεωρία/theoria für Anschauung, Überlegung) ein Konzept zur Beschreibung eines Zustandes in der Realität. Mit einer Theorie wird versucht, die Wirklichkeit systematisch und nach bestimmten Prinzipien zu beobachten und zu erklären, indem Gesetzmäßigkeiten und Schlussfolgerungen formuliert und Vorhersagen getroffen werden.

Beispiele für Theorien sind die Wissenschaftstheorie, die in der Philosophie entwickelt wurde, die Evolutionstheorie (Biologie), die Relativitätstheorie (Physik), die Systemtheorie (Soziologie), die Theorie der Unternehmung (Betriebswirtschaftslehre), die Wesentlichkeitstheorie (Rechtswissenschaft), die Demokratietheorien (Politikwissenschaft) und nicht zu vergessen: die Rosinentheorie (Rechtswissenschaft).

Um eine Theorie zu entwickeln, werden Thesen und Hypothesen aufgestellt, die in das Gesamtkonzept der Theorie eingebunden werden. [2.2.3 These, 2.2.4 Hypothese] Eine Theorie bildet ein System aus mehreren Hypothesen oder Gesetzen, mit denen Zusammenhänge beschrieben werden. Daher enthält eine Theorie in der Regel beschreibende (deskriptive) und erklärende (kausale) Aussagen über den betrachteten Teil der Wirklichkeit.

Theorien müssen bestimmte Kriterien erfüllen, um anerkannt zu werden. Gütekriterien für Theorien sind innere Logik, äußere Widerspruchsfreiheit, Prüfbarkeit, Erklärungsgehalt und prognostische Relevanz. Eine Theorie muss in sich logisch aufgebaut sein, d. h. die Ursache und die angenommene Wirkung müssen in einem nachvollziehbaren Zusammenhang stehen. Außerdem muss sie einen sinnvollen und widerspruchsfreien Bezug zu bereits belegten Tatsachen haben. Theorien müssen objektiv, mit wissenschaftlichen Methoden reproduzierbar und allgemeingültig sein. Sie dürfen also nicht nur auf einen Einzelfall zutreffen, sondern müssen unabhängig von subjektiver Interpretation für alle Fälle gelten, die in das Theoriegebäude einzuordnen sind. Eine gute Theorie erfüllt also zwei wesentliche Voraussetzungen: Sie beschreibt ein in der Realität mehrfach beobachtetes Phänomen und sagt die Ergebnisse künftiger Beobachtungen zutreffend voraus.

Warum setzen sich in der Wissenschaft nur die guten Theorien durch?

Theorien werden widerlegt, sie veralten und gehen in einer anderen Theorie auf oder sie werden von einer konkurrierenden Theorie abgelöst, wenn Wissenschaftler neue Erkenntnisse erlangen. So gibt es mehrere aufeinander aufbauende Erklärungsversuche für den Aufbau der Atome: angefangen mit dem Teilchenmodell des Demokrit (ca. 400 v. Chr.) über die Atommodelle von Dalton (aufgestellt 1808), Lenard (1903), Thompson (1903), Rutherford (1911), Bohr (1913) und Bohr/Sommerfeld (1915) bis hin zum Schalenmodell und zum Orbitalmodell.

Wissenschaftler versuchen permanent, bessere Erklärungen für die Realität zu finden. Dass sie dabei Erklärungen verwerfen, die sie als falsch oder ungenau erkannt haben, gehört dazu. Der Wissenschaftsphilosoph Karl R. Popper identifizierte dies als wissenschaftsimmanentes Prinzip. Die fortwährende Kritik, der wissenschaftliche Erkenntnisse durch die Forschergemeinschaft (scientific community) unterzogen werden, gewährleistet, dass schlechte Theorien „ausgesiebt" werden und die Wissenschaftler der Wahrheit Schritt für Schritt näher kommen.

Unabhängig von wissenschaftlichem Fortschritt sind grundlegende wissenschaftliche Denkweisen und Theorienkomplexe meist sehr stabil. Das wissenschaftliche Weltbild wird durch bestimmte Denkmuster geprägt, die mit dem erkenntnistheoretischen Begriff Paradigma (von gr. παράδειγμα/parádeigma für Beispiel) bezeichnet werden. Ein wissenschaftliches Paradigma ist eine zu einer bestimmten Zeit vorherrschende Lehrmeinung. Im Unterschied zu religiösen Paradigmen (Plural auch Paradigmata), die unumstößliche Weltanschauungen zur

Profilierung eines Glaubens (Dogmen) repräsentieren, sind wissenschaftliche Paradigmen grundlegende Modellvorstellungen, mit denen reale Phänomene erklärt werden sollen. Wissenschaftsparadigmen können sich sowohl auf Hypothesen und Theorien als auch auf Methoden und Techniken und auf eine Gruppe von Wissenschaftlern (scientific community) beziehen. Sie entstehen, wenn sich Wissenschaftler langfristig auf Fragestellungen, Methoden und theoretische Leitsätze verständigen und diese Denkweisen die Entwicklung einer wissenschaftlichen Disziplin für längere historische Perioden maßgeblich beeinflussen. Neue Erkenntnisse, die nicht in Einklang mit dem in der Wissenschaft existierenden Weltbild zu bringen sind, leiten einen Paradigmenwechsel ein. Ein Paradigmenwechsel bezeichnet den Übergang von einer Theorie zur einer anderen (Alternativ-)Theorie. Dass sich damit eine neue, oft radikal andere Lehrmeinung durchsetzt, macht diesen Übergang zu einer wissenschaftlichen Revolution. Beispiele für einen solchen Paradigmenwechsel sind die sogenannte Kopernikanische Revolution in der Astronomie, d. h. der Übergang vom geozentrischen zum heliozentrischen Weltbild und die Ablösung der Newtonschen Physik durch die Relativitätstheorie und die Quantenmechanik.

Warum und wie denken Wissenschaftler um?

Eines der Paradigmen der Wirtschaftswissenschaften ist der homo oeconomicus: ein (über 120 Jahre alter) fiktiver Mensch, der versucht, egoistisch seinen Nutzen zu maximieren, und der auf der Grundlage vollständiger Information ausschließlich rationale und logische Entscheidungen trifft. Experimente zu menschlichen Denk- und Entscheidungsprozessen sowie Ergebnisse der Hirnforschung zeigen, dass diese Verhaltensannahmen unrealistisch sind. Menschen wählen nicht immer diejenige Alternative, die für sie die günstigste ist. Stattdessen handeln sie manchmal risikoscheu und altruistisch, sie kooperieren und sie sind bereit, andere für unfaires Verhalten zu bestrafen. Daher versuchen Vertreter der Verhaltensökonomik das Modell des homo oeconomicus weiterzuentwickeln.

Die Entwicklung neuer Lerntheorien in der Psychologie hat zu einem Paradigmenwechsel in der Didaktik, der Wissenschaft vom Lehren und Lernen, geführt: der Übergang von der Instruktion zur Konstruktion von Wissen. Im 20. Jahrhundert dominierte in der Lehre die Vorstellung von der einseitigen Vermittlung von isoliertem Faktenwissen einerseits und individuellem Lernen andererseits. Dieses Konzept gilt heute als überholt. Stattdessen wird die Interaktion von Lehrenden und Lernenden propagiert, Lehren als Erweiterung von Fähigkeiten verstanden und die Rolle des Lehrenden als Moderator eines selbstgesteuerten Lernprozesses innerhalb einer Gruppe definiert. Die Verantwortung für den Lernprozess wird auf die Lernenden übertragen (autonomes Lernen). Der Lernstoff ist nicht mehr vorab festgelegt, sondern dynamisch, denn problembasiertes Lernen hängt von spezifischen Kontexten oder Situationen ab, in denen Wissen aktiv und im gemeinsamen Austausch konstruiert wird.

2.3   Erkenntnistheoretische Positionen

Beim wissenschaftlichen Arbeiten wird systematisch nach gesicherter Erkenntnis gesucht. Jeder, der wissenschaftlich arbeitet, muss sich im Klaren darüber sein, dass unsere Sinneswahrnehmung eingeschränkt ist. Jeder Mensch hat unbewusste Denkmuster, die zu Verzerrungen und zum Löschen von Informationen führen. Welche Wahrnehmung ist unter diesen Voraussetzungen die richtige? Was kann überhaupt als gesicherte Erkenntnis gelten?

Wissenschaftliche Methoden können individuelle Wahrnehmungsverzerrungen teilweise ausschalten. Es wird dann versucht, mögliche Ursachen für Verzerrungen zu finden, solche Probleme über empirische Untersuchungen zu lösen und sie auf wissenschaftliche Weise zu klären. [3.2 Empirie]

Die Wahl einer bestimmten Vorgehensweise wie z. B. eine empirische Prüfung oder die Wahl eines bestimmten Argumentationsmusters lässt sich auf bestimmte Auffassungen darüber zurückführen, wie wir die Wirklichkeit wahrnehmen und auf welche Weise wir Erkenntnisse gewinnen. [3 Forschungsrichtungen und -methoden] Wissenschaftliche Methoden lassen sich also jeweils aus bestimmten philosophischen Positionen ableiten.

Die Frage, wie wir überhaupt etwas wissen können, wie Erkenntnisse entstehen und wie Zusammenhänge verstanden werden, ist Gegenstand der Erkenntnistheorie, einem Teilgebiet der Wissenschaftstheorie bzw. der Philosophie. [2.1 Erkenntnisinteresse der Wissenschaftstheorie] Die Erkenntnistheorie wird auch als Epistemologie bezeichnet (von gr. ἐπιστήμη/ epistéme für Erkenntnis, Wissen und λόγος/logos für Wissenschaft).

Es gibt mehrere erkenntnistheoretische Positionen. Die folgenden vier, die einander gegenüberstehen und teilweise mit gegensätzlichen Auffassungen verbunden sind, gehören zu den wichtigsten.

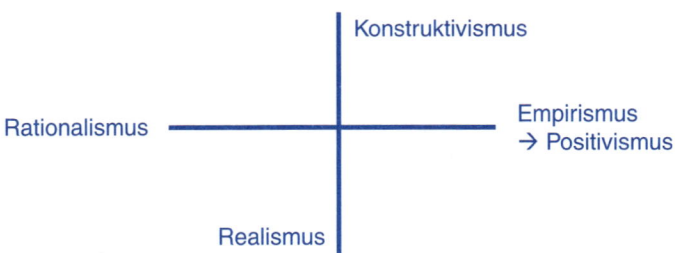

Abb. 2: Erkenntnistheoretische Positionen (eigene Darstellung)

2.3.1   Konstruktivismus

Einige Philosophen sind der Ansicht, dass es eine „wirkliche" Realität gar nicht gibt und dass jeder sich seine individuelle Realität „konstruiert". Philosophische Konzepte, die auf dieser Annahme beruhen, werden unter dem Begriff Konstruktivismus zusammengefasst.

Konstruktivisten nehmen die Dinge so wie sie bestehen nicht als gegeben an. Sie gehen vielmehr davon aus, dass sich der Mensch durch subjektive Wahrnehmung sein eigenes Weltbild konstruiert. Konstruktivisten leugnen nicht, dass eine reale Welt existiert, aber sie behaupten, dass diese Welt zwangsläufig nur subjektiv wahrgenommen werden kann. Konstruktivisten vertreten die Auffassung, dass die Wirklichkeit subjektabhängig ist, weil sie ein

Konstrukt des menschlichen Gehirns ist. Über unsere Sinneswahrnehmung konstruiert unser Gehirn unser Wissen über die Realität. Wir konstruieren uns also selbst unsere Wirklichkeit.

Im Laufe der Zeit haben sich verschiedene Arten des Konstruktivismus entwickelt. Zu den bekanntesten Ausprägungen zählen u. a. der radikale, der soziale und der methodische Konstruktivismus.

Der radikale Konstruktivismus besagt, dass sich jedes einzelne Individuum durch Beobachtung ein subjektives Bild von der Realität verschafft. Die vom Menschen aufgenommenen Reize werden vom Gehirn, je nach Erfahrung, persönlichen Zielen und anderen Faktoren individuell verarbeitet und interpretiert. Dadurch konstruiert sich jeder Mensch seine eigene Wirklichkeit mit eigenen Erkenntnissen.

Der soziale Konstruktivismus geht davon aus, dass die Menschen ihre Erkenntnisse durch Kommunikation und Kontakt mit einer sozialen Gemeinschaft erlangen. So wird das Weltbild der Menschen beispielsweise durch Diskussionen mit anderen oder durch die Medien beeinflusst.

Der methodische Konstruktivismus, der auch als Erlanger Konstruktivismus bekannt ist, vertritt die Auffassung, dass sich Wissen nicht begründen lässt. Es werden daher verschiedene exakt beschriebene und wiederholbare Methoden konstruiert, um den Geltungsanspruch von Erkenntnissen zu liefern. Dabei geht es um eine vollständige, strukturierte und widerspruchsfreie Begründung von Wissenschaft.

Wie wirkt sich ein Sehfehler auf die Abbildung der Wirklichkeit aus?

Der Maler El Greco, einer der wichtigsten Vertreter des Manierismus, löste mit seinem expressionistischen Stil im 16. Jahrhundert einen Skandal aus. Er verstörte seine Zeitgenossen nicht nur, indem er für religiöse Motive grelle Farben verwendete, sondern auch mit seinen Figuren: El Greco malte sie extrem schlank und länglich, obwohl seine Bildinhalte realistisch sind.

Kunsthistoriker vermuteten, El Greco habe unter einem Sehfehler gelitten, und erklärten die eigenartigen Proportionen mit Astigmatismus. Sie vertraten implizit die These, dass Bilder darstellen, wie ein Künstler die Wirklichkeit wahrnimmt. El Greco hätte demnach seine subjektiv konstruierte Wirklichkeit abgebildet und Menschen so verzerrt gemalt wie er sie sah.

Allerdings sind nicht alle Darstellungen El Grecos derartig verzerrt, und Bilder von Künstlern mit Astigmatismus zeigen keine vergleichbaren Besonderheiten. Umgekehrt tritt die extreme Verlängerung des Körpers auch in den Arbeiten anderer manieristischer Künstler auf, die keine Sehschwäche hatten.

In der Kunstwissenschaft gilt die Sehfehler-Hypothese daher als Denkfehler (sogenannter El Greco-Trugschluss). Die Behauptung, dass El Greco länglich malte, weil er länglich sah, ist nämlich in sich widersprüchlich. Hätte El Greco die Dinge länglich gesehen, dann hätte er dies in seiner Malerei abgebildet und damit den Sehfehler aufgehoben. Um die Figuren auf seinen Bildern so zu sehen wie im Alltag, hätte El Greco sie nach objektiven Maßstäben unverzerrt malen müssen. Dem Betrachter erschiene ein solches Gemälde als zutreffendes Abbild der Realität.

Kunsttheoretiker meinen, dass uns Künstler mit ihren Bildern die Welt nicht zeigen, wie sie ist, sondern dass sie uns lehren, die Welt auf eine bestimmte Weise zu sehen.

2.3.2   Realismus

Manche Philosophen vertreten die Auffassung, dass Phänomene unabhängig vom menschlichen Bewusstsein existieren. Damit bildet das philosophische Konzept des Realismus die Gegenposition zum Konstruktivismus, der die Wirklichkeit als subjektiv und vom menschlichen Gehirn konstruiert ansieht. [2.3.1 Konstruktivismus]

Realisten sind von der Existenz einer Realität überzeugt, die von uns unabhängig ist. Sie meinen daher, dass diese Realität durch Wahrnehmung bzw. Denken vollständig oder zumindest teilweise erfasst werden kann. Demnach können Menschen Ereignisse oder auch Phänomene in der Realität wahrnehmen, wie sie sind, auch wenn sie sie nicht immer vollständig und damit selektiv wahrnehmen.

Die meisten Wissenschaftler schließen sich dem Standpunkt an, dass die reale Welt unabhängig vom wissenden oder wahrnehmenden Subjekt existiert. Die objektive Wirklichkeit ist demnach unabhängig und getrennt von der subjektiven Wirklichkeit aufzufassen. Der Wissenschaftler kann sich einer objektiven Wahrheit annähern, indem er mögliche Störfaktoren, die seine Wahrnehmung verzerren, beseitigt.

Dabei werden drei Ebenen unterschieden: eine objektive, eine subjektive und eine sprachliche Realität. Die objektive Realität ist die materielle Außenwelt, die unabhängig vom menschlichen Bewusstsein existiert. Der Mensch erfasst die materielle Welt durch seine Sinnesorgane und durch sein Bewusstsein. Dadurch entsteht die subjektive Realität, das Vorhandensein in der Vorstellung. Da sich die Wissenschaft in Sprache äußert, wurde das Konzept um die sprachliche Realität erweitert. Diese umfasst denjenigen Teil der subjektiven Realität, der durch Aussagen wiedergegeben wird.

In der Wissenschaft beschreibt der Realismus die Annahme, dass wissenschaftliche Theorien in der Praxis (Realität) das widerspiegeln, was in der Theorie vorausgesagt wird. Im engsten Sinne wird versucht, in der wahrzunehmenden Realität eine Erklärung für Vorgänge zu finden. Wenn eine wissenschaftliche Annahme gefestigt ist, dann ist die Vermutung gerechtfertigt, dass die Realität mit der Theorie übereinstimmt. Die Realität ist dann als Wirklichkeit anzusehen.

2.3.3   Rationalismus

Nach dem philosophischen Konzept des Rationalismus (von lat. ratio für Vernunft) ist unser Verstand in der Lage, die objektive Struktur der Wirklichkeit zu erkennen. Form und Inhalt aller Erkenntnis beruhen nicht auf sinnlicher Erfahrung, sondern auf Verstand und Vernunft. Jede Erkenntnis wird aus dem Denken abgeleitet.

Diese Auffassung kommt in einem berühmten Satz von René Descartes (1596–1650), der den modernen Rationalismus begründet hat, zum Ausdruck: „Cogito ergo sum." (Lat.: Ich denke, also bin ich.)

Der menschliche Verstand wird damit zum Maßstab für die Bestimmung von Wahrheit und Unwahrheit. Dementsprechend können Erkenntnisse durch logisches Hinterfragen, Verknüpfen und Schlussfolgern gewonnen werden. Allerdings kann ohne eine zuverlässige Vorgehensweise keine sichere Wahrheit zu Stande kommen.

Dabei bilden die Mathematik und mathematische Prinzipien die Grundlage für das gesamte philosophische und wissenschaftliche Denken. Um Wissen zu erlangen und die Wahrheit zu finden, werden vier Grundregeln vorgeschlagen:

- Nichts für wahr halten, was nicht gewiss und eindeutig als wahr erscheint.
- Vermutungen in ihre einzelnen Bestandteile zerlegen.
- Geordnet vom Einfacheren zum Zusammengesetzten übergehen.
- Die Vollständigkeit der Untersuchungen überprüfen.

Für das wissenschaftliche Arbeiten ist der Rationalismus wichtig, weil seine Vertreter behaupten, dass es keine voraussetzungs- oder theoriefreie Erfahrung gibt. Jede Erfahrung beruht auf dem Verstand und auf dem Denken. Wenn das so ist, dann muss einer Beobachtung in der Wirklichkeit immer eine (erdachte) Theorie vorausgehen. Vereinfacht ausgedrückt: Erst wird die Theorie entwickelt und dann wird sie durch Beobachtung der Realität überprüft. Vertreter des Empirismus gehen genau andersherum vor. [2.3.4 Empirismus]

Auf dem Rationalismus basiert ein für die Wissenschaft wichtiges Verfahren Erkenntnisse aus logischem Schlussfolgern zu gewinnen: die Deduktion. Im Wege der Deduktion wird ausgehend von einer allgemeinen Theorie auf den Einzelfall, das Besondere, geschlossen. [3.1.2 Deduktion]

Eine Weiterentwicklung des klassischen Rationalismus ist der von dem Philosophen Karl R. Popper begründete Kritische Rationalismus, der diskutiert, wie wissenschaftliche oder gesellschaftliche Probleme methodisch und vernünftig (rational) gelöst werden können. Der Kritische Rationalismus geht von einer begrenzten Erkenntnisfähigkeit und damit Fehlbarkeit des Menschen aus. Der Mensch kann sich keine endgültige Gewissheit darüber verschaffen, dass seine Erfahrungen tatsächlich mit der Wirklichkeit übereinstimmen. Erkenntnis erscheint daher nicht als Ergebnis individueller Überlegungen, sondern als Resultat sozialer Prozesse.

Der Kritische Rationalismus fragt nicht, wie eine Theorie bewiesen werden kann, sondern wie sich herausfinden lässt, ob und an welcher Stelle sie fehlerhaft ist. Dazu schlägt Popper die Methode der Falsifikation vor, d. h. zu versuchen, eine These oder Theorie durch beobachtete Gegenbeispiele zu widerlegen. [3.1.5 Falsifizierung]

2.3.4   Empirismus

Die philosophische Position des Empirismus (von gr. εμπειρία/empeiria für Erfahrung) steht für die Auffassung, dass die sinnliche Wahrnehmung der Wirklichkeit die alleinige, zumindest aber die wichtigste Quelle menschlicher Erkenntnis ist. Die Summe der gespeicherten Wahrnehmungen bildet Erfahrungen. Jede Erkenntnis leitet sich ohne Vorwissen aus Erfahrung ab. Alle Erkenntnisse beruhen auf Sinneserfahrungen, Beobachtungen und Experimenten.

Der Philosoph John Locke (1632–1704) hat das so ausgedrückt: „Nihil est in intellectu quod non prius fuerit in sensu." (Lat.: Nichts ist im Verstand, was nicht vorher in den Sinnen war.)

Für die Wissenschaft ist die Haltung des Empirismus elementar, denn jede empirische Forschung basiert auf dieser philosophischen Position. [3.2 Empirie] Vertreter des Empirismus meinen, dass (sinnliche) Erfahrung voraussetzungs- und theoriefrei ist. Die Beobachtung in der Wirklichkeit ist die Voraussetzung für die Entwicklung einer (erdachten) Theorie, nicht umgekehrt wie beim Rationalismus. [2.3.3 Rationalismus] Vereinfacht ausgedrückt: Erst wird die Realität wahrgenommen und anschließend wird aus den Beobachtungen eine Theorie entwickelt.

Auf dem Empirismus basiert die Methode der Induktion, ein Verfahren, mit dem durch logisches Schlussfolgern Erkenntnisse gewonnen werden. In der Empirie wird typischerweise von Einzelbeobachtungen auf das Allgemeine geschlossen. Beispielsweise lässt sich eine allgemeingültige These formulieren, nachdem mit Hilfe eines Experiments eine hinreichende Anzahl einzelner Fälle beobachtet wurde. [3.1.1 Induktion]

Zu den bezeichnenden Weiterentwicklungen des Empirismus zählen der Positivismus (Logischer Empirismus) und der Neopositivismus, der sich am Exaktheitsideal der Naturwissenschaften orientiert. Anders als beim „reinen Empirismus" berücksichtigen diese Richtungen nicht nur die menschliche Erfahrung, sondern auch Gefühle und das menschliche Bewusstsein. Die Realität entsteht aus wahrnehmbaren und klaren Empfindungen, die durch positive Erfahrungen erlangt werden. Dabei wird weder nach dem Sinn noch nach den Gründen eines Tatbestands gefragt. Tatsachen können nur so hingenommen werden, wie sie als Wahrnehmung vorhanden sind.

Nach dieser Auffassung kann nur wirklich Gegebenes als Erkenntnisquelle dienen. Erkenntnis kann nur auf positiven Tatsachen beruhen. Für die Wissenschaft ergibt sich daraus die Forderung, dass Wissen auf positiven Befunden aufbauen muss. Positivisten lehnen also alles als unwissenschaftlich ab, was nicht beobachtbar und durch wissenschaftliche Experimente erfassbar ist. Im Positivismus wurzelt das Postulat, dass Forschung intersubjektiv überprüfbar sein muss.

Was sagen Erkenntnistheoretiker über Elefanten?

Die folgende Geschichte lehnt sich an das Gleichnis von den Blinden und dem Elefanten an. Der Elefant steht für die Realität bzw. für eine Wahrheit, die unterschiedlich wahrgenommen und interpretiert werden kann.

Vier Wissenschaftler, die noch nie in ihrem Leben einen Elefanten gesehen haben, haben einen in ihr Labor bringen lassen. Sie wollen das Tier untersuchen, indem sie es betasten. Um sich nicht ablenken zu lassen, führen sie ihr Experiment in völliger Dunkelheit durch. Die Wissenschaftler tappen im Dunkeln, denn sie können nicht erkennen, was sie da vor sich haben.

Der Konstruktivist befühlt den Rüssel des Elefanten und hält ihn für eine Schlangenart.

Für den Realisten ist der Elefant ein Elefant.

Der Rationalist hat eine Elefanten-Theorie entwickelt und stellt fest, dass er keinen Elefanten vor sich hat.

Der Empirist macht das Licht an.

3   Forschungsrichtungen und -methoden

„Meine Absicht ist nicht, zu beweisen, dass ich bisher recht gehabt habe, sondern:
herauszufinden, ob."
(Bertolt Brecht in „Das Leben des Galilei")

„Keine noch so große Zahl von Experimenten kann beweisen, dass ich recht habe;
ein einziges Experiment kann beweisen, dass ich unrecht habe."
(Albert Einstein)

Jedes wissenschaftliche Vorhaben hat das Ziel, neue Erkenntnisse zu gewinnen. [1.1.2 Wissenschaft, 1.4 Wissenschaftliches Arbeiten] Ein Forschungsprozess umfasst im Allgemeinen die folgenden Schritte:

1. Formulierung der Forschungsfrage(n)
2. Abgrenzung des Untersuchungsobjekts (Untersuchungsgegenstand)
3. Auswahl und Begründung der Forschungsmethoden
4. Konzeption des Forschungsvorhabens (Untersuchungsdesign)
5. Durchführung des Forschungsvorhabens (Erhebung)
6. Auswertung
7. Dokumentation und Präsentation der Forschungsergebnisse
8. Validation der Forschungsergebnisse

Der letzte Schritt, Validation, bedeutet zum einen, dass die Ausgangshypothese getestet bzw. eine Theorie überprüft oder entwickelt wird. Zum anderen wird in diesem letzten Schritt festgestellt, ob bzw. inwieweit das Forschungsziel erreicht bzw. die Forschungsfrage beantwortet wurde.

In diesem Kapitel lernen Sie,

- wie Sie eine Forschungsfrage formulieren,
- wie in der Wissenschaft mit Hilfe logischer Schlussfolgerungen Erkenntnisse gewonnen werden,
- wie aus einer Beobachtung eine Theorie entsteht,
- wie Hypothesen und Theorien entwickelt und überprüft werden und
- mit welchen unterschiedlichen Zielrichtungen und Methoden Sie an eine Forschungsfrage herangehen können.

3.1 Erkenntnislogik

Die Erkenntnistheorie beschäftigt sich unter anderem damit, was zuerst da ist, die Beobachtung oder die Theorie. [2.3 Erkenntnistheoretische Positionen] Unabhängig davon wirft der wissenschaftliche Erkenntnisprozess weitere Fragen auf. Wissenschaftliche Aussagen sind immer allgemeine Aussagen. Wie lassen sich aus Beobachtungen der Realität allgemeingültige Gesetzmäßigkeiten und ganze Systeme aus zusammenhängenden Gesetzmäßigkeiten ableiten? Welcher Weg führt von Beobachtungsaussagen (Einzelaussagen) zu Gesetzen und Theorien (allgemeinen Aussagen)? Welcher Weg führt von allgemeinen Aussagen zu Einzelaussagen bzw. Vorhersagen (Prognosen)? Welcher Weg führt von Beobachtungen und allgemeinen Aussagen zu Erklärungen? Wie lässt sich eine Theorie durch Tatsachen belegen?

Damit sind grundlegende Aspekte der Logik angesprochen. Die Erkenntnislogik (Forschungslogik) bezieht die grundlegende Fragestellung der Logik („Was folgt woraus?") auf den Forschungsprozess bzw. auf Methoden wissenschaftliche Erkenntnisse zu gewinnen. Die Erkenntnislogik beschäftigt sich mit Geltungsfragen, d. h. mit der Begründung und Nachprüfbarkeit von Aussagen und deren logischem Zusammenhang mit anderen Aussagen.

Es gibt drei verschiedene Wege mit Beobachtungen, Gesetzmäßigkeiten und Erklärungen Schlussfolgerungen zu ziehen: die Induktion, deren Gegensatz, die Deduktion, sowie die Abduktion. Die drei Verfahren unterscheiden sich durch den Ausgangspunkt der Schlussfolgerung (Einzelbeobachtung oder allgemeines Gesetz) und das Ergebnis (Gesetz, Prognose einer einzelnen Beobachtung oder Erklärung). Verifizierung (Verifikation) und Falsifizierung (Falsifikation) sind Methoden zur Prüfung von Theorien auf ihre Gültigkeit.

3.1.1 Induktion

Die Induktion (von lat. inducere für herbeiführen) schließt vom besonderen Einzelfall auf das Allgemeine, d. h. aus Beobachtungen der Realität werden allgemeingültige Gesetzmäßigkeiten und Theorien abgeleitet. Induktive Schlüsse gehen von Beobachtungen aus, aus denen bei genügender Häufigkeit Gesetzmäßigkeiten formuliert werden. Durch Induktion gelangen Wissenschaftler also von Beobachtungsaussagen (Einzelaussagen) zu Gesetzen und Theorien (allgemeinen Aussagen).

Induktion steht für den Prozess der Theoriebildung, bei dem beobachtete Regelmäßigkeiten verallgemeinert werden. Der Ansatz beruht auf der erkenntnistheoretischen Position des Empirismus, nach der jede menschliche Erkenntnis auf der sinnlichen Wahrnehmung der Wirklichkeit beruht. [2.3.4 Empirismus]

Beispiel

1. Albert Einstein ist sterblich.
2. Albert Einstein ist ein Mensch.
3. Alle Menschen sind sterblich.

Diese Schlussfolgerung folgt einem bestimmten Muster. Die logischen Schritte der induktiven Methode sind

1. Phänomen
2. Ursache/Randbedingung/Individuelle Gegebenheiten
3. Gesetz

„Phänomen" steht für einen Sachverhalt, der in der Realität an einem einzelnen Fall oder an einigen wenigen Fällen beobachtet wurde. Die Ursache erklärt die Beobachtung. Sie muss ebenfalls gegeben sein, damit die Gesetzmäßigkeit zutrifft. 1. und 2. sind also Voraussetzungen für die Schlussfolgerung in 3. Wenn davon auszugehen ist, dass 1. und 2. wahr sind, dann muss auch 3. zwangsläufig wahr sein.

Das Problem beim induktiven Schließen ist, dass der beobachtete Sachverhalt vielleicht eine Ausnahme ist, die nicht verallgemeinert werden kann.

Beispiel

Der an Schizophrenie erkrankte Mathematiker John F. Nash wurde für seine Leistungen auf dem Gebiet der Spieltheorie 1994 mit dem Nobelpreis für Wirtschaftswissenschaften ausgezeichnet.

1. John F. Nash ist ein brillanter Mathematiker.
2. John F. Nash ist schizophren.
3. Alle Schizophrenen sind brillante Mathematiker.

Dies ist offensichtlich keine logisch gültige (valide) Schlussfolgerung. Mit seinem Wissen und seiner psychischen Erkrankung gehört der betreffende Wissenschaftler zu einer Minderheit, so dass der Schluss auf viele oder gar alle Menschen mit dieser psychischen Störung unzulässig ist.

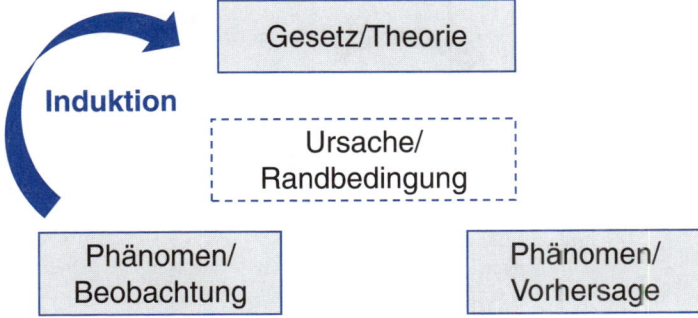

Abb. 3: Induktion (eigene Darstellung)

Beim induktiven Verfahren besteht die Gefahr, durch falsche Annahmen zu einer irrtümlichen Schlussfolgerung zu gelangen. Einzelwahrnehmungen und Erfahrungen werden beim induktiven Schließen verallgemeinert und können daher nie mit absoluter Gewissheit für gültig, sondern immer nur für wahrscheinlich erklärt werden. Je größer die Menge der beobachteten Einzelfälle ist, desto wahrscheinlicher ist es, dass eine Gesetzmäßigkeit Gültigkeit hat.

3.1.2   Deduktion

Die Deduktion (von lat. deducere für herabführen) schließt vom Allgemeinen auf den besonderen Einzelfall, d. h. aus allgemeingültigen Gesetzmäßigkeiten und Theorien werden Prognosen der Realität abgeleitet. Durch Deduktion gelangen Wissenschaftler also von Gesetzen und Theorien (allgemeinen Aussagen) zu Einzelaussagen bzw. Vorhersagen (Prognosen). Deduktive Schlüsse sind im Prinzip „Wenn-Dann-Aussagen".

Deduktion steht für die Ableitung von empirisch überprüfbaren Hypothesen bzw. erwarteten Phänomenen aus Theorien. Der Theoriebildung durch Induktion steht damit die Theorieprüfung durch den Test deduktiv abgeleiteter Hypothesen gegenüber. Das Verfahren beruht auf der erkenntnistheoretischen Position des Rationalismus, nach der jede menschliche Erkenntnis auf dem Verstand beruht. [2.3.3 Rationalismus]

Beispiel

1. Alle Menschen sind sterblich.
2. Albert Einstein ist ein Mensch.
3. Albert Einstein ist sterblich.

Dieses Schlussverfahren kehrt das induktive Muster um. Die logischen Schritte der deduktiven Methode sind

1. Gesetz
2. Ursache/Randbedingung/Individuelle Gegebenheiten
3. Phänomen

„Phänomen" steht für einen Sachverhalt, von dem angenommen wird, dass er für jeden Einzelfall gilt, der zum Gegenstandsbereich von 1. und 2. gehört. Wenn 1. und 2. zutreffen, dann lässt sich vorhersagen, dass 3. wahr ist bzw. eintreten wird.

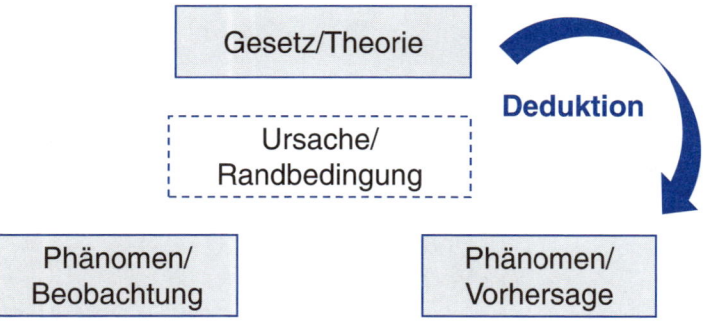

Abb. 4: Deduktion (eigene Darstellung)

3.1.3   Abduktion

Mit Abduktion (von lat. abducere für wegführen) lässt sich unter der Voraussetzung, dass die zugehörige Gesetzmäßigkeit bekannt ist, von einem beobachteten Phänomen bzw. einem Ereignis auf dessen Ursache schließen. Durch Abduktion gelangen Wissenschaftler von Beobachtungen und allgemeinen Aussagen (Gesetzen, Theorien) zu Erklärungen. Das macht die Abduktion zu einem Verfahren, mit dem erklärende Hypothesen aufgestellt werden können.

Beispiel

1. Albert Einstein ist sterblich.
2. Alle Menschen sind sterblich.
3. Albert Einstein ist ein Mensch.

Auch dieser Weg Schlüsse zu ziehen hat eine bestimmte Struktur. Die logischen Schritte der abduktiven Methode sind

1. Phänomen
2. Gesetz
3. Ursache/Randbedingung/Individuelle Gegebenheiten

Für das beobachtete Phänomen gibt es angesichts einer gültigen Gesetzmäßigkeit eine wahre, aber unbekannte Erklärung. Wenn 1. und 2. wahr sind, dann gilt 3.

Eine Gefahr beim abduktiven Schließen liegt darin, dass das gleiche Phänomen verschiedene Ursachen haben kann und dass gleiche Ursachen unterschiedliche Phänomene hervorrufen können (multikausale Problemkonstellation).

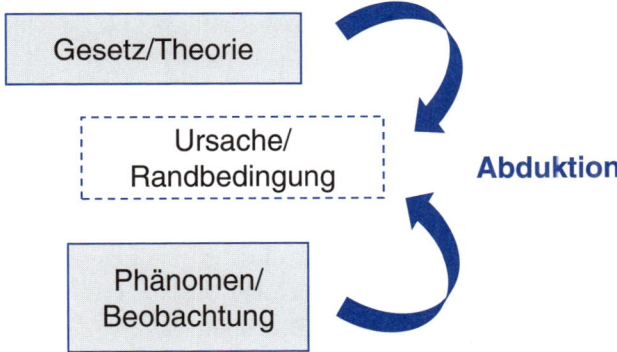

Abb. 5: Abduktion (eigene Darstellung)

3.1.4   Verifizierung

Der Begriff Verifizierung (Verifikation) (von lat. veritas und facere für Wahrheit und machen) steht für „Bewahrheitung" durch Überprüfung. Damit wird der Nachweis erbracht, dass ein Sachverhalt wahr ist. Eine Hypothese oder eine Theorie zu verifizieren bedeutet, sie zu bestätigen.

Nach der klassischen Sicht der Wissenschaftstheorie ist es Aufgabe der Wissenschaft, die Gültigkeit von Hypothesen und Theorien zu beweisen. Die erkenntnistheoretische Position des Empirismus geht davon aus, dass es durch Beobachtung der Realität möglich ist, einen solchen Nachweis zu erbringen. [2.3.4 Empirismus]

Dagegen sind Vertreter des Rationalismus der Auffassung, dass es letztlich unmöglich ist, Hypothesen oder Theorien zu verifizieren, weil es unmöglich ist, sämtliche Fälle zu untersuchen und die Wirklichkeit vollständig zu erfassen. Demnach können Theorien niemals endgültig bewahrheitet werden, weil es immer möglich ist, einen Fall zu finden, der die Theorie entkräftet. So argumentiert der Philosoph Karl J. Popper, der Begründer des Kritischen Rationalismus, dass es Verifizierung nicht gibt. Theorien oder Aussagen können nie mit absoluter Sicherheit verifiziert werden, es bleibt immer ein Rest von Unsicherheit. [2.3.3 Rationalismus]

Popper's berühmtes Beispiel ist die These „Alle Schwäne sind weiß.", die auf einer Beobachtung vieler weißer Schwäne beruht. Es ist nicht ausgeschlossen, dass schwarze Schwäne existieren und beobachtet werden können. Solange diese Möglichkeit besteht, kann die Hypothese nicht endgültig bewahrheitet werden. Sie darf lediglich beibehalten werden und als nicht widerlegt gelten, bis ein schwarzer Schwan gesichtet wird.

3.1.5   Falsifizierung

Der Begriff Falsifizierung (Falsifikation) (von lat. falsitas für Falschheit und facere für machen) steht für Widerlegung. Damit wird der Nachweis erbracht, dass ein Sachverhalt ungültig ist. Eine Aussage, These, Hypothese oder eine Theorie zu falsifizieren bedeutet, sie zu widerlegen.

Der Philosoph Karl J. Popper machte Falsifizierbarkeit zur entscheidenden Eigenschaft wissenschaftlicher Theorien und Aussagen. Anders als pseudowissenschaftliche Lehren sind wissenschaftliche Theorien falsifizierbar. Gute Theorien lassen sich empirisch testen.

Es gibt keine absolut sichere Erkenntnis der Wahrheit einer Hypothese oder Theorie. Allgemeine empirische Sätze oder Theorien können nicht verifiziert, sondern nur falsifiziert werden. Das bedeutet, dass sich wissenschaftliche Aussagen nicht beweisen, aber widerlegen lassen (Falsifikationsprinzip). Anstatt zu versuchen, die Gültigkeit von Aussagen zu verifizieren, muss der Wissenschaftler sie also hinterfragen und versuchen, sie zu widerlegen. Wenn eine Aussage, eine Hypothese oder eine Theorie falsch ist, muss es eine Beobachtung bzw. ein Experiment geben, das sie als ungültig entlarvt. Diese Überlegung verdeutlicht Popper mit dem Beispiel, dass ein einziger schwarzer Schwan genügt, um zu beweisen, dass nicht alle Schwäne weiß sind.

Daher fordert er, dass ein empirisch-wissenschaftliches System an der Realität scheitern können muss. Dies beschreibt die logische Eigenschaft der Falsifizierbarkeit bzw. Prüfbarkeit erfahrungswissenschaftlicher Aussagen. Hypothesen und Theorien sind für Popper immer nur vorläufig wahr – solange, bis es gelingt, sie zu falsifizieren. Gelingt es nicht, die Hypothese zu widerlegen, so gilt die Hypothese oder Theorie vorläufig als bestätigt.

Experimente werden häufig nicht so angelegt, dass sie den Beweis für die Richtigkeit eines Sachverhalts liefern, sondern die Beweisführung wird umgekehrt. Fast alle Hypothesen und Gesetze lassen sich so auslegen, dass sie bestimmte Phänomene verbieten. Damit lässt sich eine sogenannte Nullhypothese (H0) formulieren. Die Nullhypothese ist eine Negativhypothese, die genau das Gegenteil von dem aussagt, was die zu untersuchende Alternativhypothese (H1) behauptet. Gelingt es, diese Nullhypothese experimentell zu widerlegen, kann die Forschungshypothese aufrecht erhalten und der Sachverhalt als wahr betrachtet werden. Es ist aber nicht ausgeschlossen, dass die Alternativhypothese doch falsch ist und dass sich das mit einem anderen Untersuchungsdesign auch zeigen lässt. Eine Anwendung für diese wissenschaftstheoretische Anschauung ist der Signifikanztest in der induktiven Statistik, mit dem mit einer bestimmten Irrtumswahrscheinlichkeit (in den Sozialwissenschaften in der Regel 5 %) eine Alternativhypothese bestätigt und eine Nullhypothese widerlegt werden soll.

Wie kamen die Schildbürger zu wissenschaftlichen Erkenntnissen?

In seiner 1796 veröffentlichten „Denkwürdigen Geschichtschronik der Schildbürger" rechnet der Dichter Ludwig Tieck mit der Berliner Aufklärung ab und verspottet nebenbei die wissenschaftliche Logik und das Verhältnis von Theorie und Praxis.[19]

Um nicht mehr als hochqualifizierte Experten für fremde Fürsten arbeiten zu müssen, sondern endlich unbehelligt zu Hause in ihrer Gelehrtenrepublik bleiben zu können, beschließen die Männer von Schilda, künftig nur noch mit demonstrativer Torheit zu glänzen. Sie wollen bei allem, was sie anfangen, genau das Gegenteil von dem tun, was vernünftig wäre.

Ihr erstes Projekt ist der Bau eines neuen Rathauses, bei dem sie mit viel Schweiß und induktiver Logik ganz nebenbei die Freuden der Schwerkraft entdecken, die auf das Bauholz einwirkt. Das Rathaus wird plangemäß vollendet – und hat keine Fenster. Im Nachhinein finden sich zwar viele gute Gründe dafür, die Ratsversammlungen im Dunkeln abzuhalten, aber die Schildbürger sind doch nicht so ganz zufrieden mit der Situation.

Schließlich kommen sie auf die Idee, die experimentelle Physik zu nutzen. Sie wollen nicht versuchen, „neue Theorien aufzustellen, sondern im Gegenteil durch Erfahrungen und wiederholte Experimente der Natur auf die Spur zu kommen."[20] Wenn es möglich ist, Wasser in Gefäßen zu transportieren, dann könnte das auch mit Licht gelingen, vermuten sie. Dass noch niemand gesehen wurde, der Licht in einem Behälter trug, bringt sie nicht von ihrer These ab. Also ignorieren die Bürger von Schilda jede Theorie und beginnen mit ihrem empirischen Forschungsprojekt, das „Licht und Aufklärung in die Ratsstube .. schaffen"[21] soll. Alle geeigneten Instrumente werden eingesetzt: Säcke, Eimer, Schaufeln und eine Mausefalle.

Trotz größter Anstrengungen gelingt es den Schildbürgern nicht, die Negativhypothese zu widerlegen, dass sich Tageslicht nicht einfangen und wegtragen lässt. Sie müssen ihre Forschungshypothese, „Tageslicht lässt sich transportieren.", verwerfen und sind um eine Erkenntnis reicher: „Wir ... können nun mit Gewißheit behaupten, daß sich das Licht nicht auf diese Weise fortbringen läßt."[22] Ganz sicher sind sie sich aber immer noch nicht, weil sie fälschlicherweise glauben, dass sich Hypothesen verifizieren lassen.

---

[19] Vgl. Tieck, Wilhelm, Denkwürdige Geschichtschronik der Schildbürger in zwanzig lesenswürdigen Kapiteln (1796), in: ders., Die Schildbürger, Märchen, Kehl 1994, S. 13–75.

[20] Ebd., S. 46.

[21] Ebd., S. 47.

[22] Ebd., S. 48.

Trotzdem lassen die Schildbürger „in ihrem Archive mit großen Buchstaben die neuerfundene Wahrheit niederschreiben, daß sich das Tageslicht nicht in Säcken forttragen lasse. Einer von ihnen schrieb auch eine weitläufige Abhandlung, worin er zu beweisen suchte, daß es unmöglich sei, und sich dabei besonders auf den neulich angestellten Versuch stützte."[23]

3.2   Empirie

Die Empirie (von gr. εμπειρία/empeiria für Erfahrung) bzw. die empirische Forschung sucht nach Erkenntnissen durch die systematische Auswertung von sinnlichen Erfahrungen. Die Erkenntnismethode Empirie basiert auf der erkenntnistheoretischen Lehre des Empirismus. [2.3.4 Empirismus]

Empirische Aussagen werden von logischen, meta-physischen oder normativen Aussagen abgegrenzt, deren Wahrheitsgehalt sich im Gegensatz zu empirischen Aussagen nicht durch sinnliche Erfahrung in der Realität überprüfen lässt.

Empirische Untersuchungen sind erfahrungswissenschaftliche Forschungen, die sich direkt oder indirekt auf beobachtbare Sachverhalte beziehen. Empirisch vorzugehen heißt, im Feld oder im Labor Informationen zu sammeln, die auf gezielten Beobachtungen beruhen.

Nicht empirisch vorzugehen bedeutet dagegen, einzelne Sachverhalte durch allgemeines Wissen und eigene Erfahrungen zu interpretieren. In der klassischen, nicht empirischen Wissenschaft werden Objekte oder Sachverhalte mit Logik oder mit Spekulationen erklärt. Manche Wissenschaftszweige vernachlässigen empirische Methoden bewusst, so z. B. die Theologie.

3.2.1   Bedeutung von Empirie

Empirische Studien beziehen sich direkt oder indirekt auf beobachtbare Sachverhalte. In der empirischen Forschung werden Daten zu einem Untersuchungsgegenstand gesammelt. Eine der wichtigsten Aufgaben empirischer Wissenschaften ist die Analyse und Erklärung unterschiedlicher Ausprägungen von Merkmalen, die für eine Forschungsfrage als wichtig eingestuft und ausgewählt wurden, um Untersuchungsobjekte (Menschen, Organisationen etc.) zu beschreiben. In der klassischen empirischen Wissenschaft lassen sich Sachverhalte und Objekte durch Methoden wie Beobachtungen, Befragungen oder Experimente erklärt. [3.2.5 Empirische Methoden] Dabei ist wichtig, dass die Ergebnisse auch für Außenstehende nachvollziehbar und wiederholbar sind.

Empirische Studien dienen dazu, theoretische Aussagen in der Praxis wissenschaftlich zu testen und zu überprüfen. Ein zentraler Bestandteil empirischer Forschung ist die Formulierung und Überprüfung von Hypothesen. Dabei geht es um die Gewinnung allgemeingültiger Erkenntnisse für einen klar definierten Geltungsbereich. Im Zusammenhang mit der Formulierung einer oder mehrerer Hypothesen ist von einer Hypothesen erkundenden oder induktiven Funktion empirischer Forschung die Rede. Hypothesen zu empirisch überprüfbaren Sachverhalten müssen sich in der Realität bewähren (Hypothesen prüfende oder deduktive

---

[23]   Tieck, a.a.O., S. 49 f.

Funktion empirischer Forschung). Wenn Wissenschaftler Daten und andere Ergebnisse empirischer Beobachtungen nicht mit bestehenden Theorien erklären können, müssen sie aus neuen Hypothesen schrittweise neue Theorien entwickeln und diese erneut dem Versuch der Falsifizierung unterziehen. [2.2.4 Hypothese, 2.2.5 Theorie, 3.1.1 Induktion, 3.1.2 Deduktion, 3.1.5 Falsifizierung, 3.2.3 Untersuchungsansätze]

Viele Untersuchungsgegenstände sind einem zeitlichen Wandel unterworfen. Der Anspruch, aktuelle Entwicklungen und veränderte Rahmenbedingungen des Untersuchungsbereiches wissenschaftlich zu erfassen, setzt neben der kritischen Überprüfung bestehender auch die Entwicklung neuer Theorien und Hypothesen sowie deren Überprüfung in der Realität voraus, was die Bedeutung fortlaufender empirischer Forschung bekräftigt.

> **Was ist zuerst da: die empirische Beobachtung oder die Theorie?**
>
> Diese Frage ähnelt der nach dem Verhältnis von Henne und Ei. Beobachtungen der Wirklichkeit können eine Grundlage für die Formulierung von Annahmen und darauf aufbauenden Theorien sein, und sie können Hypothesen und Theorien (vorläufig) bestätigen oder widerlegen.
>
> Während des Übergangs von der Kreidezeit zum Tertiär vor ca. 65 Millionen Jahren starb die Hälfte aller Gattungen aus, darunter auch die Dinosaurier. Manche Forscher nehmen an, dass einer oder mehrere Meteoriteneinschläge einen Klimawandel auslösten und so zum Aussterben der Dinosaurier geführt haben. Diese Hypothese wurde entwickelt, als Geologen in der Sedimentschicht, die die Kreide-Tertiär-Grenze markiert, 1980 eine ungewöhnliche Konzentration des seltenen Schwermetalls Iridium fanden. Die Annahme, ein Meteoriteneinschlag sei die Ursache für diese geologische Anomalie, wurde zehn Jahre später durch die Entdeckung eines riesigen Kraters am Golf von Mexiko erhärtet.
>
> Allerdings ist nicht völlig geklärt, ob die Meteoriteneinschläge das Massenaussterben ausgelöst haben oder ob stetiger Vulkanismus und allmähliche Veränderungen des Ökosystems verantwortlich waren. Aktuelle Studien scheinen diese beiden Hypothesen zu widerlegen. Sie weisen nach, dass auf den Iridium-Anstieg im Gestein eine schlagartige Abnahme der Menge und Vielfalt an Fossilien folgte.

3.2.2   Forschungsansätze

Forschungsansätze beschreiben die Art und Weise, wie ein Forschungsproblem bearbeitet werden soll bzw. wie an das ausgewählte Thema herangegangen wird. In der Empirie werden zwei Forschungsansätze unterschieden: der positive Forschungsansatz, der auf der Erkenntnistheorie des Positivismus basiert, und der normative, der auf die philosophische Lehre des Normativismus zurückgreift. [2.3.4 Empirismus]

Der Positivismus erhebt „positive Befunde" einer Sache, d. h. in der Realität erfahrbare Phänomene zur Quelle aller menschlichen Erkenntnis. Dieser „positive Befund" ist eine Grundprämisse des Positivismus. Gemeint ist ein nachvollziehbares Ergebnis, das durch eine Untersuchung unter vorab definierten Bedingungen einen Nachweis erbracht hat. Erkenntnisse beziehen ihre Gültigkeit grundsätzlich aus Tatsachen, die durch objektive Erfahrungen erschlossen worden sind. Was nicht wahrnehmbar und durch wissenschaftliche Experimente erfassbar ist, ist unwissenschaftlich.

Die Leistung des positiven Forschungsansatzes besteht darin, den Zusammenhang zwischen den Sinneswahrnehmungen und der Entwicklung von Wissen in eine Theorie zu fassen. Tatsachen werden nur so akzeptiert, wie die Sinne sie aufgenommen haben. Alle Nachweise basieren auf der Gültigkeit der Sinneswahrnehmungen.

Bei einem positiven Forschungsansatz lauten die Grundfragen „Wie ist etwas?" und „Warum ist etwas so, wie es ist?". Er eignet sich daher besonders gut dazu, Begriffe und Definitionen zu präzisieren und Ursache-Wirkung-Zusammenhänge zu identifizieren.

Für den positiven Forschungsansatz ist charakteristisch, dass ein Sachverhalt möglichst beschrieben wird, ohne ihn zu bewerten oder zu verzerren, so dass die Betrachtung des Ist-Zustandes als wertfrei anzusehen ist.

„Warum brechen Wissenschaftler Forschungsprojekte ab?" ist ein Beispiel für eine Forschungsfrage, die einem Ursache-Wirkung-Zusammenhang nachgeht und u. a. mit Hilfe von Befragungen und Dokumentenanalysen zu beantworten ist. [3.2.5 Empirische Methoden]

Mit welchem Forschungsansatz werden Gurken zu Sonnenstrahlen?

Jonathan Swift beschreibt in seiner 1726 erschienenen Satire „Gullivers Reisen" die Akademie von Lagado, die sowohl Natur- und Ingenieurwissenschaften als auch Formal- und Geisteswissenschaften („spekulative Wissenschaften") beherbergt. Swift stellt die Gelehrten als „Projektemacher" vor, die zwar so etwas wie angewandte Wissenschaften betreiben, aber jeglichen Realitätssinn verloren haben. Einer von ihnen arbeitet jahrelang an einer kostengünstigen Methode zur Erwärmung kühler Sommertage. Er will aus Gurken Sonnenstrahlen rückgewinnen und diese in hermetisch verschlossenen Behältern konservieren, damit sie bei Bedarf freigesetzt werden können.[24]

Als Vorbild für die Schilderungen der Akademie und der Scharen von Gelehrten diente die 1660 gegründete Royal Society of London for Improving Natural Knowledge, kurz Royal Society. Swift karikiert den Chemiker Stephen Hales, der (mit einem positiven Forschungsansatz) epochemachende Studien zur Pflanzenphysiologie durchgeführt hatte.

Der Normativismus bezeichnet ein geschlossenes System von Normen. Seine Grundnorm beinhaltet die Lehre des Vorrangs des Geltenden vor dem Sein, woraus sich normative Fragestellungen ergeben.

Bei einem normativen Forschungsansatz lauten die Grundfragen „Wie sollte etwas sein?" und „Welche Maßnahmen eignen sich, um ein bestimmtes Ziel zu erreichen?". Dieser Ansatz wird gewählt, wenn es um die Vorgabe von Zielen und die Gestaltung von Ziel-Mittel-Systemen geht.

Ein normativer Forschungsansatz lässt sich daran erkennen, dass bei der Forschungsfrage mehr oder weniger offensichtlich Werturteile bzw. Normen mitschwingen. Sachverhalte

---

[24] Vgl. Swift, Jonathan, Gullivers Reisen (1726), Ausgewählte Werke in drei Bänden, Bd. 3, Frankfurt a. M. 1982, S. 257–260.

werden bewertet und bestimmte Handlungen empfohlen. Dies bedeutet jedoch gleichzeitig, dass entsprechende Aussagen nicht wahrheitsfähig sind. Bei diesem Ansatz lässt sich lediglich diskutieren und prüfen, ob Ziele und Maßnahmen aufgrund ihrer Bewertung realisiert werden sollten oder nicht.

„Wie müssen die Rahmenbedingungen für Forschungsprojekte gestaltet werden, um die Abbruchquote zu minimieren?" ist eine Forschungsfrage, die von der Prämisse ausgeht, dass es wünschenswert ist, dass Wissenschaftler ihre Vorhaben nicht aufgeben, sondern erfolgreich abschließen. Dass nach Bedingungen und Maßnahmen gefragt wird, die dies bewirken, ist typisch für den normativen Forschungsansatz.

Der Übergang von einem positiven, idealerweise wertfreien zu einem normativen, d. h. implizit wertenden, lösungsorientierten Forschungsansatz entspricht dem Übergang von der reinen zur angewandten Wissenschaft.

Wo verläuft die Grenze zwischen einem positiven und einem normativen Forschungsansatz?

Ausgehend von biochemischer Grundlagenforschung, die bis an den Anfang des 20. Jahrhunderts zurückreicht, fanden Forscher in den 60er Jahren im Knochenmark von Mäusen einen Zelltyp mit besonderen Fähigkeiten: Stammzellen. Die Genmanipulation an embryonalen Stammzellen bescherte der experimentellen Forschung die nobelpreisgekrönte Knockout-Maus, bei der bestimmte Gene einfach abgeschaltet werden. Mit diesen Tierversuchen konnten die Wissenschaftler die Folgen der Veränderung beobachten und Rückschlüsse auf die Funktion des betreffenden Gens ziehen.

Die Stammzellforschung liefert u. a. den Schlüssel zur Behandlung von Krebs- und Herzerkrankungen und zur Regeneration von Knorpel und Knochen, denn embryonale Stammzellen können sich in alle menschliche Körperzellen verwandeln und zerstörtes Gewebe reparieren. Forscher suchen nach Methoden, Stammzellen zu gewinnen und zu reproduzieren. Dazu gehören auch Experimente, bei denen Chimären gezüchtet werden – Mischwesen aus Mensch und Tier, die als Ersatzteillager für therapeutische Zwecke dienen könnten. Dabei wird menschliches Erbmaterial mit tierischem kombiniert. In der Prämisse, dass solche Forschungsarbeiten ethisch vertretbar sind, weil sie Lösungen für medizinische Probleme liefern können, steckt ein normatives Urteil über das wissenschaftlich Machbare und gesellschaftlich Wünschenswerte.

3.2.3 Untersuchungsansätze

Ausgangspunkt jeder empirischen Untersuchung ist ein Problem, aus dem sich das Untersuchungsdesign (Untersuchungsgegenstand, Methoden) ableitet. Untersuchungsansätze beschreiben die Art und Weise, wie ein Sachverhalt geklärt werden kann. Je nachdem, wie weit das Themenfeld in der Theorie bereits erschlossen ist, werden explorative und deskriptive Studien unterschieden, wobei diese beiden Idealtypen nur sehr selten in reiner Form vorkommen. Kausalanalytische Studien bilden eine weitere Kategorie.

Wenn der Untersuchungsbereich weitgehend unerschlossen ist, so dass noch keine Hypothesen formuliert werden konnten, wählen Wissenschaftler einen explorativen Untersuchungsansatz (von lat. explorare für erkunden). Bei einer explorativen Studie geht es darum, ein neues Untersuchungsgebiet zu erkunden, das Problemfeld zu strukturieren und Hypothesen zu entwickeln.

Ausgangspunkt für eine explorative Studie ist eine geringe Problemkenntnis. Ziel ist es, überhaupt erst einmal eine Einsicht in die Art des Problems zu gewinnen. Bevorzugte Methoden sind daher die Expertenbefragung und die Gruppendiskussion. [3.2.5 Empirische Methoden] Bei einem explorativen Untersuchungsdesign sollen mögliche Alternativen (Erklärungen, Handlungsmöglichkeiten etc.) sowie Variablen und Einflussfaktoren erfasst werden, die für das zu untersuchende Problem relevant sind. Ein weiteres Zielt ist es, Hypothesen aufzustellen.

Im Gegensatz dazu dient ein deskriptiver Untersuchungsansatz (von lat. describere für beschreiben) der Überprüfung einer fundierten Hypothese oder Theorie. Bei einer deskriptiven Studie kann ein Wissenschaftler von einer Problemstruktur ausgehen, die bereits bekannt ist, zu der aber noch keine empirischen Daten vorliegen.

Das Ziel der Erhebung besteht darin, das Phänomen zu beschreiben. [3.2.5 Empirische Methoden] Nachdem entsprechende Daten erhoben und weitere Informationen gesammelt wurden, dokumentieren deskriptive Studien den Ist-Zustand des Sachverhalts und beschreiben und analysieren dessen Problematik. Phänomene zu erklären, indem Hypothesen und Theorien formuliert und alternative Erklärungsansätze ausgeschlossen werden, ist dabei eher nachrangig. Vielmehr sollen reale Sachverhalte und deren praktische Umsetzung mit Anspruch auf Repräsentativität beschrieben werden.

Für kausalanalytische Studien (von lat. causa für Grund) ist typisch, dass sie Hypothesen über Wirkungszusammenhänge zum Ausgangspunkt haben. Ein kausales Untersuchungsdesign zielt daher darauf ab, diese Hypothesen zu testen und die Stärke der Zusammenhänge zu bestimmen.

Wie untersucht man einen sportlichen Kehllaut?

Manche Tennisspieler garnieren jeden ihrer Schläge mit einem lauten Stöhnen. Beim männlichen grunting, so der englische Fachbegriff, sind Kampfrichter und Publikum toleranter als bei lautstarken Spielerinnen, was vor allem die Soziologen interessiert. Bisher wurden zwar keine wissenschaftlich fundierten deskriptiven Studien aufgelegt, aber bei den Frauen sind zumindest einige Messwerte dokumentiert. Der Rekord liegt bei einer Lautstärke von 109 Dezibel. Zum Vergleich: Ein Löwe brüllt mit ca. 110 Dezibel.

Wissenschaftler versuchen dem Phänomen mit unterschiedlichen Untersuchungsansätzen beizukommen. Dabei geht es weniger um die Ästhetik des Tennisspiels als um Spieltaktik. Das Stöhnen war bereits Gegenstand einer explorativen phonetischen Studie,[25] und ein Experte in medizinischer Statistik lieferte einen kausal-

---

[25] Vgl. Braun, Angelika, Phonetische Betrachtungen zu einem Phänomen im Tennissport, Eine explorative Studie zum grunting, in: Mauelshagen, Claudia/Seifert, Jan (Hrsg.), Sprache und Text in Theorie und Empirie, Beiträge zur germanistischen Sprachwissenschaft, Stuttgart 2001, S. 198–208.

analytisch angelegten Vergleich der Präzision des Aufschlags mit und ohne Stöhnen.[26] Experimente eines Psychologenteams, die dem gleichen Untersuchungsprinzip folgten, wiesen nach, dass Tennisspieler, die beim Ballkontakt stöhnen, einen Vorteil gegenüber ihrem Gegner haben. Das Stöhnen macht den Gegner mürbe und erhöht seine Fehlerquote, weil es seine Reaktionsfähigkeit beeinträchtigt.[27]

3.2.4 Forschungsrichtungen in der Empirie

In der Empirie werden zwei Forschungsrichtungen unterschieden: die quantitative und die qualitative Forschung.

Die quantitative Forschung entspricht einer überprüfenden Forschungslogik. Hypothesen und Theorien sollen an der Realität getestet werden, was einem naturwissenschaftlichen Forschungsverständnis folgt. [1.2 Systematik der Wissenschaften] Eine quantitative Studie hat zum Ziel, Verhalten in Form von Modellen, Zusammenhängen und zahlenmäßigen Ausprägungen möglichst genau zu beschreiben.

Daher wird in der quantitativen Forschung in der Regel mit großen Fallzahlen gearbeitet. Stichproben werden so konstruiert, dass sie eine große Zahl von Untersuchungseinheiten umfassen. Wenn die Zusammensetzung der Stichprobe der Zusammensetzung der Grundgesamtheit (z. B. der Bevölkerung der Bundesrepublik Deutschland) entspricht, darf eine quantitative Studie Repräsentativität beanspruchen. Dabei kommt es nicht auf den Stichprobenumfang, d. h. auf die Anzahl der untersuchten Fälle an, sondern darauf, ob sich bestimmte Merkmale (z. B. Geschlecht, Alter) bei diesen ausgewählten Fällen so verteilen wie im großen Ganzen.

Bei der Auswertung der Ergebnisse einer quantitativen Erhebung wird eine vorab festgelegte Hypothese überprüft. Der Schwerpunkt quantitativer Forschung liegt in der Ermittlung von Häufigkeiten und quantitativ bezifferbaren Unterschieden. Sie gewinnt ihre Erkenntnisse meist aus dem Vergleich von Häufigkeiten. Dazu werden die quantitativen Messwerte mit anderen (zählbaren) Variablen in Beziehung gesetzt. Eine quantitative Studie ist daran zu erkennen, dass statistische Methoden angewendet werden, um einen großen Datensatz zu analysieren.

Quantitative Methoden sind in der Regel strukturiert und vollstandardisiert, damit jeder Befragte genau den gleichen Voraussetzungen unterworfen wird. Beispiele sind schriftliche oder telefonische Umfragen, bei denen standardisierte Fragebögen verwendet werden, die in Bezug auf die Fragen und evtl. vorgegebene Antwortmöglichkeiten einheitlich sind. [3.2.5 Empirische Methoden]

Die qualitative Forschung steht für eine entdeckende Forschungslogik, denn sie zielt auf die Entdeckung und Entwicklung von Theorieaussagen ab. Qualitative Verfahren orientieren

---

[26] Vgl. Lendrem, Dennis, Should John McEnroe grunt?, in: New Scientist, 99. Jg., H. 1367 vom 21.07.1983, S. 188–189.

[27] Vgl. Sinnett, Scott/Kingstone, Alan, A Preliminary Investigation Regarding the Effect of Tennis Grunting, Does White Noise During a Tennis Shot Have a Negative Impact on Shot Perception?, in: PLoS ONE, o. Jg., 2010, H. 5, online unter URL http://www.plosone.org/article/info:doi/10.1371/journal.pone.0013148 [Abruf 2011-09-30].

sich am geistes- und sozialwissenschaftlichen Forschungsverständnis. [1.2 Systematik der Wissenschaften] Es geht um das Beschreiben, Interpretieren und Verstehen von Zusammenhängen, das Aufstellen von Klassifikationen und die Generierung von Hypothesen. Der Schwerpunkt qualitativer Forschung liegt im Erkennen psychologischer, soziologischer, wirtschaftlicher und anderer Zusammenhänge. Dazu werden Schriftstücke, gesprochene Worte oder beobachtbares Verhalten untersucht.

Qualitative Studien zielen auf eine möglichst vollständige Erfassung und Interpretation problemrelevanter Themen. Aussagen über Häufigkeiten oder quantitativ bezifferbare Unterschiede sollen dagegen nicht getroffen werden. Daher arbeiten qualitative Methoden mit kleineren Fallzahlen. Die untersuchte Stichprobe umfasst eine kleine Zahl von Untersuchungseinheiten. Der Extremfall ist die Fallstudie am Einzelfall. Qualitative Studien sind daran zu erkennen, dass bei der Auswertung von Daten keine statistischen Analysen durchgeführt werden, weil quantitative Variablen unbedeutend sind.

Verglichen mit quantitativer zeichnet sich qualitative Forschung durch eine größere Offenheit und Flexibilität aus, da sie auf standardisierte Vorgaben so weit wie möglich verzichtet. Typische Methoden sind die Inhaltsanalyse, die Durchführung von Experteninterviews und die Moderation einer Gruppendiskussion. [3.2.5 Empirische Methoden]

Welche Forschungsrichtung eignet sich zum Erbsenzählen?

Der Naturforscher Gregor Mendel formulierte auf der Grundlage seiner Kreuzungsversuche an Erbsen drei Vererbungsregeln, die die möglichen Kombinationen von Erbfaktoren beschreiben. Mendel ging bei seinen Experimenten sehr systematisch vor, verwendete eine Vielzahl von Pflanzen und verließ die seinerzeit üblichen Methoden der Biologie, indem er seine Versuche statistisch auswertete. 1866 veröffentlichte er seine bahnbrechenden Erkenntnisse unter dem schlichten Titel „Versuche über Pflanzenhybriden".[28] Mendel's Versuchsergebnisse stimmten derart auffällig mit seinen theoretischen Annahmen überein, dass der Verdacht aufkam, er habe Daten manipuliert. Dies schmälert allerdings nicht die wissenschaftliche Anerkennung, die die Mendel'schen Vererbungsregeln posthum erfuhren.

Mendel gilt als „Vater der Genetik", konnte aber nicht erklären, *wie* die Vererbung erfolgt. Dass die Erbinformationen auf Chromosomen gespeichert sind, fanden Forscher erst später heraus. Der Zellbiologe T. C. Hu entwickelte 1952 eine Methode, die es ermöglichte, den menschlichen Chromosomensatz zu analysieren und die exakte Anzahl der Chromosomen zu bestimmen. Die Zahl 46 ist das Ergebnis qualitativer Forschung.

3.2.5   Empirische Methoden

Empirische Methoden dienen dazu, Sachverhalte systematisch und zielgerichtet mit den Sinnen zu erfassen. Sie werden u. a. in der empirischen Sozialforschung genutzt, wobei die Befragung das Standardinstrument darstellt. Wichtige Anwendungsfelder sind die Meinungs-

---

[28]   Vgl. Mendel, Gregor, Versuche über Pflanzenhybriden, in: Verhandlungen des naturforschenden Vereins in Brünn, Bd. IV, Abhandlungen 1865, Brünn 1866, S. 3–47.

forschung, die sich z. B. auf politische Einstellungen und das Wahlverhalten bezieht, und die Marktforschung, die u. a. die Bekanntheit und das Image von Produkten ermittelt.

Empirische Forschungsmethoden lassen sich in zwei grundlegende Kategorien einordnen: in die Primärforschung und in die Sekundärforschung.

Bei der Primärforschung (field research) wird Datenmaterial beschafft, zusammengestellt und ausgewertet, das vorher nicht vorhanden war. Das bedeutet, dass zu einem gegebenen Problem bzw. für einen bestimmten Informationsbedarf Daten originär erhoben werden. Das Sammeln von Daten, das der Informationsgewinnung dient, wird als Erhebung bezeichnet.

Neue Daten werden im Feld oder im Labor gesammelt. Typische Methoden für Feldstudien sind die Beobachtung und die Befragung. Es gibt verschiedene Formen der Beobachtung: die Eigen- oder Fremdbeobachtung, die offene oder versteckte Beobachtung sowie die teilnehmende oder nicht teilnehmende. Befragungen lassen sich schriftlich, persönlich (face to face), telefonisch oder online durchführen. Sonderformen sind das Experteninterview und die Gruppendiskussion.

Experimente sind eine besondere Form der Beobachtung, die in einer Laborsituation durchgeführt wird. Ein Experiment zeichnet sich durch eine Versuchsanordnung aus, die unter kontrollierten und festgelegten Umweltbedingungen vollzogen wird und damit wiederholbar ist.

An die Erhebung durch Beobachtung, Befragung oder Experiment schließt sich in der Primärforschung eine quantitative oder qualitative Datenanalyse an. [3.2.4 Forschungsrichtungen in der Empirie] Die Datenanalyse spielt auch in der Sekundärforschung eine Rolle. In diesem Zusammenhang ist allerdings die Analyse von Datenmaterial gemeint, das bereits vorliegt, weil es einmal für einen anderen Zweck erhoben wurde.

Die Sekundärforschung (desk research) beschäftigt sich mit Informationen, die für einen anderen Zweck erstellt wurden und somit ohne eigene Erhebung verfügbar sind. Eine typische Methode ist die Inhaltsanalyse, bei der Kommunikationsinhalte wie Texte, Bilder und Filme untersucht werden. Der Schwerpunkt liegt dabei auf Texten (Dokumentenanalyse). Bei einer Inhaltsanalyse besteht die Aufgabe darin, die Inhalte zu analysieren (z. B. durch eine Auszählung von Häufigkeiten bestimmter Schlüsselwörter). Eine Inhaltsanalyse kann sich darüber hinaus auch auf die Interpretation von Inhalten beziehen.

Die Methoden der empirischen Forschung sind in Bezug auf den mit ihnen verbundenen Aufwand und die Aussagekraft ihrer Ergebnisse mit bestimmten Vor- und Nachteilen verbunden, die bei der Methodenwahl abgewogen werden müssen.

Welche Rolle spielt der Zufall in der Wissenschaft?

Der Mikrobiologe Louis Pasteur hatte im 19. Jahrhundert nachgewiesen, dass Bakterien Krankheiten verursachen. Seitdem fahndeten Wissenschaftler nach einer Substanz, die Bakterien abtöten konnte, ohne den menschlichen Körper zu schädigen. Das erste Antibiotikum wurde 1928 entdeckt. Alexander Fleming bemerkte, dass der Schimmel, der sich in einer ausrangierten Petrischale gebildet hatte, die Bakterien darin zerstört hatte. Also züchtete Fleming Schimmelkulturen und versuchte erfolgreich, die Substanz zu bestimmen und herauszufinden, wie sie auf verschiedene Arten von Bakterien wirkte. Er nannte die Substanz Penicillin. Fleming konnte sie aber nicht isolieren, und die Veröffentlichung seiner Entdeckung erregte wenig Aufsehen. Erst elf Jahre später machten Howard Florey und Ernst Chain daraus ein Produkt. Alle drei wurden später mit dem Nobelpreis für Medizin geehrt.

Diese Form des glücklichen Zufalls wird als Serendipität (engl. serendipity) bezeichnet und oft angeführt, um Grundlagenforschung zu legitimieren, die definitionsgemäß nicht anwendungsorientiert ist. Serendipität ist die Gabe, unerwartet nützliche Dinge zu entdecken, ohne nach ihnen gesucht zu haben. Die Archäologie liefert viele Beispiele für echte Zufallsfunde. Anders als beim reinen Zufall sind bei einem „Glücksfund" aber manchmal auch das Suchen und die intelligente Schlussfolgerung im Spiel (Pseudo-Serendipität).[29]

Wenn Fleming bei seiner systematischen Suche nach einem Wirkstoff die unbrauchbaren Bakterienkulturen nicht richtig gedeutet und die Wirkung des Schimmels verkannt hätte, hätte er das Penicillin übersehen. „Der Zufall begünstigt den vorbereiteten Geist.", wie der Mikrobiologe Louis Pasteur einmal sagte.[30]

---

[29]   S. dazu Roberts, Royston M., Serendipity, New York 1989.

[30]   Vgl. Slowiczek, Fran/Peters, Pamela M., Discovery, Chance and the Scientific Method, in: Access Excellence Classic Collection, o. J., online unter URL: http://www.accessexcellence.org/AE/AEC/CC/chance.php [Abruf: 2011-08-07].

4 Wissenschaftsethik

> „Was einmal gedacht wurde, kann nicht mehr zurückgenommen werden."
> (Friedrich Dürrenmatt in „Die Physiker")

> „Egal ob man ein Gewehr macht oder ein Molekül, ein Gemälde oder ein Gedicht, man sollte
> immer fragen: Könnte ich damit jemandem Schaden zufügen?"
> (Roald Hoffmann)

Wissenschaftler tragen Verantwortung, und zwar nicht nur für positive Wirkungen ihrer Erkenntnisse auf ihre Umwelt, sondern auch in Bezug auf negative Folgen ihres Handelns.

Die Freiheit der Wissenschaft wird verfassungsrechtlich garantiert und zugleich begrenzt. Wissenschaft darf Dritte nicht in ihren Grundrechten beeinträchtigen. [1.3 Freiheit der Wissenschaft und Meinungsfreiheit] Daraus ergeben sich nicht nur juristische, sondern vor allem ethische Fragen danach, was Wissenschaftler tun dürfen und was nicht.

Aus dem Selbstverständnis der Wissenschaft resultieren darüber hinaus bestimmte Anforderungen an wissenschaftliches Arbeiten.

In diesem Kapitel lernen Sie,

- welche ethischen Prinzipien für Wissenschaftler relevant sind,
- welche Vorgehens- und Verhaltensweisen verboten sind,
- was auch für Studierende als gute wissenschaftliche Praxis gilt und
- welche Verstöße gegen wissenschaftliche Standards auch bei Anfängern nicht geduldet werden.

4.1 Wissenschaftsethische Prinzipien

Die Verantwortung von Wissenschaftlern gegenüber der Gesellschaft im Hinblick auf ihre Forschung und deren Folgen wird im Rahmen der Forschungsethik problematisiert. Demnach betrifft Forschungsethik die Verantwortung von Wissenschaftlern und Forschungseinrichtungen gegenüber Dritten, während sich der Begriff des wissenschaftlichen Ethos auf die Verantwortung des Wissenschaftlers innerhalb der Wissenschaftsgemeinde (scientific community) bezieht.

Unter dem Begriff Wissenschaftsethos werden vor allem Grundsätze einer Berufsethik für Wissenschaftler diskutiert. In Deutschland haben viele Forschungsinstitute, Universitäten

und Verbände nach dem Bekanntwerden gravierender Fälle von wissenschaftlichem Fehlverhalten freiwillige berufsethische Standards verabschiedet.

Einer der Grundsätze der Wissenschaftsethik, die in solchen fachspezifischen Ethikcodes
dokumentiert wird, lautet: Benutzte Vorlagen sind in angemessener Weise anzugeben. Wer
einer Fachpublikation wichtige Anregungen entnimmt, dies aber verschweigt und sie nicht
zitiert, verstößt gegen diesen Grundsatz. [12.2 Zitierpflicht]

In der empirischen Forschung gelten besondere forschungsethische Prinzipien, und zwar im
Sinne einer Verantwortung gegenüber Untersuchungspersonen. [1.3 Freiheit der Wissenschaft und Meinungsfreiheit] Zu den Grundsätzen zählen

-   die Achtung von Menschenwürde und Menschenrechten und der Schutz vor Leid und
    Schmerz,
-   das Einverständnis der Probanden, das auf der wahrheitsgemäßen Information über Ziel,
    Zweck, Verlauf und Methoden der geplanten Untersuchung beruht, und
-   die Einhaltung von Datenschutzbestimmungen.

Daraus ergibt sich als zentrales ethisches Prinzip empirischer Forschung, dass Studien, über
deren Ziel und Methoden die beteiligten Personen belogen werden und deren Durchführung
Personen schädigen, nicht durchgeführt werden dürfen. Erkenntnisse, die auf unethische
Weise zu Stande gekommen sind, dürfen nicht verwendet oder veröffentlicht werden, auch
wenn die Forschungsergebnisse plausibel sind.

> **Dürfen die Ergebnisse unmenschlicher Forschung später verwertet werden?**
>
> Zwischen 1939 und 1945 wurden in Deutschland vor allem in Konzentrations-
> lagern zahlreiche medizinische Studien durchgeführt, die in Wissenschaften wie
> die Rassenhygiene und die Erblehre (Eugenik) eingebettet und von wirtschaftli-
> chen oder militärischen Erkenntnisinteressen motiviert waren. Ärzte wie Josef
> Mengele und Karl Gebhardt machten grausame medizinische und pseudo-
> medizinische Versuche an mehreren Tausend Menschen. Die meisten von ihnen
> überlebten die Experimente nicht. Diejenigen, die überlebten, erlitten bleibende
> Gesundheitsschäden.
>
> Die Daten, die diese Experimente lieferten, und die medizinischen Erkenntnisse,
> die auf ihnen beruhen, dürfen nach wissenschaftsethischen Maßstäben nicht ver-
> wertet werden, wurden aber in der Nachkriegszeit in bekannten medizinischen
> Fachbüchern veröffentlicht. Präparate, die auf nationalsozialistische Verbrechen
> gegen die Menschlichkeit zurückgehen, lagern noch heute in medizinischen Insti-
> tuten.[31]

Zum Berufsethos von Wissenschaftlern gehört es, sich im Hinblick auf die gewählten Methoden und die herangezogene Literatur nach dem aktuellen Erkenntnisstand zu richten. Gute
wissenschaftliche Praxis zeichnet sich durch eine kritische Auseinandersetzung mit den er-

---

[31] Vgl. Hauenstein, Evelyn, Ärzte im Dritten Reich, Weiße Kittel mit braunen Kragen, in: Via medici, 7. Jg.,
      2002, H. 5, S. 84–88, online unter URL: http://www.thieme.de/viamedici/zeitschrift/heft0502/3_topartikel.
      html [Abruf: 2011-10-06].

zielten Erkenntnissen und deren Kontrolle aus. Qualitätssicherung ist ein wichtiges Merkmal wissenschaftlicher Redlichkeit.

Wissenschaftliche Professionalität umfasst auch, die wesentlichen Arbeitsschritte und die Arbeitsergebnisse zu dokumentieren und Zugangsmöglichkeiten für berechtigte Dritte zu schaffen. Die Autoren wissenschaftlicher Veröffentlichungen sind gemeinsam verantwortlich und rechenschaftspflichtig für deren Inhalte.

4.2 Wissenschaftliches Fehlverhalten

Verstöße gegen die Prinzipien der Forschungsethik und die Grundsätze des Wissenschaftsethos werden als wissenschaftliches Fehlverhalten sanktioniert. Dies kann an Forschungseinrichtungen arbeitsrechtliche und im Extremfall strafrechtliche Konsequenzen haben.

Wissenschaftliches Fehlverhalten liegt vor, wenn bewusst oder grob fahrlässig Falschangaben gemacht werden, wenn geistiges Eigentum anderer verletzt oder wenn deren Forschungstätigkeit auf andere Weise beeinträchtigt wird. Als schwerwiegendes Fehlverhalten gelten das Erfinden und das Verfälschen von Daten, z. B. durch Aussondern unerwünschter Ergebnisse oder durch die Manipulation von Abbildungen.

§ 51 UrhG räumt Verfassern wissenschaftlicher Arbeiten eine weit reichende Zitierfreiheit ein. Fremdes geistiges Eigentum an einem urheberrechtlich geschützten Werk oder an wissenschaftlichen Erkenntnissen anderer wird erst dann verletzt, wenn das Material verwertet und wahrheitswidrig die eigene Autorenschaft behauptet wird (Plagiat, von lat. plagium für Menschenraub). Fällt ein Plagiat mit einer Verletzung des Urheberrechts zusammen, kann das nach § 106 ff. UrhG als Ordnungswidrigkeit eingestuft werden oder sogar strafrechtliche Folgen haben. Beispiele sind die wörtliche Übernahme von Auszügen aus fremden Werken oder die Verwendung von geschütztem Bildmaterial ohne Angabe der Quelle bzw. des Urhebers. Auch Ideendiebstahl und die Sabotage von Forschungstätigkeit widersprechen dem Wissenschaftsethos.

§ 51 UrhG Zitate

Zulässig ist die Vervielfältigung, Verbreitung und öffentliche Wiedergabe eines veröffentlichten Werkes zum Zweck des Zitats, sofern die Nutzung in ihrem Umfang durch den besonderen Zweck gerechtfertigt ist. Zulässig ist dies insbesondere, wenn

1. einzelne Werke nach der Veröffentlichung in ein selbständiges wissenschaftliches Werk zur Erläuterung des Inhalts aufgenommen werden,

2. Stellen eines Werkes nach der Veröffentlichung in einem selbständigen Sprachwerk angeführt werden.

§ 63 UrhG Quellenangabe

(1) Wenn ein Werk oder ein Teil eines Werkes … vervielfältigt wird, ist stets die Quelle deutlich anzugeben.

§ 106 UrhG Unerlaubte Verwertung urheberrechtlich geschützter Werke

(1) Wer in anderen als den gesetzlich zugelassenen Fällen ohne Einwilligung des Berechtigten ein Werk oder eine Bearbeitung oder Umgestaltung eines Werkes vervielfältigt, verbreitet oder öffentlich wiedergibt, wird mit Freiheitsstrafe bis zu drei Jahren oder mit Geldstrafe bestraft.

(2) Der Versuch ist strafbar.

Der urheberrechtliche Plagiatsbegriff ist enger als das wissenschaftsspezifische Begriffsverständnis. Im urheberrechtlichen Sinn ist eine ungekennzeichnete Übernahme ein Plagiat, wenn sie vorsätzlich geschieht. In der Wissenschaft ist der Begriff des Plagiats genauso wie im allgemeinen Sprachgebrauch also weiter gefasst: Jede Verwendung fremder Ideen oder Texte ohne Quellenangabe ist ein Plagiat, ganz gleich ob der Vorwurf des Vorsatzes gerechtfertigt ist oder nicht. Unwissenheit schützt vor Strafe nicht.

Wann wird wissenschaftliches Fehlverhalten zum Skandal?

Einen der größten Skandale der modernen Forschungsgeschichte lieferte die Gen- und Stammzellforschung. Allerdings ging es dabei nicht um die ethischen Bedenken, die gegen diesen Wissenschaftszweig vorgebracht werden, sondern um Fälschung im großen Stil.

Hwang Woo Suk, international bekannter Stammzellforscher und „oberster Forscher" Südkoreas, hatte Anfang des Jahrtausends spektakuläre Erfolge gemeldet. Hwang hatte behauptet, er habe einen menschlichen Embryo geklont und daraus die erste menschliche Stammzelllinie geschaffen, was zuvor keinem anderen Wissenschaftler gelungen war. Ein Jahr darauf präsentierte er einen geklonten Hund und berichtete, er habe patientenspezifische Stammzellen gezüchtet. Hwang wurde zum Star.

Ende 2005 stellte sich heraus, dass Hwang entscheidende Inhalte seiner Forschungsberichte gefälscht hatte. Eine in der renommierten Zeitschrift Science als Titelstory erschienene Studie wurde als komplette Fälschung entlarvt – Bildmaterial inklusive. Nur Klon-Hund Snuppy war echt.

Hwang wurde aus dem Dienst der Staatlichen Universität Seoul entlassen und angeklagt. Der Klonforscher wurde wegen Verstößen gegen das Bioethik-Gesetz und wegen Veruntreuung von Forschungsgeldern zu anderthalb Jahren Haft verurteilt, die zur Bewährung ausgesetzt wurden. Die gefälschten Veröffentlichungen waren nicht Gegenstand des Prozesses.

Teil II:
Inhalt und Manuskriptgestaltung

„Mehr Inhalt, weniger Kunst!“
(William Shakespeare)

„Schreiben ist leicht. Man muss nur die falschen Wörter weglassen.“
(Mark Twain)

5 Anforderungen an schriftliche Prüfungsarbeiten

„Das Gespräch der meisten Gelehrten untereinander ist weiter nichts als ein gegenseitiges heimliches, höfliches Examen."
(Jean Paul)

„Abseits ist, wenn der Schiedsrichter pfeift."
(Franz Beckenbauer)

Kriterien für die Qualität wissenschaftlicher Arbeiten sind Wahrheitstreue, Objektivität, Genauigkeit, Überprüfbarkeit, Relevanz, Originalität und Verständlichkeit. Diese Kriterien werden auch an schriftliche Arbeiten angelegt, die im Studium verfasst werden.

In diesem Kapitel lernen Sie,

- was die inhaltliche Qualität einer wissenschaftlichen Arbeit ausmacht,
- welche Bedeutung formale wissenschaftliche Standards haben und warum Sie sich daran halten sollten,
- welche Folgen es haben kann, wenn Sie beim Zitieren von Quellen ein Plagiat begehen.

5.1 Inhaltliche und formale Anforderungen

Wissenschaftliches Arbeiten bedeutet, sich auf der Grundlage wissenschaftlicher Erkenntnisse und des aktuellen Standes der Diskussion in einem Fachgebiet eigene Gedanken zu machen und diese in einer für andere verständlichen Form darzustellen.

Maßgeblich für die Beurteilung der inhaltlichen Qualität studentischer Arbeiten sind der Schwierigkeitsgrad der Arbeit, der Themenbezug der Bearbeitung, die gedankliche Strukturierung der Darstellung, die Auseinandersetzung mit der aktuellen Literatur und die Eigenständigkeit der Gedankenführung.

Bei der Auseinandersetzung mit den wissenschaftlichen Auffassungen anderer müssen bestimmte formale Konventionen eingehalten werden. [12 Zitieren] Diese Konventionen sind wie „gute Manieren" in der Wissenschaft. Sie funktionieren wie eine gemeinsame Sprache, die Gedanken übermittelt und diskutierbar macht. Manche dieser Techniken haben einen nachvollziehbaren Sinn, andere beruhen schlicht auf wissenschaftlicher Übereinkunft und

Tradition, ohne dass begründet werden kann, warum auf eine bestimmte Art und Weise verfahren werden soll und nicht anders. Wenn Sie in wissenschaftlichen Kreisen anerkannt
werden möchten und Gehör finden wollen, müssen Sie diese Techniken beherrschen.

5.2   Konsequenzen bei Plagiat

Es gehört zur guten wissenschaftlichen Praxis, eine (Forschungs-)Arbeit selbstständig zu
verfassen, die benutzten Quellen wahrheitsgemäß und vollständig anzugeben und Zitate
anzuzeigen. Quellen zu verwenden ohne sie anzugeben, ist eine Form des Plagiats, die sich
in der Benotung der Arbeit niederschlägt und in schweren Fällen erhebliche Konsequenzen
haben kann. [4.2 Wissenschaftliches Fehlverhalten]

Sie können davon ausgehen, dass Prüfer Plagiate „wittern“. Schließlich kennen sie die maßgeb-
liche Literatur in einem Fachgebiet und sind erfahren genug, Stilwechsel und andere Indizien
zu bemerken. Unabhängig von solchen Verdachtsmomenten beurteilen gewissenhafte Prüfer
die Qualität der Quellenarbeit, indem sie stichprobenartig – und wenn es sein muss auch
intensiver – Zitate mit den Originalquellen abgleichen. Ob Sie Quellen, die online verfügbar
sind, korrekt zitiert haben, lässt sich mit Hilfe von Plagiatsnachweis-Software überprüfen.

„Aufgedeckte Plagiate führen zu sehr schlechter Laune Ihres Prüfers. Wirklich sehr, sehr
schlechter Laune. Diese zu vermeiden, ist also nicht nur eine Frage wissenschaftlichen An-
stands, sondern auch eine der taktischen Klugheit.“[32]

In § 37 Abs. 2 der Allgemeinen Satzung für Studien- und Prüfungsangelegenheiten der
Humboldt-Universität zu Berlin vom 19. Januar 2007 heißt es zu Täuschungsversuchen und
Plagiat: „Wer das Ergebnis einer Prüfungsleistung durch Täuschung, durch Verwendung von
Quellen ohne deren Nennung, durch Zitate ohne Kennzeichnung oder durch Nutzung nicht
zugelassener Hilfsmittel zu beeinflussen sucht …, hat die Prüfung nicht bestanden. In
schwerwiegenden Fällen kann der zuständige Prüfungsausschuss bestimmen, dass eine Wie-
derholung der Prüfung nicht möglich ist. Wird die Täuschung oder der Versuch erst nach
Erteilung des Nachweises bekannt, wird der Nachweis rückwirkend aberkannt.“

Wenn Sie ein schwerwiegendes Plagiat begehen, kann Ihnen je nach Studien- und Prüfungs-
ordnung für den betreffenden Studiengang das Ende des Studiums drohen. Die Ordnungen
mancher Studiengänge sind so angelegt, dass ein Leistungsnachweis, der endgültig nicht
bestanden ist, evtl. dazu führt, dass das betreffende Modul nicht bestanden ist, was die Ex-
matrikulation nach sich zieht.

Werden schwerwiegende Täuschungsversuche erst im Nachhinein offen gelegt, erkennen
Hochschulen nicht nur Scheine, sondern auch akademische Grade ab.

---

[32]   Schimmel, Roland, Juristische Klausuren und Hausarbeiten richtig formulieren, 8., überarb. u. erw. Aufl., Köln
        2009, S. 228.

Sind Plagiate in einer Doktorarbeit ein Kavaliersdelikt?

Mitte Februar 2011 berichtet die Süddeutsche Zeitung über Plagiate in der Dissertation des damaligen Bundesverteidigungsministers Karl-Theodor zu Guttenberg. Zu Guttenberg hat offenbar fremde Texte abgeschrieben, ohne deren Urheber anzugeben. Im Internet werden auf der Webseite „GuttenPlag Wiki"[33] verdächtige Textpassagen dokumentiert. 70 % der Arbeit stehen unter Plagiatsverdacht. Zudem soll zu Guttenberg den Wissenschaftlichen Dienst des Deutschen Bundestages genutzt haben, um seine Arbeit zu verfassen.

Nur wenige Tage nach den ersten Presseberichten wird gegen den Minister Strafanzeige gestellt: wegen möglicher Verstöße gegen das Urheberrecht und falscher eidesstattlicher Versicherung.

Bundeskanzlerin Angela Merkel, selbst promovierte Physikerin, kommentiert den Skandal mit den Worten, sie habe zu Guttenberg als Verteidigungsminister und nicht als wissenschaftlichen Assistenten berufen.[34]

Eine Woche nach der Veröffentlichung der ersten Vorwürfe erkennt die Universität Bayreuth zu Guttenberg den Doktorgrad ab. Wieder eine Woche später tritt dieser von seinem Amt als Verteidigungsminister zurück.

Eine Untersuchungskommission der Universität kommt später zu dem Schluss, dass zu Guttenberg „die Standards guter wissenschaftlicher Praxis evident grob verletzt und hierbei vorsätzlich getäuscht"[35] habe. Das Ermittlungsverfahren wegen unerlaubter Verwertung urheberrechtlich geschützter Werke wird nach Zahlung einer Geldauflage eingestellt.

Dieser Fall löste nicht nur in der Wissenschaft und in der Politik, sondern auch in der Öffentlichkeit eine intensive Diskussion über den Stellenwert wissenschaftlicher Grundprinzipien aus, bei der es im Kern um die Frage ging, was wissenschaftliche und politische Glaubwürdigkeit ausmacht.[36]

---

[33] Die Webseite http://de.guttenplag.wikia.com wurde 2011 als Vorbild für kollaborative Plagiatsdokumentation mit dem Grimme Online Award ausgezeichnet [Abruf: 2011-08-02].

[34] Vgl. Pressekonferenz vom 21.02.2011.

[35] Kommission „Selbstkontrolle in der Wissenschaft" der Universität Bayreuth, Bericht an die Hochschulleitung der Universität Bayreuth aus Anlass der Untersuchung des Verdachts wissenschaftlichen Fehlverhaltens von Herrn Karl-Theodor Freiherr zu Guttenberg, Bayreuth 05.05.2011, online unter URL: http://www.uni-bayreuth.de/presse/info/2011/Bericht_der_Kommission_m__Anlagen_0_5_2011_.pdf [Abruf: 2011-08-02], S. 13.

[36] Für eine sachliche Chronologie des Falles s. o. V., Aberkannt und abgetreten, Eine Chronik der Plagiatsaffäre, in: Forschung & Lehre, 18. Jg., 2011, H. 4, S. 282–283, online unter URL: http://www.forschung-und-lehre.de/Archiv [Abruf: 2011-08-02].

6 Themenfindung

„Man muss nicht nur mehr Ideen haben als andere, sondern auch die Fähigkeit besitzen, zu entscheiden, welche dieser Ideen gut sind."
(Linus C. Pauling)

„Die Ideen sind nicht für das verantwortlich, was die Menschen aus ihnen machen."
(Werner Heisenberg)

Es gibt verschiedene Arten schriftlicher wissenschaftlicher Arbeiten, die sich im Hinblick auf ihren wissenschaftlichen Anspruch und damit auch in Bezug auf die Bearbeitungsdauer, den Umfang und die Form unterscheiden.

Wenn Ihnen das Thema, das Sie bearbeiten, nicht vorgegeben wird, haben Sie das Vergnügen oder die Qual der Wahl. Die Auswahl und die Formulierung des Themas werden mehr oder weniger explizit als Teil der Gesamtleistung angesehen und bei der Benotung berücksichtigt.

> In diesem Kapitel lernen Sie,
> - welche Arten von wissenschaftlichen Arbeiten es gibt,
> - was eine Seminar- oder Hausarbeit von einer Bachelor- bzw. Masterarbeit unterscheidet,
> - wie Sie auf Ideen für ein Thema kommen,
> - wodurch sich eine gute Themenstellung auszeichnet und
> - ob es wichtig ist, wie viel Literatur es zu Ihrem Thema gibt.

6.1 Arten wissenschaftlicher Arbeiten

Wissenschaftliche Erkenntnisse werden auf unterschiedlichen Wegen publiziert und verbreitet. Die wichtigsten Kommunikationsformen innerhalb der Wissenschaftsgemeinschaft sind der Fachvortrag auf einer Tagung und die Veröffentlichung in Form eines Buches oder eines Aufsatzes in einer wissenschaftlichen Zeitschrift. [6.1 Arten von Quellen]

Aber nicht nur Veröffentlichungen anerkannter Wissenschaftler zählen zu den wissenschaftlichen Arbeiten, sondern auch Arbeiten, die im Laufe eines Hochschulstudiums oder am Anfang einer akademischen Laufbahn verfasst werden. Dazu gehören Seminararbeiten, Referate, Examensarbeiten, Doktorarbeiten (Dissertationen) und Habilitationsschriften. Sie unterscheiden sich nach dem inhaltlichen bzw. wissenschaftlichen Anspruch und dem Ausmaß des Erkenntnisgewinns, der mit ihnen verbunden ist, und damit auch in Bezug auf ihren Umfang und die Entstehungsdauer.

6.1.1   Seminararbeit, Protokoll und Examensarbeit

In den Geistes- oder Sozialwissenschaften ist eine Seminararbeit oder Hausarbeit eine rein deskriptive, d. h. beschreibende Ausarbeitung zu einem bestimmten nicht sehr weitläufigen Thema, das im Zusammenhang mit einem Seminar oder einer Vorlesung steht. Eine Seminararbeit dient im Studium u. a. dazu, das wissenschaftliche Arbeiten einzuüben. Die Aufgabe besteht in erster Linie darin, die grundlegende Literatur zu einem Thema in Bezug auf die Fragestellung kritisch auszuwerten. Die Eigenständigkeit der Arbeit ergibt sich in erster Linie aus dem Prozess der Auswahl der Quellen und Inhalte und der Strukturierung der Argumentation.

Ein Protokoll ist ein offizieller Bericht über einen Sitzungstermin. Es gibt das Geschehen bzw. inhaltliche Beiträge objektiv, wahrheitsgetreu und unkommentiert wieder. Zu unterscheiden sind das Verlaufsprotokoll, das chronologisch aufgebaut ist, und das Ergebnisprotokoll, das die wichtigsten Aspekte der Sitzung zusammenfasst und strukturiert, d. h. zu Themenblöcken geordnet wiedergibt.

Eine Examensarbeit (Diplomarbeit, Magisterarbeit, neuerdings Bachelorarbeit und Masterarbeit) ist anspruchsvoller. Mit seiner Abschlussarbeit soll der Prüfling beweisen, dass er in der Lage ist, ein bestimmtes Problem innerhalb einer vorgegebenen Frist selbstständig und mit Hilfe wissenschaftlicher Methoden zu bearbeiten. Zwar geht es auch hier um eine kritische Auseinandersetzung mit grundlegender und weiterführender Literatur, aber das Thema wird so gewählt, dass ein Gegenstand behandelt wird, der bislang noch gar nicht oder erst ansatzweise in der Literatur erscheint. Entweder handelt es sich tatsächlich um ein Themenfeld, das sehr aktuell ist, oder um den Versuch, ein bekanntes Konzept auf einen anderen Anwendungsbereich zu übertragen, oder auch um die Lösung eines anwendungsorientierten Problems an einem Einzelfall aus der Praxis. Gute Examensarbeiten zeichnen sich insofern u. a. durch einen gelungenen Wissenstransfer aus.

6.1.2   Referat und Poster

Das Gleiche gilt für Referate, die sich von der schriftlichen Ausarbeitung durch die Form der Präsentation unterscheiden. Referate dienen häufig der mündlichen Präsentation einer Seminararbeit und werden ggf. von einem Thesenpapier begleitet. Ein Thesenpapier gibt die Meinung des Verfassers in nummerierten Thesen wieder. Er nimmt dabei Stellung zu einer Problematik und stellt seine Lösungsansätze dar. Informationen zum behandelten Thema werden knapp und zusammenfassend angegeben.

Auf Konferenzen oder hochschulinternen Veranstaltungen können oft nicht alle wissenschaftlichen Arbeiten mündlich präsentiert werden. Die Beiträge werden stattdessen in Form eines Posters vorgestellt. Ein Poster ist ein großer Papierbogen (DIN A 1, besser DIN A 0), auf dem die Zielsetzung, die theoretische Basis, die Methodik und die zentralen Ergebnisse des Projekts knapp, strukturiert und möglichst kreativ visualisiert werden. Während der Präsentation der Poster sind deren Urheber anwesend und für die Teilnehmer der Veranstaltung ansprechbar.[37]

6.1.3 Doktorarbeit und Habilitationsschrift

Eine Doktorarbeit (Dissertation) ist eine umfangreiche, in sich geschlossene wissenschaftliche Arbeit, die eine Problemstellung behandelt, die von anderen Autoren noch nicht ausführlich aufgegriffen wurde. Eine anspruchsvolle Doktorarbeit zeichnet sich dadurch aus, dass sie das Thema in seiner ganzen Breite und mit der erforderlichen Tiefe bearbeitet und über die Darstellung der gesamten relevanten Literaturmeinungen hinaus zu einem Erkenntnisgewinn führt. Eine Dissertation gibt also in der Regel den aktuellen Forschungsstand auf einem bestimmten Gebiet wieder. Eine Doktorarbeit ist das wichtigste Element im Promotionsverfahren an einer Universität, mit dem die Doktorwürde und der entsprechende akademische Titel erlangt werden.

Eine Habilitationsschrift geht über den wissenschaftlichen Anspruch einer Doktorarbeit noch hinaus. Hier wird ein Thema auf einem hohen theoretischen Niveau behandelt. Der Erkenntnisgewinn ist im Idealfall so erheblich, dass mit der Arbeit eine Forschungslücke geschlossen werden kann. Die Habilitationsschrift kann eine umfassende wissenschaftliche Monographie sein oder in Form mehrerer hochwertiger Aufsätze vorgelegt werden (kumulative Habilitationsschrift). Die Habilitationsschrift weist die Lehrbefähigung nach und ist damit eine der Voraussetzungen für eine Habilitation. Mit der Habilitation, der höchsten Prüfung an einer Universität, wird festgestellt, ob der Wissenschaftler fähig ist, sein Fach in voller Breite in Forschung und Lehre zu vertreten. Ein Nachwuchswissenschaftler erwirbt mit ihr die Befugnis, an einer staatlichen Universität in einem bestimmten Fachgebiet zu lehren.

Wie entstehen geisteswissenschaftliche Arbeiten?

Der Satiriker Jonathan Swift lässt seinen Protagonisten Gulliver von einer Reise nach Laputo und einem Besuch der Akademie der Wissenschaften in der Hauptstadt Lagado berichten. Ein Professor der „spekulativen Wissenschaften" – gemeint sind die Formal- und die Geisteswissenschaften – hat einen Apparat mit einem ausgeklügelten Mechanismus erfunden, der alle Wörter der Landessprache immer wieder neu miteinander kombiniert. Zahlreiche Schüler sind damit beschäftigt, Satzbausteine zu identifizieren und aufzuschreiben, aus denen der Gelehrte ein vollständiges Kompendium der Wissenschaften zusammensetzen will.[38]

Zeitgenössische Spötter beschreiben den Forschungsprozess nicht als Wortmischmaschine, sondern als „Wiederkäuen – [als] das Kuhige an der Wissenschaft, vor allem der Geisteswissenschaft. ... Das geisteswissenschaftliche Arbeiten besteht aus der Darstellung des Forschungsstandes, der Darstellung der Quellen, der Darstellung der Interpretationen. ... Immer muss alles, was schon

---

[37] S. dazu das Beispiel von Flicker, Eva, Wissenschaftlerinnen im Spielfilm, Stereotype Geschlechterinszenierungen in Kino- und Fernsehfilmen seit 1929, Beitrag zur Workshow Visuelle Soziologie, Universität Wien, 23./24.11.2007, online unter URL: http://www.univie.ac.at/visuellesoziologie/Poster/VisSozPosterFlicker.pdf [Abruf: 2011-12-12].

[38] Vgl. Swift, a.a.O., S. 264–267.

> gesagt worden ist, noch einmal gesagt werden, wieder etwas anders als früher, mit den so genannten eigenen Worten ... Geisteswissenschaftliche Arbeiten sind Paraphrasen des Geschriebenen. ... Warum nur? Diese Frage ist sinnlos. Warum kauen, kauen, kauen die Kühe auf der Wiese? Sie können einfach nicht anders."[39]

6.2   Kriterien für die Themenwahl

Während das Thema bei Seminararbeiten häufig vorgegeben wird, stellt sich die Frage nach der Themenfindung im Studium spätestens vor der Examensarbeit. Mit dem Thema steht und fällt die Qualität einer wissenschaftlichen Arbeit.

Grundsätzlich sollten Sie sich ein Thema mit Bezug zu Ihrem Studienfach aussuchen, für das Sie sich interessieren und mit dem Sie sich über einen längeren Zeitraum hinweg auseinandersetzen möchten. Ihre Motivation wird sicherlich wesentlich höher sein als bei einem Thema, das Sie als uninteressant oder als trocken empfinden.

> **Welche Themen treiben Prüfer zur Verzweiflung?**
>
> Dass Dozenten vor allem für Referate und Hausarbeiten gerne Themen vorgeben, ist möglicherweise eine kluge Ausweichstrategie. Prüfer, die ihr Fachgebiet lieben, fürchten Rat suchende Studierende.
>
> „,Also, ich weiß einfach kein Thema. [...] Diese dicken alten Schinken, Flaubert und Zola und ... und so ... das ist einfach nicht so mein Bier. Ich steh da eher auf kurze Sachen. Maupassant, das törnt mich richtig an. Oder so moderne Sachen. L'étranger, das finde ich echt geil. [...] Wissen Sie, ich mach alles aus Gefühl. Ich muß da irgendeine gefühlsmäßige Beziehung zu aufbauen zu so einem Thema.'"[40]
>
> Solche Szenen, bei denen allerdings auch die Dozenten nicht immer gut wegkommen, sollen sich angeblich nicht nur in Romanistischen Seminaren abspielen.

Für die Themenfindung gibt es verschiedene Suchstrategien. Eine wichtige Säule ist die systematische Literaturrecherche, bei der Sie gezielt wissenschaftliche Zeitschriften und andere Literatur sichten. Die Literaturrecherche können Sie mit einer Internet-Recherche ergänzen. Eine weitere Möglichkeit sind Gespräche mit Dozenten und Praxiskontakte. Sie können aber auch durch eigene Erfahrung und Beobachtung von Alltagsphänomenen Ideen entwickeln. Kreativitätstechniken können den Prozess der Ideenfindung unterstützen.

Wählen Sie nicht den vermeintlich einfachsten Weg! Entscheiden Sie sich nach Ihren Fähigkeiten für ein originelles Thema, bei dem Sie ein hohes Maß an Eigenleistung zeigen können. Das wird von den Prüfern honoriert. Themen, die in der Literatur bereits völlig aufgearbeitet wurden, sind für fortgeschrittene wissenschaftliche Arbeiten ungeeignet.

---

[39]   Kiesow, Rainer Maria, Wiederkäuen, in: Vec, Miloš/Beer, Bettina/Engelen, Eva-Maria/Fischer, Julia/Freund, Alexandra M./Kiesow, Rainer Maria (Hrsg.), Der Campus-Knigge, Von Abschreiben bis Zweitgutachten, München 2008, S. 226–227.

[40]   Schwanitz, Dietrich, Der Campus, München 1996, S. 190 f., im Original z. T. kursiv.

Fassen Sie das Thema Ihrer Arbeit nicht zu weit, damit Sie nicht Gefahr laufen, den Gegenstand zu oberflächlich zu behandeln. Ggf. müssen Sie sich auf einen Teilaspekt beschränken. Formulieren Sie das Thema möglichst konkret und speziell So stellen Sie sicher, dass Sie die Problematik intensiv bearbeiten und diskutieren können. Bei einer zu engen Formulierung des Themas kann sich die Materialrecherche als schwierig erweisen.

Bei der Entscheidung zwischen einer literaturzentrierten („theoretischen") und einer empirischen Arbeit ist zu beachten, dass auch empirische Arbeiten eine theoretische Grundlage haben. Ohne Literaturstudium wird niemand auskommen. Das gilt auch für anwendungsorientierte Themen und Problemstellungen.

Die Frage „Wie viel Literatur gibt es zum Thema?" ist vordergründig. Ist die Literaturlage schlecht, spricht das meist für die Originalität des Themas und bietet Ihnen die Chance, eigene Gedanken zu entwickeln. Für diejenigen, die sich auf einer breiten Grundlage von Literaturquellen sicherer fühlen, besteht die Herausforderung eher in der gezielten Quellenrecherche und problemorientierten Literaturauswahl. [7 Stoffsammlung und Quellenarbeit]

Die Literaturlage ist auch für das eigene Zeitmanagement wichtig. Schließlich müssen Sie sich fragen, ob Sie das gewählte Thema in der gegebenen Zeit bewältigen können. Wie komplex ist das Thema? Wie viel Zeit muss für Literaturbeschaffung (ggf. Fernleihe) einkalkuliert werden? Wie groß ist (bei einer empirischen Arbeit) der Erhebungsbedarf? Sie sollten bei der Auswahl eines Themas dessen Schwierigkeitsgrad und Ihre eigenen Fähigkeiten möglichst gut einschätzen.

Bei Examensarbeiten und Dissertationen werden Sie sicher bedenken, dass eine gute wissenschaftliche Arbeit in dem Berufsfeld, das Sie anstreben, wie eine Visitenkarte ist. Ein sorgfältig gewähltes und gut formuliertes Thema kann Aufmerksamkeit wecken und bei Bewerbungen eine wichtige Rolle spielen.

Erleichtern Drogen die Themensuche?

Siegmund Freud kam als Begründer der Psychoanalyse zu Weltruhm. Nach seiner Promotion zum Doktor der Medizin war Freud auf der Suche nach einem Thema, das sich für eine Habilitationsschrift eignete. Dabei stieß er auf eine Veröffentlichung über die erfolgreiche Anwendung von Kokain bei erschöpften Soldaten. In einem Brief an seine Verlobte schrieb Freud: „In meiner letzten schweren Verstimmung habe ich wieder Coca genommen u. mich mit einer Kleinigkeit wunderbar auf die Höhe gehoben. Ich bin eben beschäftigt, für das Loblied auf dieses Zaubermittel Literatur zu sammeln."[41]

Freud befasste sich drei Jahre lang mit dem Thema und legte 1884 seine 26-seitige Studie „Über Coca" vor.[42] Darin erwähnte er die negativen Wirkungen von Kokain nur beiläufig und verharmloste das hohe Suchtpotenzial der Substanz. Freud hielt Kokain für ein wertvolles Heilmittel und empfahl es auch für den Morphin- und Alkoholentzug. Diese folgenschwere Einschätzung führte zum Tod eines morphinsüchtigen Freundes, den Freud vergeblich mit Kokain zu heilen versucht hatte.

---

[41] Freud, Siegmund, Brief an Martha Bernays vom 02.06.1884, zitiert nach Jones, Ernest, Sigmund Freud, Leben und Werk, Bd. 1, München 1984, S. 102–124, hier S. 109.

[42] Vgl. Freud, Siegmund, Ueber Coca, in: Centralblatt für die gesammte Therapie, 2. Jg., 1884, S. 289–314.

Freuds intensive Selbstversuche mit Kokain blieben ohne Folgeschäden, doch seine Empfehlungen machten das Rauschgift populär und lösten eine Welle des Kokainkonsums aus, der erst ab den 30er Jahren des 19. Jahrhunderts mit rechtlichen Sanktionen begegnet wurde. Heute werden Kokain, Morphin und ihre Derivate Crack bzw. Heroin aufgrund ihres Abhängigkeitspotenzials zu den gefährlichsten Drogen gerechnet.

Fünf Gebote der Themenfindung

1. Wählen Sie ein Problem, das Sie interessant finden und für das Sie sich begeistern.

2. Werden Sie nicht zum Wiederkäuer! Wählen Sie ein originelles Thema, bei dem Sie eigene Gedanken entwickeln können.

3. Finden Sie für Ihr Thema eine aussagekräftige Formulierung, die die Problemstellung wiedergibt und mit der Dritte etwas anfangen können.

4. Grenzen Sie den Gegenstand Ihrer Arbeit so ein, dass Sie die Aufgabe im Bearbeitungszeitraum bewältigen können.

5. Seien Sie ehrlich mit sich selbst und wählen Sie ein Thema, dessen Schwierigkeitsgrad Ihren eigenen Fähigkeiten entspricht.

7 Stoffsammlung und Quellenarbeit

„Es geht uns mit Büchern wie mit den Menschen. Wir machen zwar viele Bekanntschaften, aber nur wenige erwählen wir zu unseren Freunden."
(Ludwig Feuerbach)

„Bildung kommt von Bildschirm und nicht von Buch, sonst hieße es ja Buchung."
(Dieter Hildebrandt)

Ausgehend vom Thema Ihrer Arbeit und den Forschungsfragen, die Sie beantworten wollen, sollten Sie nicht aufs Geratewohl recherchieren und sammeln, sondern sich Gedanken darüber machen, welche Informationen Sie benötigen. Nicht alle verfügbaren Informationen sind brauchbar und nicht alle Informationen, die Sie brauchen, finden Sie an einem Ort.

Dieses Kapitel enthält Hinweise, von denen anzunehmen ist, dass Sie für einige Zeit Bestand haben. Auf Inhalte, die schnell überholt sein können, wie z. B. Internetadressen von Literaturdatenbanken, wurde verzichtet. Entsprechende Übersichten finden Sie in der Literatur. [Literaturempfehlungen]

In diesem Kapitel lernen Sie,

- wo Sie Literatur zu einem Thema finden,
- wie Sie gezielt nach relevanter Literatur suchen,
- wie Sie die Qualität von Quellen einschätzen,
- mit welchen Quellen Sie arbeiten dürfen und mit welchen nicht,
- wie Sie mit Informationen aus dem Internet umgehen,
- ob Sie Vorlesungsunterlagen zitieren dürfen,
- was Sie tun, wenn Sie eine Quelle zitieren wollen, an die Sie nicht herankommen, und
- wie viele Quellen Sie in Ihrer Arbeit zitieren sollten.

7.1 Arten von Quellen

Um eine wissenschaftliche Arbeit anzufertigen, müssen Sie sich einen Überblick über den Forschungsstand und damit über die Quellen verschaffen, die zu dem Thema vorliegen, das Sie bearbeiten wollen. Die Vielfalt der Quellen lässt sich in vier Kategorien einteilen: Monographie, Sammelband, Zeitschriftenaufsatz und Online-Publikation. Diese Unterscheidung ist nicht nur im Hinblick auf Strategien der Literaturrecherche, sondern auch für das korrekte

Zitieren aus diesen Quellen relevant. [7.3 Strategien der Literaturrecherche, 12.5 Zitierverfahren, 13 Literatur-/Quellenverzeichnis]

Eine Monographie ist eine Einzelschrift, d. h. ein selbstständig erschienenes Buch. Eine Monographie ist eine durchgehende wissenschaftliche Abhandlung über einen einzelnen Gegenstand bzw. zu einem bestimmten Thema, die in der Regel von einem einzigen Autor stammt.

Ein Sammelband ist eine Zusammenfassung von mehreren Einzelschriften zu einem bestimmten Fachgebiet bzw. Thema. Ein Sammelband ist also ein Buch, das mehrere selbstständige und getrennt erschienene Veröffentlichungen enthält. Dementsprechend vereinigt ein solcher Band Abhandlungen verschiedener Autoren.

Fachzeitschriften sind wichtige Medien zur Kommunikation wissenschaftlicher Erkenntnisse und damit wichtige Quellen für weitere Forschungsarbeiten. Für jedes Fachgebiet werden spezifische wissenschaftliche Zeitschriften herausgegeben. Da sie in regelmäßigen Abständen erscheinen, ist davon auszugehen, dass sie den jeweils aktuellen Forschungsstand wiedergeben.

Online-Publikationen (Internetquellen) eigenen sich besonders für die Recherche von Texten, die in gedruckter Form nur schwer oder gar nicht aufzufinden sind. Manche Abhandlungen werden ausschließlich online publiziert, bei anderen erfolgt eine Zweitverwertung über das Internet.

Warum bloggen Wissenschaftler nicht?

Aktuelle Forschungsergebnisse werden überwiegend als Artikel in Fachzeitschriften und als Konferenzbeiträge (Paper) veröffentlicht, weil dies traditionell diejenigen Medien sind, über die die Forschergemeinschaft (scientific community) kommuniziert. Für die Wissenschaften sind Soziale Medien (Social Media) wie z. B. Weblogs (kurz: Blogs) oder Microblogging-Dienste wie Twitter innovative Kommunikationswege, über die Adressaten schnell erreicht und (Zwischen-)Ergebnisse des Forschungsprozesses effektiv ausgetauscht und verbreitet werden können. Über Notiz- und Forschungstagebücher in Form eines Weblogs können Forscher den Diskurs über Zwischenergebnisse aus ihren Instituten in eine breite Fachöffentlichkeit verlagern, und Fachleute können Links zu Artikeln, Konferenzen oder Nachrichten über Twitter streuen (mindcasting).

Das ist für viele Wissenschaftler noch ungewohnt. Naturwissenschaftler zeigen sich in der Kommunikation über Soziale Medien aufgeschlossener als Sozial- und Geisteswissenschaftler, die die sogenannten Buchwissenschaften vertreten. Insgesamt haben sich Soziale Medien in der Wissenschaft allerdings noch nicht durchgesetzt. Nach einer Trendstudie aus dem Jahr 2009 verzichten die meisten Wissenschaftler auf eigene Blogs bzw. Microblogging-Dienste, weil sie in den direkten Rückmeldungen keinen Mehrwert sehen. Anders als in der Wissenschaftskommunikation im anglo-amerikanischen Raum hat Science Blogging hierzulande ein Imageproblem. Wissenschaftliche Reputation lässt sich damit nicht gewinnen.[43]

Die mangelnde Akzeptanz in der Fachkommunikation ist nicht nur eine Generationenfrage, sondern hat auch etwas mit Skepsis hinsichtlich der Sicherung von Qualitätsstandards zu tun. Die Prüfung eingereichter Beiträge durch einige wenige Fachkollegen, die über eine Veröffentlichung entscheidet (Peer Review), gilt trotz berechtigter Kritik nach wie vor als effektiverer Auslesemechanismus als die (nachträgliche) Diskussion veröffentlichter Ergebnisse durch eine größere Gemeinschaft von Nutzern.

Ein Vorteil Sozialer Medien liegt in ihrer Reichweite. Welches Potenzial Weblogs für die Vermittlung wissenschaftlicher Erkenntnisse gegenüber der Öffentlichkeit haben, zeigen erfolgreiche wissenschaftliche Blogs, die mehrere Hunderttausend Zugriffe im Monat verzeichnen. Das Blog-Portal ScienceBlogs.com, das seit 2006 Blogs aller Fachgebiete verknüpft, wird jeden Monat von mehr als 2 Millionen Nutzern frequentiert und hat auf Twitter über 7.000 Follower.[44]

7.2   Einstiegshilfen bei der Literatursuche

Die Literaturrecherche ist ein wichtiger Bestandteil des wissenschaftlichen Arbeitens. Die Aufgabe besteht darin, den in der Literatur dokumentierten Erkenntnisstand zu erschließen und aufzuarbeiten.

Mit einer Internet-Recherche in die Literatursuche einzusteigen, die auch über elektronisch verfügbare Schlag- und Stichwortkataloge von Bibliotheken wie dem OPAC führt, ist ein bequemer Weg, auf dem Sie allerdings nicht unbedingt alle themenrelevanten Quellen finden. Außerdem müssen Sie sich darüber im Klaren sein, dass Literaturhinweise auf Webseiten, deren Inhalte von Nutzern generiert wurden wie z. B. Wikipedia, nicht unbedingt zuverlässig sind.

Ein guter Ausgangspunkt für die Literaturrecherche sind Fachbibliographien. Eine Bibliographie ist ein umfangreiches Literaturverzeichnis zu einem bestimmten Thema. Mit Hilfe von Fachlexika und Handwörterbüchern können Sie sich einen Überblick über ein Themengebiet verschaffen und dazu vertiefende Literaturhinweise erhalten. Grundlagenliteratur, die in einer Lehrveranstaltung empfohlen wird, erfüllt für Studierende, die sich in ein Thema einarbeiten wollen, einen ähnlichen Zweck. Dissertationen und Habilitationsschriften sind für eine Literaturrecherche zu empfehlen, weil ihr wissenschaftlicher Anspruch so gelagert ist, dass sie einen Überblick über den Forschungsstand und damit über die relevante Literatur

---

[43]   Vgl. Gerber, Alexander, Trendstudie Wissenschaftskommunikation 2009, Präsentation vom 01.12.2009, S. 31 f., online unter URL: http://www.slideshare.net/AlexanderGerber/gerber-wk-trends-2009-umfrage [Abruf: 2011-08-13]; o. V., Social Media oder Weblogs – was passt besser zur Wissenschaft?, Interview mit Prof. Dr. Christoph Bieber vom 25.07.2011, Podcast, online unter URL: http://www.lisa.gerda-henkel-stiftung.de/content.php?nav_id=1735 (Dossier: Wissenschaft und Internet – Möglichkeiten und Grenzen) [Abruf: 2011-08-13].

[44]   Vgl. http://scienceblogs.com/channel/about.php und http://scienceblogs.com/newblogs/ [Abruf: 2011-08-13].

geben. Für den Einstieg eignen sich außerdem die jüngsten Ausgaben einschlägiger Fachzeitschriften.

Nachdem Sie sich auf diesen Wegen Ihrem Thema angenähert haben, setzen Sie die Suche in einem zweiten Schritt systematisch in Bibliothekskatalogen und Literaturdatenbanken fort. Literaturdatenbanken sind meistens auf ein Fachgebiet beschränkt und auf Trägermedien wie einer CD-ROM oder online verfügbar. Für bestimmte Fachgebiete existieren Datenbanken und Informationssysteme, deren Nutzung allerdings in der Regel kostenpflichtig ist.

Bei der Literaturrecherche dürfen Sie sich auf keinen Fall auf bestimmte Arten von Quellen beschränken, indem Sie nur einen einzigen Suchweg einschlagen. Die Stichwortsuche in einem Bibliothekskatalog liefert nur Hinweise auf Monographien, führt jedoch nicht zu themenrelevanten Aufsätzen in Fachzeitschriften und Sammelbänden. [7.1 Arten von Quellen] Ähnliches gilt für die Online-Recherche. Als Verfasser einer wissenschaftlichen Arbeit wird von Ihnen erwartet, dass Sie alle möglichen Fundstellen nutzen, einschließlich derjenigen, die Sie nicht bequem vom eigenen Schreibtisch aus erreichen können. Die Realität lässt sich nicht ergoogeln, schon gar nicht die wissenschaftlich relevante.

Lexika sind ernste Horte des Wissens – oder doch nicht?

Nachschlagewerke sind zwar ein guter Ausgangspunkt für Recherchen, aber nicht allen Einträgen ist zu trauen. Gelegentlich tauchen in Lexika U-Boote auf. So werden fingierte Artikel (Nihilartikel) genannt, die Personen oder Gegenstände beschreiben, die gar nicht existieren. Solche frei erfundenen, oft humoristischen Einträge sind bewusst platzierte Wissenschaftsfälschungen, die vom Leser aber als solche erkannt werden sollen. Das liest sich dann so:

„**Apopudobalia** (Ἀποπουδοβαλια). Antike Sportart, wohl eine antike Form des neuzeitlichen Fußballspiels; Einzelheiten sind jedoch nicht bekannt. bereits in den *Gymnastika* des Achilleus Taktikos … für das frühe 4. Jh. v. Chr. in Korinth belegt. In späthell. zeit scheint der Sport auch nach Rom gelangt zu sein … Im 1./2. Jh. n. Chr. wurde die A. durch die röm. Legionen bis nach Britannien getragen, von wo sie sich im 19. Jh. erneut ausbreitete. Trotz seiner offensichtlich hohen Popularität wurde der Sport bereits in der frühchristl. Lit. verdammt."[45]

„**Kur|schatten**↑: umgangssprachliche Bez. für eine Person in einer zeitlich u. räumlich auf den Kuraufenthalt beschränkten Partnerschaft; als natürliches Mittel zur Förderung des Kurerfolgs schulmedizinisch anerkannt, infolge der besonderen alternativmedizinischen Eigenheit jedoch ethischen u. familienpolitischen Bedenken ausgesetzt; wohl deswegen nicht regelmäßig Teil des Kurplans*. Gelegentliche Initiativen, dies zu ändern …, scheiterten schon in den Ansätzen am Widerstand der Krankenkassenträger u. Kirchen."[46]

---

[45]   O. V., Apopudobalia, in: Der Neue Pauly, Enzyklopädie der Antike, Altertum Bd. I., 1. Aufl., Stuttgart 1996, S. 895, Hervorhebung im Original.

[46]   O. V., Kurschatten, in: Pschyrembel Naturheilkunde und alternative Heilverfahren, 3., vollst. überarb. Aufl., Berlin 2006, S. 206, Hervorhebung im Original.

„**Stein|laus:** (engl.) *stone louse*; syn. Petrophaga lorioti; kleinstes einheim. Nagetier (Größe 0,3–3 mm) aus der Fam. der Lapivora mit den Subspecies Nieren-St. (Petrophaga lorioti nephrotica), Blasen-St. (P. lorioti vesicae), Gallen-St. (P. lorioti cholerica) u. Gemeine St. (P. lorioti communis); … **Vork.:** häufig Befall des Menschen mit den Sympt. Euphorie* u. typische Mimik (Kontraktion des Musculus* risorius u. Musculus* orbicularis oculi); Urs. möglicherweise Stoffwechselprodukte der St., die die Endorphin*-Ausschüttung stimulieren **Übertragung:** durch Speichel (sog. kissing stone louse disease); **Nachw.:** wegen der Lichtscheu mikroskop. äußerst schwierig."[47]

„**Verschlafen**, lat. abgek. *morb. lex.*, Niedergangsseuche in Spätkulturen, bes. im westl. Abendland verbreitet. Galt als unheilbar; dann durch Einsatz des Zeiterfassungsgeräts lokal überwunden; zeitweise bestritten."[48]

7.3 Strategien der Literaturrecherche

Um die Literatur zu einem Themengebiet zu erschließen, können Sie zwei Strategien verfolgen. Sie können systematisch vorgehen (Systematische Methode/Bibliographische Methode) oder eine „Literaturlawine" auslösen, der allerdings ebenfalls ein gewisse Systematik zu Grunde liegt (Methode der konzentrischen Kreise/Schneeballsystem/Lawinensystem).

7.3.1 Systematische Methode

Die Systematische Methode, die auch als Bibliographische Methode bezeichnet wird, ist eine Strategie, die hilft, das aktuell verfügbare Informationsangebot zu einem wissenschaftlichen Thema gründlich und möglichst vollständig zu ermitteln.

Das Rechercheprinzip besteht darin, von den aktuellsten Quellen auszugehen und sich quasi chronologisch in die Historie der themenrelevanten Veröffentlichungen zurückzuarbeiten. Ausgehend von einer aktuellen Veröffentlichung erfolgt eine strukturierte Recherche in Richtung älterer Quellen.

Ausgangspunkt für die Recherche sind aktuelle Fachzeitschriften. Finden Sie dort einen Beitrag zu dem gesuchten Thema, startet ein systematisches Durcharbeiten von älteren Jahrgängen der Zeitschrift. Genauso gehen Sie mit Monographien, Sammelwerken, Nachschlagewerken, elektronischen Medien und anderen relevanten Quellen um. Auf diese Weise können Sie auch gezielt nach Veröffentlichungen namhafter Autoren suchen, von denen Sie wissen, dass sie über ein Thema gearbeitet und publiziert haben.

Natürlich können Sie nicht alle durchsuchten Medien und gefundenen Quellen vollständig lesen. Meist geben das Sichten des Titels und einer Zusammenfassung des Inhalts (Abstract) sowie das Querlesen des Textes Aufschluss darüber, ob ein Beitrag für die eigene Arbeit relevant ist.

---

[47] O. V., Steinlaus, in: Pschyrembel Klinisches Wörterbuch, 260., neu bearb. Aufl., Berlin 2004, S. 1728, Hervorhebung im Original.

[48] O. V., Verschlafen, in: dtv-Lexikon in 20 Bänden, Bd. 19, 11., neu bearb. Aufl., München 1999, S. 159, Hervorhebung im Original.

Die Systematische Methode ist vergleichsweise zeitaufwändig und arbeitsintensiv, verspricht aber ein solides Fundament für die weitere Arbeit an einem Thema.

7.3.2   Methode der konzentrischen Kreise

Die Methode der konzentrischen Kreise, die auch bildhaft als Schneeball- oder Lawinensystem bezeichnet wird, unterscheidet sich von der Systematischen Methode in Hinblick auf den Ausgangspunkt der Recherche und den Umfang der gesichteten Quellen.

Das Schneeballsystem startet bei einer Quelle, die bereits bekannt ist oder die Sie als erste entdeckt haben. Das kann z. B. ein Lehrbuch sein oder eine Literaturempfehlung aus einer Lehrveranstaltung.

In den Literaturbelegen zu dieser Ausgangsquelle werden Sie Hinweise auf weitere Quellen zum Thema finden. Gehen Sie diesen Literaturhinweisen nach, werden Sie in anderen Quellen auf weitere Hinweise stoßen usw. So wie ein rollender Schneeball zu einer Lawine anwächst, steigt die Zahl der Fundstellen zunächst schnell an. Irgendwann werden Sie auf Texte stoßen, die Sie bereits kennen und die Sie schon gesichtet haben, und schließlich werden Sie auf diese Weise keine weiteren Quellen mehr entdecken.

Der Vorteil des Schneeballsystems ist, dass Sie sehr schnell die relevante (konsensfähige) Literatur zu einem Thema erschließen. Im Idealfall liefert Ihnen diese Recherchemethode einen umfassenden Überblick über die wesentlichen Werke zu dem Themengebiet, das Sie interessiert.

Da das Schneeballsystem ausschließlich zu Quellen in der Vergangenheit führt, die vor dem Text entstanden sind, der Ausgangspunkt der Recherche war, birgt es das Risiko, dass Sie aktuelle und möglicherweise hochgradig themenrelevante Werke nicht finden. Eine weitere Voraussetzung für ein gutes Rechercheergebnis ist, dass der Autor der Ursprungsquelle eine umfassende Literaturauswahl getroffen hat.

Wenn Sie diese Recherchemethode anwenden, laufen Sie außerdem Gefahr, an ein sogenanntes Zitierkartell zu geraten. Innerhalb eines Zitierkartells verweist ein Kreis von Autoren, die derselben wissenschaftlichen Denkschule angehören bzw. eine bestimmte Meinung vertreten, vorwiegend auf Veröffentlichungen von anderen Mitgliedern dieser Gruppe. Wenn Sie nach dem Schneeballsystem recherchieren, können Sie abweichende Meinungen leicht übersehen, weil diese nicht zitiert werden.

Mit dem Schneeballsystem allein ist es daher nicht möglich, sich einen umfassenden, aktuellen und objektiven Überblick über die vorhandene Literatur zu verschaffen. Deshalb werden das Schneeballsystem und die Systematische Methode häufig kombiniert. Die Recherche erfolgt dabei grundsätzlich von einer möglichst aktuellen Ausgangsquelle in Richtung älterer Literatur. Damit werden die Schwachpunkte des Schneeballsystems ausgeglichen.

Was sagt die Anzahl der Zitationen über die Qualität einer wissenschaftlichen Arbeit aus?

Die Anzahl der Zitationen, die ein wissenschaftlicher Beitrag erfährt, gilt als Indikator für seine Qualität, da angenommen wird, dass gute wissenschaftliche Arbeiten beachtet und öfter zitiert werden als uninteressante Beiträge. Damit ist jedoch weder gesagt, dass der Beitrag von den Forscherkollegen positiv gewürdigt wird, noch ist es ein Beleg dafür, dass sein Inhalt einen maßgeblichen Erkenntnisfortschritt bringt.

Ein im „Wissenschaftsbetrieb" unter der Redewendung „Publish or perish!" (engl. für „Veröffentliche oder stirb!") bekannter Imperativ führt dazu, dass Wissenschaftler immer produktiver werden – zumindest was die Quantität der Veröffentlichungen angeht.

In den Wirtschaftswissenschaften steigt die Anzahl der Artikel in Fachzeitschriften jährlich um ca. 5 %. Das bedeutet, dass sich die Menge aller erschienenen Aufsätze alle 14 Jahre verdoppelt, ohne dass die Anzahl der wissenschaftlich bedeutsamen Arbeiten proportional dazu wächst. Deren Steigerungsrate ist gleich der Quadratwurzel aus der Zahl der Veröffentlichungen.[49]

Im Durchschnitt wird ungefähr jeder zweite wissenschaftliche Artikel innerhalb von fünf Jahren zitiert. (In den Sozialwissenschaften ist es jeder vierte Beitrag.) Nur 2 % aller Artikel werden mindestens 30 Mal aufgegriffen. Da 5 bis 20 % aller Zitate Selbstzitate sind und Außenseiter innerhalb von Zitierkartellen „totgeschwiegen" werden, verstetigen sich Methoden und Inhalte zu einem strukturkonservativen wissenschaftlichen Mainstream, in dem bekannte Forscher besser wahrgenommen werden als unbekannte mit originellen Ansätzen.[50]

7.4 Grundsätze der Quellenauswahl

Potenzielle Quellen unterscheiden sich im Hinblick auf ihre Qualität. Nicht jede Quelle darf verwendet werden. Für die Auswahl von Literatur oder anderen Quellen gelten vier Grundsätze, die sich auf die Verfügbarkeit, die Seriosität, den Ursprung und die Aktualität der Quellen beziehen.

7.4.1 Verfügbarkeit

Der Leser einer wissenschaftlichen Arbeit muss die darin getroffenen Aussagen anhand der Quellen, auf denen die Arbeit basiert, nachprüfen können. Die Quellen müssen daher allgemein zugänglich und veröffentlicht sein. Diesen Maßstab erfüllen alle im Buchhandel oder in öffentlichen Bibliotheken frei zugänglichen Werke wie Fachliteratur, Gesetzestexte und amtliche Statistiken.

Zu den nicht allgemein zugänglichen Quellen gehören Vorlesungsskripte, Seminar- oder Examensarbeiten von Studierenden, mündliche Informationen und unveröffentlichte, interne Dokumente. Solche Quellen sind sogenannte „graue Literatur". Unveröffentlichte Quellen sind grundsätzlich nicht zitierfähig und dürfen nur in begründeten Ausnahmefällen wie z. B. bei einer Fallstudie herangezogen werden. [12.1 Zitierfähigkeit]

---

[49] Vgl. Meyer, Dirk, Über die Arbeit wissenschaftlicher Zeitschriften in der Ökonomie, in: Leviathan, 28. Jg., 2000, H. 1, S. 87–108, hier S. 93.

[50] Vgl. ebd., S. 93–95.

7.4.2   Wissenschaftlicher Anspruch und Seriosität

Nicht alle frei zugänglichen und damit zitierfähigen Quellen sind zitierwürdig und dürfen in einer wissenschaftlichen Arbeit verwendet werden. Die Zitierwürdigkeit einer Quelle hängt davon ab, ob sie wissenschaftlichen Qualitätskriterien genügt.

Nicht zitierwürdig ist insbesondere populärwissenschaftliche Literatur. Als populärwissenschaftlich wird Literatur bezeichnet, die Sachverhalte ohne konkrete Quellenangaben darstellt und meist in einem journalistischen, nicht wissenschaftlichen Schreibstil gehalten ist. Publikumszeitschriften, die ähnliche Merkmale aufweisen und sich insofern von Fachzeitschriften unterscheiden, sind ebenfalls nicht zitierwürdig.

Praktikerliteratur richtet sich nicht an ein wissenschaftliches Fachpublikum, sondern ist als anwendungsorientierte Ratgeberliteratur gedacht. Sie erkennen Sie u. a. an reißerischen Titeln („10 Schritte zum Erfolg", „Das 1 × 1 des …"). Handlungsempfehlungen werden häufig nicht begründet, und Quellen werden in der Regel nicht belegt, was solche Bücher unwissenschaftlich macht. Eine Information aus einer Fachzeitschrift für Praktiker kann in einer wissenschaftlichen Arbeit allenfalls als Aufhänger dienen und die Praxisrelevanz einer Fragestellung unterstreichen.

Die ausgewählten Quellen müssen seriös, d. h. redlich, kompetent und verlässlich sein. Meinungen aus einem pseudowissenschaftlichen Umfeld gehören ebenso wenig in eine wissenschaftliche Arbeit wie Zitate aus Seminar- oder Examensarbeiten, die im Internet verfügbar sind, deren Qualität aber für Studierende in den Einzelheiten oftmals schwer einzuschätzen ist. Artikel, die in seriösen Tageszeitungen erschienen sind, dürfen zitiert werden, Artikel aus einer Boulevardzeitung dagegen nicht, es sei denn, das Medium selbst ist Gegenstand der Analyse. [12.1 Zitierfähigkeit]

Was spricht für die Zitierwürdigkeit von Wikipedia und was spricht dagegen?

Wikipedia über Wikipedia: „Wikipedia .. (auch: die Wikipedia) ist ein am 15. Januar 2001 gegründetes freies Online-Lexikon in zahlreichen Sprachen. … Die Einträge (‚Artikel' u. a.) der Wikipedia werden von individuellen Autoren – seltener von kollektiv arbeitenden Autoren – unentgeltlich konzipiert, geschrieben und nach der Veröffentlichung gemeinschaftlich korrigiert, erweitert und aktualisiert."[51]

Wikipedia wird zwar in wissenschaftlichen Publikationen zunehmend zitiert,[52] doch gemessen an der Gesamtzahl der Zitationen bleibt ihr Anteil verschwindend gering.[53] Ob Wikipedia überhaupt zitiert werden darf, ist umstritten. Manche Prüfer verbieten ihren Studierenden ausdrücklich, auf Wikipedia-Einträge zu verweisen.

---

[51] http://de.wikipedia.org/wiki/Wikipedia, Stand 02.08.2011 [Abruf: 2011-08-02].

[52] Elseviers Online-Datenbank ScienceDirekt liefert für die Zeichenfolge wikipedia.org 796 (unbereinigte) Suchtreffer für das Jahr 2008, 949 Treffer für 2009, 1.043 für 2010 und 1.332 für 2011. Die Treffer stammen auch aus Artikeln, die neue Medien wie das Internet zum Gegenstand haben. Vgl. http://www.sciencedirect. com/ [Abruf: 2012-05-17].

[53] Jährlich werden ca. eine halbe Million Artikel bzw. Buchkapitel neu in die Datenbank ScienceDirekt aufgenommen. Vgl. http://www.info.sciverse.com/sciencedirect/about [Abruf: 2011-08-02].

Andere sind weniger dogmatisch, doch noch scheinen an Hochschulen die Wikipedia-Gegner in der Überzahl zu sein.

Wikipedia-Befürworter verweisen auf Studien, die belegen, dass die inhaltliche Qualität von Wikipedia-Einträgen mit der von Artikeln in renommierten Nachschlagewerken konkurrieren kann.[54] Wikipedia-Gegner führen Studien an, die zeigen, dass das Wikipedia-Niveau unter dem von Aufsätzen in wissenschaftlichen Fachzeitschriften liegt, und kritisieren einen Mangel an Objektivierung und Transparenz von Autorenschaften.[55]

Die Arbeit mit Primärliteratur ist dem Zitieren jeglicher Form von Lexikon vorzuziehen. Daher wird letzteres von Prüfern tendenziell als akademische Faulheit gedeutet und entsprechend gewertet. Abgesehen davon spricht ein ganz pragmatisches Argument gegen Wikipedia. Als Studierende sind Sie wissenschaftliche Anfänger, die sich ein Fach erst erarbeiten. Ihnen fehlen vielfach noch das Wissen und die Erfahrung, um eine Aussage sofort als falsch zu erkennen. Verlassen Sie sich beim Zitieren also lieber auf Quellen, deren Seriosität unbestritten ist. Wenn Sie sich schnell einen ersten Überblick über ein neues Thema verschaffen und das anschließende gründliche Recherchieren, Bewerten und Auswählen von Informationen üben wollen, ist Wikipedia ein guter Ausgangspunkt.

Wissenschaftliche Arbeiten stellen besondere Anforderungen an die Fachspezifität der Literatur. Darunter ist zu verstehen, dass Literatur verwendet wird, die sich mit dem Themenkomplex der zu bearbeitenden Fragestellung beschäftigt.

Außerdem muss sich die Qualität der Quellen auf dem Niveau einer wissenschaftlichen Arbeit befinden. Allgemeine Nachschlagewerke (z. B. Duden, Brockhaus) oder fachbezogenen Lexika sollten Sie möglichst nicht zitieren, da diese Quellen auf andere Literatur zurückgreifen. Lehrbücher sind in der Regel als unspezifische Einführungsliteratur einzustufen und damit ebenfalls nicht zitierwürdig.

7.4.3 Ursprung

Eine einschlägige Monographie, ein Beitrag in einem Sammelband oder ein Aufsatz in einer Fachzeitschrift hat bei der Literaturauswahl immer Vorrang. Bei den meisten wissenschaftlichen Zeitschriften werden die Beiträge vor ihrer Veröffentlichung von Fachgutachtern bewertet, um ein Mindestmaß an wissenschaftlicher Qualität zu gewährleisten (Peer Review). [7.1 Arten von Quellen]

Für den Ursprung von Quellen gilt außerdem der Grundsatz, dass Primärliteratur Vorrang vor Sekundärliteratur hat. Sekundärliteratur ist Literatur, die Aussagen aus anderen Quellen zitiert. Indem Sie auf die Originalquelle zugreifen anstatt ein Sekundärzitat anzubringen,

---

[54] Vgl. Becher, Johannes/Becher, Viktor, Gegen ein Anti-Wikipedia-Dogma an Hochschulen, Warum Wikipedia-Zitate nicht pauschal verboten werden sollten, in: Forschung & Lehre, 18. Jg., 2011, H. 2, S. 116–118, hier S. 116 f., online unter URL: http://www.forschung-und-lehre.de/Archiv [Abruf: 2011-08-02].

[55] Vgl. Lorenz, Maren, Der Trend zum Wikipedia-Beleg, Warum Wikipedia wissenschaftlich nicht zitierfähig ist, in: Forschung & Lehre, 18. Jg., 2011, H. 2, S. 120–121, hier S. 121, online unter URL: http://www.forschung-und-lehre.de/Archiv [Abruf: 2011-08-02].

stellen Sie sicher, dass Sie nicht eventuelle Zitierfehler aus der Sekundärquelle übernehmen. [12.5 Zitierverfahren]

> **Warum können Zitate aus zweiter Hand gefährlich werden?**
>
> „If you torture the data long enough it will confess." Diese Bemerkung des Ökonomen Ronald Coase drückt aus, dass Messergebnisse den zu beweisenden Sachverhalt bestätigen, wenn die Modellannahmen nur oft genug angepasst werden.
>
> In der Literatur wird Coase auch so zitiert: „‚If you torture the data long enough nature will confess' (cited in Wallace 1977: 431)."[56] Oder in einer jüngeren Quelle: „This methodology is described eloquently by Coase: ‚if you torture the data long enough, Nature will confess.'"[57] Der Zusatz des Wortes „nature" verfälscht den Sinn der Aussage. Die Wirklichkeit bestätigt nun die Richtigkeit der Daten. Beide Autoren haben den Satz falsch übernommen. Der formal korrekte Klammerzusatz „cited in" für „zitiert nach" zeigt immerhin an, dass das sinnentstellende Zitat ein Sekundärzitat ist.
>
> Der Rechtswissenschaftler und Ökonom Gordon Tullock, Kollege und Wegbegleiter von Coase, bringt in einem Artikel das Originalzitat an und kommentiert: „I have heard him say this several times. So far as I know he has never published it."[58]
>
> Wenn man die Buchstaben nur lange genug foltert, bestätigen sie, was man sagen will.

7.4.4   Aktualität

Für wissenschaftliche Arbeiten ist die Aktualität der Quellen wichtig, es sei denn, es geht um die historische Betrachtung eines Sachverhalts. In diesem Fall ist eine Betrachtung der Primärliteratur und zeitgenössischer Quellen ausdrücklich gefordert. Abgesehen von dieser Ausnahme zitieren Sie am besten nur aktuelle Literatur, um zu gewährleisten, dass die herangezogenen Quellen den gegenwärtigen Wissensstand wiedergeben. Zitieren Sie also immer die aktuellste Auflage eines Werkes.

Literatur, die älter als zehn Jahre ist, gilt als veraltet, es sei denn, es handelt sich um grundlegende Werke. Beim Zitieren solcher Quellen müssen Sie also umsichtig vorgehen. Oft sind Erkenntnisse aus älteren Werken bereits überholt oder wurden sogar widerlegt. In den Naturwissenschaften ist dies beispielsweise häufig der Fall. Das Gleiche trifft auf Gesetzestexte zu. Von einer wissenschaftlichen Arbeit wird jedoch erwartet, dass sie die neuesten wissenschaftlicher Erkenntnisse verwertet und diskutiert.

---

[56]   Lieberson, Stanley, Making it Count, The Improvement of Social Research and Theory, Berkeley 1985, S. 98.

[57]   Kennedy, Peter, A Guide to Econometrics, Cambridge 2003, S. 96.

[58]   Tullock, Gordon, A Comment on Daniel Klein's ‚A Plea to Economists Who Favor Liberty', in: Eastern Economic Journal, 27. Jg., 2001, H. 2, S. 203–207, hier Anmerkung 2.

Wie schnell veralten Quellen?

Die Bibliometrie untersucht wissenschaftliche Publikationen und die Produktivität ihrer Autoren mit mathematischen und statistischen Verfahren. Durch quantitative Analysen wird z. B. bestimmt, wie schnell die Anzahl der Veröffentlichungen wächst und wie intensiv wissenschaftliche Arbeiten zitiert werden. Dabei interessiert u. a., wie lange es dauert, bis eine Arbeit überhaupt nicht mehr beachtet wird (Zitierlebensdauer).

Die Halbwertszeit (Halbleben) wissenschaftlicher Literatur ist ein bibliometrischer Indikator, der in Analogie zum radioaktiven Zerfall angibt, nach welchem Zeitraum die Information zur Hälfte ihre Relevanz verloren hat. Die bibliometrische Halbwertszeit von wissenschaftlicher Literatur liegt ungefähr bei fünf Jahren. Das bedeutet, dass eine Arbeit fünf Jahre nach ihrem Erscheinen nur noch halb so oft zitiert wird.

Die verschiedenen Arten von Literatur haben unterschiedliche Lebensdauern. Bücher altern langsamer als Zeitschriftenartikel. Außerdem ist die Halbwertszeit abhängig vom Fachgebiet. In den Naturwissenschaften, die sich schnell entwickeln, ist sie erheblich geringer als in den Geisteswissenschaften. Die Informationen in naturwissenschaftlichen Quellen sind also schneller überholt.

Informationen im Internet gelten noch schneller als veraltet. Webseiten, die seit einem Jahr nicht aktualisiert wurden, gelten als verwaiste bzw. tote Seiten. Tote Links sind defekte Verweise auf verschwundene Internetressourcen. Angeblich führen nach einem Jahr 15 % aller Hyperlinks ins Leere.

7.4.5 Zitierwürdigkeit von Internetquellen

Das Internet ist eine beliebte und intensiv genutzte Fundgrube. Allerdings finden Sie dort neben hervorragenden Quellen auch viele Informationen, die nach wissenschaftlichen Maßstäben mittelmäßig und unbrauchbar, wenn nicht gar falsch sind. Wenn Sie auf einem Themengebiet noch nicht versiert sind, ist es mitunter schwierig, die Spreu vom Weizen zu trennen. Bei der Recherche im Internet ist erhöhte Vorsicht geboten.

Oft ist nicht sofort zu erkennen, ob es sich bei der aufgerufenen Webseite um eine verlässliche Quelle handelt. Um die Seriosität zu überprüfen, genügt nicht allein der optische Eindruck, vielmehr müssen Sie darauf achten, dass die bereitgestellten Informationen nachprüfbar und durch geeignete Quellen belegt und abgesichert sind.

Die Kunst besteht darin, die qualitativ hochwertigen Quellen herauszufiltern und mit diesen zu arbeiten. Sie müssen Internetquellen immer überprüfen, indem Sie Recherchen zur Seriosität und Kompetenz ihrer Verfasser anstellen und die Aussagen kritisch hinterfragen. Internetquellen erfordern eine Plausibilitätsprüfung. Checken Sie Inhalte aus dem Internet unbedingt gegen, indem Sie sie mit anderen Quellen abgleichen!

Die meisten Menschen verfügen über einen freien Zugang zum Internet. Jeder Nutzer hat die Möglichkeit, Informationen im Internet zu veröffentlichen, zu aktualisieren, zu erweitern, aber auch zu löschen. Das macht das Internet nicht nur zu einem Fundort für falsche oder ungenaue Informationen, sondern auch zu einem flüchtigen Medium.

Ob die verwendete Quelle aktuell ist, stellen Sie fest, indem Sie einen Blick auf das Impressum oder auf den unteren Rand der Webseite werfen. Dort ist in der Regel das Datum der letzten Änderung zu finden. Weitere Indizien für Aktualität sind Datumsangaben im Text und die Erscheinungsjahre angegebener Quellen.

Falls es die Themenstellung nicht unbedingt erfordert, sollten Sie Internetquellen nur ergänzend zu gedruckten Medien heranziehen. Zitieren Sie Online-Quellen nur dann, wenn gedruckte Quellen zu einem Sachverhalt nicht zur Verfügung stehen! Beim Zitieren solcher Quellen müssen Sie besondere formale Anforderungen beachten. [12.5.6 Zitierregeln für Internetquellen und audiovisuelle Medien, 13.5 Nachweis von Internetquellen] Bei Prüfungsarbeiten können Sie kurzlebige Texte nach Absprache mit dem Gutachter in den Anhang aufnehmen. Bewahren Sie in jedem Fall sicherheitshalber einen Ausdruck des Dokuments auf, den Sie für den Prüfer verfügbar halten. [9.5 Anhang]

7.4.6 Anzahl zitierter Quellen

Wie viele Quellen sollten in einer wissenschaftlichen Arbeit zitiert werden? Für die angemessene Anzahl gibt es keine Richtwerte. Faustformeln wie „20 Quellen pro Seminararbeit", „drei Quellen pro Seite" oder ähnliche sind unsinnig.

Abgesehen von der Art der geplanten Arbeit, geben das Thema und der Zeitrahmen für die Bearbeitung die Richtung vor. Eine wissenschaftliche Arbeit, die über Jahre hinweg entsteht, wie eine Dissertation oder eine Habilitationsschrift, fordert in der Breite und in der Tiefe ein intensiveres Literaturstudium als eine Arbeit, die im Studium verfasst wird. Die Anzahl der zitierten Quellen wird bei einer Abhandlung, die mehrere hundert Seiten umfasst, um ein Vielfaches höher sein als bei einer Seminararbeit.

Was hat wissenschaftliches Arbeiten mit Jagen und Sammeln zu tun?

„In der Sammelfußnote bricht sich der gestaute Wissenschaftselan des Forschers gewalttätig Bahn. Er hat bibliographiert, kopiert, sondiert. Vor den Schrecken seiner Arbeit im Büro, Labor und Archiv steht die Bestandsaufnahme des früheren Fleißes der Kollegen. Nur ein Zehntel des Eisbergs der Gelehrsamkeit ragt aus dem Ozean der Wissenschaft. ... In der Sammelfußnote kommt der Schlamm der Gelehrsamkeit wieder zum Vorschein. Nicht Ideen, keine Thesen, die bloße Masse ist das nachgewiesene Ferment des wissenschaftlichen Fortschritts. Die Sammelfußnote verzeichnet alles. Auf S. 1 des Themas platzt Anm. 1 herein als Miniaturbibliographie und typographische Repräsentation eines Meters Bibliothek zu Beweiszwecken. Sie raunt dem Leser betäubend zu: Mein Verfasser hat alles zu seinem Thema gesehen.

Unter den wissenschaftlichen Ruhekissen ist die Sammelfußnote für den Autor das Kronjuwel. Vor dem entsetzten Blick des vormals neugierigen Lesers marschieren in feindlicher Willensrichtung Kolonnen von Lexikonartikeln, Festschriftbeiträgen und Monographien auf: Wer es mit dem Autor aufnehmen will, muss sich erst durch uns hindurchkämpfen!"[59]

---

[59] Vec, Miloš, Sammelfußnote, in: ders./Beer, Bettina/Engelen, Eva-Maria/Fischer, Julia/Freund, Alexandra M./ Kiesow, Rainer Maria (Hrsg.), Der Campus-Knigge, Von Abschreiben bis Zweitgutachten, München 2008, S. 174–175.

Solange die Arbeit den Stand der Diskussion in einem Fachgebiet angemessen wiedergibt, ist die Qualität der Literaturquellen wichtiger als deren Quantität. Bei ausgesprochen anwendungsorientierten Themen, bei Themen, deren Gegenstand eng gefasst ist, und bei Themen, die sehr aktuell sind, wird die Literaturlage zwangsläufig eher dürftig sein.

Wenn die Literaturbasis Ihrer Arbeit aus guten Gründen recht schmal ist, dürfen Sie das Literaturverzeichnis keinesfalls willkürlich anreichern. Nur diejenigen Titel werden in das Literaturverzeichnis aufgenommen, die tatsächlich zitiert wurden. [13 Literatur-/Quellenverzeichnis] Sie sollen den Leser auf der Basis der zitierten Literatur mit der Qualität Ihrer Ausführungen beeindrucken, nicht mit schierer Masse.

Zehn Gebote der Stoffsammlung und Quellenarbeit

1. Beschränken Sie die Literatursuche nicht auf „desk research" im Internet und im OPAC Ihrer Hochschulbibliothek.

2. Kombinieren Sie die Systematische Methode der Literaturrecherche mit dem Schneeballsystem.

3. Zitieren Sie nur veröffentlichte Quellen, keine „graue Literatur" wie z. B. Vorlesungsskripte.

4. Eifern Sie nicht den Faultieren nach! Arbeiten Sie mit fachspezifischer Literatur und nicht mit Lexika.

5. Zitieren Sie nur Literatur, die sich an ein wissenschaftliches Fachpublikum richtet – keine Lehrbücher, keine populärwissenschaftlichen Quellen, keine Ratgeber für Praktiker.

6. Primärliteratur hat Vorrang vor Sekundärliteratur.

7. Machen Sie bei Informationen aus dem Internet (inklusive Wikipedia) einen Seriositäts- und Plausibilitätscheck und sichern Sie sich mit anderen Quellen ab.

8. Zitieren Sie Internetquellen nur dann, wenn Aussagen in gedruckten Quellen nach objektiven Maßstäben nicht zu finden sind.

9. Zitieren Sie Quellen, die den aktuellen Stand des Wissens wiedergeben, es sei denn, Ihr Thema erfordert etwas anderes.

10. Ignorieren Sie Faustregeln zur angemessenen Anzahl von Quellen in einer Arbeit, es sei denn, Ihr Prüfer besteht darauf. Qualität geht vor Quantität.

8 Formale und stilistische Anforderungen an wissenschaftliche Arbeiten

„Große Gedanken brauchen nicht nur Flügel, sondern auch ein Fahrgestell zum Landen."
(Neil Armstrong)

„Originelle Formulierungen sind noch nicht originelle Einsichten."
(Ludwig Marcuse)

Schriftliche wissenschaftliche Arbeiten folgen in ihrem grundlegenden inneren Aufbau und in ihrer Form einer allgemein anerkannten Struktur, an die Sie sich halten müssen. Auch in der Gestaltung des Manuskripts sind Sie nicht völlig frei. In der Regel müssen Sie formale Vorgaben Ihrer Prüfer beachten oder sich an dem orientieren, was bei schriftlichen Arbeiten allgemein üblich ist.

Die Form, die Sie vor dem Ausarbeiten des Manuskripts festgelegt haben, müssen Sie für die gesamte Arbeit einheitlich durchhalten. Planen Sie vor dem Abgabetermin genügend Zeit ein, damit Sie Ihr Manuskript Korrektur lesen oder – noch besser – von anderen lesen lassen können. Bedenken Sie, dass der erste Eindruck, den ein Prüfer von Ihrer Arbeit hat, ein formaler ist!

In diesem Kapitel lernen Sie,

- aus welchen Bausteinen sich eine schriftliche wissenschaftliche Arbeit zusammensetzt und in welcher Reihenfolge sie angeordnet werden,
- was Sie beim Schriftbild und beim Layout Ihres Textes beachten müssen,
- dass eine wissenschaftliche Arbeit kein möglichst lebendig und alltagsnah formulierter Erlebnisbericht ist, der in der Ich-Form geschrieben wird, und
- welche Wörter und sprachlichen Wendungen Sie in Ihrer Arbeit nicht verwenden sollten.

8.1 Bestandteile einer wissenschaftlichen Arbeit

Eine wissenschaftliche Arbeit, die als Seminar- oder Examensarbeit im Studium verfasst wird, setzt sich aus mehreren Bausteinen zusammen, die in der folgenden Reihenfolge angeordnet werden. Elemente, die nicht unbedingt in jeder Arbeit vorkommen, werden in Klammern angeführt.

- Titelblatt
- (Vorwort, Geleitwort)
- (Abstract)
- Inhaltsverzeichnis (mit Anhangverzeichnis)
- (Abbildungsverzeichnis)
- (Tabellenverzeichnis)
- (Abkürzungsverzeichnis)
- Text der Arbeit
- (Anhang)
- Literatur- bzw. Quellenverzeichnis
- [Eidesstattliche Erklärung]

Das Titelblatt bzw. Deckblatt ist die erste Seite einer Arbeit. Neben dem Namen des Verfassers und dem Titel der Arbeit sind folgende Angaben üblich bzw. werden in Mustern vorgegeben: Name der Hochschule, Bezeichnung des Studiengangs, ggf. Bezeichnung der Lehrveranstaltung, Name des Prüfers bzw. Gutachters, Abgabedatum und weitere Angaben zum Verfasser (Anschrift, Matrikelnummer, Fachsemester).

Auf die Titelei folgen bei einer Monographie häufig ein Vorwort des Verfassers und manchmal ein Geleitwort. Anders als bei Dissertationen und Habilitationsschriften ist dies bei Arbeiten von Studierenden weder üblich noch erwünscht.

Ein Abstract ist eine nochmals verkürzte Version der Zusammenfassung, die der Arbeit vorangestellt wird. Es soll prägnant formuliert sein und höchstens 100 Wörter umfassen. [10.2 Inhalte der Zusammenfassung] Zusammen mit charakterisierenden Schlagworten werden solche Abstracts u. a. Texten in Fachzeitschriften vorangestellt. Sie erlauben dem Leser eine schnelle Einschätzung, ob eine Arbeit für ihn von Interesse ist. Bei einer Prüfungsarbeit ist diese Funktion in der Regel nicht relevant und ein Abstract entbehrlich.

Ein Inhaltsverzeichnis, das dem Leser den Aufbau der Arbeit darstellt, ist ein unverzichtbarer Bestandteil einer mehrseitigen Abhandlung. Am Ende des Inhaltsverzeichnisses werden ggf. die Überschriften aufgeführt, mit denen die Anhänge bezeichnet werden, die selbst nach dem Text der Arbeit platziert werden. Falls in der Arbeit Abbildungen, Tabellen oder Abkürzungen vorkommen, folgen entsprechende weitere Verzeichnisse (Abbildungs-, Tabellen-, Abkürzungsverzeichnis. Auf den Textteil der Arbeit folgt ggf. ein Anhang. Jede Arbeit wird mit einem Literatur- bzw. Quellenverzeichnis abgeschlossen. [9.5 Anhang, 9.6 Verzeichnisse, 13 Literatur-/Quellenverzeichnis]

Für die Reihenfolge der Elemente haben sich in den Fachdisziplinen unterschiedliche Konventionen herausgebildet. In den Rechtswissenschaften wird das Literaturverzeichnis vor dem Inhaltverzeichnis platziert, in den Ingenieurwissenschaften vor dem Anhang.

Auf der letzten Seite wird bei Abschlussarbeiten (Examen, Promotion, Habilitation) eine eidesstattliche Erklärung platziert. Mit dieser ehrenwörtlichen Erklärung versichert der Verfasser, dass er die Arbeit selbstständig verfasst hat, keine anderen als die angegebenen Hilfsmittel und Quellen benutzt und Zitate kenntlich gemacht hat. Die eidesstattliche Erklärung gehört nicht zu den Bestandteilen der wissenschaftlichen Arbeit. Sie wird nicht in die Paginierung einbezogen und taucht nicht im Inhaltsverzeichnis auf.

8.2 Schreibtechnische Anforderungen

Die schreibtechnischen Anforderungen an eine wissenschaftliche Arbeit beziehen sich vor allem auf den Umfang, der von der Art der Prüfungsarbeit abhängt, auf das Schriftbild und auf das Layout. Da diese Anforderungen nicht einheitlich sind, müssen Sie sich nach den Vorgaben Ihrer Hochschule bzw. Ihres Prüfers richten.

8.2.1 Schriftbild

Im Hinblick auf ein gut lesbares Schriftbild müssen Sie u. a. die Schrifttype, den Schriftgrad (Schriftgröße) und den Zeilenabstand wählen.

Auf exotische Schriftarten sollten Sie zu Gunsten der Lesbarkeit verzichten. Verspielte Schrifttypen wirken unseriös. Bei wissenschaftlichen Arbeiten, die an Hochschulen vorgelegt werden, sind die klassischen Schriftarten Times New Roman und Arial gängig. Anders als Arial ist Times New Roman eine Schriftart mit Serifen. Als Serifen werden die kleinen Häkchen bezeichnet, die sich am Buchstabenende befinden und den Blick über die Zeile leiten. Serifenschriften gelten als besser lesbar und eignen sich sehr gut für lange Texte.

Die Wahl der Schrifttype hat Einfluss auf den optischen Umfang der Arbeit. Bei Festbreitenschriften wie Times New Roman sind alle Zeichen gleich breit. Schriftarten wie Arial sind Proportionalschriften, bei denen jedes Zeichen die Breite einnimmt, die es optisch braucht. Dadurch erhöht sich im Druck im Vergleich zu einer Festbreitenschrift der Seitenumfang, ohne dass der Inhalt der Arbeit an Umfang gewonnen hätte. Bei Seitenvorgaben ist dieser Aspekt durchaus relevant. Eine inhaltlich „dünne" Arbeit können Sie zwar durch eine Proportionalschrift und großzügiges Layout optisch „aufplustern", dem Prüfer wird das allerdings nicht entgehen.

Der Schriftgrad (Schriftgröße), der in der Einheit Punkt gemessen wird, liegt üblicherweise zwischen 10 und 12 Punkt. Fußnoten sind um 2 Punkt kleiner.

Um die Lesbarkeit des Textes zu verbessern, wählen Sie den Zeilenabstand größer als beispielsweise bei einem Buch. Meist wird ein Abstand von 1,5 Zeilen vorgegeben.

Einzelne Wörter oder Passagen können Sie durch Fettschrift oder Kursivschrift hervorheben, aber gehen Sie mit diesen Mitteln sparsam um. Verzichten Sie auf Unterstreichungen, Sperrungen oder Großbuchstaben. Sie erinnern an die Ära der Schreibmaschine, wirken altbacken und machen den Text schwerer lesbar.

8.2.2 Layout und Paginierung

Beim Layout geht es zunächst um den Satzspiegel. Eine Blattgröße von DIN A 4 ist Standard. Die Blätter werden einseitig beschrieben. Für die Breite der Seitenränder wird in der Regel ein hinreichend großer Korrekturrand gefordert. Richtwerte sind: linker Rand 3 bis 3,5 cm, rechter, oberer und unterer Rand 2 bis 2,5 cm. Bei der Textausrichtung können Sie zwischen linksbündigem Flattersatz und dem harmonischer wirkenden Blocksatz wählen.

Alle Seiten einer wissenschaftlichen Arbeit werden nummeriert (Paginierung). Die Seitenzahlen werden gewöhnlich in der Kopf- oder Fußzeile zentriert oder rechtsbündig platziert. Das Titelblatt wird mitgezählt, aus ästhetischen Gründen aber nicht nummeriert. Die Paginierung erfolgt in arabischen Ziffern, die entweder beim Titelblatt oder beim Textteil beginnen und bis zum Ende des Literaturverzeichnisses durchlaufen. Bei der zweiten Variante werden die Seiten vor dem Textteil mit römischen Ziffern nummeriert. Die eidesstattliche Erklärung wird nicht in die Paginierung einbezogen. [8.1 Bestandteile einer wissenschaftlichen Arbeit]

8.3   Wissenschaftliche Sprache

8.3.1   Stil

Die Leser einer wissenschaftlichen Arbeit wollen nicht unterhalten werden, sondern gehen mit einem fachlichen Interesse und einem entsprechenden Vorverständnis an sie heran. Daher gehört zu einer überzeugenden wissenschaftlichen Arbeit ein angemessener Sprachstil, mit dem Sie zeigen, dass Sie sich mit einem Thema ernsthaft und fachgerecht auseinandergesetzt haben.

Achten Sie auf verständliche, eindeutige und präzise Formulierungen. Schachtelsätze erschweren das Textverständnis und den Lesefluss. Sätze sollten nicht länger als drei Zeilen sein. Vermeiden Sie überflüssige Füllwörter (z. B. „aber", „auch"), die das Lesen des Textes erschweren.

Alltags- und Umgangssprache haben in einer wissenschaftlichen Arbeit nichts zu suchen. Das Gleiche gilt für nichts sagende Floskeln (z. B. „Das ist nicht so einfach wie es aussieht."). Die Sprache muss klar, sachlich und frei von Übertreibungen sein (z. B. nicht „unglaublich hohe Kosten"). Ein journalistischer Stil ist nicht angebracht.

Benutzen Sie Fremdwörter nur in dem Maße, wie sie erforderlich sind. Es wird allerdings von Ihnen erwartet, dass Sie souverän mit der Fachterminologie umgehen.

Wissenschaftliche Sprache soll Objektivität signalisieren. Ein Text wird nie in der Ich- oder Wir-Form formuliert, es sei denn, der Verfasser beschreibt persönliche Erfahrungen. Alle Textpassagen, die keinen Zitiervermerk tragen, gelten als geistiges Eigentum des Verfassers. Es ist also überflüssig, sie mit Wendungen wie „ich meine, dass" oder „nach Ansicht des Verfassers" anzuzeigen. [12.5 Zitierverfahren] Zu den sprachlichen Konventionen in der Wissenschaft gehört außerdem der Verzicht auf das Wort „man".

Die Anwendung der geltenden Regeln der Orthographie, Grammatik und Interpunktion nach der neuen deutschen Rechtschreibung ist selbstverständlich.

8.3.2   Geschlechtergerechte Sprache

Von Wissenschaftlern wird heute erwartet, dass sie ihre Forschungsergebnisse in einer geschlechtergerechten Sprache darstellen. Das sogenannte generische Maskulinum (z. B. Studenten als zusammenfassende Bezeichnung für weibliche und männliche Studierende) entspricht dieser Anforderung nicht. Wollen Sie Frauen und Männer in gleicher Weise ansprechen, müssen Sie mit Doppelnennungen arbeiten, d. h. weibliche und männliche Personenbezeichnungen verwenden (z. B. Studentinnen und Studenten). Um zu vermeiden, dass ein Text sperrig und stilistisch unschön wird, können Sie geschlechtsneutrale Formulierungen wählen (z. B. Studierende). Kunstkonstruktionen mit großem „I" in der Mitte (z. B. StudentInnen) sollten Sie aus sprachlichen und ästhetischen Gründen vermeiden. Das Binnen-I wird von der Duden-Redaktion als rechtschreibwidrig eingestuft. Die verkürzte Schreibweise mit Schrägstrich gilt als stilistisch unschön, ist aber bei Platzmangel erlaubt, wenn sie mit Bindestrich geschrieben wird (z. B. Student/-in).

Eine elegante Lösung ist eine Anmerkung zum Text, die am Anfang der Arbeit platziert wird, genauer gesagt, an derjenigen Stelle, an der dieses sprachliche Problem zum ersten Mal auftaucht. In einer Fußnote wird mit einer passenden Formulierung angemerkt, dass maskuline Personenbezeichnungen für beide Geschlechter gelten.

„Forschersprache: Was meinen Forscher, wenn sie schreiben …?	
It is believed …	Ich glaube …
It is generally believed …	Ein paar andere glauben das auch …
It has long been known …	Ich habe mir das Originalzitat nicht herausgesucht …
In my experience …	Einmal
In case after case …	Zweimal
In a series of cases …	Dreimal
Preliminary experiments showed that …	Wir hoffen, daß …
Several lines of evidence demonstrate that …	Es würde uns sehr gut in den Kram passen
A definite trend is evident	Diese Daten sind praktisch bedeutungslos
While it has not been possible to provide definite answers to the questions	Ein nicht erfolgreiches Experiment, aber ich hoffe immer noch, dass es veröffentlicht wird
Three of the samples were chosen for detailed study	Die anderen Ergebnisse machten überhaupt keinen Sinn
Typical results are shown in Fig. 1	Das ist die schönste Grafik, die ich habe
Correct within an order of magnitude	Falsch
A statistically-oriented projection of the significance of these findings	Eine wilde Spekulation
A careful analysis of obtainable data	Drei Seiten voller Notizen wurden vernichtet, als ich versehentlich ein Glas Bier drüber kippte
It is clear that much additional work will be required before a complete understanding of this phenomenon occurs	Ich verstehe es nicht

After additional study by my colleagues	Sie verstehen es auch nicht
Thanks are due to Joe Blotz for assistance with the experiment and to Cindy Adams for valuable discussions	Herr Blotz hat die Arbeit gemacht, und Frau Adams erklärte mir, was das alles bedeutet
The purpose of this study was …	Es hat sich hinterher herausgestellt, daß …
Our results confirm and extend previous conclusions that	Wir fanden nichts Neues
It is hoped that this study will stimulate further investigation in this field	Ich geb's auf!"[60]

Zehn Gebote zu Form und Stil

1. Achten Sie bei Schrifttype, Schriftgrad und Zeilenabstand auf ein gut lesbares Schriftbild.

2. Vermeiden Sie Hervorhebungen und ein kreatives, aber unsachlich wirkendes Layout.

3. Denken Sie daran, dass Sie eine inhaltlich „dünne" Arbeit mit einer Proportionalschrift wie Arial und großzügigen Abständen nur optisch „aufmotzen" können.

4. Achten Sie auf die korrekte Nummerierung der Seiten (Paginierung).

5. Schreiben Sie auf wissenschaftlichem Niveau und nutzen Sie die Fachterminologie.

6. Drücken Sie sich verständlich aus und vermeiden Sie Schachtelsätze.

7. Verzichten Sie auf Umgangssprache und nichts sagende Floskeln.

8. Schreiben Sie nicht in der Ich-Form.

9. Achten Sie auf eine geschlechtergerechte Sprache.

10. Prüfen Sie, ob Rechtschreibung, Grammatik und Zeichensetzung korrekt sind, bevor Sie Ihre Arbeit einreichen.

---

[60] O.V., Forschersprache, in: Forschung & Lehre, 13. Jg., 2006, H. 7, S. 424.

9 Aufbau schriftlicher Prüfungsarbeiten

„Wissenschaft besteht aus Fakten wie ein Haus aus Backsteinen, aber eine Anhäufung
von Fakten ist genauso wenig Wissenschaft wie ein Stapel Backsteine ein Haus ist."
(Henri Poincaré)

„Brillante Ideen sind organisierbar."
(J. Robert Oppenheimer)

Planung und Ordnung sind in der Regel gute Voraussetzungen für das Erreichen von Zielen.
Das gilt auch für das wissenschaftliche Arbeiten, bei dem es darum geht, aktuelle Forschungsergebnisse auf eine für das Fachpublikum verständliche Art und Weise zu vermitteln
und – bei anwendungsorientierten Fragestellungen – überzeugende Handlungsempfehlungen
abzugeben.

Die Gliederung Ihrer Arbeit ist nicht einfach nur eine Voraussetzung für das Inhaltsverzeichnis. Indem Sie Ihre Arbeit untergliedern, strukturieren Sie Ihr Thema und ziehen den berühmten „roten Faden" durch Ihre Argumentation. Eine gelungene Gliederung lässt erkennen, wie Sie bei der Lösung Ihres Forschungsproblems vorgegangen sind. Schwächen in der
Gliederungslogik führen zu einer Abwertung der Arbeit.

Legen Sie die Grundzüge der Gliederung unbedingt fest, bevor Sie damit beginnen, Ihr Manuskript auszuarbeiten. Behalten Sie das Ziel der Untersuchung vor Augen und bleiben Sie
eng an Ihrem Thema!

Die Gliederung der Arbeit geht in das Inhaltsverzeichnis der Arbeit ein. Das Inhaltsverzeichnis weist außerdem Teile der Arbeit aus, die dem Leser den Umgang mit dem Text erleichtern. Ein Literatur- bzw. Quellenverzeichnis ist obligatorisch. [13 Literatur-/Quellenver-
zeichnis] Hinzu kommen ggf. ein Anhang sowie ggf. weitere Verzeichnisse, die sich auf
Abbildungen, Tabellen und/oder Abkürzungen beziehen.

In diesem Kapitel lernen Sie,

- nach welchen Grundprinzipien eine wissenschaftliche Arbeit strukturiert wird,
- welchen Seitenumfang die verschiedenen Teile Ihrer Arbeit haben sollten,
- wie eine Gliederung aussieht, die in sich logisch und formal korrekt ist,
- wie Sie eine gute Überschrift formulieren,
- wie Sie die Überschriften Ihrer Gliederung korrekt beziffern,
- wie Sie Ihre Gliederung optisch gestalten,

- wann Sie für Ihre Arbeit einen Anhang benötigen und welche Materialien der Anhang aufnimmt,
- wann Sie Verzeichnisse der Abbildungen und Abkürzungen anlegen müssen und wie solche Verzeichnisse aussehen.

9.1 Grundstruktur wissenschaftlicher Arbeiten

9.1.1 Bestandteile des Textes

Mit der Anfertigung einer schriftlichen Prüfungsarbeit sollen Studierende zeigen, dass sie in der Lage sind, eine Problemstellung anhand wissenschaftlicher Methoden zu bearbeiten. Dabei kommt es nicht nur auf die inhaltliche Qualität an, sondern auch darauf, dass wissenschaftliche Standards eingehalten werden. Dem Prüfer soll vermittelt werden, dass das zu bearbeitende Thema verstanden und beherrscht wird, was sich u. a. an einem logischen Aufbau der Arbeit zeigt. Indem Sie die formalen Anforderungen an die Gliederung und an die Struktur des Textes einhalten, gewährleisten Sie, dass Ihre Ausführungen verstanden werden.

Der Textteil bildet den Kern einer schriftlichen Arbeit. Er umfasst drei Bestandteile: Einleitung, Hauptteil und Schluss.

Die Einleitung ist die Basis der Arbeit. Sie dient dazu, dem Leser einen Überblick über die Arbeit zu verschaffen. Sie führt in das Thema der Arbeit ein, präsentiert die Problemstellung, die Zielsetzung der Arbeit und die gewählte Vorgehensweise. [10.1 Inhalte der Einleitung] Bei Arbeiten, die umfassender sind als Seminararbeiten, wird das Kapitel „Einleitung" untergliedert. Üblich ist eine Unterteilung in Abschnitte, die mit Überschriften wie „Problemstellung und Zielsetzung" und „Methodik" bzw. „Vorgehensweise" versehen werden.

Die wissenschaftliche Auseinandersetzung mit der Problemstellung erfolgt im Hauptteil, der in mehrere Kapitel gegliedert wird. Diese werden nicht etwa unter einer Überschrift „Hauptteil" geführt, sondern stehen mit treffenden Überschriften eigenständig nebeneinander bzw. bauen logisch aufeinander auf. Zunächst werden der aktuelle Stand der Forschung und Anwendungen in der Praxis dargestellt, soweit sie für die Bearbeitung der Problemstellung relevant sind. Darauf folgt die Darstellung des erarbeiteten Lösungsansatzes, der die in der Einleitung aufgestellten Forschungsfragen beantwortet.

Überschriften wie „Grundlagenteil" oder „Theoretischer Teil" sind alles andere als originell. (Stellen Sie in einem so genannten „Theoretischen Teil" wirklich Theorien dar?) Zeigen Sie mit den Überschriften im Hauptteil nicht an, was Sie im betreffenden Abschnitt tun (z. B. „Darstellung der Ergebnisse"), sondern worum es inhaltlich geht (Umschreibung für Ergebnis 1, Ergebnis 2 usw.).

Der Schluss bildet mit der Einleitung den inhaltlichen Rahmen einer Arbeit. An dieser Stelle werden die Ergebnisse zusammengefasst. [10.1 Inhalte der Zusammenfassung]

9.1.2 Umfang der Textteile

Für den Gesamtumfang der drei Textteile gilt der Richtwert, dass Einleitung und Zusammenfassung 10 bis 20 % und der Hauptteil 80 bis 90 % ausmachen.

Für viele besteht die Herausforderung allerdings nicht darin, einen bestimmten Seitenumfang zu erreichen, sondern darin, eventuelle Vorgaben zum Umfang nicht zu überschreiten. Eine prägnante Einleitung zu verfassen, ist nicht einfach. Am besten entwerfen Sie die Einleitung, wenn Sie mit der Ausarbeitung des Manuskripts beginnen, und schließen sie endgültig ab, wenn Sie alle Kapitel geschrieben haben und rückblickend genau wissen, welchen Weg Ihre Arbeit genommen hat.

Beim Hauptteil, dem Kern der Arbeit, kommt es darauf an, dass Sie nur solche Inhalte aufnehmen, die für die Problemstellung unmittelbar relevant sind. Für einen Abschnitt, den Sie mit „Exkurs" (von lat. excursio für Abschweifung im Reden) überschreiben müssten, weil er nicht in die Argumentationslinie passt, aber irgendetwas mit dem Thema zu tun hat, gilt dies offensichtlich nicht. Sie müssen sich also immer fragen, ob eine Textpassage oder gar ein ganzer Abschnitt für die Argumentationskette eine notwendige Funktion hat und ob er ein notwendiger Teilschritt ist, ohne den die Fragestellung nicht beantwortet werden kann. Eine wissenschaftliche Abhandlung muss in Bezug auf das behandelte Problem vollständig sein, aber sie ist kein Sammelsurium themenverwandter Aspekte.

Wann ist eine Arbeit formal korrekt und trotzdem falsch aufgebaut?

1996 verfasste der Physiker Alan Sokal einen Aufsatz, mit dem er die in den Geisteswissenschaften herrschenden wissenschaftlichen Standards ausloten wollte. Das Manuskript war als ernstzunehmender Artikel getarnt, der alle formalen Erwartungen an eine wissenschaftliche Arbeit bediente: ein kompliziert geschriebener und von Fachvokabular durchzogener Text im Umfang von 35 Seiten mit 109 Fußnoten und 220 korrekten Zitaten. Dieses Machwerk versah Sokal mit dem bedeutungsschweren Titel „Die Grenzen überschreiten: Auf dem Weg zu einer transformativen Hermeneutik der Quantengravitation".[61] Auch die Kapitelüberschriften klangen beeindruckend:

„Quantenmechanik: Unbestimmtheit, Komplementarität, Diskontinuität und Verbundenheit
Hermeneutik der klassischen allgemeinen Relativität
Quantengravitation: String, Gewebe oder Morphogenetisches Feld?
Differentialtopologie und Homologie
Theorie der Mannigfaltigkeiten: Einheiten, Löcher, Grenzen
Die Grenzen überschreiten: Auf dem Weg zu einer emanzipatorischen Wissenschaft"[62]

Der Beitrag wurde von den Herausgebern der kulturwissenschaftlichen Fachzeitschrift Social Text als kritische Auseinandersetzung mit den Naturwissenschaften eingestuft und anstandslos in einer Sonderausgabe zum Thema „Wissenschaftskrieg" veröffentlicht. Damit zeigten die Herausgeber unfreiwilligen Weitblick.

---

[61] Vgl. Sokal, Alan, Transgressing the Boundaries, Towards a Transformative Hermeneutics of Quantum Gravity, in: Social Text, o. Jg., 1996, H. 46/47, S. 217–252; vgl. auch die deutsche Übersetzung: ders., Die Grenzen überschreiten, Auf dem Weg zu einer transformativen Hermeneutik der Quantengravitation, in: Sokal, Alan/ Bricmont, Jean, Eleganter Unsinn, Wie die Denker der Postmoderne die Wissenschaften mißbrauchen, München 1999, S. 262–309.

[62] Sokal, Grenzen, a.a.O.

In einem Folgebeitrag, den Social Text jedoch nicht veröffentlichen mochte, stellte Sokal seine Motive klar.[63] Sein Manuskript war eine mit sinnfrei verstreuten Fachbegriffen, wilden Spekulationen und haltlosen Thesen gespickte Parodie auf den geisteswissenschaftlichen Fachjargon – grober Unfug auf scheinbar hohem Niveau. Trotzdem war es Sokal problemlos gelungen, die wissenschaftlich wertlose Fälschung in die Zeitschrift einzuschmuggeln. Die Sokal-Affaire löste zwischen Natur- und Geisteswissenschaftlern einen heftigen Disput über das Wissenschaftsverständnis der Disziplinen aus.

9.2   Anforderungen an eine Gliederung

Die Gliederung soll dem Leser eine erste Information über den Inhalt der Arbeit geben und deren logischen Aufbau verdeutlichen. Dabei soll die Abfolge der Abschnitte nicht nur einen „roten Faden" zeigen, sondern die Methodik erkennen lassen, die zur Bearbeitung der Forschungsfrage gewählt wurde.

Eine gelungene Gliederung wird aus der Forschungsfrage bzw. aus der Problemstellung heraus entwickelt. Wenn Sie alle Aspekte, die etwas mit dem Thema zu tun haben, sammeln und anschließend versuchen, sie in eine Struktur zu bringen, besteht die Gefahr, dass Sie Ihre Arbeit nicht problemorientiert aufbauen. Beginnen Sie auf keinen Fall mit dem Schreiben, ohne dass Sie eine recht genaue Vorstellung vom Aufbau der Arbeit und vom Umfang der einzelnen Kapitel haben.

9.2.1   Ausgewogenheit

Wie stark eine Arbeit untergliedert wird, hängt von ihrem Umfang ab. Bei Seminararbeiten werden Sie in der Regel mit zwei Gliederungsebenen auskommen (z. B. nummeriert mit 1 und 1.1 usw.). Zergliedern Sie Ihre Arbeit nicht! Ein Unterpunkt muss mindestens eine Seite Text umfassen. Die Obergrenze liegt ungefähr bei zwei Textseiten pro Gliederungspunkt.

Eine Gliederung muss sachlich und optisch ausgewogen sein. Verteilen Sie den Seitenumfang möglichst gleichmäßig auf die einzelnen Gliederungspunkte. Der Grad der Untergliederung der einzelnen Gliederungspunkte muss stimmig sein. Gliederungspunkte, die ein sachlich gleiches Gewicht haben, sollten Sie möglichst gleich stark untergliedern.

9.2.2   Gliederungslogik

Jeder Gliederungspunkt muss den Inhalt des entsprechenden Abschnitts durch eine treffend formulierte Überschrift genau wiedergeben. Weder die Inhalte der Abschnitte noch die zugehörigen Überschriften dürfen sich inhaltlich überschneiden.

---

[63]   Vgl. Sokal, Alan, Transgressing the Boundaries, An Afterword, in: Dissent, 43. Jg., 1996, H. 4, S. 93–99; vgl. auch die deutsche Übersetzung: ders., Die Grenzen überschreiten, Ein Nachwort, in: Sokal, Alan/Bricmont, Jean, Eleganter Unsinn, Wie die Denker der Postmoderne die Wissenschaften mißbrauchen, München 1999, S. 319–331.

Untergliederungen dienen dazu, den übergeordneten Gliederungspunkt zu erläutern. Jede Unterteilung eines Gliederungspunktes muss mindestens zwei Unterpunkte enthalten. Hier gilt die Redensart „Wer A sagt, muss auch B sagen". Einem Unterpunkt 1.1 muss also ein Unterpunkt 1.2 folgen. Untergeordnete Gliederungspunkte müssen einen übergeordneten Gliederungspunkt klären. Beispielsweise müssen sich alle Punkte 1.1 bis 1.5 inhaltlich auf 1 beziehen. Umgekehrt muss die Überschrift zu 1 so formuliert sein, dass sie die verschiedenen Aspekte in 1.1 bis 1.5 inhaltlich abdeckt. Dabei dürfen Gliederungskriterien nicht vermischt werden.

Beispiel

1   Wissenschaftlerinnen im Action- und Science Fiction-Film
1.1 Eleanor Arroway
1.2 Jurassic Park 2
1.3 Indiana Jones 3
1.4 Susan McCallister
1.5 Grace Augustine
2   Wissenschaftlerinnen im Biopic
2.1 Marie Curie

Die Gliederungslogik (chronologische Reihenfolge, fiktive Personen) wird in 1.2 und 1.3 (chronologische Reihenfolge, Spielfilme) durchbrochen. Es fehlt mindestens ein Gliederungspunkt 2.2. (z. B. Dian Fossey, Jane Goodall, Gertrude Bell). Abgesehen davon passt die Überschrift (Plural von „Wissenschaftlerin") nicht ganz zum falschen Aufbau von 2.

9.2.3   Formulierung von Überschriften

Die Überschrift zu einem Unterpunkt darf nicht so formuliert sein, dass sie den übergeordneten Punkt wiederholt, denn Themen, die auf derselben Gliederungsebene ausgewiesen werden, dürfen miteinander nicht in einem Unterordnungsverhältnis stehen.

Gliederungen werden in substantivierter Form ausgedrückt. Überschriften für Gliederungspunkte werden ohne Verben formuliert. Gliederungspunkte dürfen auch nicht mit Fragen überschrieben werden. Da keine Sätze gebildet werden, wird hinter den einzelnen Überschriften kein Punkt gesetzt.

Beispiel

1   Wie werden Wissenschaftlerinnen im Film dargestellt?
1.1 Quantitative Bedeutung von Frauenrollen
1.2 Welche Images von Wissenschaftlerinnen dominieren?
1.3 Wissenschaftlerinnen sind keine Mad Scientists.

Bis auf 1.1 sind die Überschriften zu dieser Gliederung formal nicht korrekt formuliert.

In der Regel werden alle Textpassagen einem Abschnitt zugeordnet, der mit einer Überschrift versehen wird. Eine Ausnahme sind kurze Vorbemerkungen, die dem Leser einen Überblick über die Inhalte eines Kapitels verschaffen.

9.3   Gliederungssystematik

Die Überschriften der Gliederung werden nach einer bestimmten Ordnung angeführt. Sofern die Gliederungsordnung nicht vorgegeben ist, haben Sie die Wahl zwischen der alphanumerischen und der dezimalnumerischen Gliederungsordnung. Üblich ist die Dezimalordnung nach DIN 1421. Die gewählte Gliederungsart müssen Sie in der gesamten Arbeit konsequent durchhalten.

Für die alphanumerische Gliederungsordnung (gemischte Klassifikation) ist die Kombination lateinischer und griechischer Buchstaben mit römischen und arabischen Ziffern typisch. Bei einer schriftlichen Arbeit, die Sie im Studium verfassen, werden Sie mit römischen Ziffern beginnen, da die Arbeit aufgrund ihres geringen Umfangs nicht in Teile gegliedert wird.

Bezeichnungen im alphanumerischen Gliederungssystem	
A	Lateinische Großbuchstaben (Teile)
I	Römische Ziffern (Kapitel)
1	Arabische Ziffern (Abschnitte)
a	Lateinische Kleinbuchstaben (Unterabschnitte)
α	Griechische Kleinbuchstaben (Absatz) oder alternativ
aa	verdoppelte lateinische Kleinbuchstaben (Absatz)

Bei der dezimalnumerischen Gliederungsordnung (didaktische Klassifikation) entsteht die hierarchische Struktur durch die Kombination von Ziffern, die durch Punkte getrennt werden (1, 1.1, 1.1.1 usw.). Nach DIN ist die Schreibweise ohne Punkt nach der letzten Ziffer korrekt. Aus lesetechnischen und optischen Gründen wird manchmal empfohlen, hinter einstelligen Nummern einen Punkt zu setzen. [9.4 Schreibform]

Nur diejenigen Bereiche einer wissenschaftlichen Arbeit, in denen das Thema ausgearbeitet wird, d. h. die Kapitel des Textteils, werden mit Ziffern bzw. Buchstaben versehen. Folgende Teile werden ohne Klassifikationsnummer überschrieben und ebenso im Inhaltsverzeichnis aufgeführt:

- Vorwort
- Abstract
- alle Verzeichnisse
- Anhang
- Eidesstattliche Versicherung

9.4   Schreibform

Es gibt zwei Möglichkeiten, eine Gliederung zu schreiben bzw. das Inhaltsverzeichnis einer Arbeit optisch zu gestalten, das Linienprinzip und das Abstufungsprinzip.

Nach dem Linienprinzip erscheinen alle Gliederungspunkte ohne Rücksicht auf ihren Rang linksbündig auf der gleichen vertikalen Linie. Die verschiedenen Gliederungsebenen werden gleichbehandelt.

Muster: Dezimalnumerische Gliederungsordnung nach dem Linienprinzip

```
1       …
1.1     …
1.1.1   …
1.1.2   …
1.2     …
1.2.1   …
1.2.2   …
2       …
```

Beim Abstufungsprinzip werden nachrangige Gliederungspunkte in der Zeile eingerückt, so dass gleichrangige Überschriften auf der gleichen vertikalen Linie erscheinen. Die Einrückung beginnt immer an einer gemeinsamen linken Fluchtlinie. Überschriften, die sich auf der gleichen Gliederungsebene befinden, haben also jeweils den gleichen Abstand zum linken Seitenrand.

Muster: Dezimalnumerische Gliederungsordnung nach dem Abstufungsprinzip

```
1   …
 1.1   …
      1.1.1   …
      1.1.2   …
      1.1.3   …
 1.2   …
      1.2.1   …
      1.2.2   …
```

Der Vorteil des Abstufungsprinzips besteht darin, dass der Rang eines Gliederungspunktes und damit dessen Bedeutung auf den ersten Blick erkennbar ist. Da die Über- und Unterordnung der Gliederungspunkte sichtbar ist, werden die Schwerpunkte der Arbeit gut verdeutlicht. Bei tief gegliederten Arbeiten hat das Abstufungsprinzip wegen der Rechtsverschiebung der Überschriften allerdings Grenzen.

9.5   Anhang

Ein Anhang ist keine Fortsetzung des Textes mit anderen Mitteln, obwohl er auf das Schlusskapitel der Arbeit folgt. Hauptinhalte eines Anhangs sind Materialien und Dokumente, die den Text ergänzen. Sie machen dem Leser themenbezogene Informationen zugänglich, die er sich nur mit Mühe oder gar nicht beschaffen könnte.

Ein Anhang wird ausnahmsweise dann angelegt, wenn wesentliche ergänzende Materialien aufgenommen werden müssen, die für das Verständnis der Ausführungen notwendig sind. Der Umfang eines Anhangs ist nicht auf eine bestimmte Anzahl von Anlagen begrenzt, soweit er wichtige Zusatzinformationen enthält. Ein Anhang dient nicht dazu, den Text der Arbeit fortzusetzen oder Nebensächlichkeiten einzufügen, die Sie im Text nicht mehr unterbringen konnten. Tabellen, Abbildungen und andere Darstellungen integrieren Sie am besten in den Text der Arbeit, weil ihr Inhalt dem Leser auf diese Weise besser zugänglich wird. [11.1 Einsatz von Grafiken und Tabellen]

In einen Anhang gehören größere Abbildungen, doppelseitige Tabellen, Fragebögen, Transkripte von Interviews und lange Texte, die eine wesentliche Grundlage der Arbeit sind, wie zum Beispiel schwer zugängliche Gesetzestexte, Verordnungen, Satzungen oder (aus guten Gründen und ausnahmsweise) zitierte „graue Literatur". Durch solche Anlagen wird gewährleistet, dass Dritte die Ergebnisse der Arbeit nachvollziehen und überprüfen können, was vor allem bei empirischen Studien wichtig ist.

Ein Glossar ist eine tabellarische Übersicht, in der zentrale Begriffe der Arbeit erläutert werden. Ein Glossar ist sinnvoll, wenn die Arbeit auf ein Spezialgebiet ausgerichtet und davon auszugehen ist, dass die Terminologie den Adressaten nicht hinreichend geläufig ist. Falls Sie ein Glossar anlegen, was keine allgemeine Pflicht ist, konzentrieren Sie sich auf fachwissenschaftliche sowie ungebräuchliche Begriffe. Erläutern Sie die Begriffe knapp (ca. fünf Druckzeilen) und in alphabetisch aufsteigender Reihenfolge.

Alle Dokumente fügen Sie so in den Anhang ein, dass jede Anlage auf einer neuen Seite beginnt. Entnehmen Sie Anlagen aus fremden Quellen, müssen Sie diese jeweils unter der Anlage nachweisen. [12.5 Zitierverfahren] Die betreffenden Quellen werden in das Literatur- bzw. Quellenverzeichnis aufgenommen. [13 Literatur-/Quellenverzeichnis]

Die Materialien werden durchnummeriert und in einem speziellen Anhangverzeichnis aufgeführt, das in das Inhaltsverzeichnis integriert werden oder an den Beginn des Teils „Anhang" gestellt werden kann. [8.1 Bestandteile einer wissenschaftlichen Arbeit] Das Verzeichnis enthält die Anlagenummer, die Anlageüberschrift (ohne Punkt) und die Seitenzahl, auf der sich die jeweilige Anlage im Anhang befindet. Die Anlagenummer und die Anlageüberschriften müssen mit denen im Text bzw. im Anhang exakt übereinstimmen.

Der Anhang selbst wird im Allgemeinen zwischen Text der Arbeit und dem Literatur- bzw. Quellenverzeichnis platziert. In manchen Fachdisziplinen herrschen besondere Spielregeln. In den Ingenieurwissenschaften z. B. folgt der Anhang üblicherweise auf das Literatur- bzw. Quellenverzeichnis, weil die Anlagen aus Bögen bestehen, die das DIN A 4-Format überschreiten und entsprechend gefaltet werden müssen.

9.6   Verzeichnisse

Verzeichnisse helfen dem Leser, Ihre Arbeit zu erschließen und sich darin zurechtzufinden. Folgende Verzeichnisse sind in wissenschaftlichen Arbeiten üblich: [8.1 Bestandteile einer wissenschaftlichen Arbeit]

- Inhaltsverzeichnis (mit Anhangverzeichnis)
- Abbildungsverzeichnis
- Tabellenverzeichnis
- Abkürzungsverzeichnis
- Literatur- bzw. Quellenverzeichnis

Zwingende Bestandteile einer jeden wissenschaftlichen Arbeit sind das Inhaltsverzeichnis, das sich aus der Gliederung der Arbeit ergibt, und das Literatur- bzw. Quellenverzeichnis. Verzichten Sie auf keinen Fall auf ein vollständiges Verzeichnis der Literatur bzw. anderer Quellen, die Sie in Ihrer Arbeit zitiert haben. [13 Literatur-/Quellenverzeichnis]

Ob Sie für Ihre Arbeit ein Abbildungsverzeichnis oder ein Tabellenverzeichnis anlegen müssen, hängt vom Umfang der Einträge ab. Wenn Sie mehrere Schaubilder, Diagramme und Tabellen aufgenommen haben, legen Sie ein Abbildungsverzeichnis und ein Tabellenverzeichnis an. Wenn die Anzahl überschaubar ist, können Sie Abbildungen und Tabellen zusammen in einem Darstellungsverzeichnis aufführen, das Sie mit „Verzeichnis der Abbildungen und Tabellen" betiteln. Bei Abkürzungen kommt es darauf an, ob Sie ausschließlich gängige Kürzel oder auch andere verwendet haben. [9.6.4 Abkürzungsverzeichnis, 12.6 Zitierabkürzungen]

Die Verzeichnisse, die dem Leser dazu dienen, einen Überblick zu gewinnen (Inhaltsverzeichnis, Abbildungs- und Tabellenverzeichnis) oder den Text zu verstehen (Abkürzungsverzeichnis), stehen vor dem Textteil der Arbeit. Verzeichnisse, die Nachweise beinhalten (Literatur- bzw. Quellenverzeichnis), stehen hinter dem Text und dem Anhang. Auch wenn es nur wenige Einträge umfasst, beginnt ein Verzeichnis immer auf einer neuen Seite.

9.6.1   Inhaltsverzeichnis

Das Inhaltsverzeichnis gibt die Gliederung der Arbeit wieder. [9.2 Anforderungen an eine Gliedeung] Die Überschriften werden dabei rechtsbündig mit den Seitenzahlen versehen, auf denen die betreffenden Abschnitte der Arbeit beginnen.

Der Titel „Inhaltsverzeichnis" ist umfangreicheren Arbeiten vorbehalten. Für Hausarbeiten wählen Sie besser den Titel „Gliederung". Der Titel dieses Verzeichnisses wird im Verzeichnis selbst nicht wiederholt.

9.6.2   Abbildungsverzeichnis

Abbildungen sind Darstellungen wissenschaftlicher oder technischer Art, wie zum Beispiel Schaubilder, Diagramme, Zeichnungen oder Skizzen. [11.1 Einsatz von Grafiken und Tabellen] Damit sich der Leser rasch einen Überblick verschaffen kann, wird in der Regel ein Abbildungsverzeichnis angelegt. Wenn Ihre Arbeit nur ein oder zwei Abbildungen enthält, können Sie auf ein Verzeichnis verzichten.

Die Abbildungen, die im Text oder in einem Anhang untergebracht werden, werden durchnummeriert, betitelt und in einem Verzeichnis aufgelistet, das auf das Inhaltsverzeichnis der Arbeit auf einer neuen Seite folgt. Das Verzeichnis enthält die Abbildungsnummer, die Abbildungsüberschrift (ohne Punkt) und die Ziffer der Seite, auf der sich die Abbildung befindet. [8.1 Bestandteile einer wissenschaftlichen Arbeit]

Quellenangaben, die ggf. unterhalb der Abbildung im Text platziert wurden, werden nicht in das Verzeichnis übernommen. Das Gleiche gilt für die Erläuterung von Symbolen, die sich in der Abbildung befinden (Legende). [11.3 Erforderliche Angaben bei Grafiken und Tabellen]

Die Titel müssen so gesetzt sein, dass sie einen ausreichenden Abstand zur Seitenangabe haben und nicht die ganze Zeile füllen. Bei einer längeren Überschrift, die über mehrere Zeilen geht, steht die Seitenzahl in der Höhe der letzten Titelzeile.

Die Reihenfolge der Abbildungen im Verzeichnis muss mit der Reihenfolge im Text übereinstimmen. Die Bildunterschrift und die Seitenzahl im Verzeichnis dürfen nicht vom Text abweichen.

9.6.3   Tabellenverzeichnis

Tabellen eignen sich dazu, zeitaufwändige und Platz raubende Ausführungen zu ersetzen und Erläuterungen zu unterstützen, die komplexe Zusammenhänge und schwierige Sachverhalte beschreiben.

Alle Tabellen, die sich im Text oder im Anhang der Arbeit befinden, werden durchnummeriert, betitelt und in einem Verzeichnis aufgelistet, das auf einer neuen Seite dem Abbildungsverzeichnis nachfolgt, wenn ein solches vorhanden ist. Das Verzeichnis der Tabellen enthält die Tabellennummer, die Tabellenüberschrift (ohne Punkt) und die Ziffer der Seite, auf der die Tabelle zu finden ist. [8.1 Bestandteile einer wissenschaftlichen Arbeit, 11.1 Einsatz von Grafiken und Tabellen]

Quellenangaben, die ggf. unterhalb einer Tabelle im Text platziert wurden, werden nicht in das Verzeichnis übernommen. [11.3 Erforderliche Angaben bei Grafiken und Tabellen]

Die Überschriften der Tabellen müssen so gesetzt sein, dass sie einen ausreichenden Abstand zur Seitenangabe haben und nicht die ganze Zeile füllen. Bei einem längeren Titel, der über mehrere Zeilen geht, steht die Seitenzahl in der Höhe der letzten Titelzeile.

Die Reihenfolge der Tabellen im Verzeichnis muss der Reihenfolge im Text entsprechen. Die Bildunterschrift und die Seitenzahl im Verzeichnis müssen exakt mit dem Text übereinstimmen.

9.6.4   Abkürzungsverzeichnis

Bemühen Sie sich, im laufenden Text Ihrer Arbeit Abkürzungen zu vermeiden. Begriffe aus Bequemlichkeit abzukürzen, ist nicht erlaubt (also z. B. nicht „Wiss." für Wissenschaft).

Alle Abkürzungen, die in der Arbeit vorkommen – also sowohl Abkürzungen im Text als auch solche in Verzeichnissen – müssen für den Leser verständlich sein und im Zweifel erläutert werden. Dazu wird ein alphabetisch geordnetes Verzeichnis der Abkürzungen und ihrer Bedeutungen angelegt.

Gängige Abkürzungen, d. h. anerkannte Abkürzungen laut Duden (etc., usw., vgl., u.a., z.B.), können, aber müssen nicht unbedingt in das Verzeichnis aufgenommen werden. Das Gleiche gilt für Abkürzungen, die zum Zitieren und im Literaturverzeichnis benötigt werden. Sie werden als bekannt vorausgesetzt. [12.6 Zitierabkürzungen] Wer ganz sicher gehen will, nimmt sämtliche in der Arbeit verwendeten Abkürzungen in das Verzeichnis auf.

Werden in der Arbeit viele mathematische Symbole verwendet, ist es angebracht, zusätzlich ein Symbolverzeichnis anzulegen.

Was macht OTSOG zu einem der bekanntesten Aphorismen der Wissenschaft?

Isaac Newton, der im 17. Jahrhundert bedeutende Erkenntnisse auf den Gebieten der Physik und Mathematik entwickelt hat, gilt als einer der bedeutendsten Wissenschaftler aller Zeiten. Er wird oft mit den Worten zitiert: „Wenn ich weiter gesehen habe, so deshalb, weil ich auf den Schultern von Riesen stehe."[64] Gemeint sind die großen Männer[65] der Wissenschaft.

Allerdings stammt dieser Aphorismus ursprünglich nicht von Newton, sondern von Bernhard von Chartres, einem Gelehrten aus dem 12. Jahrhundert. Er spielt darauf an, dass ein Zwerg, der auf den Schultern eines Riesen steht, weiter sehen kann als der Riese selbst.

Der Soziologe Robert K. Merton hat nachverfolgt, wie dieses Bild über die Jahrhunderte hinweg von mehreren Gelehrten aufgegriffen und vereinnahmt, um nicht zu sagen plagiiert wurde.[66] In seiner soziologisch geprägten Interpretation lautet die Kernaussage, „daß [sic!] wissenschaftliche Entdeckungen aus der bestehenden kulturellen Basis hervorgehen und daher in einem bestimmten Rahmen, der sich ziemlich genau definieren lässt, praktisch unausweichlich werden."[67]

Als Merton das Manuskript schrieb, dachte er sich einen Arbeitstitel aus. Er verkleinerte die Zwerge auf den Schultern der Riesen – englisch „(dwarfs) on the shoulders of giants" – zu OTSOG.[68]

Zehn Gebote für den Aufbau

1. Entwerfen Sie die Gliederung, bevor Sie mit dem Schreiben anfangen, und passen Sie sie ggf. später an.

2. Entwickeln Sie die Gliederung aus der Forschungsfrage und der Methodik und bauen Sie Ihre Argumentation logisch auf.

3. Machen Sie Ihre Arbeit nicht zu einem Sammelsurium von Aussagen, die einen mehr oder weniger engen Bezug zur Problemstellung haben. Bleiben Sie eng am Thema.

4. Einleitung und Zusammenfassung machen zusammen ungefähr 10 bis 20 % der Arbeit aus.

5. Bauen Sie die Gliederung symmetrisch auf, indem Sie für den Hauptteil eine einheitliche Gliederungstiefe wählen und den Seitenumfang möglichst gleichmäßig auf die einzelnen Gliederungspunkte verteilen.

6. Jeder unterteilte Gliederungspunkt muss mindestens zwei Unterpunkte enthalten, die sein Thema aufgreifen, ohne sich inhaltlich zu überschneiden.

7. Zergliedern Sie Ihre Arbeit nicht. Jeder Abschnitt muss ein bis zwei Seiten Text umfassen.

---

[64] Zitiert nach Merton, Robert K., Auf den Schultern von Riesen. Ein Leitfaden durch das Labyrinth der Gelehrsamkeit, Frankfurt a. M. 1980, S. 19.

[65] Newton war Mitglied und zeitweise Präsident der Royal Society, die 1650 in London gegründet wurde. Die Royal Society ist die älteste nationale Akademie der Wissenschaften der Welt. Erst 1945 wurden mit Kathleen Lonsdale und Marjory Stephenson die ersten weiblichen Fellows zugelassen.

[66] Vgl. Merton, a.a.O., s. insbesondere die chronologische Übersicht S. 224 f.

[67] Ebd., S. 223.

[68] Vgl. ebd., S. 226.

8. Formulieren Sie aussagekräftige Überschriften in substantivierter Form und keine Sätze.

9. Ein Anhang ist keine Materialsammlung, sondern enthält nur unverzichtbare Zusatzinformationen.

10. Im Duden aufgeführte Abkürzungen sowie Zitierabkürzungen können, aber müssen nicht in das Abkürzungsverzeichnis aufgenommen werden.

10 Einleitung und Zusammenfassung

„Der Anfang ist die Hälfte des Ganzen."
(Aristoteles)

„Das Spiel der Wissenschaft hat grundsätzlich kein Ende."
(Karl R. Popper)

Die Einleitung ist das „Aushängeschild" und der Schlüssel zu Ihrer Arbeit. Sie soll den Leser neugierig machen, aber zugleich die Grundlage einer wissenschaftlich fundierten Diskussion themenrelevanter Sachverhalte bilden. Die Zusammenfassung enthält die wesentlichen Ergebnisse Ihrer Arbeit.

Eine prägnante Einleitung und eine aussagekräftige Zusammenfassung zu schreiben, ist nicht ganz einfach. Sie können die Qualität dieser beiden Teile selbst besser einschätzen, indem Sie sie von einem anderen lesen lassen, bevor Sie die Arbeit abgeben. Im Idealfall hat ein Leser, der den Hauptteil nicht gelesen hat und nur Einleitung und Schluss kennt, eine ziemlich genaue Vorstellung davon, was Sie in Ihrer Arbeit wie diskutieren. [9.1 Grundstruktur wissenschaftlicher Arbeiten]

> In diesem Kapitel lernen Sie,
> - welche Funktionen Einleitung und Zusammenfassung erfüllen,
> - welche Aspekte in der Einleitung unbedingt angesprochen werden müssen,
> - was eine Zusammenfassung von einem Fazit unterscheidet,
> - was im letzten Kapitel der Arbeit unbedingt stehen sollte und was Sie darüber hinaus anbringen können.

10.1 Inhalte der Einleitung

Mit dem ersten Kapitel der Arbeit führen Sie den Leser in das Thema ein, indem Sie den Anlass der Arbeit, den Gegenstand, die Problemstellung und die Zielsetzung der Arbeit präsentieren. Skizzieren Sie diese Aspekte zu Beginn der Themenbearbeitung und verfeinern Sie sie anschließend.

Die Einleitung soll u. a. aufzeigen, warum das Thema aktuell und wichtig ist. Als Hinführung zum Thema können Sie Hintergründe der Problemstellung, die Einordnung in einen größeren Kontext, die Historie des Problems oder eine bestimmte Entwicklung anbringen.

Zeigen Sie dabei den Bezug zum Fachgebiet und zum Forschungsumfeld auf, indem Sie auf den Stand der Forschung Bezug nehmen.

Daraus ergibt sich die Zielsetzung der Arbeit. Das Ziel kann beispielsweise darin bestehen, zum Schließen einer Forschungslücke beizutragen, ein Problem empirisch zu betrachten und Hypothesen zu prüfen oder Handlungsempfehlungen für eine konkrete Anwendung zu entwickeln.

In der Einleitung wird der Untersuchungsgegenstand abgegrenzt bzw. auf bestimmte Aspekte eingegrenzt. Dazu ist es unbedingt erforderlich, die wichtigsten Begriffe der Themenstellung aufzugreifen und zu definieren. Dabei müssen Sie beachten, dass die Einleitung kurz gehalten werden muss. [2.2.2 Definition, 9.1 Grundstruktur wissenschaftlicher Arbeiten] Wenn in der Literatur eine Diskussion über einen zentralen Begriff geführt wird, deren Wiedergabe notwendig ist, aber die Einleitung sprengen würde, formulieren Sie einleitend eine vorläufige Arbeitsdefinition, die Sie in einem folgenden Kapitel präzisieren.

Die Definition zentraler Begriffe sollten Sie möglichst elegant formulieren und mit der Beschreibung des Hintergrundes bzw. der Problemstellung verweben. Mit der Problemstellung legen Sie die Aufgabe fest, die Sie sich als Verfasser der Arbeit stellen. Auch wenn die Problemstellung nicht unbedingt in Frageform ausgedrückt werden muss, ist es hilfreich, eine oder mehrere Forschungsfragen zu formulieren, die mit der Arbeit beantwortet werden sollen.

Aus der Zielsetzung der Arbeit und der Problemstellung ergibt sich eine methodische Vorgehensweise für die Untersuchung, und die Vorgehensweise bestimmt den logischen Aufbau der Arbeit. Beispielsweise kann eine Handlungsempfehlung entwickelt werden, indem mehrere Alternativen dargestellt und anhand bestimmter zu gewichtender Kriterien miteinander verglichen werden, so dass schließlich ein Lösungsvorschlag ausgewählt werden kann. Oder die Forschungsfrage verlangt eine empirische Erhebung, deren Untersuchungsdesign theoriebasiert entwickelt werden muss und deren Daten analysiert und interpretiert werden müssen. Die Methodik und den daraus folgenden Gang der Untersuchung müssen Sie in der Einleitung ansprechen und begründen. Es genügt nicht, den Aufbau der Arbeit und den Inhalt der Kapitel zu beschreiben.

Darüber hinaus können Sie in der Einleitung Hinweise platzieren, die für die gesamte Arbeit gelten, wie z. B. eine Anmerkung zur geschlechtergerechten Sprache. [8.3 Wissenschaftliche Sprache]

Was hat Micky Maus mit Forschung zu tun?

Mäuse sind beliebte Versuchstiere. Einem ihrer prominentesten Vertreter, Micky Maus (geb. 1928), ist es sogar gelungen, nicht nur im Labor, sondern auch im Feld zum Gegenstand wissenschaftlichen Interesses zu werden.[69] Eine eigenständige Disziplin hat sich daraus allerdings nicht entwickelt.

---

[69] S. z. B. Benjamin, Walter, Zu Micky-Maus (1931), in: ders., Gesammelte Schriften, Bd. 6, Frankfurt a. M. 1991, S. 144; ders., Das Kunstwerk im Zeitalter seiner technischen Reproduzierbarkeit (Erste Fassung, 1935), in: ders., Gesammelte Schriften, Bd. 1, Frankfurt a. M. 1991, S. 431–470, hier S. 460–462.

> Die sogenannte Mickymausforschung (Mickey Mouse science) steht vielmehr für empirische Forschung ohne Erkenntnisgewinn und Relevanz. Studentische Mickymausforscher wählen gerne harmlose Themen aus der bunten Medienwelt, bei denen die Antwort auf die Forschungsfrage von vornherein klar ist. Mickymausforscher scheuen hohen empirischen Aufwand und arbeiten ausschließlich qualitativ. Bei ihren Fallstudien verzichten sie meist auf eine kritische Distanz zum Untersuchungsgegenstand. Beispiele für triviale Befunde liefern Inhaltsanalysen zu Comics, Trickfilm- und Fantasy-Formaten und andere Beiträge zur Alltagsforschung.[70]
>
> Bisher wurde die Mickymausforschung nur als Spielart der Medien- und Kommunikationswissenschaft beobachtet.[71] Es ist aber zu befürchten, dass auch Studierende anderer Fachrichtungen wissenschaftliche Arbeiten schreiben, die die Welt nicht braucht.

10.2 Inhalte der Zusammenfassung

Das Gesamtergebnis der Arbeit wird im letzten Kapitel in komprimierter Form zusammengefasst. Sie können das in Thesen formulieren, müssen es aber nicht. Die Zusammenfassung nimmt auf die Zielsetzung der Arbeit und die in der Einleitung aufgeworfenen Forschungsfragen Bezug und präsentiert die Lösung des Problems. In diesem Zusammenhang können Sie auf die gewählte Methodik hinweisen. Wenn die Ergebnisse der Arbeit aus methodischen Gründen nur eingeschränkte Geltung beanspruchen können, bringen Sie einen entsprechenden Hinweis an (z. B. „Die Ergebnisse der Umfrage sind nicht repräsentativ.").

In einer Zusammenfassung werden die wichtigsten Inhalte des Hauptteils wiedergegeben. Das bedeutet, dass eine Zusammenfassung keine Erkenntnisse präsentiert, die über das zuvor Beschriebene hinausgehen. Das wird u. a. daran deutlich, dass eine Zusammenfassung in der Regel ohne Zitate auskommt. Eine Zusammenfassung ist also normalerweise kein Fazit. Die Problemstellung wird im Hauptteil der Arbeit vollständig abgehandelt. Schlussfolgerungen werden nicht im letzten Kapitel gezogen, sondern dort lediglich knapp wiederholt.

Sie können dem Leser einen Ausblick geben, wie sich das Problem in der Zukunft entwickeln wird, welche Umsetzungschancen eine Lösung hat oder dergleichen. Solche Prognosen geben einen Hinweis auf die voraussichtliche zeitliche Stabilität der Untersuchungsergebnisse. Eine gute wissenschaftliche Arbeit zeichnet sich dadurch aus, dass ggf. auf weiteren Forschungsbedarf und Fragen verwiesen wird, die offen geblieben sind.

Eine kritische Würdigung der Ergebnisse ist angebracht, nicht jedoch die Beurteilung der eigenen Leistung („Damit konnten wissenschaftlich wertvolle Erkenntnisse erzielt werden."). Das bleibt den Gutachtern überlassen.

---

[70] Vgl. Weber, Stefan, Das Google-Copy-Paste-Syndrom, Wie Netzplagiate Ausbildung und Wissen gefährden, Hannover 2007, S. 148–151.

[71] Vgl. ebd., S. 148.

Zusammenfassungen lassen sich nicht nur am Ende der Arbeit platzieren, sondern auch am Ende von Kapiteln oder Sinnabschnitten, z. B. in Form eines Zwischenfazits. Wo und wie oft eine Zusammenfassung angeführt wird, ist abhängig vom Umfang der gesamten Arbeit.

Fünf Gebote zu Einleitung und Zusammenfassung

1. Formulieren Sie in der Einleitung den Anlass für die Untersuchung, den Stand der Forschung und das Ziel Ihrer Arbeit.

2. Präsentieren Sie in der Einleitung Ihre Forschungsfrage(n) und grenzen Sie auf der Grundlage themenrelevanter Definitionen den Untersuchungsgegenstand ab.

3. Stellen Sie dar, mit welcher Methodik Sie arbeiten bzw. nach welchen logischen Prinzipien Sie Ihre Argumentation aufbauen, und begründen Sie Ihre Vorgehensweise.

4. Wiederholen Sie die wichtigsten Erkenntnisse Ihrer Arbeit in der Zusammenfassung.

5. Ziehen Sie Schlussfolgerungen im Hauptteil der Arbeit und nicht in der Zusammenfassung, es sei denn, Ihr Prüfer erwartet von Ihnen ausdrücklich ein Fazit.

11 Grafiken und Tabellen

„Hohe Bildung kann man dadurch beweisen, dass man die kompliziertesten
Dinge auf einfache Art zu erläutern versteht.“
(George Bernard Shaw)

„Die Welt wird durch Bilder bestimmt.“
(Werner Heisenberg)

Das wichtigste Sinnesorgan des Menschen ist das Auge. Bilder sind ein wichtiges Kommunikationsmittel, weil sie vom Hirn viel schneller verarbeitet werden als Texte.

Abbildungen und Tabellen illustrieren den Text. Sie dienen nicht dazu, die Arbeit ansprechend zu gestalten, sondern werden nur dann aufgenommen, wenn sie Inhalte belegen.

In diesem Kapitel lernen Sie,

- welche Funktionen Abbildungen und Tabellen in einer wissenschaftlichen Arbeit erfüllen,
- welche Arten von Diagrammen sich für die Darstellung von Häufigkeiten oder Zusammenhängen eignen,
- wie Abbildungen und Text zusammenspielen,
- ob Abbildungen und Tabellen im Text oder in einem Anhang platziert werden,
- mit welchen Zusätzen Sie Abbildungen und Tabellen bezeichnen müssen und
- wie Sie korrekte Quellenangaben anbringen.

11.1 Einsatz von Grafiken und Tabellen

Der linken Hemisphäre unseres Gehirns werden Funktionen wie logisches Denken, Sprache und analytisches Denken zugeschrieben, der rechten Musikalität, Kreativität und räumliches Vorstellungsvermögen. Texte werden von der linken Hirnhälfte verarbeitet, Bilder von der rechten. Auch wenn diese Auffassung umstritten ist, ist es sinnvoll, dem Leser einer wissenschaftlichen Arbeit das Verarbeiten der Informationen zu erleichtern, indem Sie Ihren Text illustrieren. Illustrationen stützen die Vorstellungskraft desjenigen, der die Beschreibung eines Sachverhalts liest, während dokumentarische Abbildungen auch eine empirische Behauptung belegen können.

Grafiken und Tabellen dienen dazu, Definitionen und Zahlenmaterial zu veranschaulichen, Aussagen mit Beispielen zu belegen oder komplizierte Sachverhalte aufzubereiten. Komplexe Informationen werden durch die Verwendung von Schaubildern, Zeichnungen, Diagrammen, Fotos, Karten und anderen Abbildungen verständlich und komprimiert wiedergegeben. Dies gelingt mit einer angemessenen Darstellung, die eine klare Aussage hat.

Was unterscheidet ein Bild in der Kunst von einem Bild in der Wissenschaft?

Ein bildender Künstler verfolgt mit seiner Darstellung andere Absichten als ein Wissenschaftler. Ein Kunstwerk zeigt uns die Wirklichkeit nicht unbedingt so wie sie tatsächlich ist. Es lässt immer Freiraum für Interpretation. Die Aussage, die dem Bild zu Grunde liegt, wird durch die Interpretation gedeutet. Der Betrachter muss also nicht zwingend zu der gleichen Auffassung kommen wie der Künstler.

Dieser Interpretationsspielraum ist bei wissenschaftlichen Abbildungen extrem eingeschränkt. Der Forscher benutzt das Bild, um einen Ausschnitt aus der Realität möglichst exakt wiederzugeben und eine Aussage zu belegen. Wissenschaftliche Bilder sollen einen Sachverhalt wahrheitsgetreu repräsentieren und veranschaulichen. Der Betrachter des Bildes soll darin genau das Gleiche sehen wie der Forscher.

Ganz gleich ob Aufnahmen kosmischer Phänomene (Astronomie), Bilder von Fraktalen (Mathematik) oder Atommodelle (Chemie) – wissenschaftliche Bilder haben ästhetische Eigenschaften. Diese machen sie wiederum zum Gegenstand einer Wissenschaft: Die Wissenschaftsästhetik ist eine Fachrichtung, die den ästhetischen Gehalt von Prozessen und Ergebnissen von Wissenschaft untersucht. Dabei geht es u. a. um die Kreativität im wissenschaftlichen Arbeiten und um die ästhetischen Eigenschaften, die „Schönheit" von Theorien.

Eine wissenschaftliche Arbeit ist kein Bildband, und eine Abbildung ist kein Lückenfüller. Seien Sie sich immer bewusst, dass ein Schaubild, ein Diagramm oder eine Tabelle eine Ergänzung zu den schriftlichen Ausführungen ist und dem Leser zum Verständnis des Inhalts dient. Eine Abbildung, die diese Funktion nicht erfüllt, ist überflüssig. Umgekehrt gilt, dass eine Grafik oder eine Tabelle den Text illustriert, ihn aber nicht ersetzt. Sie müssen Grafiken und Tabellen im Text kommentieren.

Fügen Sie Grafiken und Tabellen nicht beliebig und willkürlich in die Arbeit ein. Sie müssen immer in einem erörternden Kontext stehen, auf den sich die Darstellung bezieht. Grafiken und Tabellen werden an der Stelle im Text platziert, an der der zugehörige Sachverhalt erläutert wird. Nur wenn sie aufgrund ihrer Größe den Lesefluss stören, werden sie in einem Anhang untergebracht. [9.5 Anhang] Grafiken sollten sich also möglichst nicht über mehrere Seiten erstrecken oder so groß aufbereitet werden, dass es nicht mehr möglich ist, sie in den Text einzubetten.

Die Proportionen (Maßstab) müssen für jede einzelne Grafik in sich stimmig sein. Eine eventuell notwendige Verkleinerung macht Beschriftungen oft unleserlich. Eine Abbildung darf daher nicht zu viele Details enthalten.

Da Diagramme in schwarz/weiß oft schlecht zu deuten sind, empfiehlt es sich, sie in Farbe darzustellen. Dadurch wird verhindert, dass verschiedene Graustufen falsch interpretiert werden. [11.2 Diagrammtypen]

Die Gestaltung von Tabellen ist in DIN 55301 normiert.

Welche Bilder sagen weniger als tausend wissenschaftliche Worte?

1997 wurde in Deutschland der bis dahin größte Fall von Wissenschaftsbetrug publik. Ein Nachwuchswissenschaftler wurde zum Whistleblower (Informant, „Nestbeschmutzer") als er trotz drohender Sanktionen für vermeintliche Illoyalität auf grobes wissenschaftliches Fehlverhalten seiner damaligen Vorgesetzten an der Universität Tübingen hinwies und couragiert an die Öffentlichkeit ging. Die beiden Krebsforscher hatten im großen Stil Ergebnisse medizinischer Studien manipuliert, plagiiert und teilweise sogar frei erfunden. Eine zentrale Veröffentlichung enthielt manipulierte Abbildungen.

Die Deutsche Forschungsgemeinschaft (DFG), die 347 Publikationen überprüfte, beanstandete schließlich 94 Arbeiten, stufte 65 als verdächtig und 29 als eindeutige Fälschungen ein. Der Wissenschaftsskandal veranlasste die DFG, einen „Ehrenkodex für gutes wissenschaftliches Arbeiten" aufzustellen.

Die Übergänge zwischen ansprechender Aufbereitung von Bildmaterial und wissenschaftlicher Fälschung sind fließend und die Möglichkeiten und Versuchungen der digitalen Photographie und der Bildbearbeitung groß. Herausgeber wissenschaftlicher Fachzeitschriften wie die New Yorker Rockefeller University Press haben daher Leitlinien zum Umgang mit Bildmaterial verabschiedet[72] und beschäftigen Mitarbeiter, die in eingereichten Beiträgen systematisch nach digitalen Manipulationen fahnden, welche eine korrekte Interpretation empirischer Daten vereiteln.

11.2   Diagrammtypen

Es gibt verschiedene Diagrammtypen, mit denen Sie Zahlenmaterial darstellen und statistische Häufigkeiten und Zusammenhänge präsentieren können. Die Wahl des Diagrammtyps hängt von den darzustellenden Daten ab.

Ein Kreisdiagramm veranschaulicht, welchen Anteil bestimmte Merkmalsausprägungen haben, indem ein Kreis in Segmente („Tortenstücke") aufgeteilt wird. Die Segmente verdeutlichen die prozentuale Zusammensetzung der Anteile am Ganzen. Die Summe der relativen Anteile muss 100 von Hundert betragen, die Summe absoluter Werte muss dem Gesamtwert entsprechen. Für einen Vergleich verschiedener Kategorien sind Kreisdiagramme ungeeignet.

Säulendiagramme stellen Häufigkeiten in nicht aneinander angrenzenden vertikalen Säulen dar. Die Säulen stehen senkrecht auf der x-Achse des Diagramms. Die Höhe einer Säule

---

[72]   S. dazu Rossner, Mike/Yamada, Kenneth M., What's in a picture? The temptation of image manipulation, Erstveröffentlichung in: NIH Catalyst, 12. Jg., 2004, H. 3 (Online-Ressource), Nachdruck in: Journal of Cell Biology, 166. Jg., 2004, H. 1, S. 11–15.

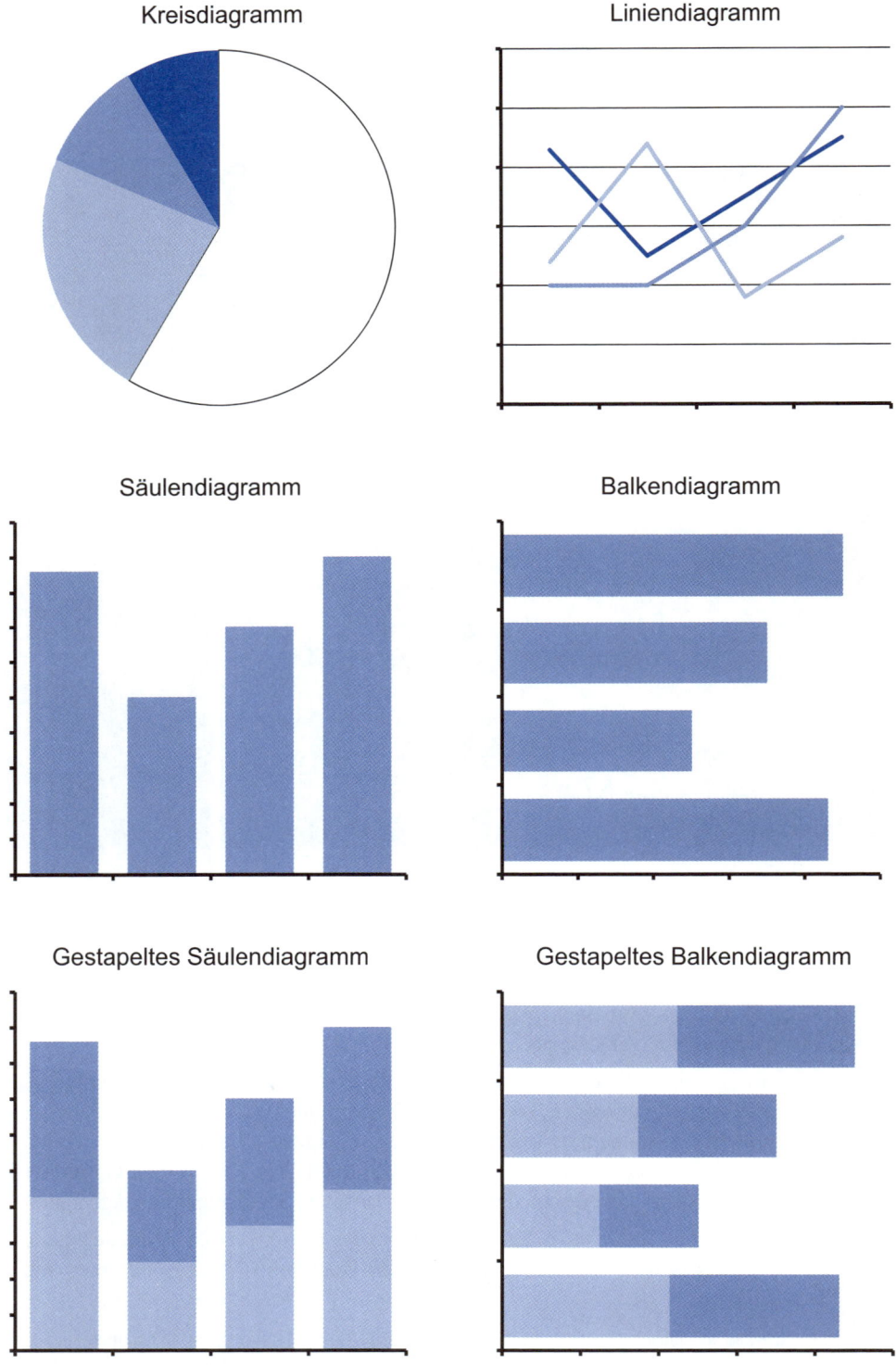

Abb. 6: Diagrammtypen (eigene Darstellung)

verhält sich proportional zur Häufigkeit der entsprechenden Merkmalsausprägung. Säulendiagramme eignen sich u. a. dazu, Datenmaterial aus unterschiedlichen Kategorien darzustellen, wobei die Obergrenze zu Gunsten der Übersichtlichkeit ungefähr bei 15 Kategorien liegt.

Balkendiagramme bilden Häufigkeiten in nicht aneinander angrenzenden waagerecht liegenden Balken ab. Die Balken stehen senkrecht auf der y-Achse des Diagramms. Wie bei einem Säulendiagramm verhält sich die Breite eines Balkens proportional zur Häufigkeit der entsprechenden Merkmalsausprägung. Balkendiagramme eignen sich gut zur Veranschaulichung von Rangfolgen.

In einem gestapelten Säulendiagramm bzw. einem gestapelten Balkendiagramm werden Einzelwerte aufeinander gestapelt dargestellt, um Verhältnisse innerhalb verschiedener Kategorien deutlich zu machen, die miteinander verglichen werden. Die Säule bzw. der Balken zeigt jeweils den Gesamtwert für die Kategorie an. Werden die Verhältnisse als Prozentwerte von Hundert angegeben, sind die Säulen bzw. Balken gleich hoch bzw. breit. Solche Diagramme eignen sich ebenfalls für die Darstellung von Rangfolgen.

Liniendiagramme stellen anhand einer Linie dar, wie sich bestimmte Werte im Zeitablauf verändern. Sie werden verwendet, wenn die Einzelwerte so zahlreich sind, dass sie nicht in einem Säulendiagramm erfasst werden können.

In einem Streudiagramm wird jeder berücksichtigte Merkmalswert mit einem Punkt markiert. Dadurch kann sichtbar gemacht werden, wie sich die beobachteten Werte verteilen und ob zwei unterschiedliche Variablen einen Zusammenhang aufweisen. Streudiagramme können nur dann angewendet werden, wenn genau zwei Kriterien gegenübergestellt werden sollen.

Neben diesen häufig verwendeten Grundtypen von Diagrammen gibt es weitere Möglichkeiten, Informationen grafisch aufzubereiten. Netz-, Flächen-, Ring- und Blasendiagramme basieren auf den beschriebenen Diagrammtypen.

11.3   Erforderliche Angaben bei Grafiken und Tabellen

Grafiken und Tabellen müssen hinreichend beschriftet und dokumentiert werden, um dem Leser den Bezug zum Text zu verdeutlichen und ihm ggf. ein Prüfen der Quellen zu ermöglichen. Grafiken und Tabellen müssen mit einem Titel, ggf. mit einer Quellenangabe und unter Umständen mit einer Legende verwendeter Symbole versehen werden.

Grafiken und Tabellen brauchen einen aussagekräftigen Titel, der ihren Inhalt kurz und knapp auf den Punkt bringt. Der Titel wird unterhalb der Grafik bzw. der Tabelle platziert. Die Untertitel werden mit der Abkürzung „Abb." bzw. „Tab." versehen und in der Arbeit fortlaufend durchnummeriert („Abb. 1: Titel"). Die Titel werden in das Abbildungs- und in das Tabellenverzeichnis übernommen. [9.6.2 Abbildungsverzeichnis, 9.6.3 Tabellenverzeichnis]

Beispiel

Abb. 7:   Die emblematischen Gegenstände der Chemie, biomedizinischen Wissenschaft, „rocket science",
            Anatomie, Astronomie und Mathematik (Schummer/Spector 2009, S. 348)

Eintrag im Literaturverzeichnis

Schummer, Joachim/Spector, Tami I. (2009): Visuelle Populärbilder und Selbstbilder der
    Wissenschaft, in: Hüppauf, Bernd/Weingart, Peter (Hrsg.), Frosch und Frankenstein, Bil-
    der als Medium der Popularisierung von Wissenschaft, Bielefeld, S. 341–372

Wenn die Abbildung aus einer anderen Quelle zitiert wird, muss direkt unterhalb der Grafik
bzw. der Tabelle und hinter dem Titel ein Quellenvermerk in Form eines Kurzbeleges angebracht werden (Klammerzusatz). Quellenangaben zu Abbildungen und Tabellen werden auch
dann nicht in Fußnoten platziert, wenn im Text der Arbeit mit Hilfe von Fußnoten zitiert
wird. [12.4 Fußnoten und Anmerkungen] Die Quelle, aus der die Abbildung entnommen
wird, wird in das Literatur- bzw. Quellenverzeichnis aufgenommen. [13 Literatur-/Quellen-
verzeichnis] Wird eine Abbildung nicht originalgetreu übernommen, sondern abgewandelt,
wird der Kurzbeleg mit der Wendung „In Anlehnung an" eingeleitet, der die genaue Quellenangabe folgt. Stammt die Abbildung vom Verfasser der Arbeit selbst, beugt ein Klammerzusatz mit den Worten „Eigene Darstellung" Missverständnissen über den Urheber vor.

Sämtliche zur Beschriftung der Grafik verwendeten Symbole, Einheiten etc. müssen innerhalb oder unmittelbar unter der Darstellung in einer Legende erklärt werden. Werden zur
Erläuterung der Grafik solche Anmerkungen benötigt, so sind diese unterhalb der Abbildung,
aber noch vor dem Quellennachweis zu platzieren und mit gängigen Symbolen wie *, +, a, b,
c gesondert zu kennzeichnen. So wird eine Verwechslung mit anderen Symbolen wie Fußno-
tenziffern vermieden. Abkürzungen, die im Abkürzungs- bzw. Symbolverzeichnis separat
erläutert werden, werden von der Legende ausgenommen. [9.6.4 Abkürzungsverzeichnis]

Bei welcher Tabelle irrte die Wissenschaft?

Ein Thema, bei dem wissenschaftliche Empfehlungen alle paar Jahrzehnte revidiert werden, ist die Frage, wie viel ein Mensch wiegen sollte. Seit den 50er Jahren des 20. Jahrhunderts wurde ein Idealgewicht propagiert, das für Männer um 10 % und für Frauen um 15 % unter dem Gewicht lag, das zuvor als Norm galt (Normalgewicht in Kilogramm gleich Körpergröße in Zentimetern minus 100). Die berechneten Werte wurden in Tabellen verbreitet und gingen in die ernährungswissenschaftlichen Lehrbücher ein.

Ein Fall von junk science? Entdeckt wurde das Idealgewicht keineswegs von Medizinern, sondern von Versicherungsmathematikern der Metropolitan Life Insurance Company. Es befriedigte nicht nur die wirtschaftlichen Interessen der Versicherungsgesellschaften, sondern auch die einer boomenden Diät- und Fitness-Industrie.

Welches Gewicht nun tatsächlich das natürliche oder gesündeste ist, ist unter Medizinern zwar bis heute strittig, doch das Idealgewicht hat als Bewertungsmaßstab ausgedient. Die Tabellen mit den strengen Werten sind verschwunden und dem Body Mass Index (BMI) gewichen – einer Formel aus dem Jahr 1870, entwickelt von einem Astronomen und Statistiker.

Fünf Gebote für Grafiken und Tabellen

1. Schaubilder ergänzen das Wort, sie ersetzen es nicht. Präsentieren Sie Kernaussagen von Grafiken und Tabellen im Text.

2. Platzieren Sie großformatige Grafiken und Tabellen nicht im Text, sondern im Anhang.

3. Versehen Sie alle Grafiken und Tabellen mit einem aussagekräftigen Untertitel und einer fortlaufenden Nummer.

4. Geben Sie bei Schaubildern und tabellarischen Übersichten, die Sie nicht selbst angefertigt haben, mit einem Kurzbeleg die Quellen an.

5. Kennzeichnen Sie abgewandeltes Material mit Hinweis „in Anlehnung an", dem die Quellenangabe folgt.

Teil III:
Zitiertechnik

„Der größte Ansporn, eine neue Technik oder Hilfsdisziplin zu erlernen, ist,
dass man sie dringend braucht."
(Peter B. Medawar)

„Ist man in kleinen Dingen nicht geduldig, bringt man die großen Vorhaben zum Scheitern."
(Konfuzius)

12 Zitieren

> „Die Wissenschaft, sie ist und bleibt, was einer ab vom andern schreibt."
> (Eugen Roth)

> „In der Wissenschaft gibt es keine Antworten, nur Querverweise."
> (Unbekannt)

Wissenschaftliches Arbeiten erfordert, sich kritisch mit dem wissenschaftlichen Diskurs zu einem bestimmten Thema auseinanderzusetzen. Aussagen müssen in der Wissenschaft immer begründet und mit Quellen belegt werden, wenn sie nicht aus der eigenen Feder stammen.

Aussagen anderer zu zitieren ohne dies kenntlich zu machen und fremde Gedanken auf diese Weise als eigene auszugeben (Plagiat), gilt als wissenschaftliches Fehlverhalten. [4.2 Wissenschaftliches Fehlverhalten] Falls Ihnen ein Plagiat nachgewiesen wird, werden Sie sich nicht darauf berufen können, dass Sie aus Versehen keine Quelle angegeben haben, weil Sie nicht wussten, wie korrekt zitiert wird.

Vermeiden Sie „versehentliche" Plagiate. Versuchen Sie, Texte zu exzerpieren, ihren Sinn zu erfassen und den Inhalt mit ihren eigenen Worten wiederzugeben. Formulieren Sie Aussagen, die Sie verwerten wollen, sehr großzügig um. Wenn Ihr Zitat bis auf wenige Wörter oder eine Umstellung im Satzbau dem Original entspricht, bewegen Sie sich zu eng an der Vorlage und sind nur einen Hauch vom Plagiat entfernt.

Wenn Sie eine wissenschaftliche Arbeit verfassen, wird von Ihnen erwartet, dass Sie sich inhaltlich angemessen mit der Fachliteratur auseinandersetzen und unterschiedliche Literaturmeinungen formal korrekt wiedergeben. Wenn Sie das nicht gründlich und sorgfältig tun, verliert Ihre Arbeit inhaltlich an Qualität. Außerdem wird sie möglicherweise aus formalen Gründen beanstandet und abgewertet.

In diesem Kapitel lernen Sie,
- welche Quellen Sie ohne Bedenken zitieren dürfen und welche nicht,
- welche Informationen Sie nicht mit Quellen zu belegen brauchen,
- wie Sie fremde Aussagen wörtlich und sinngemäß zitieren und wo die Grenze zum Plagiat verläuft,
- an welcher Stelle Quellenangaben am besten platziert werden,
- wie Sie wörtliche und sinngemäße Zitate richtig belegen,
- wie eine Fußnote aufgebaut ist,

- wie Sie formal korrekte Quellenangaben machen und
- zu welchem Zweck Sie in Fußnoten Anmerkungen zum Text machen können.

12.1   Zitierfähigkeit

Zitierfähig sind grundsätzlich nur solche Quellen, die vom Leser nachvollzogen und überprüft werden können. Das setzt voraus, dass die betreffende Quelle in irgendeiner Form, d. h.
gedruckt oder online publiziert wurde und damit allgemein zugänglich ist. Zitierfähige Quellen sind insbesondere:

- wissenschaftliche Literatur
- Gesetzestexte, Verordnungen, Richtlinien, juristische Kommentare und Gerichtsent-
  scheidungen
- veröffentlichte (amtliche) Statistiken
- Berichte von Unternehmen und Verbänden
- Artikel in seriösen Tageszeitungen

Unveröffentlichte Texte, wie z. B. interne Dokumente und Vorlesungsskripte, sind nicht
zitierfähig. Sogenannte „graue Literatur" darf in wissenschaftlichen Arbeiten nicht verwertet
werden. Ausnahmen gelten nur bei einer explorativen bzw. einer qualitativen Studie wie
einer Fallstudie, sofern wesentliche Ergebnisse auf internen Quellen beruhen. [3.2.2 Untersuchungsansätze, 3.2.4 Forschungsrichtungen in der Empirie, 7.4 Grundsätze der Quellen-
auswahl]

Informationen aus Gesprächen, Diskussionen oder Brief- bzw. Mailwechseln sind nicht zitierfähig, da sie von Dritten nicht nachvollzogen werden können. Bei einer explorativen
Studie, die auf Experteninterviews basiert, können Sie sich behelfen, indem Sie von jedem
Interview ein Transkript (Wortprotokoll) anfertigen, das Sie im Anhang der Arbeit dokumentieren. [9.5 Anhang]

Jedes Zitat muss unmittelbar aus der Primärquelle übernommen werden. Sekundärquellen
dürfen Sie nur in begründeten Ausnahmefällen zitieren, z. B. dann, wenn die Originalquelle
schwer zu beschaffen oder überhaupt nicht mehr greifbar ist. Der Beschaffungsaufwand, der
mit einer Recherche in einer anderen Hochschulbibliothek oder einer Fernleihe verbunden
ist, gilt nicht als schwer, sondern als zumutbar. Wer aus Bequemlichkeit darauf verzichtet,
die Originalquelle heranzuziehen, läuft selbst beim Zitieren aus Arbeiten bekannter Autoren
(z. B. aus einem Lehrbuch) Gefahr, den Sinn des ursprünglichen Textes verkürzt wiederzugeben, zu verfälschen oder sogar versehentlich Fehler des Zitierenden zu kopieren.

Wenn Sie ausnahmsweise aus Sekundärliteratur zitieren, müssen Sie in der Fußnote kenntlich machen, dass es sich um ein Sekundärzitat handelt. Bei einem Vollbeleg versehen Sie
den Verweis auf die Originalquelle mit dem Zusatz „zitiert nach …" oder „zit. nach …", dem
die Angabe der Sekundärquelle folgt. Bei einem Kurzbeleg geben Sie in der Fußnote nur die
Originalquelle an und verweisen über den Eintrag im Literaturverzeichnis auf die benutzte
Sekundärquelle. [13 Literatur-/Quellenverzeichnis]

Beispiel

Sinngemäßes Zitat und wörtliches Sekundärzitat
Popper interpretiert die Objektivität wissenschaftlicher Aussagen als intersubjektive Überprüfbarkeit[1] und bezieht sich dabei auf Kant: „Wenn es für jedermann gültig ist, sofern er
nur Vernunft hat, so ist der Grund desselben objektiv hinreichend."[2]

Fußnote mit Vollbeleg

---

[1] Vgl. Popper, Karl R., Logik der Forschung, Nachdruck der 10., verb. u. vermehrten Aufl., Tübingen 2002, S. 18.
[2] Kant, Immanuel, Kritik der reinen Vernunft, Methodenlehre, 2. Hauptstück, 3. Abschnitt, 2. Aufl., Riga
     1787, S. 848, zitiert nach Popper, a.a.O., S. 18.

Fußnote mit Kurzbeleg

---

[1] Vgl. Popper (2002), S. 18.
[2] Kant (1787), S. 848.

Was haben wissenschaftliche Irrtümer mit Abschreiben zu tun?

„Read before You Cite!" ist der Titel eines Artikels zweier Ingenieurwissenschaft-
ler, die 2003 für ihr Fachgebiet untersucht haben, wie viele Personen, die einen
wissenschaftlichen Beitrag zitieren, diesen auch tatsächlich gelesen haben.[73] Anhand von Material aus Zitationsdatenbanken fanden die Wissenschaftler heraus,
wie viele Artikel falsch zitiert wurden und wie diese Zitierfehler strukturiert waren.

In der Analyse tauchten die immer gleichen Fehler auf. Die meisten Zitierfehler
lassen sich folglich nicht mit dem Zufallsprinzip oder mit Druckfehlern erklären,
sondern damit, dass die Verfasser selbst bei zentralen Quellen nicht aus den
Originalquellen zitiert und die Fehler anderer übernommen haben. Die beiden
Forscher kamen zu dem Schluss, dass nur jeder fünfte Verfasser eines wissenschaftlichen Beitrages vor dem Zitieren die Originalquellen liest. Manche wissenschaftliche Falschaussage wird auf diese Weise unverändert überliefert.

Selbstzitate sind Zitate, die auf eigene Publikationen referieren. Manche wissenschaftlichen
Arbeiten bauen auf Vorarbeiten auf, deren Ergebnisse bereits veröffentlicht wurden. Insofern
ist es legitim, dieses Material zu verwerten und darauf zu verweisen. Erkenntnisse lediglich zu
„recyceln" oder Selbstzitate aus purer Eitelkeit anzubringen, gilt dagegen als bedenklich. Auch
von studentischen Arbeiten wird Originalität erwartet. Teile einer Hausarbeit wortgetreu in eine
Masterarbeit zu übernehmen o. ä., geht über die Grenzen des Legitimen hinaus. Bei Dissertationen und Habilitationsschriften können Selbstzitate zu Eigen- bzw. Selbstplagiaten werden,
wenn die einschlägigen Hochschulordnungen Vorveröffentlichungsverbote enthalten.

---

[73] Vgl. Simkin, Mikhail V./Roychowdhury, Vwani P., Read before You Cite!, in: Complex Systems, 14. Jg.,
      2003, S. 269–274.

12.2   Zitierpflicht

Eine korrekte und kritische Literaturauswertung gehört zu den grundlegenden Anforderungen an jede wissenschaftliche Arbeit. [1.4 Wissenschaftliches Arbeiten] Beim Zitieren darf der Inhalt der Quelle nicht verfälscht, sondern muss sinngemäß wiedergegeben werden.

Von Ihnen wird ein kritischer Umgang mit den Quellen erwartet. Wenn es unterschiedliche Literaturmeinungen gibt, müssen Sie diese wiedergeben und kommentieren. Dabei müssen Sie sich bewusst sein, dass es sich auch bei Aussagen in der Wissenschaft um Meinungen handelt, nicht um eine unumstößliche Wahrheit. Selbst renommierte Fachvertreter sind nicht unfehlbar, und der wissenschaftliche Fortschritt lässt Wissen, das einmal als gesichert galt und anerkannt war, oft in einem anderen Licht erscheinen.

Jedes Zitat muss eindeutig gekennzeichnet werden. Korrektes Zitieren ist eine Grundvoraussetzung für das wissenschaftliche Arbeiten und in der Wissenschaft auch für Anfänger eine Selbstverständlichkeit. [12.3 Zitierweisen, 12.5 Zitierverfahren] Verstöße gegen eindeutige Zitierpflichten sind Fälschungen und können den Vorwurf des Plagiats nach sich ziehen.

Wenn Sie einen fremden Text wortgetreu verwerten, ohne dessen Urheber anzugeben, begehen Sie ein Plagiat. Es gibt verschiedene Plagiatsformen. Ein Wortlautplagiat (Totalplagiat) liegt vor, wenn Passagen aus anderen Arbeiten verwendet und wörtlich wiedergegeben werden, ohne dass dies unmissverständlich gekennzeichnet wird. Darunter fällt auch das Verstecken wörtlich übernommener Quellen im Quellenverzeichnis der Arbeit [13 Literatur-/Quellenverzeichnis] oder in Fußnoten, die nicht genau zuzuordnen sind. [12.4 Fußnoten und Anmerkungen] Bei einem Inhaltsplagiat (Teilplagiat) werden übernommene Textpassagen leicht umformuliert (Paraphrase), ohne dass die Quelle mit einem korrekten Zitat belegt wird. Solche „kosmetischen" Veränderungen als sinngemäßes Zitat oder gar als eigenen Gedanken auszugeben, ist eindeutig wissenschaftliches Fehlverhalten. Eine besonders dreiste Form des Inhaltsplagiats ist der Verschnitt mehrerer Vorlagen zu einer neuen, eigenständigen Arbeit (wissenschaftliches Cuvée). Die ungekennzeichnete Übernahme zentraler Gedanken wird als Ideenplagiat geahndet, die Übernahme der Gliederung bzw. des Inhaltsverzeichnisses einer fremden Arbeit als Strukturplagiat.[74] [4.2 Wissenschaftliches Fehlverhalten]

Alle zitierten Quellen sind anzugeben. Über längere Abschnitte hinweg mit Sekundärliteratur zu arbeiten, diese aber nicht anzugeben, sondern auf die Primärquelle zu verweisen, ist zwar nicht als Täuschungsversuch zu werten, aber ein Ablenkungsmanöver, das nur dann folgenlos bleibt, wenn die Sekundärquellen die Originalinhalte korrekt widergegeben haben. Unauffällig ist ein solches Vorgehen nicht unbedingt. Es hängt vom Niveau Ihrer Arbeit ab, ob etwa Zitate aus schwer zugänglichen Quellen, Zitate aus Klassikern der Fachliteratur oder aus fremdsprachigen Quellen glaubwürdig erscheinen oder den Verdacht erregen, dass Sie sie gar nicht gelesen haben. Ziehen Sie die Primärliteratur heran!

Prüfungsarbeiten, in denen massiv gegen inhaltliche und formale wissenschaftliche Standards beim Umgang mit Quellen verstoßen wurde, werden regelmäßig mit der Note „mangelhaft" (5,0) bewertet. [4.2 Wissenschaftliches Fehlverhalten, 5 Anforderungen an schriftliche Prüfungsarbeiten] Wenn kenntlich ist, aus welchem fremden geistigen Eigentum (Quelle) in welchem Umfang und in welcher Form (wörtlich oder sinngemäß) eine Aussage

---

[74]   Für eine differenziertere Darstellung von Plagiaten vom Copy/Paste-Totalplagiat bis zum „Shake & Paste"-Plagiat s. Weber, a.a.O., S. 44–47.

übernommen wurde, dann wurde korrekt zitiert. Auf diese Weise wird der Grad der Eigenleistung deutlich, der in einer wissenschaftlichen Arbeit steckt.

Vermeiden Sie Extreme! Ein Text, der überzitiert ist, enthält zu viele Zitate. Wörtliche Zitate sollten Sie sehr sparsam einsetzen. [12.3 Zitierweisen] In einer unterzitierten Arbeit werden Ausführungen nicht hinreichend oder im schlimmsten Fall gar nicht mit Quellen belegt.

Nicht zitierpflichtig ist generelles und fachliches Allgemeinwissen. Beispielsweise muss nicht jeder elementare Fachbegriff erläutert und mit einem Verweis auf die Literatur versehen werden. Was fachliches Allgemeinwissen ist, hängt vom wissenschaftlichen Qualifikationsstand ab, der mit der Arbeit dokumentiert werden soll. Für Seminar- und Examensarbeiten sind die kundigen Kommilitonen ein guter Maßstab.

Eine Quellenangabe wird immer an der Stelle platziert, an der eine Aussage abgeschlossen wird. Das kann am Ende eines Absatzes sein oder mitten darin. Bezieht sich eine längere Passage des Manuskripts auf eine einzige Quelle, genügt es nicht, diese am Ende der Passage, z. B. am Ende eines Kapitels anzugeben. Die Quelle muss genau genommen in jedem Absatz genannt werden. Das können Sie vermeiden, indem Sie einleitend eine Anmerkung machen, dass sich die folgenden Ausführungen auf eine bestimmte, dann genannte Quelle beziehen.

12.3   Zitierweisen

Beim Zitieren sind das wörtliche Zitat und das sinngemäße zu unterscheiden. Ein wörtliches Zitat ist eine wort- und buchstabengetreue Wiedergabe eines Textabschnitts, eines Satzes, eines Satzteils oder eines Ausdrucks. Mit einem sinngemäßen Zitat wird der Inhalt einer Aussage in anderen Worten wiedergegeben. Dabei wird ein Sachverhalt mit einer Fundstelle oder ggf. mit mehreren Quellen belegt, die ihn in gleicher Weise beschreiben. Ein sinngemäßes Zitat kann sich auf eine einzelne Aussage in der Vorlage beziehen oder auf eine längere Textpassage, deren Inhalt zusammengefasst wiedergegeben wird.

12.3.1   Wörtliches Zitat

Wörtliche Zitate werden in einer wissenschaftlichen Arbeit nur ausnahmsweise verwendet, und zwar dann, wenn es auf den genauen Wortlaut ankommt, wie z. B. bei einer Definition, oder wenn die Originalaussage besonders prägnant formuliert ist. In der Regel findet sich aber eine Formulierung, mit der der Inhalt zutreffend wiedergegeben werden kann, ohne den genauen Wortlaut zu übernehmen. Das gilt vor allem für das Zitieren zusammenhängender Sätze. Längere wörtliche Zitate sollten Sie unbedingt vermeiden.

Wenn Sie Aussagen aus anderen Arbeiten wörtlich wiedergeben, müssen Sie die Zitierweise unmissverständlich kennzeichnen. Alles andere ist ein Plagiat. Mit „unmissverständlich kennzeichnen" ist gemeint, dass der Anfang und das Ende eines wörtlichen Zitates durch doppelte Anführungszeichen hervorgehoben werden. Der Verweis auf die Quelle folgt unmittelbar hinter dem wörtlichen Zitat also unmittelbar hinter dem zweiten Anführungszeichen, auch wenn der Satz, in den das Zitat eingebettet ist, noch nicht beendet ist. Der Verweis wird je nach Zitiertechnik in einer Fußnote oder in Klammern (Harvard-Methode) platziert. [12.4 Fußnoten und Anmerkungen, 12.5 Zitierverfahren]

Für das wörtliche Zitieren gelten bestimmte Konventionen. Sie helfen u. a. Abweichungen zwischen dem Original und der wörtlichen Übernahme zu kennzeichnen und durch korrekte Interpunktion den Sinnzusammenhang des Textes zu erhalten.

Ein wörtliches Zitat innerhalb eines wörtlichen Zitats und ein im Original mit doppelten Anführungszeichen hervorgehobenes Wort setzen Sie in einfache Anführungszeichen.

Fehlende Wörter am Anfang oder am Ende eines wörtlichen Zitats werden nicht mit Auslassungspunkten gekennzeichnet, auch dann nicht, wenn das Zitat zu einem Satzteil im eigenen Text wird. Lassen Sie im Zitat mehrere Wörter aus dem Original weg, zeigen Sie dies durch drei Auslassungspunkte an. Auslassungen (Ellipsen) nur eines Wortes markieren Sie durch zwei Punkte. Auslassungspunkte werden grundsätzlich nicht in Klammern gesetzt. Einklammern ist nur dann sinnvoll, wenn Auslassungen im wörtlichen Zitat von Auslassungen im Original unterschieden werden müssen.[75] In diesem Fall werden die Auslassungspunkte in eckige Klammern gesetzt. Unabhängig von den formalen Anforderungen gilt: Der Sinn des Zitats darf durch die Auslassung nicht verändert werden.

Am Anfang eines wörtlichen Zitates dürfen Sie die Groß- oder Kleinschreibung ohne weiteres anpassen. Alle anderen textlichen und formellen Abweichungen und sei es nur ein einziger Buchstabe machen Sie durch eingeklammerte Zusätze kenntlich. Solche Ergänzungen werden immer in eckigen Klammern angezeigt.

Die Zeichensetzung (Interpunktion) dürfen Sie dem eigenen Text anpassen. Schließen Sie einen Satz mit einem wörtlichen Zitat ab, zu dem ein Punkt gehört, steht das Satzzeichen vor dem doppelten Anführungszeichen. Fehlt dieses Satzzeichen im Zitat, steht der Punkt zwischen Anführungszeichen und Fußnotenziffer.

Manchmal müssen Sie in ein wörtliches Zitat Wörter einfügen oder Wörter beugen, um das Zitat grammatikalisch korrekt in den eigenen Text einzubinden. Solche Zusätze oder Flexionen werden ebenfalls in eckige Klammern gesetzt. Durch diese Technik wird dem Leser angezeigt, dass es sich um eine Ergänzung handelt, die Sie als Verfasser vorgenommen haben. Wörter in runden Klammern würden als Originalbestandteile eines Textes gedeutet.

Beispiele[76]

„Moralisch betrachtet sind Plagiate Katastrophen, aus dem Blickwinkel guter wissenschaftlicher Praxis und unter dem Aspekt des Erkenntnisfortschritts gleichfalls."[1]

---
[1] Schimmel, Roland, Von der hohen Kunst ein Plagiat zu fertigen, Eine Anleitung in 10 Schritten, Berlin 2011, S. 5.

„Moralisch betrachtet sind Plagiate Katastrophen, aus dem Blickwinkel guter wissenschaftlicher Praxis ... gleichfalls."[1]

---
[1] Schimmel, Roland, Von der hohen Kunst ein Plagiat zu fertigen, Eine Anleitung in 10 Schritten, Berlin 2011, S. 5.

---

[75] Ein Beispiel für diese Ausnahme finden Sie in der Box auf S. 62 dieses Lehrbuches.
[76] Vorsicht im Umgang mit der hier zitierten Quelle! Zu lernen, diese hohe Kunst zu beherrschen, ist aufwändiger als sich die Kunst des wissenschaftlichen Arbeitens anzueignen. Letzteres ist außerdem völlig stressfrei und ungefährlich.

„Plagiate [sind] .. aus dem Blickwinkel guter wissenschaftlicher Praxis und unter dem Aspekt des Erkenntnisfortschritts"[1] inakzeptabel.

---

[1]   Schimmel, Roland, Von der hohen Kunst ein Plagiat zu fertigen, Eine Anleitung in 10 Schritten, Berlin 2011, S. 5.

„Aus dem Blickwinkel guter wissenschaftlicher Praxis und unter dem Aspekt des Erkenntnisfortschritts"[1] kommen Plagiate einem ethisch bedenklichen Schwerverbrechen gleich.[2]

---

[1]   Schimmel, Roland, Von der hohen Kunst ein Plagiat zu fertigen, Eine Anleitung in 10 Schritten, Berlin 2011, S. 5.
[2]   Vgl. ebd.

Ein wörtliches Zitat geben Sie im wörtlichen Zitat wieder, indem Sie das Zitat im Zitat in einfache Anführungszeichen setzen. In der Fußnote müssen Sie auch die indirekt zitierte Quelle nennen „(mit einem Zitat von …)". Auch Hervorhebungen von Wörtern durch doppelte Anführungszeichen übernehmen Sie mit einfachen Anführungszeichen.

Beispiel

„Einmal aufgestellte und bewährte Hypothesen dürfen nicht ‚ohne Grund' fallengelassen werden; als ‚Gründe' gelten dabei unter anderem: Ersatz durch andere, besser nachprüfbare Hypothesen; Falsifikation der Folgerungen."[1]

---

[1]   Popper, Karl R., Logik der Forschung, Nachdruck der 10., verb. u. vermehrten Aufl., Tübingen 2002, S. 26.

Wenn Teile des Originals z. B. durch Fettdruck oder Kursivschrift hervorgehoben sind, stellen Sie das am besten mit einer Anmerkung klar, die sich an die Quellenangabe anschließt („Hervorhebung im Original"). Jede Abweichung vom Original muss angezeigt werden. Wenn in der Vorlage beispielsweise ein Wort kursiv gedruckt ist, Sie die Hervorhebung beim Zitieren aber nicht übernehmen, folgt unmittelbar nach der Quellenangabe die Bemerkung „im Original hervorgehoben" oder „i. O. kursiv" (ggf. auch: „im Original teilweise hervorgehoben" oder „i. O. z. T. kursiv"). Heben Sie umgekehrt beim Zitieren abweichend vom Original ein Wort hervor, zeigen Sie das durch den Hinweis „Hervorhebung durch den Verfasser" an.

Beispiele

Originaltext
„Mit absoluter Gewissheit kann für jeden Wissenschaftler jeglichen Alters behauptet werden, daß, *wer bedeutende Entdeckungen machen will, bedeutende Probleme untersuchen muß*."[1]

---

[1]   Medawar, Peter B., Ratschläge für einen jungen Wissenschaftler, München 1984, S. 34, Hervorhebung im Original.

Zitat

„Mit absoluter Gewissheit kann für jeden Wissenschaftler jeglichen Alters behauptet werden, daß [sic!], wer bedeutende Entdeckungen machen will, bedeutende Probleme untersuchen muß [sic!]."[1]

---

[1]   Medawar, Peter B., Ratschläge für einen jungen Wissenschaftler, München 1984, S. 34, i.O. z. T. hervorgehoben.

Originaltext

„Die Objektivität der wissenschaftlichen Sätze liegt darin, daß sie intersubjektiv nachprüfbar sein müssen."[1]

---

[1]   Popper, Karl R., Logik der Forschung, Nachdruck der 10., verb. u. vermehrten Aufl., Tübingen 2002, S. 18.

Zitat

„Die Objektivität der wissenschaftlichen Sätze liegt darin, daß [sic!] sie *intersubjektiv
nachprüfbar* sein müssen."[1]

---

[1]   Popper, Karl R., Logik der Forschung, Nachdruck der 10., verb. u. vermehrten Aufl., Tübingen 2002, S. 18,
Hervorhebung durch den Verfasser.

Die strengen Anforderungen an eine buchstabengetreue Wiedergabe reichen so weit, dass
Rechtschreib- und Interpunktionsfehler des Originals übernommen werden. Bei historischen
Quellen behalten Sie selbstverständlich die veraltete Sprache bei. Der Leser wird sie als
solche erkennen. Bei Quellen jüngeren Datums wird das vielleicht nicht unbedingt der Fall
sein. Schreibweisen, die heute als falsch gelten, dürfen Sie trotzdem nicht eigenmächtig in
die neue deutsche Rechtschreibung umwandeln. Um dem Leser anzuzeigen, dass sich ein
Rechtschreib- oder Interpunktionsfehler im Original und nicht etwa beim Zitieren eingeschlichen hat, fügen Sie im Zitat unmittelbar hinter dem Fehler in eckigen Klammern ein
„sic!" (lat. für [wirklich] so!) ein.

Einen Text, den Sie aus dem Englischen wörtlich zitieren, brauchen Sie nicht ins Deutsche
zu übertragen. Wenn es sich um wenig gebräuchliches Vokabular handelt, können Sie die
Fußnote mit der Quellenangabe um eine Übersetzung und einen Hinweis darauf ergänzen,
wer den englischen Text übersetzt hat. Texte in anderen Sprachen müssen Sie übersetzen.
Die Übersetzung müssen Sie beim Quellenbeleg („Übersetzung: Name") oder durch eine
Anmerkung, aus der der Name des Übersetzers hervorgeht, kennzeichnen.

Beispiele

Originaltext

„Ogni passo della sapienza moderna svelle un errore; non pianta niuna verità."

Zitat

„Jeder Schritt der modernen Wissenschaft entwurzelt einen Irrtum; er pflanzt keine Wahrheit."[1]

---

[1]   Leopardi, Giacomo, Tutte le opere, Zibaldone di pensieri (1937), 6. Aufl., Mailand 1961, S. 57 (Übersetzung:
T. Traslatore).

Originaltext
„Un analfabet poate poseda ‚ochiul Cunoașterii‘, fiind astfel mai presus de orice savant.“

Zitat
„Ein Analphabet kann das ‚Auge der Erkenntnis‘ besitzen und sich damit über jeden Wissenschaftler erheben.“[1]

---

[1]   Cioran, Emil M., Demiurgul cel rău (1969), Bukarest 2006, S. 58, Übersetzung durch den Verfasser.

12.3.2   Sinngemäßes Zitat

Sinngemäße Zitate werden im Text nicht hervorgehoben, sondern nur durch die Quellenangabe kenntlich gemacht. [12.4 Fußnoten und Anmerkungen, 12.5 Zitierverfahren] Umgekehrt gilt die Prämisse, dass alles, was nicht mit einer Quellenangabe versehen ist, als Meinung des Verfassers anzusehen ist – eine Annahme, die verworfen wird, wenn sich herausstellt, dass der Verfasser schlampig zitiert oder ein Plagiat begangen hat. Bereits das leichte Umformulieren (Paraphrasieren) des Originaltextes, wird als (Teil-)Plagiat eingestuft, und zwar auch dann, wenn die Quelle angegeben wird.

Beispiel

Sinngemäße Zitate mit Vollbeleg
Der Naturwissenschaftler wird in Literatur und Film meistens negativ dargestellt. Er ist bestenfalls skurril und komisch, regelmäßig absonderlich, wenn nicht gar wahnsinnig (z. B. Dr. Frankenstein) und mitunter sogar gemeingefährlich (z. B. Dr. Jekyll alias Mr. Hyde).[1] Das macht den Mad Scientist zu einem zentralen Protagonisten des Horrorgenres.[2]

---

[1]   Vgl. Krätz, Otto, Mad scientists und andere Bösewichter der Chemie in Literatur und Film, in: Griesar, Klaus (Hrsg.), Wenn der Geist die Materie küsst, Annäherungen an die Chemie, Frankfurt a. M. 2004, S. 131–147, hier S. 132–138.
[2]   Vgl. von Aster, Cristian, Horror Lexikon, Von Addams Family bis Zombieworld, Die Motive des Schreckens in Film und Literatur, Köln 2001, S. 218.

Beispiel

Sinngemäßes Zitat mit Kurzbeleg
Der Naturwissenschaftler wird in Literatur und Film meistens negativ dargestellt. Er ist bestenfalls skurril und komisch, regelmäßig absonderlich, wenn nicht gar wahnsinnig (z. B. Dr. Frankenstein) und mitunter sogar gemeingefährlich (z. B. Dr. Jekyll alias Mr. Hyde).[1]

---

[1]   Vgl. Krätz (2004), S. 132–138.

Wann wird aus einer zulässigen Übernahme ein unzulässiges Plagiat?

Der niedersächsische Kultusminister Bernd Althusmann geriet 2011 mit seiner Doktorarbeit unter Plagiatsverdacht. Anders als bei der Dissertation des ehemaligen Bundesverteidigungsministers Karl-Theodor zu Guttenberg ging es dabei nicht um vorsätzliches Abschreiben und auch nicht um die geschickte Tarnung wörtlich übernommener Textpassagen, sondern um grobe Zitierfehler.

Eine von der Wochenzeitung Die ZEIT initiierte Analyse belegt, dass Althusmann zwar seine Quellen angegeben, aber nicht kenntlich gemacht hat, dass es sich um wörtliche oder nahezu wörtliche Übernahmen handelt.[77] Die beiden Nachwuchswissenschaftler, die die Arbeit Althusmann's geprüft haben, meinen: „Hier .. besteht nicht im Weglassen von Quellenangaben der Verstoß gegen korrektes wissenschaftliches Arbeiten, sondern durch deren Einsatz."[78]

Die (kommentierte) Gegenüberstellung von Originalquelle und Zitat veranschaulicht verschiedene Mechanismen, die verschleiern, ob es sich um Gedanken des Verfassers oder um fremdes geistiges Eigentum handelt. In Bezug auf Althusmann's Dissertation werden u. a. angeführt: das „kosmetische" Umformulieren des Originals, das Mischen wörtlich übernommener Textbausteine, der Verzicht auf Quellenangaben bei sinngemäßen Zitaten, der Verweis auf nicht benutzte Quellen und das Verschweigen der tatsächlichen Vorlage für längere Textpassagen.[79] Die Übergänge zwischen gravierenden Verstößen gegen formale Zitierregeln und Inhaltsplagiaten sind in dieser Arbeit fließend. Sie zeigt Ihnen, wie Sie es besser nicht machen sollten.

Als die Vorwürfe gegen Althusmann laut wurden, war der Minister übrigens Präsident der Kultusministerkonferenz (KMK), die die Bildungspolitik in Deutschland länderübergreifend koordiniert.

12.4   Fußnoten und Anmerkungen

Die Quelle zu einem (wörtlichen oder sinngemäßen) Zitat wird mit einem Vollbeleg oder mit einem Kurzbeleg angegeben. Dazu wird am unteren Seitenrand eine Fußnote angebracht, die die bibliographischen Angaben vollständig oder in Kurzform aufnimmt. Eine besondere Form mit Kurzbelegen zu arbeiten, ist das Zitieren mit der sogenannten Harvard-Methode, die ohne Fußnoten auskommt. [12.5 Zitierverfahren]

---

[77]   Vgl. o. V., Analyse der Dissertation von Dr. Bernd Althusmann, o. J., online unter URL: http://images.zeit.de/studium/hochschule/2011-07/Analyse-Althusmann-Endfassung-2.pdf [Abruf: 2011-08-02]; s. dazu auch Spiewak, Martin, Trübe Quellen, in: Die ZEIT, Nr. 28 vom 07.07.2011, zugleich ZEIT Online vom 06.07.2011, online unter URL: http://www.zeit.de/2011/28/Althusmann-Dissertation-Plagiat [Abruf: 2011-08-02].

[78]   O.V., Analyse, a.a.O., S. 1.

[79]   Vgl. ebd., S. 2–14.

Beispiel

Wörtliches Zitat mit Vollbeleg
„Dem Laien erscheinen Fußnoten wie tiefe Wurzelsysteme, solide und fest; dem Kenner hingegen erweisen sie sich als Ameisenhügel, in dem es von konstruktiver und kämpferischer Aktivität nur so wimmelt."[1]

---
[1] Grafton, Anthony, Die tragischen Ursprünge der deutschen Fußnote, Berlin 1995, S. 22.

Beispiele

Sinngemäße Zitate mit Kurzbeleg
Gelegentlich wird in Fußnoten ein wissenschaftlicher Meinungsstreit ausgetragen. Wissenschaftler kennen subtile Zeichencodes, mit denen andere Auffassungen kritisiert oder Gegner durch schlichtes Nicht-Erwähnen für bedeutungslos erklärt werden.[1] In persönlich gefärbten Auseinandersetzungen ist die Fußnote ein beliebter Ort für polemische Anmerkungen.[2]

---
[1] Vgl. Grafton (1995), S. 21–23.
[2] Vgl. Rieß (1995), S. 18.

Fußnoten werden mit Hilfe von Fußnotenzeichen mit dem Text verknüpft. Die Zeichen sind in der Regel fortlaufende arabische Ziffern. Fußnotenzeichen werden innerhalb eines Satzes direkt hinter der übernommenen Passage oder aber am Satzende direkt hinter dem Satzzeichen angebracht. Wird die Fußnote vor den Punkt gesetzt, bedeutet das, dass nur die letzte Aussage, der Satzteil oder der Nebensatz durch die Fußnote belegt wird und nicht der ganze Satz. Sogenannte „ausgefranste Zitate" bzw. „Bauernopfer" einer Quelle, die nach einer gesetzten Fußnote noch weiter zitiert wird, sind Zitierfehler.

Unabhängig davon, ob eine Quelle mit ausführlichen Angaben belegt wird oder nicht, gelten für Quellenangaben in Fußnoten bestimmte Formvorschriften. Jeder Fußnotentext beginnt mit einem Großbuchstaben und wird mit einem Punkt abgeschlossen. Sinngemäße Zitate werden in Fußnoten angezeigt, indem die Fußnote von der Abkürzung „Vgl." (Vergleiche) eingeleitet wird. Bei wörtlichen Zitaten wird auf diese Abkürzung verzichtet, um die Form des Zitierens auch in der Fußnote deutlich zu machen.

Beispiele

Die Fußnote zeigt ungewöhnlich viele Erscheinungsformen. Die Frage, ob es sich in einem bestimmten Fall um eine Fußnote handelt, darf daher nicht der Deutungshoheit des einzelnen Fußnotenforschers überlassen werden.[1] Um eine Fußnote eindeutig als solche zu identifizieren, „ist vielmehr die intersubjektive Übereinstimmung der Mehrheit verständiger Fußnotengenossen über den Fußnotencharakter des fraglichen Textteiles"[2] erforderlich.

---
[1] Vgl. Rieß, Peter, Vorstudien zu einer Theorie der Fußnote (1984), in: ders./Fisch, Stefan/Strohschneider, Peter, Prolegomena zu einer Theorie der Fußnote, Münster/Hamburg 1995, S. 1–28, hier S. 10–12.
[2] Ebd., S. 12.

Gesetzestexte werden nicht in Fußnoten angegeben, sondern im Text. Der Verweis erfolgt mit bestimmten sprachlichen Wendungen („nach", „laut") oder am Satzende als Klammerzusatz. Allgemein bekannte Gesetze werden in der gebräuchlichen Abkürzung zitiert. Weniger bekannte werden beim ersten Beleg mit ihrem vollen amtlichen Titel und einer Kurzfassung des Titels in Klammern genannt.

Beispiele

Nach § 51 UrhG „ist die Vervielfältigung, Verbreitung und öffentliche Wiedergabe eines veröffentlichten Werkes zum Zweck des Zitats" unter bestimmten Voraussetzungen zulässig.

„Die Vervielfältigung, Verbreitung und öffentliche Wiedergabe eines veröffentlichten Werkes zum Zweck des Zitats" ist unter bestimmten Voraussetzungen zulässig (§ 51 UrhG).

Fußnoten sind in erster Linie ein Ort für Quellenangaben. Sie nehmen auch Verweise auf Zitate auf, die nicht aus gedruckten Quellen stammen.

Beispiel

[10]   Vgl. Stellungnahme von Dr. Angela Merkel, Bundeskanzlerin der Bundesrepublik Deutschland, zu den Plagiatsvorwürfen gegen den Bundesminister der Verteidigung Dr. Karl-Theodor zu Guttenberg, Pressekonferenz vom 21.02.2011.

[11]   Stellungnahme von Prof. Dr. Annette Schavan, Bundesministerin für Bildung und Forschung und Honorarprofessorin an der Freien Universität Berlin, zu angeblichen Plagiaten in ihrer Doktorarbeit, Pressekonferenz vom 09.05.2012.

Über Quellenangaben hinaus können Fußnoten Anmerkungen enthalten, die den Text ergänzen. Falls es unbedingt erforderlich ist, verweist eine Fußnote auf weiterführende oder ergänzende Literatur. In diesem Fall wird in der Fußnote eine Quelle genannt und mit dem Zusatz „siehe auch" versehen. Die Abkürzung „m.w.N." steht für „mit weiteren Nachweisen". Dieser Zusatz verweist auf eine einzelne Quelle, in der weitere Literaturhinweise zu finden sind. [12.6 Zitierabkürzungen]

Anmerkungen können auf Quellen hinweisen, deren Autoren eine Meinung vertreten, die der zitierten entspricht oder von ihr abweicht („so auch Mustermann", „anders Musterfrau").

Wie setzt sich unter Wissenschaftlern eine herrschende Meinung durch?

In der Wissenschaftsgeschichte gibt es viele Beispiele dafür, dass wichtige wissenschaftliche Entdeckungen zunächst wenig beachtet oder nicht anerkannt wurden. Erst mit der Bestätigung durch andere Wissenschaftler setzten sich die innovativen Theorien durch.

Mitte des 19. Jahrhunderts war die Auffassung, Gott habe vor einigen tausend Jahren den Menschen erschaffen, noch weit verbreitet. 1856 fand der Naturforscher Johann Carl Fuhlrott im Neandertal Fragmente eines menschlichen Skeletts, die er aufgrund ihrer abweichenden Merkmale für wissenschaftlich interessant hielt. Zunächst schätzen Anthropologen das Alter der Fundstücke auf höchstens 8000 Jahre. Keiner schloss sich Fuhlrott's Meinung an, der die Knochen für wesentlich älter hielt und ihren Ursprung in einer frühen Eiszeitperiode vermutete. Einer der bedeutendsten Ärzte des 19. Jahrhunderts, Rudolf Virchow, vertrat die Auffassung, die deformierten Knochen seien krankhafte oder unfallbedingte Veränderungen. Nicht zuletzt dank Virchow's Reputation prägte diese Fehlinterpretation lange die in Deutschland herrschende Meinung. Erst als weitere Neandertaler-Skelette entdeckt wurden, wurde der Fund als fossiles Skelett eines Urmenschen interpretiert.

Bei der Entwicklung einer Mehrheitsmeinung sind in den Wissenschaften neben der offenen Auseinandersetzung auch subtile Mechanismen im Spiel, die der Jurist Peter Rieß mit leichter Ironie so beschreibt:

„Kartell- und Ringfußnoten beruhen auf dem Prinzip der Meistbegünstigung und gehen von dem Grundsatz aus: ‚Zitierst Du mich, zitiere ich Dich!'. Sie eignen sich auch zur Herstellung einer herrschenden Meinung.“[80] „Meinungsstreitfußnoten haben eine besondere Bedeutung; wissenschaftliche Auseinandersetzungen, namentlich solche mit persönlichem Einschlag und geringem allgemeinen Interesse, lassen sich besser in Fußnoten als im Text austragen, weil die zugespitzter mögliche Textgestaltung der Fußnote das Anbringen von Bosheiten erleichtert und desinteressierte Dritte nicht gelangweilt werden.“[81, 82]

Verweise auf andere Abschnitte innerhalb der eigenen Arbeit werden ebenfalls in Anmerkungen untergebracht (z. B. „Siehe Anhang 1, S. 50.“). Erscheinen viele Verweise auf andere Abschnitte innerhalb des Hauptteils der Arbeit erforderlich, weil die betreffenden Aspekte auch an anderer Stelle angesprochen werden, ist das ein Indiz für Schwächen der Gliederung. [9.2 Anforderungen an eine Gliederung]

Auch ergänzende Informationen, die für den Gedankenzusammenhang im Text nicht unbedingt erforderlich sind, wie ein Beispiel oder der Hinweis auf den Umgang mit geschlechtergerechter Sprache, können in Form von Anmerkungen aufgenommen werden. [8.3 Wissenschaftliche Sprache]

Anmerkungen dürfen Sie nur ausnahmsweise machen. Sie dürfen sie nicht dazu missbrauchen, Definitionen anzubringen. Anmerkungen sind auch nicht dazu gedacht, Ausführungen aufzunehmen, für die aufgrund von Seitenvorgaben kein Platz im Text ist, die aber für das Verständnis und eine lückenlose Argumentation nötig sind. Der Text muss ohne Fußnoten bzw. Anmerkungen geschlossen erscheinen.

---

[80] Rieß, Peter, Vorstudien zu einer Theorie der Fußnote (1984), in: ders./Fisch, Stefan/Strohschneider, Peter, Prolegomena zu einer Theorie der Fußnote, Münster/Hamburg 1995, S. 1–28, hier S. 18, im Original – wie könnte es anders sein – mit einer Fußnote versehen.

[81] Ebd., i. O. mit Fußnoten versehen.

[82] Ein Beispiel für eine solche „Meinungsstreitfußnote" ist Fußnote 89 auf Seite 138 in diesem Lehrbuch.

Welche Fußnotenarten sollten sich Nachwuchswissenschaftler lieber nicht angewöhnen?

In einer satirischen Schrift von 1984 fordert der Jurist Peter Rieß (bisher vergeblich), „eine selbstständige wissenschaftliche Disziplin von der Fußnote, … [eine] Fußnotenlehre (Fußnotologie)"[83] zu begründen. Er entwirft eine Typologie, die auf den unterschiedlichen Funktionen von Fußnoten basiert.

„In der historischen Entwicklung der Fußnote zeigt sich eine zunehmende Ausdifferenzierung, die es nahelegt, traditionell verwendete, hier als klassische Fußnoten bezeichnete Fußnotenformen von denen zu unterscheiden, die in einem als Entfesselung der Fußnote beschreibbaren Prozess aufgetreten sind oder jedenfalls auftreten könnten."[84] In diesem Zusammenhang unterscheidet Rieß Nebenaufsatzfußnoten, Nachtragsfußnoten, Vorsichtsfußnoten, Abrückfußnoten, Meinungsstreitfußnoten, Kartell- und Ringfußnoten sowie Tarnfußnoten.[85]

„Fußnotenneurotisch bedingte Fußnoten sind außerordentlich verbreitet, meist aber in eher unauffälliger und harmloser Form. Allerdings kann eine galoppierende Fußnotenneurose zum Fußnotenfetischismus entarten. Häufig ist das nicht, weil Fußnotenneurose eine wissenschaftliche Jugendkrankheit ist, die vielfach mit zunehmendem Alter komplikationslos ausheilt. Es kann vorkommen, daß [sic!] ein fußnotenneurotisch bedingter exzessiver Fußnotengebrauch nach einiger Zeit in eine Fußnotophobie umschlägt, die ihrerseits zu Fußnotenmuffelei führt."[86]

12.5   Zitierverfahren

Die Quelle zu einem (wörtlichen oder sinngemäßen) Zitat wird mit einem Vollbeleg oder mit einem Kurzbeleg angegeben. Nach der deutschen Zitierweise werden Vollbelege oder Kurzbelege in einer Fußnote am unteren Seitenrand untergebracht. [12.4 Fußnoten und Anmerkungen] Die amerikanische Zitierweise (Harvard-Methode) basiert auf Kurzbelegen, kommt aber ohne Fußnoten aus. Beim Nummernsystem wird der Beleg auf eine Ziffer reduziert. Das gewählte Zitierverfahren muss in der gesamten Arbeit durchgehalten werden.

12.5.1   Vollbeleg

Der Vollbeleg ist eine ausführliche Zitierweise. Wird die Quelle erstmals in der Arbeit zitiert, werden in einer Fußnote sämtliche bibliographischen Angaben gemacht. Das sind die gleichen Angaben, die auch im Literaturverzeichnis aufgeführt werden. Bei Monographien sind das: Nachname, Vorname des Autors bzw. der Autoren, Erscheinungsjahr, Titel, Untertitel, (Zusatz zum Titel), (Reihenangaben), Bandangaben, (Erscheinungsformen), (Verlag),

---

[83] Rieß, a.a.O., S. 2.
[84] Ebd., S. 16 f., i. O. mit Fußnoten versehen.
[85] Vgl. ebd., S. 17–19.
[86] Ebd., S. 19, i. O. mit Fußnoten versehen.

Ort und evtl. ein Hinweis auf eine Online-Version mit Internetadresse. Die in Klammern aufgeführten Elemente sind nicht zwingend erforderlich.

Solche freiwilligen Angaben geben Hinweise zur Relevanz und Wertigkeit der Publikation. Zusätze zum Titel sind z. B. „Festschrift für xy" oder „Tagungsband". Reihenangaben beziehen sich auf eine Folge thematisch verbundener Veröffentlichungen in einem Verlag, für die bestimmte Personen oder Institutionen als Herausgeber verantwortlich sind – nicht zu verwechseln mit dem oder den Herausgebern eines Sammelbandes. Unter Erscheinungsform tauchen Angaben wie „Dissertation Universität xy" oder „Loseblattsammlung" auf. Wenn Sie den Verlag nennen, tun Sie das ohne das Wort Verlag, auch wenn es ein Namensbestandteil ist (z. B. nicht „Oldenbourg Verlag, München 2012", sondern „Oldenbourg, München 2012"). Wenn Sie nicht nur angeben wollen, wann eine wieder aufgelegte historischen Quelle zuletzt erschienen ist, sondern auch, wann der Text erstmals veröffentlicht wurde, geben Sie das Jahr der Erstveröffentlichung nach dem Titel in einem Klammerzusatz an.[87] [13 Literatur-/Quellenverzeichnis]

Bei Aufsätzen aus Fachzeitschriften oder Sammelbänden werden wie im Literaturverzeichnis zusätzlich zum Namen des oder der Verfasser und dem Titel des Aufsatzes die bibliographischen Angaben zur Zeitschrift (Titel, Jahrgang, Heftnummer) oder zum Sammelband (Titel des Sammelwerks, Namen der Herausgeber etc.) aufgeführt. Wichtig ist, dass Sie nicht nur die Seite angeben, auf der die zitierte Aussage steht („hier S." oder „zit. S."), sondern auch, auf welchen Seiten der Aufsatz in der Zeitschrift bzw. in dem Sammelband zu finden ist.

Zitieren Sie die Quelle im Verlauf der Arbeit erneut, nennen Sie den bzw. die Verfasser mit Nachnamen und ggf. (abgekürztem) Vornamen. Dies wird mit der Abkürzung „a.a.O." (am angegebenen Ort) und der erforderlichen Seitenangabe kombiniert. Alternativ werden der Name des Verfassers und die eingeklammerte Fußnotenziffer des Erstbelegs angeführt. Werden in der Arbeit mehrere Werke desselben Autors zitiert, müssen diese mit Hilfe einer stichwortartigen Abkürzung des Titels bezeichnet werden, um Verwechslungen auszuschließen. [12.6 Zitierabkürzungen]

Bei wörtlichen Zitaten, die unmittelbar aufeinander folgen, lassen Sie die bibliographische Angabe weg und schreiben „Ebd., S. 1". Bei sinngemäßen Zitaten derselben Quelle schreiben Sie „Vgl. ebd., S. 1". Die Abkürzung steht für „ebenda". Stimmt nicht nur die Quelle, sondern auch die Seitenangabe exakt überein, schreiben Sie nur „Ebd." bzw. „Vgl. ebd." Folgt auf derselben Seite eine andere Quelle desselben Autors bzw. derselben Autoren, lassen Sie den Namen weg und schreiben „ders." bzw. „dies." für „derselbe", „dieselbe(n)". [12.6 Zitierabkürzungen]

Beispiel 1

Fußnoten
[1] Vgl. Dietrich, Ronald, Der Gelehrte in der Literatur, Würzburg 2003, S. 203–207; Košenina, Alexander, Der gelehrte Narr, Gelehrtensatire seit der Aufklärung, Göttingen 2003, S. 110–112.
[2] Haynes, Roslynn D., From Faust to Strangelove, Representations of the Scientist in Western Literature, Baltimore/London 1994, S. 193.
[3] Vgl. ebd.

---

[87] S. als Beispiele die Erzählungen von Swift und Tieck, die Sie im Verzeichnis der in diesem Lehrbuch zitierten Quellen finden.

[4] Vgl. Haynes, Roslynn D., Von der Alchemie zur künstlichen Intelligenz, Wissenschaftlerklischees in der westlichen Literatur, in: Iglhaut, Stefan/Spring, Thomas (Hrsg.), science + fiction, Zwischen Nanowelt und globaler Kultur, Berlin 2003, S. 192–210, hier S. 207.
[5] Vgl. Košenina, a.a.O., S. 110–112.
[6] Vgl. Haynes, Representations, a.a.O., S. 79.
[7] Vgl. dies., Alchemie, a.a.O., S. 208.

Einträge im Literaturverzeichnis

Dietrich, Ronald: Der Gelehrte in der Literatur, Würzburg 2003

Haynes, Roslynn D. [Representations]: From Faust to Strangelove, Representations of the Scientist in Western Literature, Baltimore/London 1994

Dies. [Alchemie]: Von der Alchemie zur künstlichen Intelligenz, Wissenschaftlerklischees in der westlichen Literatur, in: Iglhaut, Stefan/Spring, Thomas (Hrsg.), science + fiction, Zwischen Nanowelt und globaler Kultur, Berlin 2003, S. 192–210

Košenina, Alexander: Der gelehrte Narr, Gelehrtensatire seit der Aufklärung, Göttingen 2003

Beispiel 2

Fußnoten

[1] Vgl. *Haynes, Roslynn D.*, From Faust to Strangelove, Representations of the Scientist in Western Literature, Baltimore/London 1994, S. 193; *Barnett, David*, Wild and crazy guys, Fiction's maddest scientists, The Guardian Books Blog, 10.09.2008, online unter URL: http://www.guardian.co.uk/books/booksblog/2008/sep/10/fiction [Abruf: 2011-10-02].
[2] Vgl. *Haynes, Roslynn D.*, Von der Alchemie zur künstlichen Intelligenz, Wissenschaftlerklischees in der westlichen Literatur, in: Iglhaut, Stefan/Spring, Thomas (Hrsg.), science + fiction, Zwischen Nanowelt und globaler Kultur, Berlin 2003, S. 192–210, zit. S. 207.
[3] Vgl. *Krätz, Otto*, Mad scientists und andere Bösewichter der Chemie in Literatur und Film, in: Griesar, Klaus (Hrsg.), Wenn der Geist die Materie küsst, Annäherungen an die Chemie, Frankfurt a. M. 2004, S. 131–147, zit. S. 132–138.
[3] Vgl. *Haynes, R. D.*, Representations (FN 1), S. 79.
[4] *Krätz, O.* (FN 3), S. 134; vgl. auch *Barnett, D.* (FN 1).

Einträge im Quellenverzeichnis

Barnett, David: Wild and crazy guys, Fiction's maddest scientists, The Guardian Books Blog, 10.09.2008, online unter URL: http://www.guardian.co.uk/books/booksblog/2008/sep/10/fiction [Abruf: 2011-10-02]

Haynes, Roslynn D. [Representations]: From Faust to Strangelove, Representations of the Scientist in Western Literature, Baltimore/London 1994

Dies. [Alchemie]: Von der Alchemie zur künstlichen Intelligenz, Wissenschaftlerklischees in der westlichen Literatur, in: Iglhaut, Stefan/Spring, Thomas (Hrsg.), science + fiction, Zwischen Nanowelt und globaler Kultur, Berlin 2003, S. 192–210

Krätz, Otto: Mad scientists und andere Bösewichter der Chemie in Literatur und Film, in: Griesar, Klaus (Hrsg.), Wenn der Geist die Materie küsst, Annäherungen an die Chemie, Frankfurt a. M. 2004, S. 131–147

Bei umfangreichen schriftlichen Arbeiten haben Vollbelege den Nachteil, dass der Verfasser im Blick haben muss, an welcher Stelle die Quelle erstmals genannt wird. Werden Textpassagen verschoben oder ergänzt, muss der Vollbeleg und ggf. der Verweis auf die Fußnotenziffer korrigiert werden. Vollbelege eignen sich für Arbeiten, die kein eigenes Literaturverzeichnis haben. Sie werden oft in wissenschaftlichen Zeitschriften verwendet, weil dort darauf verzichtet wird, den Aufsätzen ein Literaturverzeichnis nachzustellen. Bei längeren Texten könnte ein Leser die bibliographischen Angaben ohne mühevolle Suche kaum nachvollziehen.

12.5.2   Kurzbeleg

Der Kurzbeleg ist ein verkürzter Verweis. Er enthält nur den Nachnamen des Autors bzw. der Autoren und das Erscheinungsjahr der Quelle (Autor-Jahr-System) sowie eine Seitenangabe, sofern sich das Zitat nicht ausnahmsweise auf die gesamte Quelle bezieht. Die Jahreszahl wird meist in Klammern geschrieben.

Wie beim Vollbeleg werden sinngemäße Zitate mit „Vgl." (vergleiche) eingeleitet. Bei wörtlichen Zitaten wird diese Abkürzung weggelassen. Abkürzungen wie „ders." (derselbe), „dies." (dieselben) und „ebd." (ebenda) sind bei Kurzbelegen unnötig und dürfen nicht verwendet werden.

Der Kurzbeleg, der in einer Fußnote platziert wird, kann um kurze Erläuterungen zur Quellenangabe ergänzt werden (z. B. „Hervorhebung im Original"). [12.3 Zitierweisen]

Beispiel

Fußnoten
[1] Vgl. Pansegrau (2009), S. 380.
[2] Weingart (2006).
[3] Vgl. Weingart (2003), S. 219; Pansegrau (2009), S. 380.
[4] Vgl. Weingart (2003), S. 222 f.

Einträge im Literaturverzeichnis
Pansegrau, Petra (2009): Zwischen Fakt und Fiktion, Stereotypen von Wissenschaftlern in Spielfilmen, in: Hüppauf, Bernd/Weingart, Peter (Hrsg.), Frosch und Frankenstein, Bilder als Medium der Popularisierung von Wissenschaft, Bielefeld, S. 373–38

Weingart, Peter (2003): Von Menschenzüchtern, Weltbeherrschern und skrupellosen Genies, Das Bild der Wissenschaft im Spielfilm, in: Iglhaut, Stefan/Spring, Thomas (Hrsg.), science + fiction, Zwischen Nanowelt und globaler Kultur, Berlin, S. 211–228

Weingart, Peter (2006): Chemists and their Craft in Fiction Film, in: International Journal for Philosophy of Chemistry, 12. Jg., 2006, H. 1, S. 31–44

12.5.3   Harvard-Methode

Eine besondere Form des Kurzbelegs ist die sogenannte Harvard-Methode (Harvard-Notation), die im angloamerikanischen Sprachraum verbreitet ist und daher auch als amerikanische Zitierweise bezeichnet wird.

Bei der Harvard-Methode folgt die Quellenangabe direkt auf das (wörtliche oder sinngemäße) Zitat. Der Kurzbeleg steht in einer Klammer im Text, nicht in einer Fußnote. Wie bei Kurzbelegen üblich erscheinen in der Klammer der Nachname des Autors bzw. der Autoren, das Erscheinungsjahr der Quelle und die Seitenangabe, und zwar in der Regel ohne die vorangestellte Abkürzung „S." (Seite). Abkürzungen, die die Zitierform anzeigen („vgl."), werden nicht verwendet, wohl aber Hinweise auf Sekundärzitate oder Änderungen bei wörtlichen Zitaten. [12.3 Zitierweisen]

Muster für gebräuchliche Schreibweisen

Zitat. (Name Jahr: Seitenzahl) Zitat (Name 1/Name 2 Jahr: Seitenzahl), Zitat. (Name Jahr)
Zitat. (Name Jahr, Seitenzahl)
Zitat. (Name Jahr, S. Seitenzahl)

Beispiel

Sinngemäßes Zitat
Anders als Science Fiction stellt „Science-in-Fiction" Figuren dar, die sich wie reale Wissenschaftler verhalten, und beschreibt Tatsachen, die wissenschaftlich plausibel sind. (Djerassi 2002: 193)

Eintrag im Literaturverzeichnis
Djerassi, Carl (2002): Contemporary „Science-in-Theatre", A Rare Genre, in: Interdisciplinary Science Reviews, 27. Jg., 2002, H. 3, S. 193–201

12.5.4   Nummernsystem

In naturwissenschaftlichen und technischen Fächern wird abgesehen von der Harvard-Methode ein Zitierverfahren verwendet, das die Quellenangabe im Text auf ein Minimum verkürzt. Beim Nummernsystem verweist nur eine Ziffer auf den Ursprung des wörtlichen oder sinngemäßen Zitats. Anders als eine Fußnotenziffer wird diese Ziffer nicht hochgestellt. Sie wird in eckigen Klammern unmittelbar hinter dem Zitat und vor dem Satzzeichen eingefügt und mit der erforderlichen Seitenangabe kombiniert, sofern sich der Verweis nicht auf das gesamte Werk bezieht. Die Ziffer steht für die betreffende Quelle, die im Literatur- bzw. Quellenverzeichnis mit den üblichen Angaben aufgeführt wird, wobei andere disziplinäre Konventionen gelten als in den Sozial- oder Geisteswissenschaften. Die vielfältigen Varianten, die u. a. in Fachzeitschriften zu finden sind, beziehen sich im Kern auf die Vancouver-Konvention (Vancouver-System).

Die Nummerierung der Nachweise im Text kann sich nach der Nummerierung der alphabetisch nach Verfassernamen sortierten Einträge im Literatur- bzw. Quellenverzeichnis richten. Dieses Verfahren ist jedoch eine schreibtechnische Herausforderung. Stattdessen läuft die Nummerierung in der Regel aufsteigend durch den gesamten Text (sequentielles Nummernsystem). Beispielsweise wird die Quelle für Zitat Nummer 5 mit der Ziffer [5] versehen. Die Einträge im Verzeichnis werden in der Reihenfolge gelistet, in der die Quellen in der Arbeit zitiert wurden, und mit der entsprechenden Ziffer versehen.

Muster für gebräuchliche Schreibweisen

Zitat [Ziffer, Seitenzahl].
Zitat [Ziffer, S. Seitenzahl].

> **Beispiel**
>
> **Sinngemäße Zitate**
> Nur wenige Theaterstücke thematisieren Wissenschaft mit einem didaktischen Anspruch, der sich sowohl auf Unterhaltung als auch auf die Vermittlung von Fakten richtet [10, 193]. Sie sind jedoch nicht als Lehrstücke zu verstehen, sondern als eine Form, Menschen unmittelbar oder indirekt mit Wissenschaft zu konfrontieren [11, 216].
>
> **Einträge im Literaturverzeichnis**
> [10] Djerassi, C (2002) Contemporary „Science-in-Theatre": A Rare Genre. ISR, 27 (3): 193–201.
> [11] Shepherd-Barr, K (2006) Science on Stage: From Doctor Faustus to Copenhagen. Princeton: University Press.

Das Nummernsystem hat den Nachteil, dass sich bei der Lektüre des Textes das Alter, die Herkunft und damit auch die Relevanz der Aussagen nicht unmittelbar erschließen. Um das zu erreichen, müssen die Urheber einer Studie im Text namentlich genannt werden. In einer natur- oder ingenieurwissenschaftlichen Arbeit geht es allerdings in der Regel weniger um die Interpretation und eigenständige Diskussion zitierter Meinungen als vielmehr um die Dokumentation von Tatsachen und den Nachweis von Erkenntnissen, die der Verfasser nicht selbst gewonnen hat.

12.5.5   Allgemeine Zitierregeln

Jeder Kurzbeleg nimmt auf das Literaturverzeichnis Bezug, denn ohne das Verzeichnis erschließen sich dem Leser die Quellen nicht. Die Quellenbezeichnung, die im Kurzbeleg verwendet wird, wird in das Literaturverzeichnis übernommen. Name und Erscheinungsjahr werden dem Eintrag im Verzeichnis vorangestellt, denn das sind die Informationen, die der Leser unmittelbar dem Text entnehmen kann und die er im Verzeichnis schnell finden muss. [13 Literatur-/Quellenverzeichnis]

Um das Nachschlagen im Verzeichnis zu erleichtern und Verwechslungen vorzubeugen, müssen die Quellen eindeutig identifizierbar sein. Werden in der Arbeit mehrere Beiträge eines Autors aus dem gleichen Jahr mit Hilfe von Kurzbelegen zitiert, wird die Jahreszahl mit lateinischen Kleinbuchstaben a, b, c usw. ergänzt (bei einem Text ohne Verfasserangabe also z. B. „o. V. 2010a", „o. V. 2010b").

Unabhängig von der Technik gilt für das Zitieren der Grundsatz: Exakte Seitenangaben sind obligatorisch! Neben den (vollständigen oder abgekürzten) bibliographischen Angaben müssen Sie immer die Seite(n) nennen, auf der die zitierte Aussage zu finden ist. Auf eine Seitenangabe wird nur verzichtet, wenn sich das Zitat auf die gesamte Quelle bezieht.

Der Seitenangabe zur zitierten Aussage wird bei Vollbelegen die Wendung „hier S." oder „zit. S." vorangestellt, wenn die Quelle ein Aufsatz in einer Zeitschrift oder in einem Sammelband ist. Damit wird diese Seitenangabe von der vorangehenden Nennung der Anfangs- und Schlussseite des Aufsatzes unterschieden. Bei Monographien erscheint dieser Zusatz nicht. Für Kurzbelege ist er überhaupt nicht relevant, da im Beleg ohnehin nur die zitierte(n) Seite(n) angegeben werden.

Fehlende oder ungenaue Seitenangaben sind einer der häufigsten Fehler beim Zitieren. Ohne Seitenangaben kann der Leser die aus der Literatur übernommenen Gedanken nicht nachvollziehen und überprüfen. Seitenangaben müssen daher präzise sein. Wenn Sie mehrere Seiten zitieren, genügt es nicht, die erste Seite anzugeben, sondern Sie müssen Anfangs- und Schlussseite anführen. Der Verweis lautet also z. B. nicht „S. 10 ff." (fortfolgende), sondern „S. 10–15". Nur wenn zwei Seiten zitiert werden, darf gekürzt werden: „S. 10 f." (folgende).

Sowohl für Vollbelege als auch für Kurzbelege gelten folgende Spielregeln innerhalb einer Fußnote bzw. eines Klammerzusatzes. Werden mehrere Quellen zitiert, werden sie beginnend mit der ältesten Quelle in aufsteigender chronologischer Reihenfolge ihres Erscheinens angegeben. Solche Mehrfachzitate werden durch ein Semikolon (;) voneinander getrennt. Sind mehr als drei Verfasser an einem Werk beteiligt, wird nur der Name des ersten genannt und mit der Abkürzung „u. a." (und andere) oder „et al." (lat. für und andere) kombiniert. So wird auch verfahren, wenn ein Verlag seinen Sitz an mehr als drei Orten hat. [12.6 Zitierabkürzungen]

Die gültigen Zitierregeln sind in DIN 1505 normiert. Diese Nomen sind jedoch umständlich und nicht sehr praxistauglich. Zudem existieren für gedruckte Literatur unterschiedliche fachspezifische Zitierrichtlinien. Verlage verwenden Formate, die in Details voneinander abweichen. Es gibt Varianten, die sich in Bezug auf die Interpunktion (Zeichensetzung), Großschreibung und Abkürzungen unterscheiden Die Reihenfolge der bibliographischen Angaben ist jedoch standardisiert.

12.5.6   Zitierregeln für Internetquellen und audiovisuelle Medien

Das Zitieren von Internetquellen ist bislang nur ansatzweise standardisiert. Allgemein anerkannte Vorgaben für das Zitieren von Aufsätzen und Buchbeiträgen, die online publiziert wurden, existieren nicht. Es empfiehlt sich, das Zitieren von Internetpublikationen an Zitierverfahren zu orientieren, die bei gedruckten Veröffentlichungen üblich sind. Dokumente müssen mit den üblichen bibliographischen Angaben (Autor, Titel, Ort, Jahr, Seite etc.) und der Online-Fundstelle (URL, Uniform Resource Locator) aufgeführt werden. Alles was aus der Quelle hervorgeht, sollten Sie auch angeben, vor allem nach Möglichkeit das Datum, an dem das Dokument erstellt wurde. [13 Literatur-/Quellenverzeichnis]

Dem Muster, das Sie für Ihre Arbeit gewählt haben, folgen Sie auch bei Internetquellen. Ist zu dem Dokument kein Verfasser angegeben, ersetzen Sie den Namen mit der Abkürzung „o. V." (ohne Verfasserangabe). Fehlt ein Erscheinungsort oder eine Jahresangabe, schreiben Sie „o. O." (ohne Ortsangabe) bzw. „o. J." (ohne Jahresangabe). [12.6 Zitierabkürzungen]

Die einzige Besonderheit bei online verfügbaren Dokumenten besteht darin, dass unbedingt die Internetadresse und das – nicht mit dem Datum der Veröffentlichung zu verwechselnde – Tagesdatum des Abrufs angegeben werden müssen, weil in diesem Medium nicht garantiert ist, dass ein Dokument auf Dauer und unverändert vorgehalten wird. [7.4 Grundsätze der Quellenauswahl] Die üblichen Angaben werden also wie folgt ergänzt:

Muster für unterschiedliche Schreibweisen

…, online unter URL: Adresse [Stand: Zitationsdatum].
…, online unter URL: Adresse [Abruf: JJJJ-MM-TT].
…, online unter URL: Adresse [Download: JJJJ-MM-TT].
…, <Adresse> (JJJJ-MM-TT).

Das Datum wird im Deutschen traditionell anders geschrieben als im britischen bzw. amerikanischen Englisch üblich, nämlich nach dem Muster TT-MM-JJJJ. Folgt die Datumsangabe der internationalen Norm mit dem absteigenden Format (ISO 8601 und EN 28601) sind Verwechslungen ausgeschlossen. Der Vorschlag entspricht der numerischen Schreibweise in der deutschen DIN 5008.

Der Zusatz „Abruf" oder „Download" eignet sich besser als der Ausdruck „Stand", denn dabei könnte es sich auch um das Datum handeln, an dem die Webseite zuletzt geändert wurde.

Beispiel

Vollbeleg
[1] Vgl. Ziegler, Elke, Alte Jungfer, einsame Heldin – Forscherinnen im Film, 21.11.2008, online unter URL: http://science1.orf.at/science/news/153442 [Abruf: 2010-05-01], Einschub: Sechs Frauentypen.

Webseiten nehmen Sie mit dem Datum des Downloads und dem Seitentitel auf. Auch bei Webseiten müssen Sie die Fundstelle möglichst genau bezeichnen. Es genügt auf keinen Fall, die Internetadresse der Homepage (Einstiegsseite) anzugeben. Für jede übernommene Aussage muss die exakte Adresse der Webseite angegeben werden. Ist die URL zu lang oder durch eine Kombination aus Buchstaben und Ziffern schlecht lesbar und nachvollziehbar, wird die URL der Homepage angegeben und um die Abfolge der Menüpunkte in der Navigation ergänzt, die nötig ist, um die Seite anzusteuern. [13 Literatur-/Quellenverzeichnis]

Beispiel 1

„e-Science is about global collaboration in key areas of science and the next generation of infrastructure that will enable it."[1]

---

[1] Taylor, John, zitiert nach National e-Science Centre, Defining e-Science, online unter URL: http:/www.nesc.ac.uk/nesc/define.html [Abruf: 2011-09-30].

Beispiel 2

[1] Vgl. http://www.kunst-als-wissenschaft.de/de/news/index.html?NID=2001861 [Abruf: 2011-10-08], 4. Absatz.

oder

[1] Vgl. http://www.kunst-als-wissenschaft.de /News/Kunst als Wissenschaft – Wissenschaft als Kunst: Start eines Projektes [Abruf: 2011-10-08], 4. Absatz.

Texten, die auf Webseiten eingestellt wurden, fehlen häufig die Seitenangaben. Wenn keine Paginierung vorhanden ist, müssen Sie die Zeilen angeben, auf die sich das Zitat bezieht, oder eine andere Form der Nummerierung (z. B. Kapitel, Absätze) benutzen.

Beim Zitieren von Nicht-Text-Inhalten kommt es wie bei anderen Quellen darauf an, die Fundstelle möglichst genau zu bezeichnen. Audiovisuelle Medien werden zitiert, indem nachvollziehbare standardisierte Werte zur Position des Zitats genannt werden (z. B. Minuten und Sekunden eines Films). Die vollständigen Angaben stehen im Quellenverzeichnis. [13 Literatur-/Quellenverzeichnis]

Beispiel 1

Fußnote mit Vollbeleg
[1]   Vgl. o. V., Vom Faust zum Fettwanst, Der Wissenschaftler in der Literatur, Radiosendung, Bayern 2, radio-Wissen, ausgestrahlt am 27.09.2011 um 9.05 Uhr, 7min 10sec.

Eintrag im Quellenverzeichnis
o. V.: Vom Faust zum Fettwanst, Der Wissenschaftler in der Literatur, Radiosendung, Bayern 2, radioWissen, ausgestrahlt am 27.09.2011 um 9.05 Uhr

---

Beispiel 2

Fußnote mit Kurzbeleg
[1]   Harlfinger et al. (2011), 25min 02sec.

Eintrag im Quellenverzeichnis
Harlfinger, Annette/Kaack, Johanna/Mütter, Bernd/Polier, Simone/Reiher, Caroline/Sporn, Mario (2011): Grenzfälle der Wissenschaft, Dokumentation, ZDF, History, ausgestrahlt am 06.02.2011 um 23.30 Uhr, online unter URL: http://www.zdf.de/ZDFmediathek/ beitrag/video/1252214/Grenzfaelle-der-Wissenschaft#/beitrag/video/1252214/Grenz faelle-der-Wissenschaft [Abruf: 2011-12-29]

12.6   Zitierabkürzungen

Beim Zitieren werden zahlreiche Abkürzungen verwendet. Sie werden als bekannt vorausgesetzt und daher nicht immer im Abkürzungsverzeichnis aufgeführt, obwohl dies grundsätzlich zu empfehlen ist. [9.6.4 Abkürzungsverzeichnis]

a.a.O.	am angegebenen Ort
akt.	aktualisierte
Aufl.	Auflage
Bd.	Band
ders.	derselbe
dies.	dieselbe(n)
ebd.	ebenda
erg.	ergänzte
erw.	erweiterte

et al.	et alii (und andere [Autoren oder Verlagsorte])
f.	folgende (Seite)
ff.	fortfolgende (Seiten)
FN	Fußnote
H.	Heft
Hrsg.	Herausgeber
hrsg.	herausgegeben
ibid.	ibidem (ebenda)
i. O.	im Original
Jg.	Jahrgang
l.c.	loco citato (an der zitierten Stelle)
m.w.N.	mit weiteren Nachweisen
Nr.	Nummer
op. cit.	opere citato (in dem zitierten Werk)
o. J.	ohne Jahresangabe
o. Jg.	ohne Jahrgangsangabe
o. V.	ohne Verfasserangabe
Rn.	Randnummer(n)
S.	Seite(n)
s.	siehe
Sp.	Spalte
u. a.	und andere (Autoren oder Verlagsorte)
überarb.	überarbeitete
Verf.	Verfasser
vgl.	vergleiche
zit.	zitiert

Bei englischsprachigen Quellen sind u. a. folgende Abkürzungen üblich:

ed.	edition
ed.	edited
No.	Number (numero)
p.	page
pp.	proceeding pages
Vol.	Volume

Verwenden Sie auch beim Zitieren fremdsprachiger Quellen in Ihrer Arbeit einheitliche Zitierabkürzungen in deutscher Sprache.

Zehn Gebote des Zitierens

1. Quellen, die nicht veröffentlicht und damit nicht allgemein zugänglich sind, dürfen grundsätzlich nicht zitiert werden.

2. Schauen Sie sich die Quellen, die Sie zitieren möglichst immer im Original an und kennzeichnen Sie unvermeidliche Sekundärzitate.

3. Alle wörtlich oder sinngemäß zitierten Quellen müssen angegeben werden.

4. Plagiate sind streng verboten! Bei jedem Zitat muss gekennzeichnet werden, wer der geistige Urheber ist, es sei denn, es handelt sich um fachliches Allgemeinwissen.

5. Zitieren Sie Aussagen nur ausnahmsweise wörtlich.

6. Kennzeichnen Sie wörtliche Zitate, indem Sie die zitierte Wortfolge in Anführungsstriche setzen, und vermerken Sie jede Änderung am Original.

7. Leicht umformulierte Übernahmen sind keine sinngemäßen Zitate, sondern Plagiate. Paraphrasen sind tabu!

8. Quellenangaben werden immer unmittelbar nach der zitierten Aussage angebracht.

9. Präzise Seitenangaben zur Fundstelle der übernommenen Aussage sind bei jedem Zitierverfahren (Kurzbeleg, Vollbeleg) obligatorisch.

10. Das gewählte Zitierverfahren muss in der Arbeit einheitlich angewendet werden.

13 Literatur-/Quellenverzeichnis

> „Ich habe mir das Paradies immer als eine Art Bibliothek vorgestellt."
> (Jorge Luis Borges)

> „Von einem Autor abzuschreiben ist Plagiat; von mehreren abzuschreiben ist Forschung."
> (Wilson Mizner)

Zu jeder wissenschaftlichen Arbeit gehört ein Literaturverzeichnis bzw. Quellenverzeichnis, in dem die zitierten Quellen vollständig und mit allen bibliographischen Angaben aufgeführt werden. [9 Aufbau schriftlicher Prüfungsarbeiten] Wenn im Text mit Kurzbelegen gearbeitet wurde, kann der Leser die Angaben nicht ohne dieses Verzeichnis erschließen. Ohne das Literatur- bzw. Quellenverzeichnis fehlen dem Leser wichtige Beweise für die Originalität und Stichhaltigkeit Ihrer Argumentation, denn er kann nicht überprüfen, ob Sie die Literaturmeinungen korrekt wiedergegeben und interpretiert haben.

Wenn sie mit ihrer gutachterlichen Arbeit beginnen, werfen viele Prüfer zunächst einen Blick auf die Gliederung und das Literatur- bzw. Quellenverzeichnis der Arbeit. Es vermittelt nämlich einen ersten Eindruck davon, wie intensiv Sie sich mit der Literatur zu Ihrem Thema auseinandergesetzt haben und auf welcher Forschungshöhe Sie sich mit Ihrer Arbeit bewegen. Haben Sie alle wichtigen Quellen erfasst? Haben Sie sich auf leicht recherchierbare Monographien und Internetquellen beschränkt oder haben Sie auch Sammelbände und Fachzeitschriften gesichtet? Sind Ihre Quellen zitierwürdig und aktuell? [7.4 Grundsätze der Quellenauswahl] Fachkundige Leser können aus diesem Verzeichnis vorläufige Schlüsse auf die inhaltliche Qualität Ihrer Arbeit ziehen. Zudem korrespondieren formale Patzer in den Verzeichnissen erfahrungsgemäß oft mit Defiziten in der inhaltlichen Qualität. Schwächen im Literatur- bzw. Quellenverzeichnis sensibilisieren jeden Prüfer.

In diesem Kapitel lernen Sie,

- was ein Literaturverzeichnis von einem Quellenverzeichnis unterscheidet,
- wo dieses Verzeichnis platziert wird,
- welche Quellen in das Verzeichnis aufgenommen werden müssen und welche nicht hineingehören,
- in welche Reihenfolge Sie die Quellen bringen müssen,
- mit welchen Angaben Sie verschiedene Arten von Literatur korrekt ausweisen,
- wie Sie Internetquellen und audiovisuelle Medien korrekt auflisten und
- wie Sie das Literatur- bzw. Quellenverzeichnis formal korrekt gestalten.

13.1   Funktion des Literatur-/Quellenverzeichnisses

Das Literatur- bzw. Quellenverzeichnis enthält die vollständigen und ausführlichen Nachweise für alle Quellen, die Sie in Ihrer Arbeit zitiert haben. Verzeichnisse, die keine Orientierungs- oder Erklärungsfunktion haben, werden am Ende der Arbeit platziert. Das Literatur- bzw. Quellenverzeichnis steht am Ende des Manuskripts hinter dem Text und dem Anhang. [8.1 Bestandteile einer wissenschaftlichen Arbeit] Bei rechtswissenschaftlichen Arbeiten steht das Literaturverzeichnis vor der Gliederung.

In das Literatur- bzw. Quellenverzeichnis werden ausschließlich diejenigen Quellen aufgenommen, die in der Arbeit tatsächlich zitiert wurden. Literatur, die nur zum Einlesen herangezogen wurde, aber inhaltlich nicht in die Ausarbeitung eingegangen ist, wird nicht nachgewiesen. Quellen, die etwas mit dem Thema zu tun haben, aber nicht zitiert worden sind, dürfen nicht aufgeführt werden. Ein Literaturverzeichnis ist keine Bibliographie. Versuchen Sie nicht Eindruck zu schinden, indem Sie das Verzeichnis künstlich aufblähen!

Umgekehrt müssen Sie darauf achten, dass Sie sämtliche Quellen, auch die, die Sie bei Abbildungen oder im Anhang nennen, in das Verzeichnis aufnehmen. Bei Sekundärzitaten müssen Sie sowohl die indirekt zitierte Originalquelle als auch die benutzte Sekundärquelle im Verzeichnis angeben. [12.1 Zitierfähigkeit]

Beispiel

Sekundärzitat mit Kurzbeleg
„Obwohl eine absolute Identität zwischen Original und Kopie theoretisch denkbar ist, ist sie praktisch nicht erreicht."[1]

---
[1] Ackermann-Pojtinger (1992), S. 7.

Einträge im Literaturverzeichnis
Ackermann-Pojtinger, Kathrin (1992): Fälschung und Plagiat als Motiv in der zeitgenössischen Literatur, Heidelberg (zit. nach von Gehlen 2011)
von Gehlen, Dirk (2011): Mashup, Lob der Kopie, Berlin

Die gedruckten Quellen, die in der Arbeit zitiert werden (Monographien, Artikel in Sammelwerken und in Zeitschriften), werden in einem gemeinsamen Literaturverzeichnis aufgeführt. Werden in der Arbeit Inhalte zitiert, die ausschließlich über das Internet oder in audiovisuellen Medien veröffentlicht wurden, wird das Literaturverzeichnis zu einem Quellenverzeichnis. Gedruckte Literatur und andere Quellen können in separaten Verzeichnissen ausgewiesen werden. Gesetze und Gerichtsentscheidungen werden nicht in das Quellenverzeichnis aufgenommen. Solche Quellen werden als bekannt vorausgesetzt. Die zugehörigen Abkürzungen müssen jedoch in das Abkürzungsverzeichnis aufgenommen werden. [9.6.4 Abkürzungsverzeichnis]

Werke, die in das Literaturverzeichnis aufgenommen werden, werden nicht nach Arten von Quellen gruppiert, da dies dem Leser vor allem bei Kurzbelegen die Suche nach einer bestimmten Quelle erschwert. Monographien, Zeitschriftenaufsätze und Beiträge zu Sammelbänden werden nicht voneinander getrennt aufgelistet.

13.2   Erforderliche bibliographische Angaben

Die verschiedenen Arten von Quellen unterscheiden sich im Hinblick auf die Form bzw. die Angaben, mit denen sie im Verzeichnis auftauchen. Die korrekten und vollständigen Angaben bei Monographien und Sammelwerken stehen nicht auf dem Buchumschlag, sondern in der bibliographischen Information in der Titelei. Dort finden Sie auch den CIP-Datensatz der Deutschen Nationalbibliothek,[88] an dem Sie sich orientieren können.

Muster für Monographien

Nachname, Vorname: Titel, Untertitel, Bandangabe, Angabe der Auflage, ggf. Verlag, Verlagsort, Erscheinungsjahr

Beispiel

Košenina, Alexander: Der gelehrte Narr, Gelehrtensatire seit der Aufklärung, Wallstein, Göttingen 2003

Muster für Beiträge in einem Sammelband (hier mit zwei Autoren)

Nachname, Vorname/Nachname, Vorname: Titel des Aufsatzes, Untertitel, in: Nachname des Herausgebers, Vorname des Herausgebers (Hrsg.), Titel des Sammelbandes, Untertitel, Angabe der Auflage, ggf. Verlag, Verlagsort, Erscheinungsjahr, Anfangs- und Schlussseite

Beispiel

Iglhaut, Stefan/Spring, Thomas: science + fiction, Wie sich Wissenschaft und Phantasiewelt durchdringen, in: dies. (Hrsg.), science + fiction, Zwischen Nanowelt und globaler Kultur, Berlin 2003, S. 15–23

Muster für Zeitschriftenaufsätze

Nachname, Vorname: Titel des Aufsatzes, Untertitel, in: Titel der Zeitschrift, Jahrgang, Jahr, Heftnummer, Anfangs- und Schlussseite, ggf. Online-Fundstelle

Beispiel

Verdicchio, Dirk: Vom Außen ins Innere (und wieder zurück), Medialisierung von Wissenschaft in Filmen über den Körper, in: Historische Anthropologie, 16. Jg., 2008, H. 1, S. 55–73

Auf Untertitel und zusätzliche Informationen (z. B. Reihe, Festschrift, Dissertation) kann verzichtet werden. Wenn es sich nicht um die erste Auflage einer Monographie oder eines

---

[88] Online über den OPAC der Deutschen Nationalbibliothek unter URL: http://www.d-nb.de/sammlungen/kataloge/ opac.htm [Abruf: 2011-08-25].

Sammelbandes handelt, wird die Auflage angegeben. Davon abgesehen kommt es auf formale Vorgaben des Prüfers oder des Verlages an. Es kann erwünscht sein, dass die Namen der Verfasser kursiv geschrieben oder abgekürzt werden. Im angloamerikanischen Raum ist es üblich, den Verlag anzugeben. Fremdsprachige Quellen führen Sie nach den hiesigen Zitierkonventionen an und nicht mit Abkürzungen wie z. B. „eds." (editors, engl. für Herausgeber) oder „p." (page, engl. für Seite).

Wenn Sie einzelne bibliographische Angaben aus der Quelle heraus nicht ermitteln können, zeigen Sie das mit entsprechenden Zitierabkürzungen an: „o. V." (ohne Verfasserangabe), „o. O." (ohne Ortsangabe), „o. J." (ohne Jahresangabe). [12.6 Zitierabkürzungen] Vornamen, die in der Quelle abgekürzt werden, versuchen Sie durch Recherche herauszufinden. Im Beleg und im Literaturverzeichnis folgt dann auf den Anfangsbuchstaben die Ergänzung: Name, V[orname]. Sie wird in eckige Klammern gesetzt, um anzuzeigen, dass es sich um einen nachträglichen Zusatz handelt.

Die Reihenfolge der einzelnen Angaben ist standardisiert und muss eingehalten werden. Am Ende eines Eintrags wird kein Punkt gesetzt.[89] Bei Aufsätzen aus Sammelbänden und Zeitschriften wird statt „Titel, in:" auch „Titel. In:" geschrieben. Bei mehreren Verfassern, Verlagsorten oder Verlagen werden die Namen durch einen Schrägstrich (/) ohne Leerschritte oder durch ein Semikolon (;) voneinander getrennt. Soll nach der DIN-Norm zitiert werden, die für die Katalogisierung in Bibliotheken vorgeschrieben ist, sind abgesehen von den Deskriptionszeichen (, ; : / .) typographische Besonderheiten zu beachten (Kapitälchen, Kursivdruck). Das dritte Beispiel entspricht DIN 1505.[90]

Beispiele für unterschiedliche Schreibweisen

Keller, Felix: Der Sinn des Wahns, Der Mad Scientist und die unmögliche Wissenschaft, in: Junge, Torsten; Ohlhoff, Dörthe (Hrsg.), Wahnsinnig genial, Der Mad Scientist Reader, Aschaffenburg 2004, S. 77–96

Keller, Felix: Der Sinn des Wahns. Der Mad Scientist und die unmögliche Wissenschaft. In: Junge, Torsten/Ohlhoff, Dörthe (Hrsg.), Wahnsinnig genial. Der Mad Scientist Reader. Aschaffenburg 2004, S. 77–96

KELLER, Felix: Der Sinn des Wahns : Der Mad Scientist und die unmögliche Wissenschaft. In: JUNGE, Torsten ; OHLHOFF, Dörthe (Hrsg.): *Wahnsinnig genial : Der Mad Scientist Reader.* Aschaffenburg : Alibri, 2004. S. 77–96

13.3   Reihenfolge der Einträge

Die Einträge im Literaturverzeichnis werden alphabetisch nach den Nachnamen der Autoren geordnet. Bei Namensgleichheit entscheidet der Vorname. Titel, die ohne Angaben zum Verfasser veröffentlicht wurden, werden mit der Abkürzung „o. V." (ohne Verfasserangabe)

---

[89] In manchen Lehrbüchern finden Sie den gegenteiligen Hinweis. Dass die Verzeichniseinträge anders als mit Imperativen versehene Angaben in Fußnoten (Vergleiche ... Siehe ...) keine vollständigen Sätze sind, spricht dafür, das Satzzeichen wegzulassen.

[90] S. dazu Lorenzen, Klaus F., Das Literaturverzeichnis in wissenschaftlichen Arbeiten, Erstellung bibliographischer Belege nach DIN 1505 Teil 2, 2., erw. u. verb. Aufl., Hamburg 1997, online unter URL: http://www.bui.haw-hamburg.de/fileadmin/redaktion/diplom/Lorenzen__litverz.pdf [Abruf: 2012-02-20].

versehen und unter dem Buchstaben O eingeordnet. Obwohl der vorangestellte Namenszusatz „von" Bestandteil des Nachnamens ist, wird der Name nicht unter dem Buchstaben V, sondern unter dem Anfangsbuchstaben des anderen Teils des Nachnamens eingeordnet. Abgekürzte akademische Titel der Verfasser (Prof., Dr.) oder Amtsbezeichnungen werden nicht aufgenommen. Wenn eine Institution als Herausgeberin der Quelle auftritt, wird sie im Verzeichnis wie eine natürliche Person behandelt. Hinter ihrem Namen erscheint der Klammerzusatz „(Hrsg.)" (Herausgeber). Texte mit einem Eigennamen wie z. B. Kommentare zu Gesetzestexten, die mehrere Bearbeiter haben, werden nicht unter den Namen der Autoren angeführt, sondern nach ihrem Eigennamen eingeordnet.

Werke von Autorenteams, an denen ein bestimmter Verfasser als Erstautor beteiligt war, stehen unmittelbar nach Werken, die dieser Verfasser allein veröffentlicht hat. Diejenigen seiner Arbeiten, an denen Zweitautoren beteiligt sind, werden in der alphabetischen Reihenfolge der Namen der Zweitautoren gelistet. Werden mehrere Werke desselben Autorenteams aufgeführt, wird die Abkürzung „Dies." (dieselben) benutzt. Wenn Sie in den Fußnoten bzw. Klammerzusätzen nicht alle Autoren aufgeführt haben, die an einem Werk beteiligt sind („Name et al."), müssen Sie das im Literaturverzeichnis nachholen. [12.5.5 Allgemeine Zitierregeln, 12.6 Zitierabkürzungen]

Innerhalb der alphabetischen Ordnung werden die Werke in chronologischer Reihenfolge aufgeführt. Werden mehrere Werke desselben Autors zitiert, wird die älteste Quelle zuerst genannt. Beim folgenden Werk kann „Ders." (derselbe) bzw. „Dies." (dieselbe) stehen, allerdings nicht unmittelbar nach einem Seitenwechsel.

Innerhalb der chronologischen Reihenfolge der Einträge wird nach der Art der Quelle sortiert. Monographien stehen vor Beiträgen in Sammelwerken und diese wiederum vor Aufsätzen in Zeitschriften.

13.4 Umgang mit unterschiedlichen Zitierverfahren

Wird in der Arbeit mit Vollbelegen zitiert, werden die bibliographischen Angaben, die beim Erstbeleg angebracht wurden, im Literaturverzeichnis wiederholt. Dabei wird ggf. auch ein stichwortartiger Kurztitel angegeben, der benutzt wird, um mehrere Werke desselben Autors in den Fußnoten voneinander zu unterscheiden. [12.5 Zitierverfahren]

Beispiel: Vollbeleg

Dietrich, Ronald: Der Gelehrte in der Literatur, Würzburg 2003
Haynes, Roslynn D. [Representations]: From Faust to Strangelove, Representations of the Scientist in Western Literature, Baltimore/London 1994
Dies. [Alchemie]: Von der Alchemie zur künstlichen Intelligenz, Wissenschaftlerklischees in der westlichen Literatur, in: Iglhaut, Stefan/Spring, Thomas (Hrsg.), science + fiction, Zwischen Nanowelt und globaler Kultur, Berlin 2003, S. 192–210
Košenina, Alexander: Der gelehrte Narr, Gelehrtensatire seit der Aufklärung, Göttingen 2003

Wenn Sie in Ihrer Arbeit mit Kurzbelegen oder nach der Harvard-Methode zitieren, erscheinen die vollständigen bibliographischen Angaben ausschließlich im Literaturverzeichnis. An erster Stelle stehen mit dem Namen des Verfassers und dem Erscheinungsjahr (ggf. mit Zusatz a, b, c usw.) diejenigen Informationen, die der Leser dem Kurzbeleg im Text entnehmen kann und anhand derer er den Eintrag im Verzeichnis sucht. Bei Monographien und Beiträgen zu Sammelbänden wird das Erscheinungsjahr nur zu Beginn des Eintrags genannt, bei Aufsätzen in Zeitschriften, wird es dagegen in der Regel wiederholt.

Beispiel: Kurzbeleg und Harvard-Methode

Flicker, Eva (2004): Wissenschaftlerinnen im Spielfilm, Zur Marginalisierung und Sexualisierung wissenschaftlicher Kompetenz, in: Junge, Torsten/Ohlhoff, Dörthe (Hrsg.), Wahnsinnig genial, Der Mad Scientist Reader, Aschaffenburg, S. 63–76

Pansegrau, Petra (2009): Zwischen Fakt und Fiktion, Stereotypen von Wissenschaftlern in Spielfilmen, in: Hüppauf, Bernd/Weingart, Peter (Hrsg.), Frosch und Frankenstein, Bilder als Medium der Popularisierung von Wissenschaft, Bielefeld, S. 373–386

Thomas, Peter (2008): Bienleins Welt, Forscher in der Comic-Welt, faz.net vom 22.01.2008, online unter URL: http://www.faz.net/aktuell/wissen/forscher-in-der-comic-welt-bienleins-welt-1511653.html [Abruf: 2011-10-08]

Tudor, Andrew (1989a): Monsters and Mad Scientists, A Cultural History of the Horror Movie, Oxford

Ders. (1989b): Seeing the worst side of science, in: Nature, 340. Jg., H. 6235 vom 24.08.1989, S. 589–592

Weingart, Peter (2003): Von Menschenzüchtern, Weltbeherrschern und skrupellosen Genies, Das Bild der Wissenschaft im Spielfilm, in: Iglhaut, Stefan/Spring, Thomas (Hrsg.), science + fiction, Zwischen Nanowelt und globaler Kultur, Berlin, S. 211–228

Ders. (2008a), Wissenschaft im Spielfilm, in: Schroer, Markus (Hrsg.), Gesellschaft im Film, Konstanz, S. 333–355

Ders. (2008b): Dem Ingeniör ist nichts zu schwör, Wissenschaftler und Ingenieure in den ‚funny‘ Comics, in: Gegenworte, 20. Heft, 2008, S. 60–62

Ders. (2009): Frankenstein in Entenhausen?, in: Hüppauf, Bernd/Weingart, Peter (Hrsg.), Frosch und Frankenstein, Bilder als Medium der Popularisierung von Wissenschaft, Bielefeld, S. 387–406

Wenn Sie eine Arbeit in einem naturwissenschaftlichen oder technischen Fach schreiben und mit dem Nummernsystem arbeiten, schreiben Sie die bibliographischen Angaben zu den einzelnen Quellen im Verzeichnis ähnlich wie beim Zitieren mit Kurzbelegen oder der Harvard-Methode, komprimieren die Angaben aber stärker. So werden Vornamen und Zeitschriftentitel abgekürzt, auf die Zitierabkürzung „S." (Seite) wird verzichtet. Da die Zitate im Text nur mit Ziffern belegt werden, die die Quellen repräsentieren, beginnt jeder Eintrag im Verzeichnis mit der entsprechenden Ziffer.

Im Allgemeinen werden die Quellen im Verzeichnis in der Reihenfolge aufgeführt wie sie in der Arbeit zitiert werden also chronologisch und nicht alphabetisch nach Namen geordnet. Wird dieselbe Quelle mehrmals zitiert, erscheint sie folglich mehrfach im Verzeichnis. Auch die in der Verweistechnik schwieriger umzusetzende alphabetische Sortierung ist zulässig. Die Ziffer für die Quellenangabe im Text entspricht dann der Nummer des Eintrags im Verzeichnis.

Beispiel: Nummernsystem

[1] Sitzler, S (2006) Bilder die bilden: Wie Comics der Wissenschaft auf die Sprünge helfen. Parlament 48.

[2] Sanchis-Segura C, Spanagel R (2006) Behavioral assessment of drug-reinforcement and addictive features in rodents: an overview. Addict Biol 11 (1): 2–38.

[3] Kamp MA, Slotty P, Sarikaya-Seiwert S, Steiger HJ, Hänggi D (2011) Traumatic brain injuries in illustrated literature: Experience from a series of over 700 head injuries in the Asterix comic books. Acta Neurochir 153 (6): 1351–1355.

[4] Kakalios J (2006) Die Physik der Superhelden. Berlin: Rogner & Bernhard.

13.5 Nachweis von Internetquellen

Dokumente, die online publiziert wurden, haben meist einen Verfasser und einen Titel, so dass sie im Quellenverzeichnis wie gedruckte Literatur behandelt werden können. Sie werden mit den üblichen bibliographischen Angaben (Autor, Titel, Ort, Jahr, Seite etc.), der Online-Fundstelle (URL, Uniform Resource Locator) und dem Datum des Abrufs bzw. der letzten Aktualisierung der Webseite im Quellenverzeichnis aufgeführt. [12.5 Zitierverfahren]

Webseiten und andere Inhalte aus dem Internet, bei denen kein Autor identifiziert werden kann und bei denen die Quellenangabe im Text über die Internetadresse erfolgt, führen Sie im Quellenverzeichnis anhand dieser Adresse alphabetisch auf. Erläutern Sie den Link, und zwar z. B. mit einem Hinweis auf den Titel und die Funktion der Seite oder auch auf die Organisation, die die Webseite unterhält.

Um Missverständnisse zu vermeiden, wird die Trennung einer Internetadresse (URL) am Zeilenende nicht mit einem verfälschenden Trennstich (-) und ohne Leerzeichen vorgenommen. Am besten setzen Sie sie nach einem Schrägstrich in der Adresse (/). Formatierungen für Hyperlinks, die bei Textverarbeitungsprogrammen voreingestellt sind (blaue Farbe, Unterstreichung), müssen Sie rückgängig machen.

Beispiel

http://on1.zkm.de/zkm/sciencefiction
Zentrum für Kunst und Medientechnologie Karlsruhe (ZKM), Kurzinformation zur Ausstellung „science + fiction" 2003 [Abruf: 2011-10-08]

13.6 Nachweis von Nicht-Text-Inhalten

Audiovisuelle Medien werden im Quellenverzeichnis ähnlich wie gedruckte Publikationen angegeben. [12.5 Zitierverfahren]

Beispiel

o. V. (2010): Vom Faust zum Fettwanst, Der Wissenschaftler in der Literatur, Radiosendung, Bayern 2, radioWissen, ausgestrahlt am 27.09.2011 um 9.05 Uhr

Bei Examensarbeiten, denen eine empirische Erhebung zu Grunde liegt, muss der Prüfer die Möglichkeit haben, Aussagen, die aus persönlichen Gesprächen stammen, zu überprüfen. Dazu legen Sie unter dem Quellenverzeichnis ein Gesprächsverzeichnis an, dem die wichtigsten Angaben zu den Interviews zu entnehmen sind, die Sie geführt haben: Vor- und Nachname des Gesprächspartners, Funktion, Einrichtung, Form des Interviews, Datum des Gesprächs und Thema.

Beispiel

Greenspan, Gideon, Vorstand, Indigo Stream Technologies Ltd., Tel Aviv, Telefonat am 01.04.2011, Thema: Plagiatssoftware
Merkel, Dr. Angela, Bundeskanzlerin der Bundesrepublik Deutschland, Persönliches Gespräch am 01.04.2011, Thema: Plagiate, Raubkopien und Kavaliersdelikte

Zehn Gebote für das Literatur-/Quellenverzeichnis

1. In das Literaturverzeichnis werden nur diejenigen Titel aufgenommen, die in der Arbeit zitiert wurden.

2. Das Verzeichnis muss vollständig sein. Vergessen Sie nicht, Sekundärquellen und Quellen für zitierte Grafiken und Tabellen aufzunehmen.

3. Wenn das Literaturverzeichnis nicht nur gedruckte Publikationen, sondern auch Internetquellen enthält, wird es mit Quellenverzeichnis überschrieben.

4. Verzichten Sie darauf, die Einträge im Literatur- bzw. Quellenverzeichnis nach Art der Quelle zu gruppieren (Monographien, Zeitschriftenaufsätze, Beiträge zu Sammelbänden, Internetquellen).

5. Beachten Sie, welche Angaben für verschiedene Arten von Literatur (Monographie, Zeitschriftenaufsatz, Beitrag zu einem Sammelband) obligatorisch sind.

6. Internetquellen müssen mit der Online-Fundstelle (URL) und dem Datum des Abrufs angegeben werden.

7. Vergessen Sie bei Aufsätzen aus Sammelwerken oder Zeitschriften nicht, die Anfangs- und Schlussseite des Beitrages anzugeben.

8. Seitenzahlen, die die Fundstellen zitierter Aussagen angeben oder anzeigen, wo die betreffende Quelle in Ihrer Arbeit auftaucht, haben im Verzeichnis nichts zu suchen.

9. Wenn Sie beim Zitieren Kurzbelege verwenden, müssen Sie sich an die für diese Zitiertechnik charakteristische Reihenfolge der bibliographischen Angaben halten: Verfassername(n) und Erscheinungsjahr (ggf. plus Kleinbuchstabe) stehen am Anfang des Eintrages.

10. Die Einträge im Literatur- bzw. Quellenverzeichnis beginnen mit den Namen der Verfasser, so dass sie im ersten Schritt in alphabetischer Reihenfolge, im zweiten ggf. chronologisch nach Erscheinungsjahr und dann nach Art der Quelle sortiert werden.

Ist Wissen über wissenschaftliches Arbeiten essbar?

Der Neurophysiologe James V. Mc Connel experimentierte in den 60er Jahren des vergangenen Jahrhunderts mit Plattwürmern. Plattwürmer sind klein, unscheinbar und primitiv. Dank eines einfachen Nervensystems sind sie aber lernfähig und können Wissen auf höchst unkonventionelle Weise weitergeben.

Plattwürmer strecken sich normalerweise aus, wenn sie Licht wahrnehmen. Mit einer Kombination aus Lichtimpulsen und schmerzhaften Stromstößen trainierte Mc Connel seine Plattwürmer darauf, auf Licht mit einer Kontraktion des Körpers zu reagieren. Anschließend zerteilte er die dressierten Würmer. Die Hälften regenerierten sich zu lebensfähigen Würmern, die sich genauso verhielten wie der ursprüngliche Wurm. Daher vermutete Mc Connel, dass das Gedächtnis nicht nur im Gehirn sitzt. In einem zweiten Versuch zerkleinerte er erfahrene Würmer und verfütterte den Brei an untrainierte Tiere. Tatsächlich beherrschten die Kannibalen die Licht-Schock-Übung schneller als ihre Artgenossen. Mc Connel schloss daraus: Wissen ist essbar.

Mit diesen Experimenten begann die Erforschung der Gedächtnismoleküle, die sich allerdings später als wissenschaftlicher Holzweg erwies. Essen Sie also bitte nicht Ihren Professor! Die Übungsaufgaben im vierten Teil dieses Lehrbuches werden Ihnen das wissenschaftliche Arbeiten schmackhafter machen.

Teil IV:
Übungsaufgaben

„Die Wiederholung ist die Mutter der Weisheit."
(Russischer Volksmund)

„Jedes Mal, wenn du alle Antworten gelernt hast, wechseln Sie die Fragen."
(Oliver Otis Howard)

Die folgenden Übungsaufgaben zu den in Teil I bis III behandelten Themen greifen zugleich die häufigsten Fragen zum wissenschaftlichen Arbeiten auf. Lösungen und Erläuterungen finden Sie in Teil V.

Bei Single Choice-Aufgaben ist nur eine Antwortmöglichkeit richtig. Dieser Aufgabentyp ist am Symbol ○ zu erkennen. Bei Multiple Choice-Aufgaben [□] treffen mehrere Aussagen zu.

1 Wissenschaft und wissenschaftliches Arbeiten

1. **Was macht Wissenschaft aus?**

☐ Wissenschaft ist die Gesamtheit der Erkenntnisse über einen Gegenstandsbereich.

☐ Wissenschaft formuliert unsystematische Aussagen über die Realität.

☐ Wissenschaft unterscheidet sich von Glauben dadurch, dass Meinungen begründet werden müssen.

☐ Ein Hauptmerkmal von Wissenschaft ist Subjektivität.

2. **Was sind Pseudowissenschaften und Parawissenschaften?**

☐ Wissenschaftszweige, wie die Akupunktur, die sich mit Phänomenen befassen, deren Existenz aus wissenschaftlicher Sicht nicht bewiesen ist, zählen zu den Parawissenschaften.

☐ Auffassungen oder Theorien, die sich am Rande der akademischen Wissenschaften befinden, werden als Pseudowissenschaften eingeordnet.

☐ Vertreter von Pseudowissenschaften erfüllen die Mindestanforderungen an eine seriöse Wissenschaft nicht.

☐ Parawissenschaftliche Lehren stehen in einem klaren Widerspruch zu anerkannten wissenschaftlichen Erkenntnissen.

☐ Parawissenschaftliche Lehren treten mit dem Anspruch auf Wissenschaftlichkeit auf.

3. **Worin unterscheiden sich theoretische und angewandte Wissenschaft?**

4. **Ist Wissenschaft immer zweckfrei auf reinen Erkenntnisgewinn gerichtet?**

☐ Seriöse Wissenschaft strebt nach Erkenntnisgewinn.

☐ Forschung, die in erster Linie wirtschaftlichen oder politischen Interessen dient, wird als Auftragsforschung bezeichnet.

☐ Der Begriff Grundlagenforschung bezeichnet erkenntnisorientierte, zweckfreie Forschung.

☐ Die Anwendbarkeit von Forschungsergebnissen spielt in der Wissenschaft keine Rolle.

5. **Womit beschäftigen sich die verschiedenen Wissenschaftsgebiete?**

☐ Sprachwissenschaft, Geschichtswissenschaft und Theologie gehören zu den Sozialwissenschaften.

☐ Die unbelebte Materie und die belebte Natur sind Gegenstand der Naturwissenschaften.

☐ Die unbelebte Materie und die belebte Natur werden in den Realwissenschaften erforscht.

☐ Die Ingenieurwissenschaften und die Informatik können keinem Gebiet eindeutig zugeordnet werden.

6. Welche wissenschaftlichen Disziplinen gehören zu den Kulturwissenschaften?

☐ Realwissenschaften

☐ Sozialwissenschaften

☐ Naturwissenschaften

☐ Geisteswissenschaften

☐ Formalwissenschaften

7. Welche wissenschaftlichen Disziplinen gehören zu den Realwissenschaften?

☐ Sozialwissenschaften

☐ Naturwissenschaften

☐ Geisteswissenschaften

☐ Formalwissenschaften

☐ Kulturwissenschaften

8. Welche Einzeldisziplinen gehören zu den verschiedenen Wissenschaftsgebieten?

☐ Die Mathematik gehört zu den Naturwissenschaften.

☐ Die Theologie zählt zu den Formalwissenschaften.

☐ Die Rechtswissenschaften sind ein sozialwissenschaftliches Fach.

☐ Die Sozialwissenschaften werden auch als Gesellschaftswissenschaften bezeichnet.

☐ Die Wirtschaftswissenschaften gehören zu den Geisteswissenschaften.

9. Was ist mit dem Begriff „interdisziplinär" gemeint?

○ Jede wissenschaftliche Disziplin hat ihre eigenen Problemstellungen und Forschungsmethoden.

○ In interdisziplinären Forschungsprogrammen bearbeiten Wissenschaftler mit den Methoden ihrer jeweiligen Disziplin ein Problem parallel und unabhängig voneinander.

10. Was unterscheidet ein interdisziplinäres Forschungsvorhaben von einem Projekt, das transdisziplinär angelegt ist?

○ Interdisziplinäre Forschungsvorhaben sind auch auf praktisches Wissen gerichtet, transdisziplinäre nicht.

○ In transdisziplinären Forschungsprojekten werden die Methoden verschiedener Disziplinen zusammengeführt und problembezogen weiterentwickelt.

11. Was bedeutet Wissenschaftsfreiheit?

☐ Die Freiheit der Wissenschaften ist in Artikel 5 GG verfassungsrechtlich verankert.

☐ Wissenschaftsfreiheit setzt Meinungsfreiheit voraus.

☐ Wissenschaftsfreiheit ist gleichbedeutend mit Meinungsfreiheit.

☐ Wissenschaftsfreiheit bezieht sich auf die Freiheit in der Wahl der Themen und Methoden.

☐ Forschung ist im verfassungsrechtlichen Sinne frei, wenn sie ergebnisoffen ist.

12. Was ist charakteristisch für wissenschaftliches Arbeiten?

Wissenschaftliches Arbeiten bedeutet,

☐ die Realität zu beschreiben.

☐ theoretische Begründungen für soziale Phänomene zu liefern.

☐ Aussagen Dritter auf Plausibilität zu prüfen.

☐ eine alles erklärende Theorie zu vertreten.

☐ allgemeingültige Aussagen zu formulieren.

☐ Aussagen von anderen anhand von Quellen zu belegen.

13. Welche Rolle spielt Objektivität beim wissenschaftlichen Arbeiten?

14. Was bedeutet der Ausdruck „intersubjektive Überprüfbarkeit"?

Intersubjektive Überprüfbarkeit

☐ ist eine grundlegende Anforderung an wissenschaftliche Tätigkeit.

☐ bedeutet z. B., dass ein anderer ein naturwissenschaftliches Experiment nachvollziehen kann, um Forschungsergebnisse zu überprüfen.

☐ bedeutet, dass alle Wissenschaftler bei der Prüfung einer Theorie zum gleichen Ergebnis kommen müssen.

15. Welche Bedeutung hat die Diskussion wissenschaftlicher Erkenntnisse für den wissenschaftlichen Fortschritt?

☐ Die Gemeinschaft der Forscher wird als scientific community bezeichnet.

☐ Wissenschaftlicher Fortschritt setzt die Veröffentlichung von Forschungsergebnissen voraus.

☐ Populärwissenschaft bezeichnet Ansichten, die sich in der Forschergemeinschaft durchgesetzt haben und allgemein anerkannt sind.

☐ Jede wissenschaftliche Aussage muss bewiesen werden.

☐ Neue Erkenntnisse weltweit anerkannter Forscher brauchen nicht überprüft zu werden

2   Wissenschaftstheoretische Ansätze

1. Worum geht es in der Wissenschaftstheorie?

- ☐ Die Wissenschaftstheorie befasst sich u. a. mit der Frage, wie schnell sich Wissen vermehrt.
- ☐ Die Erkenntnistheorie ist ein Teilgebiet der Wissenschaftstheorie.
- ☐ Die Erkenntnistheorie ist ein Teilgebiet der Philosophie.
- ☐ Die Methodologie ist eine Parawissenschaft, weil sie eine Wissenschaft von der Wissenschaft ist.

2. Mit welchen Begriffen kann man genauer bestimmen, um welchen Typ von wissenschaftlicher Aussage es sich handelt?

„Irrlehren der Wissenschaft brauchen 50 Jahre, bis sie durch neue Erkenntnisse abgelöst werden, weil nicht nur die alten Professoren, sondern auch deren Schüler aussterben müssen." (Max Planck)

Dieser Satz von Max Planck ist

- ○ eine Prämisse.
- ○ eine These.
- ○ eine Hypothese.
- ○ eine Definition.
- ○ eine Theorie.

3. Mit welchem Wort legen Wissenschaftler die Bedeutung von Begriffen fest?

- ○ In der Wissenschaft sind Begriffe immer eindeutig definiert, so dass jeder Begriff nur eine Bedeutung hat.
- ○ Mehrdeutige Begriffe werden als Hypothesen bezeichnet, weil ohne Erläuterung unklar ist, was gemeint ist.
- ○ Begriffe, deren Inhalt eindeutig festgelegt ist, werden als Thesen bezeichnet.
- ○ Der Untersuchungsgegenstand einer wissenschaftlichen Arbeit wird mit Hilfe von Definitionen beschrieben und abgegrenzt.

4. Worin besteht der Unterschied zwischen einer These und einer Hypothese?

5. Was ist eine Theorie?

- ☐ Eine Theorie ist ein Gefüge von Aussagen.

☐ Eine Theorie besteht aus mehreren Thesen.

☐ Eine Theorie ist ein Verfahren, mit dem der Vorstellungsinhalt von Worten festgelegt wird.

☐ Ohne Definitionen lassen sich keine Theorien entwickeln.

6. Welche Eigenschaften haben Theorien?

☐ Eine Theorie ist ein System aus mehreren Hypothesen oder Gesetzen.

☐ Eine gute Theorie ist in sich logisch.

☐ Theorien bilden die Realität zutreffend ab.

☐ Eine Theorie kann auch einen Einzelfall erklären.

☐ Mit einer guten Theorie lässt sich vorhersagen, ob unter bestimmten Bedingungen ein bestimmtes Phänomen eintreten wird.

☐ Der Übergang von einer Theorie zur einer neuen, grundlegend anderen Lehrmeinung markiert einen wissenschaftlichen Paradigmenwechsel.

7. Was sagen Erkenntnistheoretiker über unsere Fähigkeit, die Wirklichkeit wahrzunehmen?

☐ Vertreter des Konstruktivismus meinen, dass wir keine objektive Realität erkennen können, weil unser Gehirn eine individuelle Wirklichkeit konstruiert.

☐ Aus der Sicht des Konstruktivismus ist jede Wahrnehmung subjektiv.

☐ Anhänger des Realismus behaupten, dass wir die Dinge so wahrnehmen können, wie sie sind, weil eine objektive Wirklichkeit existiert.

☐ Das traditionelle Realitätsverständnis der Naturwissenschaften, das messbare bzw. intersubjektiv überprüfbare Eigenschaften ihrer Gegenstände voraussetzt, entspricht dem erkenntnistheoretischen Realismus.

8. Was sagen Erkenntnistheoretiker über das Verhältnis von sinnlicher Wahrnehmung und Kognition (Denken)?

☐ Die Auffassung, dass Erkenntnis auf sinnlicher Erfahrung beruht und nicht auf Verstand und Vernunft, ist dem Empirismus zuzuordnen.

☐ Was nicht beobachtbar und durch wissenschaftliche Experimente erfassbar ist, ist unwissenschaftlich.

☐ Wissenschaftler kommen nur durch positives Denken zu gesicherten Erkenntnissen.

☐ Rationalisten meinen, dass Erkenntnis aus dem Denken entsteht, weil unser Verstand in der Lage ist, die objektive Struktur der Wirklichkeit zu erkennen.

9. Wie sehen Rationalisten das Verhältnis von Theorie und Beobachtung?

Vertreter des Rationalismus vertreten die Auffassung, dass

○ einer Beobachtung eine Theorie vorausgehen muss.

○ Theorien auf der Grundlage sinnlicher Wahrnehmungen entwickelt werden.

10. **Welche erkenntnistheoretische Haltung betrachtet die Theorie als Ausgangspunkt von Erkenntnissen über die Wirklichkeit?**

„Die Theorie bestimmt, was wir beobachten können." (Albert Einstein)

☐ Einstein behauptet indirekt, dass der Verstand in der Lage ist, die objektive Struktur der Realität zu erkennen.

☐ Einstein meint damit, dass alle Erkenntnis auf Sinneswahrnehmung beruht.

☐ Einstein zeigt sich mit diesem Satz als ein Vertreter des Rationalismus.

☐ Einsteins Aussage ist dem Empirismus zuzuordnen.

3 Forschungsrichtungen und -methoden

1. Wie kann man Schlussfolgerungen ziehen?

☐ Durch Abduktion kann man von einem einzelnen beobachteten Phänomen auf dessen Ursache schließen.

☐ Deduzieren bedeutet, auf der Grundlage eines Gesetzes vorherzusagen, wie sich ein Objekt verhalten wird.

☐ Bei der Deduktion wird z. B. von einer einzigen Person auf alle Personen geschlossen.

☐ Bei der Induktion wird vom Einzelfall auf ein allgemein gültiges Gesetz geschlossen.

☐ Bei der Induktion wird z. B. von einer einzigen Person auf alle Personen geschlossen.

2. Benennen Sie die erkenntnislogischen Verfahren, die hier mit ihren Elementen und dem Aufbau der Argumentation skizziert werden.

Das Allgemeine (Gesetz)
Die Randbedingung, die das Ergebnis beeinflusst (Ursache)
Der Einzelfall, das Besondere (Phänomen)

Der Einzelfall, das Besondere (Phänomen)
Die Randbedingung, die das Ergebnis beeinflusst (Ursache)
Das Allgemeine (Gesetz)

Der Einzelfall, das Besondere (Phänomen)
Das Allgemeine (Gesetz)
Die Randbedingung, die das Ergebnis beeinflusst (Ursache)

3. Auf welcher erkenntnistheoretischen Position basiert Induktion?

○ Induktion basiert auf Realismus.

○ Induktion basiert auf Empirismus.

4. Auf welcher erkenntnistheoretischen Position beruht Deduktion?

○ Deduktion beruht auf Realismus.

○ Deduktion beruht auf Rationalismus.

5. Sie schauen sich Werbespots an, die in Deutschland produziert wurden. In drei Filmen kommen fiktive Wissenschaftler vor. Ihnen fällt auf, dass alle diese Figuren weiße Kittel tragen. Welche Erkenntnis können Sie aus dieser Beobachtung ziehen?

○ Wissenschaftler werden in der Werbung als Naturwissenschaftler dargestellt.

○ Wissenschaftler werden in Werbefilmen als Naturwissenschaftler dargestellt.

  ○ Wissenschaftler werden in deutschen Werbespots als Naturwissenschaftler dargestellt.

  ○ In den betrachteten Werbespots werden Wissenschaftler als Naturwissenschaftler dargestellt.

  ○ In den betrachteten Werbespots werden Wissenschaftler als Chemiker dargestellt.

6. **Was bedeuten die Begriffe Verifizierung und Falsifizierung im Zusammenhang mit der Überprüfung von Hypothesen oder Theorien?**

  ☐ Hypothesen bzw. Theorien zu verifizieren bedeutet, sie zu bestätigen.

  ☐ Hypothesen bzw. Theorien zu verifizieren bedeutet, sie zu widerlegen.

  ☐ Hypothesen bzw. Theorien zu falsifizieren bedeutet, sie zu bestätigen.

  ☐ Hypothesen bzw. Theorien zu falsifizieren bedeutet, sie zu widerlegen.

7. **Wie setzt man erkenntnislogische Verfahren zur Überprüfung von Hypothesen oder Theorien ein?**

  ☐ Induktion führt von der Beobachtung zur Theorie.

  ☐ Hypothesen können durch Induktion bewiesen werden.

  ☐ Hypothesen zu verifizieren, ist letztlich unmöglich.

  ☐ Wenn es nicht gelingt, eine Theorie zu falsifizieren, so gilt sie vorläufig als bestätigt.

  ☐ Theorien können über Induktion verifiziert werden.

8. **Lassen sich Theorien durch Beobachtung überprüfen?**

  ○ Eine gute Theorie kann durch Beobachtung falsifiziert werden.

  ○ Eine gute Theorie kann durch Beobachtung verifiziert werden.

9. **Was bedeutet Empirie?**

  ☐ Empirie bedeutet, theoretische Aussagen in der Praxis zu überprüfen.

  ☐ Mit empirischen Studien werden Hypothesen getestet.

  ☐ Mit empirischen Studien lassen sich Hypothesen verifizieren.

  ☐ Empirie bezieht sich auf beobachtbare Sachverhalte.

  ☐ Qualitative Studien zählen nicht zur Empirie, weil sie nicht auf die Überprüfung von Hypothesen ausgerichtet sind.

10. **Worin unterscheiden sich quantitative von qualitativen Studien?**

  ☐ Bei einer quantitativen Studie werden Aussagen über Häufigkeiten getroffen.

  ☐ Um Daten aus einer quantitativen Erhebung auszuwerten, werden statistische Verfahren eigesetzt.

  ☐ Bei einer qualitativen Studie werden Aussagen über bezifferbare Unterschiede getroffen.

☐ Quantitative Studien erforschen Zusammenhänge.

☐ Qualitative Studien erforschen Zusammenhänge.

11. **Worin unterscheiden sich ein positiver und ein normativer Forschungsansatz?**

12. **Wie entwickelt man in einem kaum bearbeiteten Forschungsfeld Hypothesen?**

Zur Strukturierung eines Problemfeldes, über das noch wenig bekannt ist, und zur Entwicklung diesbezüglicher Hypothesen eignet sich eine

○ deskriptive Studie.

○ explorative Studie.

○ kausalanalytische Studie.

13. **Worin unterscheiden sich empirische Untersuchungsansätze?**

☐ Ein deskriptiver Untersuchungsansatz dient der Überprüfung einer Hypothese oder Theorie.

☐ Eine deskriptive Studie beschreibt ein Phänomen.

☐ Eine kausalanalytische Studie verifiziert eine Theorie und begründet ihre Relevanz.

☐ Eine kausalanalytische Studie testet Hypothesen über Zusammenhänge.

☐ Eine explorative Studie erklärt Zusammenhänge.

14. **Was unterscheidet Primärforschung von Sekundärforschung?**

15. **Wann eignet sich Primärforschung, wann Sekundärforschung?**

Wenn – z. B. aus Kostengründen – keine eigenständige empirische Studie durchgeführt werden kann, eignen sich Methoden der

○ Primärforschung.

○ Sekundärforschung.

16. **Welche Methoden sind typisch für die Primärforschung?**

☐ Beobachtung

☐ Experiment

☐ Inhaltsanalyse

☐ Befragung

☐ Datenanalyse

☐ Fallstudie

17. **Bei welcher empirischen Forschungsrichtung werden statistische Verfahren angewendet?**

18. **Wie geht man bei quantitativen bzw. bei qualitativen Studien vor?**

- ☐ Eine Befragung von drei ausgewählten Studierenden eines Studiengangs entspricht einem qualitativen Forschungsansatz.

- ☐ Eine Fallstudie ist der qualitativen Forschung zuzuordnen, weil sie durch die Konzentration auf ein sorgfältig ausgewähltes Untersuchungsobjekt detailliertere und exaktere Ergebnisse liefert als eine Studie mit einer großen Stichprobe.

- ☐ Bei quantitativen Studien werden Erkenntnisse meistens durch den Vergleich von Häufigkeiten gewonnen.

- ☐ Bei quantitativen Studien kommt es darauf an, eine möglichst große Anzahl von Fällen zu untersuchen.

19. **Wie kombiniert man Untersuchungsansätze mit passenden empirischen Methoden?**

- ☐ Fallstudien sind der quantitativen Forschung zuzuordnen.

- ☐ Explorative Studien basieren auf einem quantitativen Forschungsdesign.

- ☐ Kausalanalytische Studien sind immer qualitativ angelegt.

- ☐ In der qualitativen Forschung werden Hypothesen generierende Verfahren genutzt.

20. **Was bedeutet Repräsentativität?**

- ☐ Eine empirische Studie ist repräsentativ, wenn sie mindestens 100 Fälle umfasst.

- ☐ Eine empirische Studie ist repräsentativ, wenn sie mindestens 1.000 Fälle berücksichtigt.

- ☐ Eine empirische Studie ist repräsentativ, wenn die Stichprobe die Grundgesamtheit exakt abbildet.

- ☐ Wenn eine Studie repräsentativ ist, kann durch Induktion ein allgemeingültiges Gesetz formuliert werden.

- ☐ Eine qualitative Studie ist immer repräsentativ.

4   Wissenschaftsethik

1. Auf welche beiden Verantwortungsbereiche bezieht sich Wissenschaftsethik?

2. Was versteht man unter Wissenschaftsethos?

3. Wie lauten wichtige wissenschaftsethische Prinzipien?

- ☐ Die in der Verfassung verankerte Freiheit der Wissenschaft ist Kern der Wissenschaftsethik.
- ☐ Erkenntnisse, die einen erheblichen wissenschaftlichen Fortschritt bringen, aber auf unethische Weise zu Stande gekommen sind, dürfen nicht verwendet werden.
- ☐ Eines der wichtigsten wissenschaftsethischen Prinzipien ist es, benutzte Quellen anzugeben.
- ☐ Zu verhindern, dass ungesicherte Forschungsergebnisse in der Wissenschaftsgemeinde (scientific community) intensiv diskutiert werden, ist legitim.

4. Welche Handlungen gelten als wissenschaftliches Fehlverhalten?

- ☐ Veröffentlichung von Forschungsergebnissen einer Gruppe unter eigenem Namen
- ☐ Erfinden von Daten bei quantitativen Studien
- ☐ Manipulation von Fotos
- ☐ Abwandlung von Abbildungen mit Hinweis auf die Originalquelle
- ☐ Zitieren von Aussagen ohne Quellenangabe
- ☐ Sinngemäßes Zitieren von Literaturmeinungen
- ☐ Zitieren aus eigenen Veröffentlichungen (Selbstzitat)

5. Wann wird ein Zitat zum Plagiat?

Ein Plagiat liegt vor, wenn

- ☐ ein urheberrechtlich geschütztes Werk unerlaubt benutzt wird.
- ☐ eine Quelle sinngemäß zitiert wird, ohne dass sie angegeben wird.
- ☐ eine Quelle wörtlich zitiert wird, ohne dass das wörtliche Zitat mit Anführungsstrichen gekennzeichnet, und die Quelle genannt wird.
- ☐ eine Quelle wörtlich zitiert wird, ohne dass das wörtliche Zitat mit Anführungsstrichen gekennzeichnet und die Quelle genannt wird.

5   Anforderungen an Prüfungsarbeiten

1. Anhand welcher Kriterien wird die Qualität wissenschaftlicher Arbeiten beurteilt?

- ☐ Erkenntnisgewinn
- ☐ Originalität
- ☐ Relevanz
- ☐ Umfang
- ☐ Wahrheitsgehalt
- ☐ Anzahl der Zitationen
- ☐ Objektivität
- ☐ Genauigkeit
- ☐ Allgemeinverständliche Sprache
- ☐ Nachvollziehbarkeit
- ☐ Medienecho

2. Auf welche Aspekte kommt es bei schriftlichen Arbeiten im Studium besonders an?

- ☐ Bearbeitung und Vertiefung der Themenstellung
- ☐ Grad der Verarbeitung der themenrelevanten Literatur
- ☐ Klarheit und Ausgewogenheit der Gliederung
- ☐ Umgang mit der Fachterminologie
- ☐ Auflockerung des Textes durch Abbildungen
- ☐ Korrekte Anwendung der Zitiertechnik
- ☐ Interpunktion, Rechtschreibung
- ☐ Textgestaltung und Layout

3. Woran kann Ihr Prüfer erkennen, dass Sie sich eigene Gedanken zu Ihrem Thema gemacht haben?

- ☐ Sie haben alle Aspekte, die etwas mit Ihrem Thema zu tun haben, verarbeitet.
- ☐ Sie behandeln die Problemstellung gezielt und verzichten auf Exkurse.
- ☐ Ihre Argumentation ist logisch aufgebaut.
- ☐ Sie verzichten auf sinngemäße Zitate von Literaturmeinungen.
- ☐ Sie verzichten auf Quellenangaben.
- ☐ Sie leiten ihre Wertungen und Schlussfolgerungen mit Wendungen wie „ich meine" ein.

☐   Sie fügen eine eidesstattliche Erklärung bei, dass Sie die Arbeit eigenständig verfasst haben.

4. Nach welchen Kriterien wird beurteilt, wie Sie bei Ihrer wissenschaftlichen Arbeit vorgegangen sind?

Ihr Vorgehen ist

☐   selbstständig.

☐   kritisch.

☐   intuitiv.

☐   so originell, dass es selbst für Experten kaum nachvollziehbar ist.

☐   literaturbasiert.

5. Wie werden Prüfungsarbeiten bewertet, in denen plagiiert wurde?

○   Plagiate sind in der Regel ein „Kavaliersdelikt", das sich nicht auf die Benotung einer Studienarbeit auswirkt.

○   Verstöße gegen formale wissenschaftliche Konventionen (Gliederung, Zitate, Verzeichnisse etc.) führen dazu, dass eine Studienarbeit mit der Note „nicht ausreichend" (5,0) bewertet wird.

○   Gravierende Plagiate führen dazu, dass eine Studienarbeit mit der Note „nicht ausreichend" (5,0) bewertet wird.

6   Themenfindung

1. Welches sind die wichtigsten Kommunikationsformen innerhalb der Wissenschaftsgemeinschaft (scientific community)?

2. In welcher Rangfolge stehen wissenschaftliche Arbeiten, was ihren wissenschaftlichen Anspruch angeht?

Habilitationsschrift
Bachelorarbeit
Seminararbeit
Aufsatz in einer Fachzeitschrift
Doktorarbeit (Dissertation)
Masterarbeit

3. Welche Anforderungen gelten für verschiedene Arten wissenschaftlicher Arbeiten?

☐ Eine Seminararbeit ist eine Ausarbeitung, die eher deskriptiven (beschreibenden) als analytischen Charakter hat.

☐ Eine Bachelorarbeit ist immer anwendungsbezogen.

☐ Eine Masterarbeit sollte einen vollständigen Überblick über die themenrelevante Literatur geben.

☐ Eine Doktorarbeit (Dissertation) muss einen vollständigen Überblick über die themenrelevante Literatur geben.

☐ Eine Habilitationsschrift soll einen erheblichen Erkenntnisgewinn für ein bislang wenig bearbeitetes Forschungsthema bringen.

4. Welche Überlegungen sind für die Themenwahl relevant?

☐ Das Thema einer wissenschaftlichen Arbeit sollte den eigenen Neigungen und Interessen möglichst entsprechen.

☐ Das Thema einer wissenschaftlichen Arbeit sollte so originell sein, dass die Möglichkeit der Eigenleistung gegeben ist.

☐ Empirische Arbeiten sind anspruchsvoller als literaturzentrierte, „theoretische" Arbeiten.

☐ Für Doktorarbeiten (Dissertationen) eignen sich „Modethemen" besonders gut.

☐ Ein Thema, bei dem die Literaturlage gut ist, ist einer Fragestellung vorzuziehen, zu der es nur wenige Quellen gibt.

☐ Das Thema einer wissenschaftlichen Arbeit sollte so gewählt werden, dass es in der gegebenen Zeit zu bewältigen ist.

5. **Wo und wie kann man gezielt nach einem Thema suchen?**

7   Stoffsammlung und Quellenarbeit

1. Auf welche Weise werden Forschungsergebnisse veröffentlicht und damit einem Fachpublikum zugänglich gemacht?

☐ Monographie

☐ Sammelband

☐ Aufsatz in einer Fachzeitschrift

☐ Zeitungsartikel

☐ Online-Publikation

☐ Wissenschaftliche Tagung

☐ Vorlesung

2. Wo kann man bei der Literaturrecherche ansetzen? Mit welchen Quellen beginnt man die Suche?

☐ Schlag- und Stichwortkataloge von Bibliotheken

☐ Fachlexika und Handwörterbücher

☐ Fachzeitschriften

☐ Dissertationen und Habilitationsschriften

☐ Literaturhinweise auf Wikipedia

☐ Literaturempfehlungen aus Lehrveranstaltungen

☐ Befragung von Dozentinnen und Dozenten

3. Wodurch zeichnen sich die verschiedenen Strategien zur Literaturrecherche aus?

☐ Die schnellste Methode der Literaturrecherche ist das Schneeballsystem.

☐ Anders als bei der Systematischen bzw. Bibliographischen Methode geht man beim Schneeball- oder Lawinensystem unsystematisch vor.

☐ Die Bibliographische Methode startet mit der Recherche aktueller Literatur und wird mit zeitlich zurückliegenden Quellen fortgesetzt.

☐ Die Wahrscheinlichkeit, unterschiedliche Literaturmeinungen zu finden, ist beim Schneeballsystem höher.

☐ Beim Schneeballsystem wird auch aktuelle Literatur sicher erfasst.

☐ Die Bibliographische Methode deckt Zitierkartelle auf.

4. Welche Leitsätze gelten für die Auswahl von Quellen?

☐ Quellen müssen veröffentlicht sein.

☐ Quellen müssen allgemein zugänglich sein.

☐ Aufsätze in Fachzeitschriften haben immer Vorrang vor Monographien.

☐ Fachspezifische Literatur hat Vorrang vor allgemeinen oder fachbezogenen Lexika.

☐ Der Ursprung der Quelle muss seriös sein.

☐ „Graue Literatur" ist nicht zitierfähig.

5. Welche Quellen dürfen in wissenschaftlichen Arbeiten nicht zitiert werden?

☐ Monographien

☐ Aufsätze in Fachzeitschriften

☐ Artikel in Publikumszeitschriften

☐ Aufsätze in Sammelbänden

☐ Gesetzestexte

☐ Zeitungsartikel

☐ Unveröffentlichte unternehmensinterne Dokumente

☐ Geschäftsberichte von Unternehmen

☐ Vorlesungsunterlagen

☐ Texte, die auf Webseiten verfügbar sind

☐ Einträge bei Wikipedia

☐ Dokumente, die auf www.hausarbeiten.de zu finden sind.

6. Wie aktuell sollten Quellen sein?

☐ Quellen, die älter als zehn Jahre sind, sollten nur ausnahmsweise zitiert werden.

☐ Die meisten Zitate in der Arbeit sollten aus Quellen stammen, die im gleichen Jahr oder im Vorjahr erschienen sind.

☐ Historische Quellen dürfen bzw. müssen zitiert werden, wenn es die Themenstellung erfordert.

☐ Wenn ein Werk in mehreren Auflagen erschienen ist, sollte die erste Auflage zitiert werden.

☐ Das Schneeballsystem führt automatisch zu den aktuellsten Quellen.

7. Was tut man, wenn man auf bestimmte Literatur nicht zugreifen kann?

○ Wenn die Originalquelle (Primärliteratur) in der eigenen Hochschulbibliothek nicht verfügbar ist, darf aus Schriften anderer Autoren zitiert werden, die sich auf die Originalquelle beziehen (Sekundärliteratur).

○ Schwer zu recherchierende oder zu beschaffende Quellen dürfen vernachlässigt werden, wenn die Aussage auch anders belegt werden kann.

○ Primärliteratur hat immer Vorrang vor Sekundärliteratur.

8. **Was muss man bei Internetquellen beachten?**

☐ Die Qualität der Quelle sollte dem Niveau einer wissenschaftlichen Arbeit entsprechen.

☐ Aussagen in Internetquellen sollten immer mit anderen Quellen abgesichert werden.

☐ Alle Internetquellen haben die gleiche Wertigkeit wie Fachbücher und Fachzeitschriften.

☐ Einträge in Online-Lexika wie Wikipedia sind nicht zitierwürdig.

9. **Wie viele Quellen sollten in einer wissenschaftlichen Arbeit zitiert werden?**

☐ Der Richtwert für die angemessene Anzahl an Quellen in einer wissenschaftlichen Arbeit lautet „insgesamt ca. eine Quelle pro Textseite".

☐ Der Richtwert für die angemessene Anzahl an Quellen in einer wissenschaftlichen Arbeit lautet „insgesamt ca. drei Quellen pro Textseite".

☐ Die Anzahl der zitierten Quellen hängt von der Forschungsfrage ab.

☐ In einer Bachelor- oder Masterarbeit sollten mindestens 20 Quellen zitiert werden.

☐ Wie viele Quellen in einer Arbeit zitiert werden, hängt von der Literaturlage zum Thema ab.

☐ Für die Quellenauswahl gilt der Grundsatz „Qualität vor Quantität".

10. **Wie schlägt sich die Quellenarbeit im zugehörigen Verzeichnis nieder?**

○ In das Literatur- bzw. Quellenverzeichnis werden nur diejenigen Quellen aufgenommen, die tatsächlich in der Arbeit zitiert wurden.

○ Das Literaturverzeichnis sollte dem Leser der Arbeit weiterführende Hinweise auf Quellen liefern, die zwar nicht zitiert wurden, aber einen Bezug zum Thema haben.

8 Formale und stilistische Anforderungen an wissenschaftliche Arbeiten

1. Bei welchen Passagen einer wissenschaftlichen Arbeit werden die Seitenzahlen mit römischen Ziffern angegeben?

- ☐ Titelblatt
- ☐ Vorwort
- ☐ Inhaltsverzeichnis
- ☐ Abbildungsverzeichnis
- ☐ Abkürzungsverzeichnis
- ☐ Text der Arbeit
- ☐ Anhang
- ☐ Literatur-/Quellenverzeichnis

2. Was muss man bei der optischen Gestaltung der Arbeit beachten?

- ☐ Man muss eine gut lesbare Schrifttype wählen.
- ☐ Bei Proportionalschriften wie Arial fällt der Text umfangreicher aus als bei einer Festbreitenschrift wie Times New Roman.
- ☐ Wichtige Aussagen und Begriffe kann man in seiner Lieblingsfarbe hervorheben.
- ☐ Man sollte dem Text ein möglichst originelles Layout geben (z. B. durch Spalten).
- ☐ Seiten werden einseitig bedruckt.

3. Welche Formulierungen sind in einer wissenschaftlichen Arbeit stilistisch unangemessen?

- ☐ Um ihre Methodenkompetenz zu erhöhen, sollten alle Studierenden verpflichtet werden, an Kursen zum wissenschaftlichen Arbeiten teilzunehmen.
- ☐ Ich finde, Kurse zum wissenschaftlichen Arbeiten sollten für alle Studierenden Pflicht sein, um ihre Methodenkompetenz zu erhöhen.
- ☐ Nach herrschender Meinung (Klug 2007, 35; Klüger 2009, 127) sind obligatorische Kurse zum wissenschaftlichen Arbeiten sinnvoll. Ich halte sie aber für überflüssig, weil die wenigsten Studierenden eine wissenschaftliche Karriere anstreben.

4. Welche Formulierung entspricht dem Stil einer wissenschaftlichen Arbeit?

- ○ Man sollte Kurse zum wissenschaftlichen Arbeiten in jedem Studiengang zur Pflicht machen, um die Methodenkompetenz der Studierenden zu erhöhen.

○ Um die Methodenkompetenz der Studierenden zu erhöhen, sollten Kurse zum wissenschaftlichen Arbeiten im Curriculum obligatorisch sein.

○ Es wäre klasse, wenn alle Studenten an Kursen zum wissenschaftlichen Arbeiten teilnehmen müssten, denn dadurch würde ihre Methodenkompetenz ungeheuer verbessert.

5. Welche Formulierungen sind geschlechtsneutral und für eine wissenschaftliche Arbeit zu empfehlen?

☐ Um ihre Methodenkompetenz zu erhöhen, sollten alle Studenten verpflichtet werden, an Kursen zum wissenschaftlichen Arbeiten teilzunehmen.

☐ Kurse zum wissenschaftlichen Arbeiten sollten für alle Studentinnen und Studenten Pflicht sein, um ihre Methodenkompetenz zu erhöhen.

☐ Für alle StudentInnen sollten Kurse zum wissenschaftlichen Arbeiten obligatorisch sein, um ihre Methodenkompetenz zu erhöhen.

☐ Um die Methodenkompetenz der Studierenden zu erhöhen, sollten Kurse zum wissenschaftlichen Arbeiten im Curriculum obligatorisch sein.

☐ Nach herrschender Meinung (Klug 2007, 35; Klüger 2009, 127) eignen sich Kurse zum wissenschaftlichen Arbeiten dazu, die Methodenkompetenz der Studenten[1] zu erhöhen.

---

[1]   Maskuline Personenbezeichnungen gelten für beide Geschlechter.

9 Aufbau schriftlicher Prüfungsarbeiten

9.1 Gliederung

1. In welcher Reihenfolge werden die Elemente einer schriftlichen Prüfungsarbeit angeordnet?

Eidesstattliche Versicherung
Abkürzungsverzeichnis
Abbildungsverzeichnis
Text der Arbeit
Literatur-/Quellenverzeichnis
Inhaltsverzeichnis
Anhangverzeichnis
Anhang
Tabellenverzeichnis

2. Welche Gliederung ist formal korrekt?

- ○ B Wissenschaft im Comic
  - I Wissenschaft in Graphic Novels
    - 1 Das Selbstexperiment
  - II Wissenschaft im Mainstream-Comic
- ○ B Wissenschaft im Comic
  - I Wissenschaft in Graphic Novels
    - 1 Das Selbstexperiment
    - 2 Logicomix: Eine epische Suche nach Wahrheit
  - II Wissenschaft im Mainstream-Comic
    - 1 Donald Duck: Die Seele der Wissenschaft
    - 2 Calvin & Hobbes: Wissenschaftlicher Fortschritt macht „Boing"

3. Warum ist der folgende Gliederungsansatz nicht logisch?

1 Wissenschaftler in der Literatur
  a) Wissenschaftler in epischen Werken
  b) Wissenschaftler im Drama
  c) Wissenschaftler im Spielfilm

4. Warum erfüllt das folgende Beispiel die Anforderungen an Gliederungslogik nicht?

1   Wissenschaftler im Comic

a) Wissenschaftler im Comic

b) Wissenschaftler in den Funny Comics

c) Daniel Düsentrieb

d) Balduin Bienlein

5. Welcher logische Fehler steckt im folgenden Gliederungsansatz?

A   Wissenschaftler in der Literatur

I   Wissenschaftler in epischen Werken

II   Wissenschaftler in dramatischen Werken

III Wissenschaftler in der deutschen Literatur

IV Wissenschaftler in der englischsprachigen Literatur

6. Welcher Auszug aus einer Gliederung entspricht formalen wissenschaftlichen Standards?

○   2   Medialisierung von Wissenschaft

2.1 Popularisierung

2.2 Medienorientierung

2.3 Katastrophenkommunikation

○   3   Wissenschaft und Medien

3.1 Wissenschaftler entdecken die Medien.

3.2 Die Medialisierung der Wissenschaft

3.3 Der Wissenschaftler als Medienstar

3.4 Schadet Medienprominenz der wissenschaftlichen Reputation?

7. Welche Elemente einer wissenschaftlichen Arbeit werden im Inhaltsverzeichnis mit Buchstaben und/oder Ziffern versehen?

☐ Abbildungsverzeichnis

☐ Abkürzungsverzeichnis

☐ Einleitung

☐ „Hauptteil"

☐ Zusammenfassung

☐ Anhang

☐ Literatur-/Quellenverzeichnis

☐ Eidesstattliche Versicherung

8. **Welche Zeichenfolge ist bei einer alphanumerischen Gliederungsordnung üblich?**

○ A I 1 a) α

○ A a) aa) I 1

9. **Wie sehen die Details einer numerischen Gliederungsordnung aus? Welche Gliederungsbeispiele sind formal korrekt?**

☐ 2. Wissenschaftskommunikation

    2.1. Innerwissenschaftliche Kommunikation

    2.2. Wissenschaftsjournalismus

    2.3. Wissenschafts-PR

☐ 2. Wissenschaftskommunikation

    2.1 Innerwissenschaftliche Kommunikation

    2.2 Wissenschaftsjournalismus

    2.3 Wissenschafts-PR

☐ 2 Wissenschaftskommunikation

    2.1 Innerwissenschaftliche Kommunikation

    2.2 Wissenschaftsjournalismus

    2.3 Wissenschafts-PR

10. **Was macht eine gute Gliederung aus?**

☐ Die Gliederung ist logisch aufgebaut.

☐ Der Aufbau der Arbeit ergibt sich aus der Forschungsfrage und der methodischen Vorgehensweise.

☐ Die interessantesten Aspekte des Themas werden aus dramaturgischen Gründen am Ende der Arbeit platziert.

☐ Die Gliederung bindet auch Nebenaspekte elegant ein.

☐ Die Gliederung ist inhaltlich und optisch ausgewogen.

☐ Die Arbeit wird gemessen an ihrem Umfang nicht in zu viele Abschnitte zergliedert.

9.2   Anhang

1. **Muss eine wissenschaftliche Arbeit einen Anhang haben?**

○ Zu jeder fundierten wissenschaftlichen Arbeit gehört ein Anhang. Ohne einen Anhang wäre bei empirischen Arbeiten z. B. nicht nachvollziehbar, wie die Ergebnisse zu Stande gekommen sind.

○ Ein Anhang sollte nur dann aufgemacht werden, wenn die Materialien zum Verständnis unbedingt erforderlich, aber zu umfangreich sind, um sie im Text unterzubringen.

2. Welche Bestandteile der Arbeit gehören in einen Anhang?

- ☐ Abbildungsverzeichnis
- ☐ Abkürzungsverzeichnis
- ☐ Halbseitige Abbildungen/Tabellen
- ☐ Doppelseitige Abbildungen/Tabellen
- ☐ Rechtsquellen im Wortlaut
- ☐ Fragebogen zu einer schriftlichen Umfrage
- ☐ Interviewleitfaden
- ☐ Transkript (wortgetreues Protokoll) eines Interviews

3. Wo wird der Anhang platziert?

- ○ Unmittelbar nach dem Inhaltsverzeichnis
- ○ Nach dem Kapitel der Arbeit, das auf den betreffenden Anhang Bezug nimmt
- ○ Unmittelbar vor dem Literatur- bzw. Quellenverzeichnis
- ○ Unmittelbar nach dem Literatur- bzw. Quellenverzeichnis

4. Welche Formvorschriften muss man bei einem Anhang beachten?

- ☐ Die Materialien im Anhang werden nummeriert.
- ☐ Jede Anlage wird mit einem Titel versehen.
- ☐ Wenn die Anlagen klein sind, können mehrere auf einer Seite platziert werden.
- ☐ Diejenigen Seiten der Arbeit, auf denen sich der Anhang befindet, werden nicht nummeriert.
- ☐ Wenn es sich um Anlagen handelt, die nicht selbst erstellt wurden, muss die Quelle angegeben werden.
- ☐ Quellenangaben zu Anlagen werden nicht in das Literatur- bzw. Quellenverzeichnis aufgenommen.

5. Wie legt man ein Verzeichnis mehrerer Anlagen (Anhangverzeichnis) an?

- ☐ Das Anhangverzeichnis wird immer in das Inhaltsverzeichnis integriert.
- ☐ Das Verzeichnis der Anlagen kann dem Anhang unmittelbar vorangestellt werden.
- ☐ Ein Anhangverzeichnis ist überflüssig, wenn im Text korrekt auf die einzelnen Anlagen verwiesen wird.
- ☐ Das Anhangverzeichnis enthält die fortlaufende Nummer der Anlage, ihren Titel und die Seite, auf der sie in der Arbeit zu finden ist.

9.3   Verzeichnisse

1. Wo werden die Verzeichnisse in einer wissenschaftlichen Arbeit platziert?

○ Bis auf das Inhaltsverzeichnis werden alle Verzeichnisse nach dem Textteil der Arbeit platziert.

○ Mit Ausnahme des Literatur- bzw. Quellenverzeichnisses werden alle Verzeichnisse vor dem Textteil der Arbeit platziert.

2. Welche Manuskriptbestandteile werden im Inhaltsverzeichnis aufgeführt?

☐ Vorwort

☐ Inhaltsverzeichnis

☐ Abbildungsverzeichnis

☐ Tabellenverzeichnis

☐ Abkürzungsverzeichnis

☐ Anhangverzeichnis

☐ Text der Arbeit

3. Welche Manuskriptbestandteile werden nicht in das Inhaltsverzeichnis aufgenommen?

☐ Titelblatt

☐ Widmung

☐ Abstract

☐ Einleitung

☐ Zusammenfassung

☐ Glossar

☐ Eidesstattliche Versicherung

4. Wann muss ein Abbildungsverzeichnis angelegt werden?

○ Ein Verzeichnis muss selbst dann abgelegt werden, wenn in der Arbeit nur eine einzige Abbildung auftaucht.

○ Ein Abbildungsverzeichnis ist sinnvoll, wenn die Arbeit mehr als eine Abbildung enthält.

5. Welche formalen Standards muss man bei einem Abbildungsverzeichnis beachten?

☐ Abbildungen werden wie im Text fortlaufend nummeriert (Abb. 1 ff.).

☐ Die Bildunterschrift muss im Verzeichnis wortgetreu wiedergegeben werden.

☐ Die Seite, auf der sich die Abbildung befindet, muss angegeben werden.

☐ Die Quellenangabe (Klammerzusatz zur Bildunterschrift) wird in das Verzeichnis übernommen.

6. Wie legt man ein Tabellenverzeichnis an?

☐ Das Tabellenverzeichnis folgt auf das Abbildungsverzeichnis.

☐ Das Tabellenverzeichnis folgt auf das Abkürzungsverzeichnis.

☐ Das Verzeichnis enthält alle Tabellen, die sich im Text und im Anhang befinden.

☐ Die Reihenfolge der Tabellen im Verzeichnis entspricht der Reihenfolge im Text.

7. Welche Funktionen erfüllt ein Abkürzungsverzeichnis?

☐ Das Abkürzungsverzeichnis erläutert Abkürzungen, die nicht im Duden vorkommen.

☐ Abkürzungen, die nicht im Duden vorkommen, aber im Fachgebiet gängig sind, brauchen nicht erläutert zu werden.

☐ Das Abkürzungsverzeichnis kann Zitierabkürzungen enthalten.

☐ Abkürzungen werden in der Reihenfolge ihres Erscheinens in der Arbeit im Verzeichnis gelistet.

8. Welche Abkürzungen müssen unbedingt in das Abkürzungsverzeichnis aufgenommen werden?

☐ a.a.O.   am angegebenen Ort

☐ Aufl.   Auflage

☐ Az.   Aktenzeichen

☐ et al.   et alii

☐ etc.   et cetera

☐ GG   Grundgesetz

☐ Nr.   Nummer

☐ u. a.   unter anderem

9. Welche Begriffe und Ausdrücke dürfen im Text einer wissenschaftlichen Arbeit abgekürzt werden?

☐ Bundesministerium für Wirtschaft und Technologie   BMWI

☐ Bundestag   BT

☐ Bundesverfassungsgericht   BVerfG

☐ Grundgesetz   GG

☐ Seite   S.

☐ siehe   s.

☐ Wissenschaft   Wiss.

10. Muss die Abkürzung „Hrsg." für Herausgeber in das Abkürzungsverzeichnis aufgenommen werden?

○ Ja. Alle Zitierabkürzungen müssen unbedingt in das Abkürzungsverzeichnis aufgenommen werden.

○ Nein, denn die Abkürzung „Hrsg." wird im Literaturverzeichnis, aber nicht im Text verwendet.

○ Nein. „Hrsg." braucht nicht in das Verzeichnis aufgenommen zu werden, weil das eine gängige Abkürzung ist, die im Duden aufgeführt wird.

○ Nein. „Hrsg". ist zwar keine Abkürzung aus dem allgemeinen Sprachgebrauch, aber unter Wissenschaftlern nicht erklärungsbedürftig.

10   Einleitung und Zusammenfassung

1.   Was muss in der Einleitung einer wissenschaftlichen Arbeit stehen?

☐   Beschreibung eines Sachverhalts

☐   Problemstellung und Forschungsfragen

☐   Überblick über die gewählte Methodik

☐   Diskussion von Handlungsempfehlungen

☐   Gegenstand und Ziel der Arbeit

☐   Analyse der Ursachen eines Sachverhalts

2.   Wie umfangreich darf die Einleitung sein?

○   Der Umfang der Einleitung hängt von der Komplexität der Themenstellung ab. Richtwerte sind nicht sinnvoll.

○   Die Einleitung sollte höchstens 10 % der Arbeit ausmachen.

○   Die Einleitung sollte höchstens 25 % der Arbeit ausmachen.

3.   Was wird im Hauptteil der Arbeit behandelt?

☐   Anlass der Arbeit

☐   Beschreibung eines Sachverhalts

☐   Analyse der Ursachen eines Sachverhalts

☐   Formulierung von Forschungsfragen

☐   Diskussion der Forschungsfragen

☐   Diskussion von Handlungsempfehlungen

☐   Auswahl von Handlungsempfehlungen

4.   An welcher Stelle der Arbeit werden Begriffe definiert, die für das Thema relevant sind?

☐   In der Einleitung müssen alle Begriffe, die in der Themenstellung enthalten sind, kurz definiert werden, um den Untersuchungsgegenstand abzugrenzen.

☐   Wenn Begriffe, die für das Thema relevant sind, in der Literatur nicht einheitlich definiert werden, müssen die Literaturmeinungen in der Einleitung ausführlich dargestellt werden, auch wenn dies mehrere Seiten beansprucht.

☐   Die Definition und Abgrenzung zentraler Begriffe dient der Präzisierung der Forschungsfragen und kann die methodische Vorgehensweise beeinflussen.

☐   Wenn die Definition zentraler Begriffe zu komplex für die Einleitung ist, werden sie in der Einleitung gar nicht angesprochen, sondern im Hauptteil der Arbeit geklärt.

5. Was steht in der Zusammenfassung der Arbeit?

☐   Wichtige Ergebnisse der Arbeit

☐   Diskussion der Forschungsfragen

☐   Thesenartige Antworten auf die Forschungsfragen

☐   Handlungsempfehlungen

☐   Ausblick

☐   Beurteilung von Lösungsvorschlägen

11 Grafiken und Tabellen

1. Wie werden Abbildungen und Tabellen eingesetzt?

- ☐ Abbildungen und Tabellen fundieren und ergänzen die Argumentation.
- ☐ Eine aussagekräftige Grafik spricht für sich selbst und braucht nicht erläutert zu werden.
- ☐ Abbildungen sind eine elegante Möglichkeit, um einen zu langen Text zu kürzen.
- ☐ Großformatige Abbildungen und Tabellen werden im Anhang platziert.
- ☐ Abbildungen und Tabellen werden immer möglichst nah an der Textstelle platziert, auf die sie sich beziehen.

2. Welche Angaben müssen an welcher Stelle gemacht werden, wenn eine Abbildung aus einer Quelle originalgetreu übernommen wird?

- ☐ Abbildungen werden nicht mit einem Titel versehen, der direkt über der Abbildung steht, sondern mit einer Bildunterschrift.
- ☐ Die Abbildungen werden in der Arbeit fortlaufend nummeriert.
- ☐ Die Quelle der Abbildung wird in einer Fußnote angegeben. Das Fußnotenzeichen wird am Ende des Titels der Abbildung platziert.
- ☐ Die Quelle der Abbildung erscheint nicht im Literaturverzeichnis, weil dort nur die Quellen aufgeführt werden, aus denen im Text der Arbeit zitiert wurde.

3. Welche ergänzenden Informationen sind bei Abbildungen üblich?

- ☐ Grafiken, die nicht originalgetreu übernommen werden, werden mit dem Zusatz „in Anlehnung an …" versehen, der die Quellenangabe einleitet.
- ☐ In der Bildunterschrift muss der Originaltitel der übernommenen Abbildung auftauchen.
- ☐ Um Zweifeln vorzubeugen, sollten selbst kreierte Abbildungen mit dem Zusatz „eigene Darstellung" versehen werden.
- ☐ Die Form der Quellenangabe entspricht derjenigen, die in der gesamten Arbeit verwendet wird (Voll- oder Kurzbeleg).
- ☐ Quellenangaben zu Abbildungen müssen u. a. auf die Seite verweisen, auf der diese zu finden sind.

4. Welche Art von Diagramm eignet sich zur Darstellung von Werten, die sich zu 100 % summieren?

5. Stellt ein Balkendiagramm die gleichen Inhalte dar wie ein Säulendiagramm?

12 Zitieren

12.1 Zitierfähigkeit

1. Welche Quellen dürfen in wissenschaftlichen Arbeiten zitiert werden?

- ☐ Vorlesungsunterlagen
- ☐ Monographien
- ☐ Aufsätze in Fachzeitschriften
- ☐ Aufsätze in Sammelbänden
- ☐ Unveröffentlichte Manuskripte
- ☐ Transkripte von Experteninterviews
- ☐ Gesetzestexte

2. Was versteht man unter „grauer Literatur"? Ist „graue Literatur" zitierfähig?

- ○ „Graue Literatur" ist eine Umschreibung für Bücher, die sozusagen inhaltlich ergraut, d. h. veraltet sind. Sie dürfen zitiert werden, sollten aber besser durch aktuelle Quellen ersetzt werden.
- ○ Wenn eine Forschungsarbeit auf „grauer Literatur", d. h. auf vertraulichen Dokumenten beruht, darf ein Wissenschaftler seine Quellen nicht preisgeben, weil er gegenüber seinen Informanten zur Geheimhaltung verpflichtet ist.
- ○ Als „graue Literatur" bezeichnet man unveröffentlichte Quellen. Solche Quellen dürfen in wissenschaftlichen Arbeiten nicht zitiert werden.

3. Darf man in einer wissenschaftlichen Arbeit mündliche Aussagen zitieren?

- ☐ Zitierfähig sind nur Aussagen, die in gedruckten Medien zu finden sind.
- ☐ Mündliche Aussagen dürfen nur zitiert werden, wenn Sie bereits in einer veröffentlichten Quelle dokumentiert wurden.
- ☐ Verbale Äußerungen sind zitierfähig, müssen aber durch Quellenangaben überprüfbar gemacht werden.
- ☐ Die Zitierfähigkeit verbaler Äußerungen hängt von der Seriosität des Sprechers ab.
- ☐ Experteninterviews sind zulässige Quellen, da sich neueste Entwicklungen zu einem Thema häufig nicht anders erkunden lassen.

4. Wie wird eine Quelle, die nicht zugänglich ist und ausnahmsweise indirekt über eine andere Quelle zitiert werden muss, korrekt belegt (Sekundärzitat)?

Thomas Mann, der sich fremde Texte aneignete und diese in seinen Romanen verarbeitete, beschrieb seine Arbeitsweise in einem Brief an Theodor W. Adorno vom 30.12.1945 als eine „Art von höherem Abschreiben".[1]

Sekundärzitat

○ [1] Mann, Thomas, Briefe Bd. 2, 1937–1947, Frankfurt a. M. 1963, S. 470.

○ [1] Mann, Thomas, zitiert nach Lethem, Jonathan, Autoren aller Länder plagiiert euch!, in: Literaturen, 8. Jg., 2007, H. 6, S. 59–63, hier S. 59.

○ [1] Lethem, Jonathan, Autoren aller Länder plagiiert euch!, in: Literaturen, 8. Jg., 2007, H. 6, S. 59–63, hier S. 59.

5. Dürfen eigene Arbeiten zitiert werden (Selbstzitat)?

☐ Es ist üblich, auf eigene Forschungsergebnisse zu verweisen, wenn die Erkenntnisse, die präsentiert werden, auf früheren Arbeiten aufbauen.

☐ Eigene Texte dürfen ohne Quellenangabe wörtlich wiedergegeben werden.

☐ Selbstzitate müssen mit einer Quellenangabe versehen werden.

☐ In einer Masterarbeit kann die eigene Bachelorarbeit zitiert werden, wenn sich dort korrekte Hinweise auf die zitierten Quellen finden.

☐ Die eigene Bachelor- oder Masterarbeit ist zitierfähig, wenn sie öffentlich zugänglich ist.

12.2 Zitierpflicht

1. Wo muss ein Quellennachweis angebracht werden?

☐ Quellenangaben gehören entweder gesammelt an das Ende des Kapitels (Endnoten) oder an den Anfang. Das gewählte Prinzip muss in der Arbeit durchgehalten werden.

☐ Eine Fußnote oder ein Klammerzusatz muss immer unmittelbar im Anschluss an die Aussage angebracht werden, die zitiert wird.

☐ Wenn ein mehrseitiges Kapitel einer wissenschaftlichen Arbeit ausschließlich auf einer Quelle basiert, genügt es, diese Quelle am Ende des Kapitels anzugeben.

☐ Wenn sich eine Aussage auf mehrere Quellen bezieht, können diese in einer Fußnote bzw. in einer Klammer zusammengefasst werden.

2. Wie oft muss man einen Quellennachweis anbringen?

☐ Wenn eine Quelle einmal korrekt zitiert wurde, braucht sie nicht noch einmal angegeben zu werden.

☐ Wenn eine Quelle in der Arbeit mehrfach zitiert wird, wird die Quelle nur beim ersten Mal ausführlich bezeichnet, und zwar in einer Fußnote. Nachfolgende Zitate werden im fortlaufenden Text mit dem Klammerzusatz („a.a.O.") versehen.

☐ Wird eine Quelle im unmittelbar folgenden Absatz noch einmal zitiert, muss sie erneut genannt werden.

☐ Damit die Arbeit nicht zu viele Zitate enthält, sollten nur die wichtigsten Aussagen belegt werden.

3. Bei welchen Aussagen muss man eine Quelle angeben?

☐ Bei Aussagen, die originär vom Verfasser der Arbeit selbst stammen, wird auf eine Quellenangabe verzichtet.

☐ Jedes Zitat muss mit einer Quellenangabe versehen werden.

☐ Eine Quelle muss nur dann angegeben werden, wenn eine Aussage unverändert übernommen wird.

☐ Wenn eine Textpassage wortwörtlich übernommen wird, muss die Quelle angegeben werden. Wird der Text umformuliert, ist das nicht nötig.

☐ Quellenangaben sind sowohl bei wörtlichen als auch bei sinngemäßen Zitaten ein Muss, aber nur, wenn man sich auf Bücher und Zeitschriften bezieht.

☐ Was im Internet steht, ist frei verfügbare Information. Internetquellen braucht man daher nicht anzugeben.

☐ Eine Abbildung, die keine eigene Darstellung des Verfassers ist, braucht eine Quellenangabe.

4. Wie geht man mit Querverweisen in der Literatur um?

☐ Man muss nur den Text zitieren, in dem man die Information gefunden hat, auch wenn in diesem Text darauf hingewiesen wird, dass die Information aus einer anderen Quelle stammt.

☐ Um Informationen aus „zweiter Hand" zu vermeiden, sollte man denjenigen Text zitieren, in dem ein Gedanke ursprünglich entwickelt wurde.

☐ Bei einem Zitat im Zitat wird die Originalquelle zitiert.

☐ Quellenangaben dürfen nicht ungeprüft übernommen werden.

5. Welche Techniken werden im Umgang mit Quellen als Plagiat eingestuft?

☐ Wörtliche Wiedergabe einer Aussage ohne Kennzeichnung des Zitates mit Anführungsstrichen und ohne Quellenangabe

☐ Wörtliches Zitat ohne Anführungsstriche, aber mit Angabe der Quelle

☐ Abschreiben von Textpassagen und Ersetzen einzelner Wörter durch Synonyme, wobei auf den ursprünglichen Text verwiesen wird

☐ Wiedergabe fremder Gedanken mit eigenen Worten und Nachweis der Quelle, aus der die Gedanken stammen

☐ Eigenständige Kombination wörtlich übernommener Textbausteine zu einem sinngemäßen Zitat mit Quellenangabe

☐ Wiedergabe fremder Gedanken mit eigenen Worten ohne Quellenangabe

12.3   Zitierweisen

1.   Wann und wie sollte man wörtliche Zitate anbringen?

☐   Wörtliche Zitate sollten sparsam verwendet werden.

☐   Wörtliche Zitate sind angebracht, wenn es auf den exakten Wortlaut des Originals ankommt, wie z. B. bei einer Definition.

☐   In einer Arbeit sollte möglichst viel wörtlich zitiert werden, weil das beweist, dass die Quellen genau studiert wurden.

☐   Wörtliche Zitate sollten so kurz wie möglich gehalten werden.

2.   Wie müssen wörtliche Zitate im Text angezeigt werden?

○   Wörtliche Zitate werden immer in einfache Anführungsstriche gesetzt.

○   Wörtliche Zitate werden immer in doppelte Anführungsstriche gesetzt.

○   Wörtliche Zitate werden durch eine besondere Schriftart hervorgehoben (Kursivdruck, Fettdruck).

○   Wörtliche Zitate werden durch Einrücken und ggf. durch einen kleineren Schriftgrad angezeigt.

3.   Welche Änderungen am Originaltext müssen beim wörtlichen Zitieren angezeigt werden?

☐   Weglassen eines Wortes innerhalb des Zitates

☐   Auslassungen mehrerer Wörter innerhalb des Zitates

☐   Auslassungen am Ende des Zitates

☐   Hinzufügen eines Wortes am Anfang des Zitates

☐   Ergänzung einzelner Buchstaben, um die Grammatik anzupassen

☐   Ergänzung eines oder mehrerer Wörter im übernommenem Text

☐   Weglassen einer Hervorhebung

☐   Fettdruck eines oder mehrerer Wörter

☐   Weglassen des Punktes am Satzende des Originalzitats

4.   Wie sieht der Kurzbeleg zu einer wörtlich zitierten Textpassage aus, die im Original Hervorhebungen enthält?

Originaltext

„Das Ziel der empirischen Wissenschaft ist, *befriedigende Erklärungen* zu finden für alles, was uns einer Erklärung bedürftig scheint."[1]

○   [1]   Popper, Karl, Objektive Erkenntnis. Ein evolutionärer Entwurf. Hamburg 1998, S. 198, Hervorhebung im Original.

○   [1]   Popper (1998), S. 198, Hervorhebung im Original.

○   [1]   Vgl. Popper (1998), S. 198.

5. **Wie übernimmt man ein Zitat im Zitat?**

○ „Der Wissenschaftler kümmert sich um – vermeintlich ‚blutleere‘ – Fakten … und die Früchte seiner Arbeit sind – vermeintlich ‚wertfreie‘ – Zahlen und Modelle. Wer jemals selbst wissenschaftlich tätig war, der weiß, dass dies nicht so ist."[1]

○ „Der Wissenschaftler kümmert sich um – vermeintlich „blutleere" – Fakten … und die Früchte seiner Arbeit sind – vermeintlich „wertfreie" – Zahlen und Modelle. Wer jemals selbst wissenschaftlich tätig war, der weiß, dass dies nicht so ist."[1]

---

[1]   Spitzer, Manfred, Lernen, Gehirnforschung und die Schule des Lebens. Heidelberg/Berlin 2002, S. 453 f.

6. **Wie übernimmt man ein wörtliches Zitat, wenn die Originalquelle nicht greifbar ist, aber ein anderer Autor den geistigen Vater des Gedankens wörtlich zitiert hat (Sekundärzitat eines wörtlichen Zitats)?**

7. **Wie wird ein wörtliches Zitat sprachlich und formal korrekt so in den Text eingebunden, dass es den Lesefluss nicht stört?**

☐ Groß- und Kleinschreibung dürfen bei wörtlichen Übernahmen flexibel gehandhabt werden, um ein Zitat grammatikalisch korrekt in die Aussage einzufügen.

☐ Ein wörtliches Zitat darf um Wörter ergänzt werden, wenn das Zitat in eine Aussage eingefügt wird und der Satzbau ohne die Ergänzung unvollständig oder falsch wäre.

☐ Rechtschreibfehler im Originaltext werden beim wörtlichen Zitieren verbessert.

☐ Beim wörtlichen Zitieren wird der zitierte Text an die Regeln der neuen deutschen Rechtschreibung angepasst.

8. **Wie werden wörtliche Zitate korrekt ergänzt?**

Einzelne Wörter, die ein wörtliches Zitat ergänzen,

○ werden in eckige Klammern gesetzt.

○ werden in runde Klammern gesetzt.

○ werden in einfache Anführungsstriche gesetzt.

9. **Wie werden Texte wörtlich zitiert, die Rechtschreibfehler enthalten?**

○ Rechtschreibfehler werden beim wörtlichen Zitieren korrigiert.

○ Nach dem nicht korrigierten Rechtschreibfehler wird in eckigen Klammern der Zusatz „erratum!" (lateinisch Fehler!) eingefügt.

○ Nach dem nicht korrigierten Rechtschreibfehler wird in eckigen Klammern der Zusatz „sic!" (lateinisch so!) eingefügt.

○ Nach dem korrigierten Rechtschreibfehler wird in eckigen Klammern der Zusatz „sic!" (lateinisch so!) eingefügt.

10. **Wie zeigt man beim wörtlichen Zitieren Auslassungen an?**

Originaltext

Die Halbwertszeit des Wissens – der Zeitraum, in dem sich die Gültigkeit von Wissen halbiert – beträgt fünf Jahre.

○   „Die Halbwertszeit des Wissens beträgt fünf Jahre."

○   „Die Halbwertszeit des Wissens .. beträgt fünf Jahre."

○   „Die Halbwertszeit des Wissens … beträgt fünf Jahre."

11. **Wie werden wörtliche Übernahmen, die stilistisch an den Text angepasst werden müssen, korrekt wiedergegeben?**

Originaltext

„Wissenschaft, im weitesten Sinn dasselbe was Erkenntniß, im engeren die systematische Zusammenstellung von Erkenntnissen."[1]

---

[1]   Herders Conversations-Lexikon, Bd. 5, Freiburg im Breisgau 1857, S. 733.

○   „Wissenschaft [ist] im weitesten Sinn dasselbe [wie] Erkenntniß [sic!]."

○   „Wissenschaft [ist] im weitesten Sinn dasselbe … [wie] Erkenntniß [sic!]."

○   „Wissenschaft [ist] im weitesten Sinn dasselbe .. [wie] Erkenntniß [sic!]."

○   „Wissenschaft ist im weitesten Sinn dasselbe wie Erkenntnis."

12. **Wie zitiert man fremdsprachige Texte?**

☐   Die Passage wird sinngemäß wiedergegeben und mit Anführungsstrichen versehen.

☐   Englische Texte können ohne Übersetzung wörtlich zitiert werden.

☐   Wörtliche Zitate müssen immer in der Originalsprache belassen werden.

☐   Wörtliche Zitate werden übersetzt und mit einem Hinweis auf den Übersetzer versehen.

13. **Welcher Beleg gehört zu einem wörtlichen Zitat, welcher zu einem sinngemäßen?**

Dietrich 2003, S. 203.

Vgl. Dietrich 2003, S. 203.

14. **Woran erkennt man ein sinngemäßes Zitat?**

☐   Die Aussage ist mit Anführungsstrichen versehen.

☐   Die Passage ist mit einer Quellenangabe versehen.

☐   Die Fußnote beginnt mit „Vgl.".

☐   Die Quellenangabe folgt in Klammern und nicht in einer Fußnote.

15. **Wo verläuft die Grenze zwischen einem erlaubten sinngemäßen Zitat und einem Plagiat?**

☐ Fremde Gedanken dürfen mit eigenen Worten wiedergegeben werden, wenn ihr Urheber und die Quelle genannt werden.

☐ Wenn der Originaltext leicht umformuliert und die Quelle angegeben wurde, wurde richtig zitiert.

☐ Wenn der Inhalt des Originaltextes in eigenen Worten wiedergegeben und die Quelle angegeben wurde, liegt ein vorbildliches sinngemäßes Zitat vor.

☐ Wenn ein Gedanke aus einer anderen Arbeit ohne Quellenangabe, aber mit eigenen Worten wiedergegeben wurde, wurde korrekt zitiert.

12.4   Fußnoten und Anmerkungen

1. **Wo werden Fußnoten platziert?**

2. **Welche formalen Konventionen muss man bei Fußnoten beachten?**

☐ Fußnoten werden den zugehörigen Textpassagen durch eine fortlaufende Fußnotenziffer zugeordnet.

☐ Zitierabkürzungen, die eine Fußnote einleiten, werden kleingeschrieben.

☐ Fußnoten werden durch einen Punkt abgeschlossen, wenn sie Anmerkungen enthalten.

☐ Fußnoten werden durch einen Punkt abgeschlossen, wenn Sie Quellenangaben enthalten.

3. **Wie sieht ein korrekter Vollbeleg für ein sinngemäßes Zitat aus?**

Seit Mitte des 17. Jahrhunderts wächst das Wissen exponentiell. Es verdoppelt sich innerhalb von etwa 15 Jahren.[1]

○ [1] de Solla Price, Derek J., Little Science – Big Science. Frankfurt a.M. 1974, S. 17.

○ [1] Vgl. de Solla Price, Derek J., Little Science – Big Science. Frankfurt a.M. 1974.

○ [1] Vgl. de Solla Price, Derek J., Little Science – Big Science. Frankfurt a.M. 1974, S. 17.

4. **Wie werden Gesetzestexte korrekt zitiert?**

☐ Laut Urheberrechtgesetz (§ 106 Abs. 1 UrhG) macht sich strafbar, wer urheberrechtlich geschützte Werke unerlaubt verwertet.

☐ Wer urheberrechtlich geschützte Werke unerlaubt verwertet, macht sich nach § 106 Abs. 1 UrhG strafbar.

☐ Wer urheberrechtlich geschützte Werke unerlaubt verwertet, macht sich strafbar (§ 106 Abs. 1 UrhG).

☐   Wer urheberrechtlich geschützte Werke unerlaubt verwertet, macht sich strafbar.[1]

---

[1]   S. § 106 Abs. 1 UrhG.

5. Welche Informationen kann man in Anmerkungen unterbringen?

☐   Verweise auf andere Teile oder Seiten der Arbeit

☐   Definitionen wichtiger Begriffe

☐   Hinweise zum Umgang mit geschlechtergerechter Sprache

☐   Hinweise auf Quellen, die im Zusammenhang mit einem bestimmten Aspekt gesichtet, aber nicht zitiert wurden

☐   Hinweise auf abweichende Literaturmeinungen

12.5   Zitierverfahren

1. Ordnen Sie den wörtlichen Zitaten das jeweils verwendete Zitierverfahren zu.

„Wissensgebiete ohne Erkenntnisfortschritt gehören nicht zur Wissenschaft." (Kuhn 1976, 171)

„Wissensgebiete ohne Erkenntnisfortschritt gehören nicht zur Wissenschaft."[1]

---

[1]   Kuhn, Thomas, Die Struktur wissenschaftlicher Revolutionen, 2. Aufl., Frankfurt a.M.,1976, S. 171.

„Wissensgebiete ohne Erkenntnisfortschritt gehören nicht zur Wissenschaft."[1]

---

[1]   Kuhn 1976, S. 171.

„Wissensgebiete ohne Erkenntnisfortschritt gehören nicht zur Wissenschaft." [15, S. 171]

2. Wie sehen Einträge im Literaturverzeichnis bei den verschiedenen Zitierverfahren aus? Nennen Sie das bzw. die zugehörigen Zitierverfahren.

Kuhn, Thomas S. (1988b): Die Struktur wissenschaftlicher Revolutionen, 9. Aufl., Frankfurt a.M.

Kuhn, Thomas S.: Die Struktur wissenschaftlicher Revolutionen, 9. Aufl., Frankfurt a.M. 1988

[15] Kuhn, Thomas S. (1988): Die Struktur wissenschaftlicher Revolutionen, 9. Aufl., Frankfurt a.M.

3. Auf welche Angaben kann man bei einem Vollbeleg in der Fußnote verzichten, wenn man eine Monographie zitiert?

☐   Name des Autors/Namen der Autoren

☐   Titel und Untertitel

☐ Band

☐ Titel einer Reihe, Herausgeber der Reihe, Band der Reihe

☐ Erscheinungsort

☐ Verlag

☐ Erscheinungsjahr

☐ Zitierte Seite(n)

4. Welche Angaben sind bei einem Vollbeleg in der Fußnote unbedingt erforderlich, wenn man einen Aufsatz aus einem Sammelband zitiert?

☐ Name des Autors/Namen der Autoren

☐ Titel des Aufsatzes

☐ Name(n) des/r Herausgeber(s) des Sammelbandes

☐ Titel des Sammelbandes

☐ Erscheinungsort

☐ Erscheinungsjahr

☐ Erste und letzte Seite des Aufsatzes

☐ Zitierte Seite(n)

5. Welche Angaben sind bei einem Vollbeleg in der Fußnote unbedingt erforderlich, wenn man einen Aufsatz aus einer Zeitschrift zitiert?

☐ Titel der Zeitschrift

☐ Name(n) des/r Herausgeber(s) der Zeitschrift

☐ Jahrgang der Zeitschrift

☐ Erscheinungsort

☐ Erscheinungsjahr

☐ Heftnummer

☐ Erste und letzte Seite des Aufsatzes

☐ Zitierte Seite(n)

6. Wie wird ein sinngemäßes Zitat aus einem Aufsatz, der in einem Sammelband erschienen ist, mit einem Vollbeleg versehen?

○ [1] Vgl. Krätz, Otto, Mad scientists und andere Bösewichter der Chemie in Literatur und Film, in: Griesar, Klaus (Hrsg.), Wenn der Geist die Materie küsst, Annäherungen an die Chemie, Frankfurt a. M. 2004, S. 131–147.

○ [1] Vgl. Krätz, Otto, Mad scientists und andere Bösewichter der Chemie in Literatur und Film, in: Griesar, Klaus (Hrsg.), Wenn der Geist die Materie küsst, Annäherungen an die Chemie, Frankfurt a. M. 2004, S. 131–147, hier S. 134.

○ [1] Vgl. Krätz, Otto, Mad scientists und andere Bösewichter der Chemie in Literatur und Film, in: Griesar, Klaus (Hrsg.), Wenn der Geist die Materie küsst, Annäherungen an die Chemie, Frankfurt a. M. 2004, S. 134.

7. **Wie wird ein sinngemäßes Zitat aus einem Aufsatz, der in einer Zeitschrift erschienen ist, mit einem Vollbeleg versehen? Welche Schreibweisen sind korrekt?**

☐ [1] Vgl. Weingart, Peter, in: International Journal for Philosophy of Chemistry, 1/2006, S. 31–44, hier S. 31.

☐ [1] Vgl. Weingart, Peter: Chemists and their Craft in Fiction Film. In: International Journal for Philosophy of Chemistry, 12. Jg., 2006, H. 1, S. 31–44, hier S. 31.

☐ [1] Vgl. Weingart, Peter: Chemists and their Craft in Fiction Film. In: International Journal for Philosophy of Chemistry, 1/2006, S. 31–44, hier S. 31.

☐ [1] Vgl. Weingart, Peter, Chemists and their Craft in Fiction Film, in: HYLE, 1/2006, S. 31–44, hier S. 31.

☐ [1] Weingart, Peter: Chemists and their Craft in Fiction Film, In: International Journal for Philosophy of Chemistry, 1/2006.

8. **In welche Reihenfolge werden die bibliographischen Angaben bei einem Vollbeleg gebracht?**

○ Vgl. Sutton, Robert I./Staw, Barry M., What Theory is not, in: Administrative Science Quarterly, 40. Jg., 1995, H. 3, S. 371–384.

○ Vgl. Sutton, Robert I./Staw, Barry M.: What Theory is not, in: Administrative Science Quarterly, 40. Jg., H. 3, 1995, S. 371–384.

○ Vgl. Robert I. Sutton/Barry M. Staw: What Theory is not, S. 371–384, in: Administrative Science Quarterly, H. 3, Jg. 40, 1995.

9. **Welche der folgenden Aussagen über Kurzbelege sind richtig?**

☐ Wenn mit Kurzbelegen gearbeitet wird, erschließen sich dem Leser der Arbeit die Quellen nicht ohne das Literaturverzeichnis.

☐ Anders als Vollbelege werden Kurzbelege nicht mit „Vgl." eingeleitet.

☐ Die Zitierabkürzung „a.a.O.", die bei Kurzbelegen verwendet wird, bedeutet „am angegebenen Ort".

☐ Bei Kurzbelegen wird auf die Angabe einer Seitenzahl verzichtet, wenn sich das Zitat auf die gesamte Quelle bezieht.

10. **Welche bibliographischen Angaben muss man in einen Kurzbeleg aufnehmen?**

☐ Name des Autors/der Autoren

☐ Titel

☐ Name(n) des/r Herausgeber(s) eines Sammelbandes

☐ Erscheinungsort

☐ Informationen zur Auflage

☐ Erscheinungsjahr

☐ Erste und letzte Seite eines Aufsatzes

☐ Zitierte Seite(n)

11. Wie sieht der Kurzbeleg zu einem sinngemäßen Zitat aus einem Aufsatz aus, der in einem Sammelband erschienen ist?

- ○ [1] Vgl. Pansegrau (2009).
- ○ [1] Vgl. Pansegrau in: Hüppauf/Weingart (2009), S. 380.
- ○ [1] Vgl. Pansegrau, Stereotypen, S. 380.
- ○ [1] Vgl. Pansegrau (2009), S. 380.
- ○ [1] Vgl. Petra Pansegrau (2009), S. 380.

12. Worin liegen die Besonderheiten der Harvard-Methode?

- ☐ Die Quellenangaben werden in Klammern direkt im Text platziert.
- ☐ Man kann nur am Text, aber nicht am Beleg erkennen, ob es sich um ein wörtliches Zitat handelt.
- ☐ Genannt werden Vor- und Nachname des Autors.
- ☐ Der Titel des zitierten Werks wird kurz mit einem Wort angegeben.
- ☐ Das Jahr, in dem die Quelle erschienen ist, wird genannt.
- ☐ Zum Beleg gehört eine Seitenangabe. Dabei wird die Abkürzung „S." (Seite) in der Regel weggelassen und nur die Ziffer geschrieben.
- ☐ Auf eine Seitenangabe wird verzichtet, wenn sich das Zitat auf die Quelle als Ganzes bezieht.

13. Welche Aussagen über Zitierverfahren treffen zu?

- ☐ Vollbelege sind leserfreundlicher als Kurzbelege.
- ☐ Beim Zitieren hat sich keine einheitliche Verfahrensweise durchgesetzt. Verlage, die wissenschaftliche Werke publizieren, verwenden Zitierverfahren, die in den Details (z. B. Interpunktion, Abkürzung von Vornamen) leicht voneinander abweichen.
- ☐ Die Reihenfolge der Einträge bei Quellenangaben ist nicht standardisiert.
- ☐ Wenn mit Vollbelegen gearbeitet wird, können die Vornamen abgekürzt werden.
- ☐ Bei Werken mit mehr als drei Verfassern bzw. Herausgebern braucht man sowohl bei Vollbelegen als auch bei Kurzbelegen nur einen zu nennen, wenn man „et al." hinzufügt.

14. Wie sehen Vollbelege zu sinngemäßen Zitaten aus, die aus der gleichen Quelle stammen?

- ○ [1] Vgl. Haynes, Roslynn D., From Faust to Strangelove, Representations of the Scientist in Western Literature, Baltimore/London 1994, S. 193.
-    [2] Vgl. Dietrich, Ronald, Der Gelehrte in der Literatur, Würzburg 2003, S. 203–207.
-    [3] Vgl. Haynes, Roslynn D., From Faust to Strangelove, Representations of the Scientist in Western Literature, Baltimore/London 1994, S. 193.

○ [1] Vgl. Haynes, Roslynn D., From Faust to Strangelove, Representations of the Scientist in Western Literature, Baltimore/London 1994, S. 193.

[2] Vgl. Dietrich, Ronald, Der Gelehrte in der Literatur, Würzburg 2003, S. 203–207.

[3] Vgl. Haynes, Representations, a.a.O., S. 193.

○ [1] Vgl. Haynes, Roslynn D., From Faust to Strangelove, Representations of the Scientist in Western Literature, Baltimore/London 1994, S. 193.

[2] Vgl. Dietrich, Ronald, Der Gelehrte in der Literatur, Würzburg 2003, S. 203–207.

[3] Vgl. Haynes, a.a.O., S. 193.

○ [1] Vgl. Haynes, Roslynn D., From Faust to Strangelove, Representations of the Scientist in Western Literature, Baltimore/London 1994, S. 193.

[2] Vgl. Dietrich, Ronald, Der Gelehrte in der Literatur, Würzburg 2003, S. 203–207.

[3] Vgl. Haynes (1994), S. 193.

15. **Welche (Zitier-)Abkürzungen sind bei Vollbelegen üblich?**

☐ _____

[1] Vgl. ebd.

[2] Vgl. Popper, Karl, Logik der Forschung, 11. Aufl., Tübingen 2005, S. 50.

☐ _____

[1] Vgl. Popper, Karl, Logik der Forschung, 11. Aufl., Tübingen 2005, S. 50.

[2] Vgl. ebd., S. 51.

☐ _____

[1] Vgl. Popper, Logik, a.a.O., S. 50.

[2] Vgl. ebd., S. 51.

☐ _____

[1] Vgl. Popper, K., Logik, a.a.O., S. 50.

[2] Vgl. ebd., a.a.O., S. 51.

16. **In welcher Reihenfolge werden die zitierten Quellen aufgeführt, wenn sich ein Beleg auf mehrere Werke bezieht?**

○ Vgl. Barnett (2008); Keller (2004); Krätz (2004); Tudor (1989); Weingart (2003).

○ Vgl. Tudor (1989); Weingart (2003); Keller (2004); Krätz (2004); Barnett (2008).

○ Vgl. Barnett (2008); Keller (2004); Krätz (2004); Weingart (2003); Tudor (1989).

17. **Bei welchen der folgenden Kurzbelege werden die Zitierabkürzungen richtig eingesetzt?**

○ _____

[1] Vgl. Popper (2005), S. 50.

[2] Vgl. Popper (2005), S. 50.

○ _____

    [1]   Vgl. Popper (2005), S. 50.

    [2]   Vgl. ebd.

○ _____

    [1]   Vgl. Popper (2005), S. 50.

    [2]   Vgl. ders. (1983), S. 10.

18. Wie macht man korrekte Seitenangaben?

☐ [1] Vgl. Popper (2005), S. 50 f.

☐ [1] Vgl. Popper (2005), S. 50 ff.

☐ [1] Vgl. Popper (2005), S. 50–55.

☐ [1] Vgl. Popper (2005), 50–55.

19. Wie werden Internetquellen richtig zitiert?

☐ Wenn ein mehrseitiges Dokument zitiert wird, das keine Seitenangaben enthält, wird die Zitierabkürzung „o. S." (ohne Seite) verwendet.

☐ Bei einem mehrseitigen Dokument, das keine Seitenangaben enthält, wird das Kapitel angegeben, aus dem zitiert wird.

☐ Inhalte von Webseiten werden zitiert, indem jeweils die konkrete Webseite angegeben wird.

☐ Inhalte von Webseiten werden zitiert, indem die Homepage (Startseite des Internetauftritts) genannt wird.

20. Wie kann man ein wörtliches Zitat aus einem Aufsatz, der im Internet veröffentlicht wurde, belegen?

☐ [1] Marx (2002), 5. Absatz.

☐ [1] Marx/Gramm 2002, URL: http://www.fkf.mpg.de/ivs/literaturflut.html [Abruf: 2011-12-15].

☐ [1] http://www.fkf.mpg.de/ivs/literaturflut.html [Abruf: 2011-12-15], 5. Absatz.

☐ [1] Marx, Werner/Gramm, Gerhard, Literaturflut – Informationslawine – Wissensexplosion. Wächst der Wissenschaft das Wissen über den Kopf?, Stand 2002, online unter URL: http://www.fkf.mpg.de/ivs/Literaturflut.pdf [Abruf: 2011-12-15], 5. Absatz.

12.6   Zitierabkürzungen

1. Mit welcher Zitierabkürzung wird die Quellenangabe zu einem sinngemäßen Zitat eingeleitet, wenn man mit Fußnoten arbeitet?

○   S.

○   Vgl.

○   Zit. nach.

2. Was bedeutet die Abkürzung „a.a.O." und wann setzt man sie ein?

☐   „A.a.O." verweist auf den Erscheinungsort einer Monographie oder eines Sammelbandes.

☐   Diese Abkürzung steht für „am angegebenen Ort". Sie wird im Literaturverzeichnis verwendet, wenn mehrere Aufsätze aus demselben Sammelband aufgeführt werden müssen. Die Angaben zu den Herausgebern, zum Titel, zum Erscheinungsjahr und zum Erscheinungsort brauchen nur einmal vollständig angegeben zu werden. Bei den nachfolgenden Einträgen wird mit „a.a.O." darauf verwiesen.

☐   Diese Abkürzung sagt aus, dass die zitierte Aussage „am angegebenen Ort" zu finden ist. Sie wird bei Vollbelegen verwendet, wenn eine Quelle mehrfach zitiert wird, und verweist auf die vollständigen Quellenangaben.

☐   Die Abkürzung „a.a.O." schreibt man in der Fußnote zwischen dem Nachnamen des Verfassers und der Seitenangabe für das Zitat.

☐   „A.a.O." bedeutet „am anderen Ort". Diese Abkürzung leitet die Quellenangaben zu einem Text ein, den man nur indirekt über einen anderen zitieren kann (Sekundärzitat). Die ursprüngliche Aussage ist nicht in der verfügbaren Quelle, sondern „an einem anderen Ort" zu finden.

3. Bei welchen Zitierverfahren wird die Abkürzung „Vgl." verwendet?

☐   Vollbeleg

☐   Kurzbeleg

☐   Harvard-Methode

☐   Nummernsystem

4. Welche Zitierabkürzungen dürfen bei Kurzbelegen benutzt werden?

☐   Vgl.

☐   ders.

☐   ebd.

☐   S.

☐   f.

☐   ff.

5. Muss man Zitierabkürzungen in das Abkürzungsverzeichnis aufnehmen?

○ Wie alle Abkürzungen, die nicht im Duden als gängig gelistet sind, gehören Zitierabkürzungen in das Abkürzungsverzeichnis.

○ Zitierabkürzungen werden im „Wissenschaftsbetrieb" als bekannt vorausgesetzt. Sie brauchen daher nicht in das Abkürzungsverzeichnis aufgenommen zu werden.

13   Literatur-/Quellenverzeichnis

1. Wann wird der Begriff Quellenverzeichnis an Stelle von Literaturverzeichnis verwendet?

☐ Der Begriff Quellenverzeichnis ist synonym zum Begriff Literaturverzeichnis. Er passt daher immer.

☐ Ein Literaturverzeichnis enthält nur Monographien. Wenn auch Aufsätze zitiert werden, wird die Liste mit Quellenverzeichnis überschrieben.

☐ Ein Literaturverzeichnis enthält nur Monographien und Aufsätze. Wenn auch andere Quellen, wie z. B. Rundfunksendungen, zitiert werden, wird es zum Quellenverzeichnis.

☐ Ein Literaturverzeichnis enthält nur Monographien (Bücher) und Aufsätze, die in Sammelwerken oder Zeitschriften erschienen sind. Wenn darüber hinaus Internetquellen zitiert werden, wird das Literaturverzeichnis zum Quellenverzeichnis.

2. Welche Quellen müssen in das Literatur- bzw. Quellenverzeichnis aufgenommen werden?

☐ Das Literaturverzeichnis muss alle Quellen enthalten, die in der Arbeit zitiert wurden. Darüber hinaus sollte es Literaturhinweise zur vertiefenden Lektüre enthalten.

☐ Das Verzeichnis enthält alle Quellen, die in der Arbeit zitiert wurden, einschließlich der Quellen zu übernommenen Abbildungen oder Anlagen.

☐ Das Verzeichnis muss alle Quellen enthalten, die im Text der Arbeit zitiert wurden. Quellen zu Abbildungen oder Anlagen werden nicht aufgenommen.

☐ Wird in der Arbeit ausnahmsweise mit einem Sekundärzitat gearbeitet, wird die unzugängliche Originalquelle in das Verzeichnis aufgenommen, aber nicht die hilfsweise herangezogene Sekundärquelle.

☐ Bei Sekundärzitaten wird nur die Sekundärquelle aufgenommen, nach der zitiert wurde.

☐ Anmerkungen, die auf weitere Quellen zu einem bestimmten Aspekt verweisen, sind für das Verzeichnis nicht relevant.

☐ Gesetzestexte, Verordnungen und Gerichtsurteile werden im Quellenverzeichnis nicht aufgeführt.

3. **Wie geht man bei der Anlage des Quellenverzeichnisses mit unterschiedlichen Arten von Quellen um?**

☐ Das Quellenverzeichnis wird nach Arten von Quellen untergliedert. Monographien, Beiträge zu Sammelwerken, Zeitschriftenaufsätze und Internetquellen werden jeweils gesondert aufgeführt.

☐ Gedruckte Quellen werden im Literaturverzeichnis und Internetquellen in einem separaten Quellenverzeichnis ausgewiesen.

☐ In sich geschlossene Dokumente aus dem Internet, bei denen Verfasser, Titel und andere bibliographische Angaben genannt werden, werden im Allgemeinen zusammen mit Literaturquellen in einem Quellenverzeichnis aufgeführt.

☐ Webseiten werden getrennt von anderen Publikationsformen aufgeführt.

4. **Wie werden Quellen aus dem Internet in einem Verzeichnis angegeben?**

☐ Aufsätze oder Artikel in Zeitschriften oder Zeitungen, die im Internet veröffentlicht sind, werden zusammen mit anderer Literatur in einem einzigen Quellenverzeichnis aufgeführt. Dabei erscheinen die üblichen bibliographischen Angaben und die Fundstelle.

☐ Webseiten können in einem Quellenverzeichnis in einer eigenen Rubrik aufgeführt werden.

☐ Wenn im Text mit Hilfe von Kurzbelegen zitiert wird, darf das Quellenverzeichnis nicht in verschiedene Kategorien (Literatur, Internetquellen etc.) aufgeteilt werden.

5. **Wie werden Autorennamen im Literatur- bzw. Quellenverzeichnis angegeben?**

☐ Zunächst wird der Vorname und dann der Nachname genannt.

☐ Vornamen werden nur angegeben, wenn Autoren mit gleichem Nachnamen unterschieden werden müssen.

☐ Vornamen dürfen abgekürzt werden.

☐ Wenn der Vorname nicht unmittelbar aus der Quelle hervorgeht, wird er durch einen Klammerzusatz vervollständigt.

☐ Akademische Titel eines Autors werden in abgekürzter Form genannt (z. B.: Einstein, Prof. Dr. Albert).

6. **Wie geht man mit Quellen um, die keinen Verfasser haben?**

○ Wenn kein Verfasser identifiziert werden kann, wird die Quelle mit der Abkürzung „a." (anonym) aufgeführt.

○ Wenn kein Verfasser identifiziert werden kann, wird die Quelle mit der Abkürzung „o. V." (ohne Verfasser) aufgeführt.

○ Quellen ohne Verfasser werden am Anfang des Verzeichnisses aufgeführt.

○ Quellen ohne Namensangabe werden unterhalb des Literatur- bzw. Quellenverzeichnisses gesondert ausgewiesen.

7. **Welche Angaben werden in das Verzeichnis aufgenommen, wenn eine Quelle mehrere Verfasser hat?**

○ Hat eine Quelle mehr als einen Verfasser, wird nur der Name des ersten mit dem Zusatz „u. a." (und andere) oder lateinisch „et al." (et alii) angegeben.

○ Hat eine Quelle mehr als zwei Verfasser, wird nur der Name des ersten angegeben und mit einer Zitierabkürzung auf die anderen hingewiesen.

○ Hat eine Quelle mehrere Verfasser, müssen im Verzeichnis alle namentlich aufgeführt werden, auch wenn im Text nur einer genannt und mit einer Zitierabkürzung auf weitere Autoren hingewiesen wurde.

○ Innerhalb des Eintrages werden die Verfassernamen in alphabetischer Reihenfolge angegeben.

8. **In welcher Reihenfolge werden die Einträge im Literatur- bzw. Quellenverzeichnis aufgeführt?**

○ Die Literaturquellen werden in der Reihenfolge ihres Erscheinens aufgeführt, und zwar beginnend mit der ältesten Quelle.

○ Die Literaturquellen werden in der Reihenfolge ihres Erscheinens aufgeführt, und zwar beginnend mit der aktuellsten Quelle.

○ Quellen werden in alphabetischer Reihenfolge der Namen ihrer Verfasser aufgeführt.

○ Die Quellen werden in der gleichen Reihenfolge aufgeführt, in der sie in der Arbeit erstmals zitiert werden.

9. **In welcher Reihenfolge werden Arbeiten von Autorenteams aufgeführt?**

☐ Wenn ein Autor mit mehreren Quellen zitiert wird, bei denen es jeweils andere Ko-Autoren gibt, werden die Quellen in der Reihenfolge ihres Erscheinens gelistet.

☐ Wenn ein Autor mit mehreren Quellen zitiert wird, bei denen es unterschiedliche Ko-Autoren gibt, werden die Quellen in der alphabetischen Reihenfolge der betreffenden Namen gelistet.

☐ Werden mehrere Werke desselben Autorenteams zitiert, wird erst chronologisch sortiert und dann nach Typ der Arbeit (Monographien, Beiträge zu Sammelbänden, Aufsätze in Zeitschriften).

10. **In welcher Reihenfolge werden Quellen bei Namensgleichheit von Autoren aufgeführt?**

○ Werden zwei Autoren mit gleichem Nachnamen zitiert, wird im Literaturverzeichnis alphabetisch nach dem Vornamen sortiert.

○ Werden zwei Autoren mit gleichem Nachnamen zitiert, werden die Einträge chronologisch, d. h. beginnend mit der ältesten nach dem Erscheinungsdatum der Quellen geordnet.

11. Wo und wie gibt man Werke von Autoren an, die einen Namenszusatz tragen?

○ Dirk von Gehlen (2011): Mashup. Lob der Kopie. Berlin.
    Stefan Römer (2001): Künstlerische Strategien des Fake. Kritik von Original und
      Fälschung. Köln.

○ Gehlen, Dirk von (2011): Mashup. Lob der Kopie. Berlin.
    Römer, Stefan (2001): Künstlerische Strategien des Fake. Kritik von Original und
      Fälschung. Köln.

○ von Gehlen, Dirk (2011): Mashup. Lob der Kopie. Berlin.
    Römer, Stefan (2001): Künstlerische Strategien des Fake. Kritik von Original und
      Fälschung. Köln.

○ Römer, Stefan (2001): Künstlerische Strategien des Fake. Kritik von Original und
      Fälschung. Köln.
    von Gehlen, Dirk (2011): Mashup. Lob der Kopie. Berlin.

12. In welcher Reihenfolge werden Arbeiten eines Autors aufgeführt, die aus demselben Jahr stammen?

☐ Werden mehrere Werke eines Autors aus demselben Jahr mit Kurzbelegen zitiert, wird die Jahresangabe mit dem Zusatz eines Kleinbuchstabens versehen: z. B. 2010a, 2010b usw.

☐ Werden mehrere Werke eines Autors aus demselben Jahr zitiert, werden sie in folgender Reihenfolge aufgeführt: Monographien, dann Aufsätze in Sammelbänden und schließlich Aufsätze in Zeitschriften in der Reihenfolge ihres Erscheinens.

☐ Werden mehrere Werke eines Autors aus demselben Jahr zitiert, werden sie in folgender Reihenfolge aufgeführt: Aufsätze in Sammelbänden, dann Aufsätze in Zeitschriften in der Reihenfolge ihres Erscheinens und schließlich Monographien.

13. Wie werden Verlag und Erscheinungsort angegeben?

☐ Bei Monographien und Sammelbänden den Verlag anzugeben, ist im anglo-amerikanischen Sprachraum üblich und auch bei wissenschaftlichen Arbeiten, die auf Deutsch verfasst werden, unbedingt erforderlich.

☐ Bei Monographien und Sammelbänden muss immer der Erscheinungsort angegeben werden.

☐ Es ist üblich, bis zu drei Erscheinungsorte anzuführen. Bei mehr als drei Orten wird nur der erste, der Hauptsitz des Verlages, genannt und mit dem Zusatz „u. a." (und andere) versehen.

14. Wie geht man mit unvollständigen bibliographischen Angaben um?

☐ Wenn der Verfasser einer Quelle nicht zu ermitteln ist, wird sie mit der Abkürzung „o. V." (ohne Verfasser) aufgeführt.

☐ Wenn der Vorname eines Autors in der Quelle abgekürzt wird, sollte er vervollständigt werden. Bis auf den ersten Buchstaben wird der Vorname in eckige Klammern gesetzt.

☐ Wenn zu einer Quelle eine Angabe zum Erscheinungsort fehlt, wird sie mit der Abkürzung „a.a.O." (am angegebenen Ort) aufgeführt.

☐ Wenn zu einer Quelle eine Angabe zum Erscheinungsjahr fehlt, wird sie mit der Abkürzung „o. J." (ohne Jahr) aufgeführt.

15. Auf welche Angaben wird im Literaturverzeichnis immer verzichtet?

☐ Die Einträge im Literaturverzeichnis werden durchnummeriert.

☐ Wenn der Verlag in der Titelei ausdrücklich angibt, dass es sich um die erste Auflage handelt, wird dies in die Quellenangabe übernommen.

☐ Die Auflage einer Monographie oder eines Sammelbandes wird erst ab der zweiten genannt (2. Aufl. usw.).

☐ Die ISBN- und die ISSN-Nummer werden nicht aufgenommen.

☐ Diejenigen Seiten, die in der Arbeit zitiert wurden, werden nach den bibliographischen Angaben angegeben.

16. Welche Seitenangaben muss ein Eintrag im Literaturverzeichnis enthalten?

○ Bei jeder Quelle wird vermerkt, auf welcher Seite bzw. welchen Seiten der Arbeit sie zitiert wurde.

○ Bei jeder Quelle wird vermerkt, welche Seite(n) des Textes in der Arbeit zitiert wurde(n).

○ Bei Aufsätzen aus Zeitschriften werden wie in der Fußnote die Seitenangaben zum Aufsatz und die Seitenangabe zur zitierten Textstelle angegeben.

○ Bei Aufsätzen aus Sammelwerken werden die Seiten angegeben, auf denen der Beitrag im Sammelband abgedruckt wurde.

○ Im Literaturverzeichnis werden überhaupt keine Seitenangaben gemacht.

17. Welche Satzzeichen verwendet man bei Einträgen im Literaturverzeichnis?

☐ Posner, Richard A.; The Little Book of Plagiarism; New York 2007.

☐ Posner, Richard A.: The Little Book of Plagiarism, New York 2007.

☐ Posner, Richard A.: The Little Book of Plagiarism. New York 2007.

☐ Posner, Richard A.: The Little Book of Plagiarism, New York 2007

☐ Posner, Richard A.: The Little Book of Plagiarism. New York 2007

18. Wie werden Einträge im Literaturverzeichnis angelegt, wenn mit Kurzbelegen gearbeitet wurde?

☐ Der Autor und der Titel der Veröffentlichung werden zuerst genannt.

☐ Der Eintrag beginnt mit dem Namen des Autors und dem Jahr, in dem die Arbeit veröffentlicht wurde.

☐ Bei Monographien wird das Erscheinungsjahr in der Regel an zwei Stellen aufgeführt.

☐ Bei Aufsätzen, die in Fachzeitschriften erschienen sind, taucht die Jahresangabe meistens zweimal auf.

☐ Die erste Angabe des Erscheinungsjahres wird in Klammern gesetzt.

19. Wie werden Einträge im Literaturverzeichnis angelegt, wenn mit Vollbelegen gearbeitet wurde?

☐ Das Literaturverzeichnis bei Vollbelegen unterscheidet sich von dem Verzeichnis bei Kurzbelegen nur dadurch, dass bei Kurzbelegen das Erscheinungsjahr einer Veröffentlichung unmittelbar nach dem Autorennamen steht.

☐ Im Literaturverzeichnis werden der Name des Autors, ein Kurztitel und die Seite angegeben, auf der die Quelle im Text der Arbeit zum ersten Mal mit allen bibliographischen Angaben zitiert wird.

☐ Wenn mehrere Aufsätze aus einem Sammelband zitiert werden, erscheinen dessen vollständige bibliographische Angaben nur beim ersten Eintrag im Literaturverzeichnis. Bei den folgenden Aufsätzen werden nur noch die Herausgeber und ein Kurztitel mit dem Verweis „a.a.O." aufgeführt.

☐ Der Eintrag im Literaturverzeichnis enthält die gleichen Angaben, wie die Fußnote, mit der ein Zitat aus der Quelle in der Arbeit erstmals belegt wird.

20. Wie sieht ein Eintrag im Literaturverzeichnis aus, wenn mit Kurzbelegen zitiert wurde?

○ Ackermann, Kathrin: Fälschung und Plagiat als Motiv in der zeitgenössischen Literatur, Heidelberg 1992

○ Ackermann, Kathrin (1992): Fälschung und Plagiat als Motiv in der zeitgenössischen Literatur, Heidelberg

21. Wie werden Aufsätze in Sammelbänden im Literaturverzeichnis angegeben?

☐ Bei Aufsätzen in Sammelbänden wird sowohl beim Zitieren als auch im Literaturverzeichnis auf die bibliographischen Angaben zum Sammelband (Herausgeber, Titel, Erscheinungsort und Jahr) verwiesen und nicht auf den Autor und den Titel des Beitrags.

☐ Bei Aufsätzen in Sammelbänden wird immer der einzelne Artikel mit allen Angaben zitiert, nicht bloß der Sammelband.

☐ Bei Aufsätzen in Sammelbänden muss unbedingt angegeben werden, auf welchen Seiten sie zu finden sind.

☐ Seitenzahlen werden angegeben, indem die erste Seite genannt und mit der Abkürzung „ff." versehen wird.

22. Wie nimmt man einen Aufsatz in einem Sammelband in das Literaturverzeichnis auf (Zitierweise Vollbeleg)?

○ Mathis, Klaus/Zgraggen, Pascal: Eine rechtsökonomische Analyse des Plagiarismus, Berlin 2011

○ Mathis, Klaus/Zgraggen, Pascal: Eine rechtsökonomische Analyse des Plagiarismus, in: Gruber, Malte/Bung, Jochen/Kühn, Sebastian (Hrsg.), Plagiate – Fälschungen, Imitate und andere Strategien aus zweiter Hand, Berlin 2011

○ Mathis, Klaus/Zgraggen, Pascal: Eine rechtsökonomische Analyse des Plagiarismus, in: Gruber, Malte/Bung, Jochen/Kühn, Sebastian (Hrsg.), Plagiate – Fälschungen, Imitate und andere Strategien aus zweiter Hand, Berlin 2011, S. 159–176

○ Mathis, Klaus/Zgraggen, Pascal (2011): Eine rechtsökonomische Analyse des Plagiarismus, in: Gruber, Malte/Bung, Jochen/Kühn, Sebastian (Hrsg.), Plagiate – Fälschungen, Imitate und andere Strategien aus zweiter Hand, Berlin, S. 159–176

23. Welche Angaben werden bei Zeitschriftenaufsätzen nicht in das Literaturverzeichnis übernommen?

☐ Titel des Beitrags

☐ Titel der Zeitschrift

☐ Name des/r Herausgeber(s) der Zeitschrift

☐ Jahrgang der Zeitschrift

☐ Erscheinungsjahr

☐ Heftnummer

☐ Erste und letzte Seite des Aufsatzes

☐ Zitierte Seite(n)

24. Wie legt man einen Eintrag für einen Aufsatz an, der in einer Zeitschrift erschienen ist (Zitierweise Kurzbeleg)?

☐ Lethem, Jonathan (2007): Autoren aller Länder plagiiert euch!, in: Literaturen, 6/2007

☐ Lethem, Jonathan (2007): Autoren aller Länder plagiiert euch! In: Literaturen 6/2007, S. 59–63

☐ Lethem, J. (2007): Autoren aller Länder plagiiert euch!, in: Literaturen 6/2007, S. 59–63

☐ Lethem, Jonathan (2007): Autoren aller Länder plagiiert euch!, in: Literaturen, 8. Jg., 2007, H. 6, S. 59 ff.

☐ Lethem, Jonathan (2007): Autoren aller Länder plagiiert euch!, in: Literaturen, 8. Jg., 2007, H. 6, S. 59–63

25. Mit welchen Angaben müssen Dokumente, die im Internet veröffentlicht wurden, im Quellenverzeichnis aufgeführt werden?

☐ Autor(en)

☐ Titel

☐ Ort

☐ Verlag

☐ Seite

☐ Adresse/URL

☐ Datum der Veröffentlichung

☐ Datum des Abrufs der Seite (Zitationsdatum)

26. Mit welchen Zusätzen zu den bibliographischen Angaben muss man Internetquellen versehen, und welche Schreibweisen sind korrekt?

☐ online unter URL: http://www._____

☐ URL: http://www._____

☐ online unter URL: http://www._____ (Stand: 01.01.2010)

☐ online unter URL: http://www._____ [Stand: 2010-01-01]

☐ online unter URL: http://www._____ [Abruf: 2010-01-01]

☐ URL: http://www._____ (Abruf: 01.01.2010)

27. Wie legt man einen Verzeichniseintrag für einen Text an, der auf einer Webseite veröffentlicht wurde (Zitierweise Kurzbeleg)?

○ Spielkamp, Matthias (2005): Abschreiben verboten, 16.11.2005, online unter URL: http://www.irights.info [Abruf: 2011-11-11]

○ Spielkamp, Matthias (2005): Abschreiben verboten, 16.11.2005, online unter URL: http://www.irights.info/?q=node/34 [Abruf: 2011-11-11]

○ Spielkamp, Matthias (2005): Abschreiben verboten, in: iRights.info (Hrsg.), Urheberrecht und kreatives Schaffen in der digitalen Welt, 16.11.2005, online unter URL: http://www.irights.info/?q=node/34 [Abruf: 2011-11-11]

28. Wie geht man mit einem Aufsatz um, der sowohl in einer Zeitschrift als auch im Internet veröffentlicht wurde?

○ Es braucht nur die Online-Publikation aufgeführt zu werden.

○ Sowohl die Angaben zur gedruckten Publikation als auch die zur Online-Version müssen genannt werden. Bei der Online-Version kann auf die Nennung des Abrufdatums verzichtet werden, da der Aufsatz in der Druckfassung immer verfügbar bleibt.

○ Die Angaben zur gedruckten Publikation müssen genannt werden. Die Fundstelle im Internet kann mit Datum des Abrufs zusätzlich aufgeführt werden.

29. Mit welchen Angaben werden Webseiten im Quellenverzeichnis aufgeführt?

☐ Name der Organisation, die die Webseite führt, und/oder Titel der Seite

☐ Name der Person, die für die Webseite redaktionell verantwortlich ist

☐ Internet-Adresse/URL der Homepage

☐ Vollständige Internet-Adresse/URL der Webseite oder Adresse der Homepage mit betreffendem Kapitel/Menüpunkt

☐ Datum des Abrufs der Seite (Zitationsdatum)

☐ Datum der letzten Aktualisierung der Seite (Stand)

30. **Wie trennt man eine Internet-Adresse (URL) geschickt und trotzdem korrekt, wenn sie nicht in eine Zeile passt?**

Barnett, David: Wild and crazy guys, Fiction's maddest scientists, The Guardian Books Blog, 10.09.2008, online unter URL:
http://www.guardian.co.uk/books/booksblog/2008/sep/10/fiction [Abruf: 2011-10-02]

○ http://www.guardian.co.uk/books/books-↵
 blog/2008/sep/10/fiction

○ http://www.guardian.co.uk/books/booksblog/-↵
 2008/sep/10/fiction

○ http://www.guardian.co.uk/books/booksblog/↵
 2008/sep/10/fiction

○ http://www.guardian.co.uk/books/booksblog/ ↵
 2008/sep/10/fiction

Legende
Das Symbol ↵ steht für den Zeilenumbruch.

Teil V:
Kommentierte Lösungen

„Alles was lediglich wahrscheinlich ist, ist wahrscheinlich falsch."
(René Descartes)

„Wenn du keine Fehler machst, versuchst du es nicht wirklich."
(Coleman Hawkins)

In diesem Teil finden Sie die Antworten auf die Fragen aus Teil IV und Erläuterungen zu den Lösungen. Wenn Sie die zugehörigen Inhalte noch einmal nachlesen möchten, folgen Sie bitte den Verweisen auf die Kapitel und Abschnitte in den Teilen I bis III dieses Buches.

1 Wissenschaft und wissenschaftliches Arbeiten

1. Was macht Wissenschaft aus?

- ☒ Wissenschaft ist die Gesamtheit der Erkenntnisse über einen Gegenstandsbereich.
- ☐ Wissenschaft formuliert unsystematische Aussagen über die Realität.
- ☒ Wissenschaft unterscheidet sich von Glauben dadurch, dass Meinungen begründet werden müssen.
- ☐ Ein Hauptmerkmal von Wissenschaft ist Subjektivität.

Wissenschaft wird verstanden als ein methodisch gewonnenes System von Aussagen über einen bestimmten Gegenstandsbereich. Damit ist Wissenschaft der Inbegriff des begründeten und für gesichert erachteten Wissens einer Zeit. Wissenschaft ordnet und erklärt bestimmte Aspekte der Wirklichkeit. Wissenschaftliche Tätigkeit zeichnet sich durch systematisches Vorgehen, eine rationale Betrachtung ihres Gegenstandes und Objektivität bzw. intersubjektive Überprüfbarkeit des Forschungsprozesses aus.
S. Abschnitte 1.1.1 und 1.1.2.

2. Was sind Pseudowissenschaften und Parawissenschaften?

- ☒ Wissenschaftszweige, wie die Akupunktur, die sich mit Phänomenen befassen, deren Existenz aus wissenschaftlicher Sicht nicht bewiesen ist, zählen zu den Parawissenschaften.
- ☐ Auffassungen oder Theorien, die sich am Rande der akademischen Wissenschaften befinden, werden als Pseudowissenschaften eingeordnet.
- ☒ Vertreter von Pseudowissenschaften erfüllen die Mindestanforderungen an eine seriöse Wissenschaft nicht.
- ☐ Parawissenschaftliche Lehren stehen in einem klaren Widerspruch zu anerkannten wissenschaftlichen Erkenntnissen.
- ☒ Parawissenschaftliche Lehren treten mit dem Anspruch auf Wissenschaftlichkeit auf.

Sowohl pseudowissenschaftliche als auch parawissenschaftliche Lehren treten mit dem Anspruch auf Wissenschaftlichkeit auf. Dabei werden pseudowissenschaftliche Lehren von anerkannten wissenschaftlichen Erkenntnissen klar widerlegt. Dagegen bewegen sich die Parawissenschaften am Rande oder außerhalb der akademischen Wissenschaften und damit in der Grauzone zwischen Wissenschaft und Pseudowissenschaft. Die Existenz parawissenschaftlicher Phänomene ist aus wissenschaftlicher Sicht nicht bewiesen, und es bestehen begründete Zweifel, dass die zugehörigen Theorien einem wissenschaftlichen Anspruch genügen.

S. Abschnitte 1.1.3 und 1.1.4.

3. Worin unterscheiden sich theoretische und angewandte Wissenschaft?

Während es in der theoretischen Wissenschaft bzw. in der Grundlagenforschung darum geht, unabhängig von einer möglichen Verwertbarkeit nach Erkenntnissen zu suchen, stehen bei den angewandten Wissenschaften (Anwendungsforschung) die Umsetzung der Ergebnisse und deren praktischer Nutzen im Vordergrund. Die Forschungsfragen der Anwendungsforschung ergeben sich aus praxisnahen Problemen.

S. Abschnitt 1.1.2.

4. Ist Wissenschaft immer zweckfrei auf reinen Erkenntnisgewinn gerichtet?

- ☒ Seriöse Wissenschaft strebt nach Erkenntnisgewinn.
- ☐ Forschung, die in erster Linie wirtschaftlichen oder politischen Interessen dient, wird als Auftragsforschung bezeichnet.
- ☒ Der Begriff Grundlagenforschung bezeichnet erkenntnisorientierte, zweckfreie Forschung.
- ☐ Die Anwendbarkeit von Forschungsergebnissen spielt in der Wissenschaft keine Rolle.

Der ideale Wissenschaftler ist nur an der Wahrheitssuche interessiert, arbeitet uneigennützig und teilt seine Erkenntnisse. In der Praxis wird dieses ethische Postulat nicht immer durchgehalten. Interessengeleitete Forschung, bei der Ergebnisse manipuliert oder bewusst verheimlicht werden, wird als junk science bezeichnet.

Junk science ist nicht mit Auftragsforschung gleichzusetzen, bei der Forscher bzw. eine Forschungseinrichtung an einer Aufgabe arbeiten, die ihnen andere gestellt haben. Ihre Forschungsarbeit wird von Dritten finanziert, ist aber in der Regel ergebnisoffen.

Grundlagenforschung (theoretische Wissenschaft) ist das Gegenstück zur Anwendungsforschung (angewandte Wissenschaft). Diese sucht gezielt nach Erkenntnissen, die einen praktischen Nutzen haben.

S. Abschnitte 1.1 und 1.4.1.

5. Womit beschäftigen sich die verschiedenen Wissenschaftsgebiete?

- ☐ Sprachwissenschaft, Geschichtswissenschaft und Theologie gehören zu den Sozialwissenschaften.
- ☒ Die unbelebte Materie und die belebte Natur sind Gegenstand der Naturwissenschaften.
- ☒ Die unbelebte Materie und die belebte Natur werden in den Realwissenschaften erforscht.
- ☒ Die Ingenieurwissenschaften und die Informatik können keinem Gebiet eindeutig zugeordnet werden.

Die Kulturwissenschaften umfassen sowohl die Sozial- als auch die Geisteswissenschaften. Insofern gehören geisteswissenschaftliche Fächer, wie die Sprachwissenschaft, zu den Kulturwissenschaften.

Zu den Realwissenschaften zählen neben den Kulturwissenschaften die naturwissenschaftlichen Disziplinen wie Geologie, Physik und Biologie.

S. Abschnitt 1.2.

6. Welche wissenschaftlichen Disziplinen gehören zu den Kulturwissenschaften?

- ☐ Realwissenschaften
- ☒ Sozialwissenschaften
- ☐ Naturwissenschaften
- ☒ Geisteswissenschaften
- ☐ Formalwissenschaften

Die Kulturwissenschaften zählen neben den Naturwissenschaften zu den Realwissenschaften. Die Formalwissenschaften sind das Gegenstück zu den Realwissenschaften.

S. Abschnitt 1.2.

7. Welche wissenschaftlichen Disziplinen gehören zu den Realwissenschaften?

- ☒ Sozialwissenschaften
- ☒ Naturwissenschaften
- ☒ Geisteswissenschaften
- ☐ Formalwissenschaften
- ☒ Kulturwissenschaften

Die Formalwissenschaften gehören nicht zu den Realwissenschaften, sondern sind deren Gegenstück.

S. Abschnitt 1.2.

8. Welche Einzeldisziplinen gehören zu den verschiedenen Wissenschaftsgebieten?

- ☐ Die Mathematik gehört zu den Naturwissenschaften.
- ☐ Die Theologie zählt zu den Formalwissenschaften.
- ☒ Die Rechtswissenschaften sind ein sozialwissenschaftliches Fach.
- ☒ Die Sozialwissenschaften werden auch als Gesellschaftswissenschaften bezeichnet.
- ☐ Die Wirtschaftswissenschaften gehören zu den Geisteswissenschaften.

Die Mathematik zählt zu den Formalwissenschaften, die sich mit abstrakten, logischen Zusammenhängen und Methoden beschäftigen.

Die Theologie gehört zu den Disziplinen, die sich mit denjenigen Bereichen befassen, die den Menschen als geistiges Wesen ausmachen. Damit zählt sie zu den geisteswissenschaftlichen Fächern.

Die Rechtswissenschaften behandeln die rechtlichen Aspekte der Beziehungen zwischen Menschen und gehören damit zu den Sozialwissenschaften, welche auch als Gesellschaftswissenschaften bezeichnet werden.

Die Wirtschaftswissenschaften gehören zu den sozialwissenschaftlichen Fächern, da sie u. a. die Beziehungen und das Handeln von Menschen innerhalb von Organisationen (z.B. Unternehmen) und die Beziehungen zwischen Organisationen und ihrem Umfeld analysieren.

S. Abschnitt 1.2.

9. Was ist mit dem Begriff „interdisziplinär" gemeint?

⊗ Jede wissenschaftliche Disziplin hat ihre eigenen Problemstellungen und Forschungsmethoden.

○ In interdisziplinären Forschungsprogrammen bearbeiten Wissenschaftler mit den Methoden ihrer jeweiligen Disziplin ein Problem parallel und unabhängig voneinander.

Interdisziplinarität führt Methoden und Kenntnisse unterschiedlicher Einzelwissenschaften zusammen, um eine disziplinübergreifenden Problemstellung zu lösen. Das unverbundene Nebeneinander von Einzelwissenschaften wird als Multidisziplinarität oder Polydisziplinarität bezeichnet.

S. Abschnitt 1.2.

10. Was unterscheidet ein interdisziplinäres Forschungsvorhaben von einem Projekt, das transdisziplinär angelegt ist?

○ Interdisziplinäre Forschungsvorhaben sind auch auf praktisches Wissen gerichtet, transdisziplinäre nicht.

⊗ In transdisziplinären Forschungsprojekten werden die Methoden verschiedener Disziplinen zusammengeführt und problembezogen weiterentwickelt.

Sowohl Interdisziplinarität als auch Transdisziplinarität überschreiten disziplinäre Grenzen. Transdisziplinäre Forschung zeichnet sich darüber hinaus dadurch aus, dass lebensweltliche Probleme gelöst werden sollen, indem durch die Einbindung anderer Akteure und Erkenntnisquellen die Grenzen der Wissenschaft selbst überwunden werden.

S. Abschnitt 1.2.

11. Was bedeutet Wissenschaftsfreiheit?

☒ Die Freiheit der Wissenschaften ist in Artikel 5 GG verfassungsrechtlich verankert.

☒ Wissenschaftsfreiheit setzt Meinungsfreiheit voraus.

☐ Wissenschaftsfreiheit ist gleichbedeutend mit Meinungsfreiheit.

☒ Wissenschaftsfreiheit bezieht sich auf die Freiheit in der Wahl der Themen und Methoden.

☒ Forschung ist im verfassungsrechtlichen Sinne frei, wenn sie ergebnisoffen ist.

Ohne das Grundrecht zur freien Meinungsäußerung kann keine inhaltlich und methodisch freie und damit ergebnisoffene Wissenschaft entstehen, da von vornherein beschränkt ist, zu welchen Themen geforscht werden darf und welche Ergebnisse verwertet werden dürfen.

Meinungsfreiheit bedeutet, seine persönliche Meinung zu einem Sachverhalt äußern zu dürfen, ohne sich dafür rechtfertigen zu müssen. Wissenschaftsfreiheit geht darüber hinaus, weil Wissenschaft verlangt, dass Aussagen nachvollziehbar begründet und bewiesen werden.

S. Abschnitt 1.3.

12. Was ist charakteristisch für wissenschaftliches Arbeiten?

Wissenschaftliches Arbeiten bedeutet,

- ☒ die Realität zu beschreiben.
- ☒ theoretische Begründungen für soziale Phänomene zu liefern.
- ☒ Aussagen Dritter auf Plausibilität zu prüfen.
- ☐ eine alles erklärende Theorie zu vertreten.
- ☒ allgemeingültige Aussagen zu formulieren.
- ☒ Aussagen von anderen anhand von Quellen zu belegen.

Eine Theorie oder Lehre zu vertreten, die den Anspruch erhebt universell gültig zu sein und alle Phänomene der Wirklichkeit zu erklären, ist eine Haltung, die für Vertreter von Pseudowissenschaften typisch ist.

Seriöse Wissenschaftler versuchen Aussagen zu formulieren, die mehr als den Einzelfall erklären und insofern allgemeingültig sind. Sie behaupten jedoch nicht, dass ihre Theorien die Realität lückenlos beschreiben und erklären können, geschweige denn vor dem Fortschritt der wissenschaftlichen Erkenntnis ewig Bestand haben.

S. Abschnitte 1.1.3 und 1.4.1; s. auch Abschnitt 2.2.5 und Kapitel 12.

13. Welche Rolle spielt Objektivität beim wissenschaftlichen Arbeiten?

Wissenschaftliche Erkenntnisse sollen vorurteilsfrei und frei von Willkür gewonnen und diskutiert werden. Daher besteht eine grundlegende Anforderung an wissenschaftliches Arbeiten darin, dass Dritte den Forschungsprozess, die Forschungsmethoden und die Forschungsergebnisse nachvollziehen und überprüfen können. Ein Sachverhalt bzw. eine Aussage über die Realität kann intersubjektiv, d. h. unabhängig von den subjektiven Meinungen Einzelner, als wahr gelten, wenn alle fachkundigen Menschen, die genauso vorgehen, zum gleichen Ergebnis und zu den gleichen Schlussfolgerungen kommen.

S. Abschnitt 1.4.1.

14. Was bedeutet der Ausdruck „intersubjektive Überprüfbarkeit"?

Intersubjektive Überprüfbarkeit

- ☒ ist eine grundlegende Anforderung an wissenschaftliche Tätigkeit.
- ☒ bedeutet z. B., dass ein anderer ein naturwissenschaftliches Experiment nachvollziehen kann, um Forschungsergebnisse zu überprüfen.

☐   bedeutet, dass alle Wissenschaftler bei der Prüfung einer Theorie zum gleichen Ergebnis kommen müssen.

Intersubjektive Überprüfbarkeit bedeutet, dass Dritte einen Forschungsprozess inhaltlich und methodisch nachvollziehen und überprüfen können. Solange beispielsweise die Ergebnisse eines Experimentes reproduzierbar sind, wenn andere Wissenschaftler den Versuch wiederholen, kann eine Theorie als vorläufig bestätigt gelten. Sinn dieses wissenschaftlichen Grundsatzes ist es jedoch, Theorien ggf. zu widerlegen und neu zu formulieren. Bei der Prüfung von Hypothesen oder Theorien können Wissenschaftler auch zu anderen Schlussfolgerungen kommen.

S. Abschnitte 1.1.2 und 1.4; s. auch Abschnitte 2.2.5 und 3.1.5.

15. Welche Bedeutung hat die Diskussion wissenschaftlicher Erkenntnisse für den wissenschaftlichen Fortschritt?

☒   Die Gemeinschaft der Forscher wird als scientific community bezeichnet.

☒   Wissenschaftlicher Fortschritt setzt die Veröffentlichung von Forschungsergebnissen voraus.

☐   Populärwissenschaft bezeichnet Ansichten, die sich in der Forschergemeinschaft durchgesetzt haben und allgemein anerkannt sind.

☒   Jede wissenschaftliche Aussage muss bewiesen werden.

☐   Neue Erkenntnisse weltweit anerkannter Forscher brauchen nicht überprüft zu werden.

Ohne die Kommunikation und Diskussion von Forschungsergebnissen können wissenschaftliche Erkenntnisse nicht untermauert oder widerlegt werden. Auch erfolgreiche Wissenschaftler müssen sich der kritischen Überprüfung ihrer Arbeit stellen.

Gegenstand der Populärwissenschaft ist nicht der wissenschaftliche Mainstream, sondern die Vermittlung von Wissenschaft an ein fachfremdes Publikum.

S. Abschnitte 1.1.2 und 1.4.1.

2 Wissenschaftstheoretische Ansätze

1. Worum geht es in der Wissenschaftstheorie?

- ☒ Die Wissenschaftstheorie befasst sich u. a. mit der Frage, wie schnell sich Wissen vermehrt.
- ☒ Die Erkenntnistheorie ist ein Teilgebiet der Wissenschaftstheorie.
- ☒ Die Erkenntnistheorie ist ein Teilgebiet der Philosophie.
- ☐ Die Methodologie ist eine Parawissenschaft, weil sie eine Wissenschaft von der Wissenschaft ist.

Akademische Disziplinen, die die Wissenschaft selbst zum Gegenstand haben, wie die Wissenschaftstheorie, werden als Metawissenschaft bezeichnet.

Sowohl die Wissenschaftstheorie als auch ihre Teildisziplinen (Erkenntnistheorie, Methodologie) werden der Philosophie zugeordnet.

S. Abschnitte 1.1.4 und 2.1.

2. Mit welchen Begriffen kann man genauer bestimmen, um welchen Typ von wissenschaftlicher Aussage es sich handelt?

„Irrlehren der Wissenschaft brauchen 50 Jahre, bis sie durch neue Erkenntnisse abgelöst werden, weil nicht nur die alten Professoren, sondern auch deren Schüler aussterben müssen." (Max Planck)

Dieser Satz von Max Planck ist

- ○ eine Prämisse.
- ○ eine These.
- ⊗ eine Hypothese.
- ○ eine Definition.
- ○ eine Theorie.

Hier wird eine These bzw. Aussage mit einer Begründung (Argument) versehen („weil"). Planck formuliert also eine (nicht ganz ernst gemeinte) Hypothese.

Eine Prämisse ist eine wahre oder unwahre Annahme, auf der eine Schlussfolgerung beruht.

S. Abschnitt 2.2.

3. Mit welchem Wort legen Wissenschaftler die Bedeutung von Begriffen fest?

- ○ In der Wissenschaft sind Begriffe immer eindeutig definiert, so dass jeder Begriff nur eine Bedeutung hat.

○ Mehrdeutige Begriffe werden als Hypothesen bezeichnet, weil ohne Erläuterung unklar ist, was gemeint ist.

○ Begriffe, deren Inhalt eindeutig festgelegt ist, werden als Thesen bezeichnet.

⊗ Der Untersuchungsgegenstand einer wissenschaftlichen Arbeit wird mit Hilfe von Definitionen beschrieben und abgegrenzt.

Andere können Forschungsergebnisse nur nachvollziehen und bewerten, wenn klar ist, worauf genau sich die Aussagen beziehen. Begriffsinhalte werden durch Definitionen festgelegt.

Thesen sind Behauptungen, die bewiesen werden müssen. Hypothesen sind begründete Vermutungen über Zusammenhänge. Thesen und Hypothesen sind besondere Formen von Aussagen (Sätzen). Sie definieren keine Begriffe.

S. Abschnitt 2.2.

4. Worin besteht der Unterschied zwischen einer These und einer Hypothese?

Sowohl Thesen als auch Hypothesen sind Aussagen, deren Wahrheitsgehalt bestätigt oder widerlegt werden kann. Anders als eine These ist eine Hypothese eine Behauptung, die sich auf einen Zusammenhang bezieht. Eine Hypothese ist eine begründete Aussage.

S. Abschnitte 2.2.3 und 2.2.4.

5. Was ist eine Theorie?

☒ Eine Theorie ist ein Gefüge von Aussagen.

□ Eine Theorie besteht aus mehreren Thesen.

□ Eine Theorie ist ein Verfahren, mit dem der Vorstellungsinhalt von Worten festgelegt wird.

☒ Ohne Definitionen lassen sich keine Theorien entwickeln.

Eine Theorie ist ein Gefüge von begründeten Aussagen, d. h. von Hypothesen. Thesen bzw. Aussagen, die nicht durch Argumente gestützt werden, bilden keine Theorie.

Was Begriffe bedeuten, wird durch Definitionen festgelegt. Zu den Anforderungen an die Theoriebildung gehört u. a. eine klare Definition der verwendeten Begriffe.

S. Abschnitt 2.2.

6. Welche Eigenschaften haben Theorien?

☒ Eine Theorie ist ein System aus mehreren Hypothesen oder Gesetzen.

☒ Eine gute Theorie ist in sich logisch.

□ Theorien bilden die Realität zutreffend ab.

□ Eine Theorie kann auch einen Einzelfall erklären.

□ Mit einer guten Theorie lässt sich vorhersagen, ob unter bestimmten Bedingungen ein bestimmtes Phänomen eintreten wird.

☒ Der Übergang von einer Theorie zur einer neuen, grundlegend anderen Lehrmeinung markiert einen wissenschaftlichen Paradigmenwechsel.

Theorien sind Aussagensysteme, die die Wirklichkeit beschreiben und erklären sollen. Sie umfassen Gesetzmäßigkeiten, die nicht nur für einzelne Beobachtungen gelten, sondern verallgemeinerbar sind. Je fundierter die Hypothesen sind, auf denen eine Theorie beruht, desto zuverlässiger sind die Prognosen, die sich mit ihr formulieren lassen. Es ist jedoch nicht ausgeschlossen, dass eine anerkannte Theorie bestimmte Phänomene nicht erklären kann.

Darum arbeiten Wissenschaftler permanent daran, Theorien weiterzuentwickeln oder sie durch Theorien zu ersetzen, die plausibler sind. Wenn dieser Wechsel mit Methoden oder Erkenntnissen verbunden ist, die das wissenschaftliche „Weltbild" grundlegend verändern, wird eine zu einer bestimmten Zeit vorherrschende Lehrmeinung, ein wissenschaftliches Paradigma, abgelöst.

S. Abschnitte 2.2.2 und 2.2.5.

7. Was sagen Erkenntnistheoretiker über unsere Fähigkeit, die Wirklichkeit wahrzunehmen?

- ☒ Vertreter des Konstruktivismus meinen, dass wir keine objektive Realität erkennen können, weil unser Gehirn eine individuelle Wirklichkeit konstruiert.

- ☒ Aus der Sicht des Konstruktivismus ist jede Wahrnehmung subjektiv.

- ☒ Anhänger des Realismus behaupten, dass wir die Dinge so wahrnehmen können, wie sie sind, weil eine objektive Wirklichkeit existiert.

- ☒ Das traditionelle Realitätsverständnis der Naturwissenschaften, das messbare bzw. intersubjektiv überprüfbare Eigenschaften ihrer Gegenstände voraussetzt, entspricht dem erkenntnistheoretischen Realismus.

Konstruktivismus und Realismus sind Erkenntnistheorien, die die Beschaffenheit der Wirklichkeit und unsere Wahrnehmung der Realität diskutieren.

S. Abschnitte 2.2.3.1 und 2.2.3.2; s. auch Abschnitt 1.2.

8. Was sagen Erkenntnistheoretiker über das Verhältnis von sinnlicher Wahrnehmung und Kognition (Denken)?

- ☒ Die Auffassung, dass Erkenntnis auf sinnlicher Erfahrung beruht und nicht auf Verstand und Vernunft, ist dem Empirismus zuzuordnen.

- ☒ Was nicht beobachtbar und durch wissenschaftliche Experimente erfassbar ist, ist unwissenschaftlich.

- ☐ Wissenschaftler kommen nur durch positives Denken zu gesicherten Erkenntnissen.

- ☒ Rationalisten meinen, dass Erkenntnis aus dem Denken entsteht, weil unser Verstand in der Lage ist, die objektive Struktur der Wirklichkeit zu erkennen.

Das Verhältnis von sinnlicher Wahrnehmung und Denken wird im Rationalismus und Empirismus erörtert. Dass Erkenntnis nur auf positiven Erfahrungen bzw. beobachtbaren Tatsachen beruhen kann, ist ein Gedanke des Positivismus, welcher auf dem Empirismus basiert. Der Positivismus lehnt sich an die Naturwissenschaften an und akzeptiert nur solche Erkenntnisse, die aus Beobachtungen oder Experimenten stammen.

S. Abschnitte 2.3.3 und 2.3.4.

9. Wie sehen Rationalisten das Verhältnis von Theorie und Beobachtung?

Vertreter des Rationalismus vertreten die Auffassung, dass

⊗ einer Beobachtung eine Theorie vorausgehen muss.

◯ Theorien auf der Grundlage sinnlicher Wahrnehmungen entwickelt werden.

Vertreter des Rationalismus meinen, dass Erkenntnis nicht auf sinnlicher Wahrnehmung, sondern auf Verstand und Vernunft basiert. Daher muss der Erfahrung der Wirklichkeit eine Theorie vorausgehen, die versucht, die objektiv vorhandene Realität zu erklären.

Im Gegensatz dazu steht die Position des Empirismus, nach der Erkenntnis auf Sinneswahrnehmungen beruht. Theorien werden somit auf der Basis von Phänomenen entwickelt, die in der Realität beobachtet werden können.

S. Abschnitte 2.3.3 und 2.3.4; s. auch Abschnitt 3.2.

10. Welche erkenntnistheoretische Haltung betrachtet die Theorie als Ausgangspunkt von Erkenntnissen über die Wirklichkeit?

„Die Theorie bestimmt, was wir beobachten können." (Albert Einstein)

☒ Einstein behauptet indirekt, dass der Verstand in der Lage ist, die objektive Struktur der Realität zu erkennen.

☐ Einstein meint damit, dass alle Erkenntnis auf Sinneswahrnehmung beruht.

☒ Einstein zeigt sich mit diesem Satz als ein Vertreter des Rationalismus.

☐ Einsteins Aussage ist dem Empirismus zuzuordnen.

Die erkenntnistheoretische Position des Realismus geht davon aus, dass eine von uns unabhängige Realität existiert, die wir durch Wahrnehmung bzw. Denken erfassen können. Auch der Rationalismus behauptet, dass unser Verstand in der Lage ist, die objektive Struktur der Wirklichkeit zu erkennen. Vertreter dieser philosophischen Richtung vertreten die Auffassung, dass Erkenntnis nicht auf sinnlicher Wahrnehmung (Erfahrung), sondern auf Verstand und Vernunft beruht. Im Gegensatz dazu steht die Position des Empirismus, nach der Erkenntnis auf Sinneswahrnehmungen beruht.

S. Abschnitte 2.3.3 und 2.3.4.

3   Forschungsrichtungen und -methoden

1. Wie kann man Schlussfolgerungen ziehen?

- ☒ Durch Abduktion kann man von einem einzelnen beobachteten Phänomen auf dessen Ursache schließen.
- ☒ Deduzieren bedeutet, auf der Grundlage eines Gesetzes vorherzusagen, wie sich ein Objekt verhalten wird.
- ☐ Bei der Deduktion wird z. B. von einer einzigen Person auf alle Personen geschlossen.
- ☒ Bei der Induktion wird vom Einzelfall auf ein allgemein gültiges Gesetz geschlossen.
- ☒ Bei der Induktion wird z. B. von einer einzigen Person auf alle Personen geschlossen.

Beim induktiven Schließen wird aus einem beobachteten Einzelfall eine Gesetzmäßigkeit abgeleitet. Bei der Deduktion wird vom Allgemeinen auf das Besondere geschlossen.

S. Abschnitte 3.1.1, 3.1.2, 3.1.3 und 3.1.4.

2. Benennen Sie die erkenntnislogischen Verfahren, die hier mit ihren Elementen und dem Aufbau der Argumentation skizziert werden.

Das Allgemeine (Gesetz)
Die Randbedingung, die das Ergebnis beeinflusst (Ursache)
Der Einzelfall, das Besondere (Phänomen)
Deduktion

Der Einzelfall, das Besondere (Phänomen)
Die Randbedingung, die das Ergebnis beeinflusst (Ursache)
Das Allgemeine (Gesetz)
Induktion

Der Einzelfall, das Besondere (Phänomen)
Das Allgemeine (Gesetz)
Die Randbedingung, die das Ergebnis beeinflusst (Ursache)
Abduktion

Diese drei Verfahren zur Gewinnung wissenschaftlicher Erkenntnisse unterscheiden sich durch das Ziel der Schlussfolgerung (Gesetzmäßigkeit, Ergebnis im Einzelfall, Prämisse) und den Aufbau der Argumentation.

S. Abschnitte 3.1.1, 3.1.2 und 3.1.3.

3. Auf welcher erkenntnistheoretischen Position basiert Induktion?

○   Induktion basiert auf Realismus.

⊗   Induktion basiert auf Empirismus.

Beim induktiven Schließen wird aus einem beobachteten Einzelfall eine Gesetzmäßigkeit abgeleitet. Dies entspricht der erkenntnistheoretischen Position des Empirismus, nach der Theorien (System aus mehreren Hypothesen oder Gesetzen) auf Beobachtung bzw. sinnlicher Wahrnehmung einzelner Phänomene in der Wirklichkeit beruhen.

S. Abschnitte 3.1.1 und 2.3.4; s. auch Abschnitt 2.2.5.

4. Auf welcher erkenntnistheoretischen Position beruht Deduktion?

○   Deduktion beruht auf Realismus.

⊗   Deduktion beruht auf Rationalismus.

Beim deduktiven Schließen wird aus einer Gesetzmäßigkeit eine Prognose für einen Einzelfall abgeleitet. Dies entspricht der erkenntnistheoretischen Position des Rationalismus, nach der Theorien (System aus mehreren Hypothesen oder Gesetzen) der Ausgangspunkt für Beobachtungen sind. Die Theorie bzw. eine gedanklich formulierte Gesetzmäßigkeit wird bestätigt, wenn sich der Einzelfall in der Wirklichkeit so verhält wie sie es vorhersagt.

S. Abschnitte 3.1.2 und 2.3.3; s. auch Abschnitt 2.2.5.

5. Sie schauen sich Werbespots an, die in Deutschland produziert wurden. In drei Filmen kommen fiktive Wissenschaftler vor. Ihnen fällt auf, dass alle diese Figuren weiße Kittel tragen. Welche Erkenntnis können Sie aus dieser Beobachtung ziehen?

○   Wissenschaftler werden in der Werbung als Naturwissenschaftler dargestellt.

○   Wissenschaftler werden in Werbefilmen als Naturwissenschaftler dargestellt.

○   Wissenschaftler werden in deutschen Werbespots als Naturwissenschaftler dargestellt.

⊗   In den betrachteten Werbespots werden Wissenschaftler als Naturwissenschaftler dargestellt.

○   In den betrachteten Werbespots werden Wissenschaftler als Chemiker dargestellt.

Bei der Induktion werden aus der Beobachtung eines einzelnen Falles Schlüsse auf das Allgemeine gezogen. Mit diesem Beispiel werden Probleme angesprochen, die mit dem induktiven Schließen verbunden sind. Nur die dritte Aussage beschreibt präzise die Beobachtung, ohne die Wahrheit mit unbekannten Details zu verfälschen.

Der Schluss, dass Wissenschaftler in allen Werbefilmen als Naturwissenschaftler dargestellt werden, ist nicht zulässig, weil nicht ausgeschlossen ist, dass dies nur in den Spots der Fall ist, die Sie betrachtet haben. Außerdem kann nicht ausgeschlossen werden, dass Wissenschaftler in anderen Werbeformen anders dargestellt werden. Räumliche und zeitliche Einschränkungen heben dieses Problem nicht auf.

S. Abschnitte 3.1.1, 3.1.4 und 3.1.5.

6. Was bedeuten die Begriffe Verifizierung und Falsifizierung im Zusammenhang mit der Überprüfung von Hypothesen oder Theorien?

☒ Hypothesen bzw. Theorien zu verifizieren bedeutet, sie zu bestätigen.

☐ Hypothesen bzw. Theorien zu verifizieren bedeutet, sie zu widerlegen.

☐ Hypothesen bzw. Theorien zu falsifizieren bedeutet, sie zu bestätigen.

☒ Hypothesen bzw. Theorien zu falsifizieren bedeutet, sie zu widerlegen.

Gegenstand der Erkenntnislogik ist u.a. die Frage, wie sich Hypothesen bzw. Theorien als wahr bestätigen (verifizieren) oder widerlegen (falsifizieren) lassen und wie dabei argumentiert werden kann.

S. Abschnitte 3.1.4 und 3.1.5; s. auch Abschnitte 2.2.4 und 2.2.5.

7. Wie setzt man erkenntnislogische Verfahren zur Überprüfung von Hypothesen oder Theorien ein?

☒ Induktion führt von der Beobachtung zur Theorie.

☐ Hypothesen können durch Induktion bewiesen werden.

☒ Hypothesen zu verifizieren, ist letztlich unmöglich.

☒ Wenn es nicht gelingt, eine Theorie zu falsifizieren, so gilt sie vorläufig als bestätigt.

☐ Theorien können über Induktion verifiziert werden.

Auf induktivem Weg (Schlussfolgerung vom Einzelfall auf eine Gesetzmäßigkeit) lässt sich zwar eine Hypothese oder eine ganze Theorie formulieren, aber niemals sicheres Wissen erlangen und eine Theorie als wahr bestätigen (verifizieren). Es ist nicht ausgeschlossen, dass es nicht doch eine Ausnahme von der Regel gibt. Eine Theorie kann aber so lange als wahr gelten, wie sie nicht durch Beobachtung widerlegt (falsifiziert) wird.

S. Abschnitte 3.1.1, 3.1.4 und 3.1.5; s. auch Abschnitte 2.2.4 und 2.2.5.

8. Lassen sich Theorien durch Beobachtung überprüfen?

⊗ Eine gute Theorie kann durch Beobachtung falsifiziert werden.

○ Eine gute Theorie kann durch Beobachtung verifiziert werden.

Zu den Anforderungen an die Theoriebildung gehört u. a., dass die betreffende Theorie geeignet ist, die Realität zu erklären. Eine gute Theorie erfüllt zwei wesentliche Voraussetzungen: Sie beschreibt ein in der Realität mehrfach beobachtetes Phänomen und sagt die Ergebnisse künftiger Beobachtungen zutreffend voraus. Eine plausible Theorie lässt sich also durch Beobachtung der Realität, d. h. durch Empirie überprüfen.

Eine Theorie kann so lange als zutreffend gelten, wie sie nicht durch Beobachtung falsifiziert (widerlegt) wird. Umgekehrt ist es nicht möglich, alle Erscheinungsformen eines Phänomens, das die Theorie beschreibt, durch Beobachtung zu bestätigen. Es ist nicht ausgeschlossen, dass es nicht doch eine Ausnahme von der Regel gibt.

S. Abschnitte 2.2.5, 3.1.4 und 3.1.5.

9. Was bedeutet Empirie?

⊠ Empirie bedeutet, theoretische Aussagen in der Praxis zu überprüfen.

⊠ Mit empirischen Studien werden Hypothesen getestet.

☐ Mit empirischen Studien lassen sich Hypothesen verifizieren.

⊠ Empirie bezieht sich auf beobachtbare Sachverhalte.

☐ Qualitative Studien zählen nicht zur Empirie, weil sie nicht auf die Überprüfung von Hypothesen ausgerichtet sind.

Empirische Untersuchungen sind erfahrungswissenschaftliche Forschungen, die sich direkt oder indirekt auf beobachtbare Sachverhalte beziehen. Qualitative und quantitative Forschung sind Forschungsrichtungen in der Empirie, die sich von ihrer Zielsetzung und Methodik her unterscheiden.

Mit (qualitativen und quantitativen) empirischen Studien lassen sich Hypothesen oder Theorien überprüfen und widerlegen (falsifizieren). Es ist jedoch unmöglich, eine Hypothese oder Theorie durch empirische Forschung zu bestätigen, weil nicht ausgeschlossen ist, dass es nicht doch eine Ausnahme von der Regel gibt.

S. Abschnitte 2.2.4, 3.1.4, 3.2.1 und 3.2.4.

10. Worin unterscheiden sich quantitative von qualitativen Studien?

⊠ Bei einer quantitativen Studie werden Aussagen über Häufigkeiten getroffen.

⊠ Um Daten aus einer quantitativen Erhebung auszuwerten, werden statistische Verfahren eigesetzt.

☐ Bei einer qualitativen Studie werden Aussagen über bezifferbare Unterschiede getroffen.

⊠ Quantitative Studien erforschen Zusammenhänge.

⊠ Qualitative Studien erforschen Zusammenhänge.

Ein qualitativer Untersuchungsansatz ist weder auf die Ermittlung von Häufigkeiten noch auf die quantitative Analyse gerichtet. Sowohl quantitative als auch qualitative Studien können sich auf die Analyse von Zusammenhängen beziehen. Der Unterschied zwischen den beiden Ansätzen besteht darin, dass diese Zusammenhänge bei einem quantitativen Ansatz in Zahlen ausgedrückt werden können.

S. Abschnitt 3.2.4.

11. Worin unterscheiden sich ein positiver und ein normativer Forschungsansatz?

Bei einem positiven Forschungsansatz beschreibt man ein Phänomen und sucht ggf. nach einem Zusammenhang zwischen Ursache und Wirkung. Zu fragen, welche Maßnahmen sich eignen, um ein bestimmtes Ziel zu erreichen (Ziel-Mittel-System), ist typisch für einen normativen Forschungsansatz.

S. Abschnitt 3.2.2.

12. Wie entwickelt man in einem kaum bearbeiteten Forschungsfeld Hypothesen?

Zur Strukturierung eines Problemfeldes, über das noch wenig bekannt ist, und zur Entwicklung diesbezüglicher Hypothesen eignet sich eine

- ○ deskriptive Studie.
- ⊗ explorative Studie.
- ○ kausalanalytische Studie.

Ausgangspunkt einer deskriptiven Studie ist ein bereits strukturiertes Problem, zu dem noch keine empirischen Daten vorliegen. Mit einem kausalen Untersuchungsdesign werden Hypothesen über Wirkungszusammenhänge geprüft.
S. Abschnitt 3.2.3.

13. Worin unterscheiden sich empirische Untersuchungsansätze?

- ☒ Ein deskriptiver Untersuchungsansatz dient der Überprüfung einer Hypothese oder Theorie.
- ☒ Eine deskriptive Studie beschreibt ein Phänomen.
- ☐ Eine kausalanalytische Studie verifiziert eine Theorie und begründet ihre Relevanz.
- ☒ Eine kausalanalytische Studie testet Hypothesen über Zusammenhänge.
- ☐ Eine explorative Studie erklärt Zusammenhänge.

Hypothesen oder Theorien lassen sich grundsätzlich nicht verifizieren, auch nicht mit einem der drei möglichen Untersuchungsansätze. Sie lassen sich aber durch eine deskriptive oder kausalanalytische Studie prüfen.

Mit einem kausalen Untersuchungsdesign werden Hypothesen über Wirkungszusammenhänge auf ihren Wahrheitsgehalt getestet. Eine explorative Studie kann zwar zu Hypothesen über solche Zusammenhänge führen, läuft aber nicht zwangsläufig darauf hinaus.
S. Abschnitt 3.1.4, 3.1.5 und 3.2.3.

14. Was unterscheidet Primärforschung von Sekundärforschung?

Bei Verfahren der Primärforschung wie Befragungen oder Beobachtungen werden originäre Daten erhoben. Sekundärforschung greift auf Datenmaterial zurück, das ursprünglich für andere Zwecke gesammelt wurde, also bereits vorliegt.
S. Abschnitt 3.2.5.

15. Wann eignet sich Primärforschung, wann Sekundärforschung?

Wenn – z. B. aus Kostengründen – keine eigenständige empirische Studie durchgeführt werden kann, eignen sich Methoden der

- ○ Primärforschung.
- ⊗ Sekundärforschung.

Die Beschaffung, Zusammenstellung und Auswertung bereits vorhandenen Datenmaterials ist weniger aufwändig als Verfahren der Primärforschung, bei denen Daten erstmals erhoben werden.

S. Abschnitt 3.2.5.

16. Welche Methoden sind typisch für die Primärforschung?

☒ Beobachtung

☒ Experiment

☐ Inhaltsanalyse

☒ Befragung

☐ Datenanalyse

☒ Fallstudie

Bei der Inhalts- bzw. Dokumentenanalyse und bei der Analyse bereits vorliegender Daten wird auf vorhandenes Material zurückgegriffen. Diese eigenständigen Methoden werden daher der Sekundärforschung zugeordnet. Mit der Erhebung originärer Daten im Rahmen der Primärforschung ist auch die (ggf. statistische) Analyse verbunden.

S. Abschnitte 3.2.4 und 3.2.5.

17. Bei welcher empirischen Forschungsrichtung werden statistische Verfahren angewendet?

Quantitative Forschung

In der quantitativen Forschung wird in der Regel mit großen Fallzahlen und umfangreichen Datensätzen gearbeitet, so dass mit Hilfe statistischer Methoden Häufigkeiten und Zusammenhänge ermittelt werden können.

S. Abschnitt 3.2.4.

18. Wie geht man bei quantitativen bzw. bei qualitativen Studien vor?

☒ Eine Befragung von drei ausgewählten Studierenden eines Studiengangs entspricht einem qualitativen Forschungsansatz.

☐ Eine Fallstudie ist der qualitativen Forschung zuzuordnen, weil sie durch die Konzentration auf ein sorgfältig ausgewähltes Untersuchungsobjekt detailliertere und exaktere Ergebnisse liefert als eine Studie mit einer großen Stichprobe.

☒ Bei quantitativen Studien werden Erkenntnisse meistens durch den Vergleich von Häufigkeiten gewonnen.

☒ Bei quantitativen Studien kommt es darauf an, eine möglichst große Anzahl von Fällen zu untersuchen.

Fallstudien, bei denen ein einziger Fall oder einige wenige Fälle analysiert werden, basieren auf einem qualitativen Ansatz. Sie liefern nicht genauere Ergebnisse als quantitative Studien, sondern andere. Den verschiedenen Forschungsdesigns liegen unterschiedliche Zielsetzungen und Fragestellungen zu Grunde. Anders als bei quantitativen Studien kommt es bei qualitativen Erhebungen nicht auf Aussagen über Häufigkeiten oder quantitativ bezifferbare Unterschiede an.

S. Abschnitt 3.2.4.

19. Wie kombiniert man Untersuchungsansätze mit passenden empirischen Methoden?

☐ Fallstudien sind der quantitativen Forschung zuzuordnen.

☐ Explorative Studien basieren auf einem quantitativen Forschungsdesign.

☒ Kausalanalytische Studien sind immer qualitativ angelegt.

☒ In der qualitativen Forschung werden Hypothesen generierende Verfahren genutzt.

Fallstudien zeichnen sich durch eine geringe Anzahl von Fällen aus. Diese Methode entspricht also einem qualitativen Ansatz.

Explorative Studien sind in der Regel qualitativ angelegt, weil das Problemfeld erst strukturiert werden muss. Eine quantitative Studie mit einer großen Anzahl an Untersuchungseinheiten ist nicht sinnvoll, wenn die Hypothesen noch entwickelt werden müssen.

Bei kausalanalytischen Studien kommt sowohl ein qualitativer als auch ein quantitativer Forschungsansatz in Frage, weil Zusammenhänge zwischen Ursache und Wirkung nicht nur über großen Fallzahlen und statistische Tests ermittelt werden können.

S. Abschnitte 3.2.1, 3.2.3, 3.2.4 und 3.2.5.

20. Was bedeutet Repräsentativität?

☐ Eine empirische Studie ist repräsentativ, wenn sie mindestens 100 Fälle umfasst.

☐ Eine empirische Studie ist repräsentativ, wenn sie mindestens 1.000 Fälle berücksichtigt.

☒ Eine empirische Studie ist repräsentativ, wenn die Stichprobe die Grundgesamtheit exakt abbildet.

☒ Wenn eine Studie repräsentativ ist, kann durch Induktion ein allgemeingültiges Gesetz formuliert werden.

☐ Eine qualitative Studie ist immer repräsentativ.

Ob eine empirische Studie repräsentativ ist, d. h. ob ihre auf die Stichprobe bezogenen Ergebnisse durch induktives Schließen verallgemeinert werden können, hängt nicht von der Anzahl der Fälle in der Stichprobe ab. Maßgeblich ist, ob die Stichprobe so zusammengesetzt ist, dass sie die Allgemeinheit (die Grundgesamtheit) abbildet.

Qualitative Studien sind nicht auf die Ermittlung von Häufigkeiten ausgerichtet. Anders als bei der induktiven Statistik ist das Gütekriterium Repräsentativität hier nicht relevant.

S. Abschnitte 3.1.1 und 3.2.4.

4   Wissenschaftsethik

1.   Auf welche beiden Verantwortungsbereiche bezieht sich Wissenschaftsethik?

Wissenschaftsethik hat zwei Dimensionen. Es geht es um gute wissenschaftliche Praxis und die Legitimation von Forschung nach innen (Wissenschaft als Institution bzw. soziales System) und nach außen (Gesellschaft).

S. Abschnitt 4.1.

2.   Was versteht man unter Wissenschaftsethos?

Der Begriff Wissenschaftsethos bezeichnet die Verantwortung von Forschern innerhalb der Wissenschaftsgemeinde (scientific community), das Berufsethos von Wissenschaftlern.

S. Abschnitt 4.1.

3.   Wie lauten wichtige wissenschaftsethische Prinzipien?

- ☐ Die in der Verfassung verankerte Freiheit der Wissenschaft ist Kern der Wissenschaftsethik.
- ☒ Erkenntnisse, die einen erheblichen wissenschaftlichen Fortschritt bringen, aber auf unethische Weise zu Stande gekommen sind, dürfen nicht verwendet werden.
- ☒ Eines der wichtigsten wissenschaftsethischen Prinzipien ist es, benutzte Quellen anzugeben.
- ☐ Zu verhindern, dass ungesicherte Forschungsergebnisse in der Wissenschaftsgemeinde (scientific community) intensiv diskutiert werden, ist legitim.

Wissenschaftsethische Prinzipien spiegeln sich in berufsständischen Standards, die als freiwillige Selbstverpflichtung einzuordnen sind. Sie nehmen Bezug auf verfassungsrechtliche Prinzipien wie die Menschenwürde. Insofern müssen wissenschaftsethische Prinzipien unabhängig von einem möglichen Erkenntnisgewinn gelten, der mit Forschungsarbeiten verbunden ist.

Die Kommunikation und ungehinderte Diskussion über Forschungsergebnisse ist sind in der Wissenschaft grundlegende Spielregeln. Jeder Wissenschaftler muss seine Arbeit legitimieren und sich der Kritik stellen, auch auf die Gefahr hin, dass seine Erkenntnisse widerlegt werden.

S. Abschnitte 1.3, 1.4 und 4.1.

4.   Welche Handlungen gelten als wissenschaftliches Fehlverhalten?

- ☒ Veröffentlichung von Forschungsergebnissen einer Gruppe unter eigenem Namen
- ☒ Erfinden von Daten bei quantitativen Studien

    ⊠   Manipulation von Fotos

    ☐   Abwandlung von Abbildungen mit Hinweis auf die Originalquelle

    ⊠   Zitieren von Aussagen ohne Quellenangabe

    ☐   Sinngemäßes Zitieren von Literaturmeinungen

    ☐   Zitieren aus eigenen Veröffentlichungen (Selbstzitat)

Wissenschaftliches Fehlverhalten liegt u.a. vor, wenn Falschangaben gemacht werden oder wenn durch Plagiat fremdes geistiges Eigentum verletzt wird. Das Erfinden oder Verfälschen von Daten ist ein schwerwiegender Verstoß gegen das Berufsethos des Wissenschaftlers. Ohne die kritische und nachvollziehbare Auseinandersetzung mit den Meinungen anderer ist wissenschaftliches Arbeiten nicht denkbar.

S. Abschnitte 4.2, 12.1 und 12.2; s. auch Abschnitt 3.2.4.

5.   Wann wird ein Zitat zum Plagiat?

Ein Plagiat liegt vor, wenn

    ⊠   ein urheberrechtlich geschütztes Werk unerlaubt benutzt wird.

    ⊠   eine Quelle sinngemäß zitiert wird, ohne dass sie angegeben wird.

    ⊠   eine Quelle wörtlich zitiert wird, ohne dass das wörtliche Zitat mit Anführungsstrichen gekennzeichnet und die Quelle genannt wird.

    ⊠   eine Quelle wörtlich zitiert wird, ohne dass das wörtliche Zitat mit Anführungsstrichen gekennzeichnet, und die Quelle genannt wird.

Bei der grundsätzlich erlaubten Nutzung eines Werkes liegt ein Plagiat vor, wenn wörtlich oder sinngemäß zitiert, aber auf eine Quellenangabe verzichtet wird. Für Zitate von Quellen, die aus eigener Feder stammen, gilt das Gleiche. Wörtliche Übernahmen, die nicht als solche gekennzeichnet werden, sind „geistiger Diebstahl" – auch dann, wenn die Quelle für den Leser nachvollziehbar ist.

S. Abschnitte 4.2, 12.2 und 12.3.

5   Anforderungen an Prüfungsarbeiten

1. Anhand welcher Kriterien wird die Qualität wissenschaftlicher Arbeiten beurteilt?

- ☒ Erkenntnisgewinn
- ☒ Originalität
- ☒ Relevanz
- ☐ Umfang
- ☒ Wahrheitsgehalt
- ☐ Anzahl der Zitationen
- ☒ Objektivität
- ☒ Genauigkeit
- ☐ Allgemeinverständliche Sprache
- ☒ Nachvollziehbarkeit
- ☐ Medienecho

Wissenschaftliche Arbeiten richten sich an ein Fachpublikum. Ihre Inhalte, ihr Stil und ihr Vokabular sind nicht auf Massenwirksamkeit ausgerichtet. Die Originalität und die Relevanz einer Idee hängen weder von der Anzahl verarbeiteter Quellen noch vom Umfang der Ausführungen ab.

S. Vorspann zu Kapitel 5 sowie Abschnitte 5.1 und 7.4.6.

2. Auf welche Aspekte kommt es bei schriftlichen Arbeiten im Studium besonders an?

- ☒ Bearbeitung und Vertiefung der Themenstellung
- ☒ Grad der Verarbeitung der themenrelevanten Literatur
- ☒ Klarheit und Ausgewogenheit der Gliederung
- ☒ Umgang mit der Fachterminologie
- ☐ Auflockerung des Textes durch Abbildungen
- ☒ Korrekte Anwendung der Zitiertechnik
- ☐ Interpunktion, Rechtschreibung
- ☐ Textgestaltung und Layout

Für die Beurteilung studentischer Prüfungsarbeiten ist die visuelle Gestaltung in der Regel nicht maßgeblich bzw. hat nur einen sehr geringen Einfluss auf die Bewertung.

S. Abschnitt 5.1; s. auch Abschnitte 8.2 und 8.3.

3. Woran kann Ihr Prüfer erkennen, dass Sie sich eigene Gedanken zu Ihrem Thema gemacht haben?

- ☐ Sie haben alle Aspekte, die etwas mit Ihrem Thema zu tun haben, verarbeitet.
- ☒ Sie behandeln die Problemstellung gezielt und verzichten auf Exkurse.
- ☒ Ihre Argumentation ist logisch aufgebaut.
- ☐ Sie verzichten auf sinngemäße Zitate von Literaturmeinungen.
- ☐ Sie verzichten auf Quellenangaben.
- ☐ Sie leiten ihre Wertungen und Schlussfolgerungen mit Wendungen wie „ich meine" ein.
- ☐ Sie fügen eine eidesstattliche Erklärung bei, dass Sie die Arbeit eigenständig verfasst haben

Prüfer erkennen, wie systematisch Sie themenrelevante Aspekte ausgewählt haben und ob Ihre Argumentation stichhaltig ist. Dass Sie sich bei Ihrer Argumentation auf fremde Aussagen stützen, die sie zitieren, ist häufig eine Voraussetzung für die Entwicklung neuer Gedanken und völlig legitim, wenn Sie die Zitierregeln beachten.

Zu den Konventionen beim Verfassen wissenschaftlicher Arbeiten gehört der Verzicht auf die Ich-Form. Jede Aussage, die nicht mit einer Quelle belegt ist, gilt automatisch als Gedanke, der Ihnen zuzuschreiben ist, es sei denn, der Prüfer hegt einen Verdacht auf Plagiat.

S. Abschnitte 5.1, 8.3.1 und 12.2; s. auch Abschnitte 3.1, 7.4, 8.1 und 9.1.2.

4. Nach welchen Kriterien wird beurteilt, wie Sie bei Ihrer wissenschaftlichen Arbeit vorgegangen sind?

Ihr Vorgehen ist

- ☒ selbstständig.
- ☒ kritisch.
- ☐ intuitiv.
- ☐ so originell, dass es selbst für Experten kaum nachvollziehbar ist.
- ☒ literaturbasiert.

Wissenschaftliches Arbeiten bedeutet, logisch und systematisch vorzugehen und sich kritisch mit Literaturmeinungen auseinanderzusetzen.

Eine wichtige Anforderung an Wissenschaft ist die intersubjektive Überprüfbarkeit des Forschungsprozesses. Sie müssen Ihr Vorgehen nachvollziehbar beschreiben und begründen.

S. Abschnitte 1.4, 5.1 und 12.2.

5. Wie werden Prüfungsarbeiten bewertet, in denen plagiiert wurde?

- ○ Plagiate sind in der Regel ein „Kavaliersdelikt", das sich nicht auf die Benotung einer Studienarbeit auswirkt.
- ○ Verstöße gegen formale wissenschaftliche Konventionen (Gliederung, Zitate, Verzeichnisse etc.) führen dazu, dass eine Studienarbeit mit der Note „nicht ausreichend" (5,0) bewertet wird.

⊗ Gravierende Plagiate führen dazu, dass eine Studienarbeit mit der Note „nicht ausreichend" (5,0) bewertet wird.

Leichte Verstöße gegen Konventionen des wissenschaftlichen Arbeitens, wie z. B. Fehler in der Nummerierung einer Gliederung oder vereinzelte Zitierfehler, werden beanstandet und schlagen sich abhängig von ihrem Ausmaß in der Bewertung der Arbeit nieder. Sie führen jedoch nicht dazu, dass eine inhaltlich mindestens ausreichende Arbeit mit einer 5,0 benotet wird. Dies geschieht dann, wenn dem Verfasser ein massiver „Diebstahl geistigen Eigentums" nachgewiesen werden kann.

S. Abschnitte 4.2, 5.2 und 12.2.

6   Themenfindung

1.   Welches sind die wichtigsten Kommunikationsformen innerhalb der Wissenschafts-gemeinschaft (scientific community)?

Wissenschaftler teilen Ihre Erkenntnisse untereinander, indem sie Fachvorträge auf Tagungen halten und Forschungsergebnisse in Form eines Buches (Monographie, Beitrag zu einem Sammelband) oder eines Aufsatzes in einer wissenschaftlichen Zeitschrift veröffentlichen.

S. Abschnitt 6.1; s. auch Abschnitt 7.1.

2.   In welcher Rangfolge stehen wissenschaftliche Arbeiten, was ihren wissenschaftlichen Anspruch angeht?

Seminararbeit
Bachelorarbeit
Masterarbeit
Aufsatz in einer Fachzeitschrift
Doktorarbeit (Dissertation)
Habilitationsschrift

Gemessen am Erkenntnisfortschritt richten sich auf eine Seminararbeit vergleichsweise geringe Erwartungen.

Eine Habilitationsschrift wird im Rahmen eines Habilitationsverfahrens an einer wissenschaftlichen Hochschule vorgelegt, um die Lehrbefugnis für ein bestimmtes Fach und damit die Voraussetzung für eine Universitätsprofessur zu erwerben. Sie hat einen sehr hohen inhaltlichen und methodischen Anspruch und soll zu einem erheblichen Erkenntnisfortschritt in dem gewählten Fachgebiet führen.

S. Abschnitt 6.1.

3.   Welche Anforderungen gelten für verschiedene Arten wissenschaftlicher Arbeiten?

- ☒ Eine Seminararbeit ist eine Ausarbeitung, die eher deskriptiven (beschreibenden) als analytischen Charakter hat.
- ☐ Eine Bachelorarbeit ist immer anwendungsbezogen.
- ☐ Eine Masterarbeit sollte einen vollständigen Überblick über die themenrelevante Literatur geben.
- ☒ Eine Doktorarbeit (Dissertation) muss einen vollständigen Überblick über die themenrelevante Literatur geben.
- ☒ Eine Habilitationsschrift soll einen erheblichen Erkenntnisgewinn für ein bislang wenig bearbeitetes Forschungsthema bringen

Jede wissenschaftliche Arbeit muss sich in angemessener Weise mit der aktuellen Literatur in dem betreffenden Themengebiet auseinandersetzen. Für die verschiedenen Arten wissenschaftlicher Arbeiten gelten aufgrund der unterschiedlichen inhaltlichen Anforderungen und Rahmenbedingungen – abgesehen vom Forschungsstand – entsprechend unterschiedliche Maßstäbe im Hinblick auf die Verarbeitung von Quellen.

S. Abschnitt 6.1; s. auch Abschnitte 1.4 und 7.2.

4.   Welche Überlegungen sind für die Themenwahl relevant?

☒   Das Thema einer wissenschaftlichen Arbeit sollte den eigenen Neigungen und Interessen möglichst entsprechen.

☒   Das Thema einer wissenschaftlichen Arbeit sollte so originell sein, dass die Möglichkeit der Eigenleistung gegeben ist.

☐   Empirische Arbeiten sind anspruchsvoller als literaturzentrierte, „theoretische" Arbeiten.

☐   Für Doktorarbeiten (Dissertationen) eignen sich „Modethemen" besonders gut.

☐   Ein Thema, bei dem die Literaturlage gut ist, ist einer Fragestellung vorzuziehen, zu der es nur wenige Quellen gibt.

☒   Das Thema einer wissenschaftlichen Arbeit sollte so gewählt werden, dass es in der gegebenen Zeit zu bewältigen ist.

Der wissenschaftliche Anspruch einer Arbeit hängt von der Komplexität der Problemstellung und dem mit ihr verbundenen Erkenntnisgewinn ab, nicht von der gewählten Methodik. Eine literaturzentrierte Arbeit ist auf eine andere Art aufwändig als eine empirische Studie.

Forschungsthemen, die noch kaum beachtet wurden, bieten die Chance auf eine originelle Arbeit, die neue Erkenntnisse bringt. Der Grad der zu honorierenden Eigenleistung ist in solchen Fällen vergleichsweise hoch.

Die Arbeit an einer Dissertation zieht sich über mehrere Jahre hin. „Modethemen" sind reizvoll, aber heikel, da die Gefahr besteht, von aktuellen Entwicklungen und anderen Forschern mit ähnlicher Themenstellung überholt zu werden.

S. Abschnitt 6.2

5.   Wo und wie kann man gezielt nach einem Thema suchen?

Literaturrecherche
Internet-Recherche
Gespräche mit Dozenten
Gespräche mit Praktikern

Bei der Themensuche können Sie auch Kreativitätstechniken einsetzen. Manche stolpern durch einen glücklichen Zufall über eine zündende Idee.

S. Abschnitt 6.2.

7 Stoffsammlung und Quellenarbeit

1. Auf welche Weise werden Forschungsergebnisse veröffentlicht und damit einem Fachpublikum zugänglich gemacht?

- ☒ Monographie
- ☒ Sammelband
- ☒ Aufsatz in einer Fachzeitschrift
- ☐ Zeitungsartikel
- ☒ Online-Publikation
- ☒ Wissenschaftliche Tagung
- ☐ Vorlesung

Die klassischen Massenmedien wie Zeitungen sind keine relevanten Medien, wenn es um die Verbreitung von Forschungsergebnissen in der Wissenschaftsgemeinde (scientific community) geht. Das schließt nicht aus, dass Wissenschaftler versuchen, mit populärwissenschaftlichen Schriften oder mit Auftritten im Rundfunk interessierte Laien anzusprechen.

S. Abschnitt 7.1; s. auch Abschnitte 1.1.2 und 7.4.2.

2. Wo kann man bei der Literaturrecherche ansetzen? Mit welchen Quellen beginnt man die Suche?

- ☒ Schlag- und Stichwortkataloge von Bibliotheken
- ☒ Fachlexika und Handwörterbücher
- ☒ Fachzeitschriften
- ☒ Dissertationen und Habilitationsschriften
- ☐ Literaturhinweise auf Wikipedia
- ☒ Literaturempfehlungen aus Lehrveranstaltungen
- ☐ Befragung von Dozentinnen und Dozenten

Doktorarbeiten (Dissertationen) und Habilitationsschriften haben einen vergleichsweise hohen wissenschaftlichen Anspruch. Von solchen Arbeiten ist zu erwarten, dass die seinerzeit aktuelle und relevante Literatur zu einem Themengebiet vollständig verarbeitet wurde.

Der Inhalt von Webseiten wie Wikipedia wird von den Nutzern generiert und nicht nach wissenschaftlichen Kriterien überprüft. Sie dürfen von den dort veröffentlichten Literaturhinweisen keinen vollständigen Überblick über die themenrelevante Literatur erwarten. Daher ist diese Fundstelle zur Orientierung nur bedingt geeignet. Sie ermöglicht auch keine zuverlässige Einschätzung der Relevanz bestimmter Quellen.

Studentische Prüfungsarbeiten werden u. a. nach dem Grad der Eigenleistung bei der Bearbeitung des Themas bewertet. Themensteller um Rat zu fragen, ist daher taktisch unklug.

S. Abschnitte 7.2 und 7.4.5; s. auch Abschnitt 6.1.

3. Wodurch zeichnen sich die verschiedenen Strategien zur Literaturrecherche aus?

- ☒ Die schnellste Methode der Literaturrecherche ist das Schneeballsystem.
- ☐ Anders als bei der Systematischen bzw. Bibliographischen Methode geht man beim Schneeball- oder Lawinensystem unsystematisch vor.
- ☒ Die Bibliographische Methode startet mit der Recherche aktueller Literatur und wird mit zeitlich zurückliegenden Quellen fortgesetzt.
- ☐ Die Wahrscheinlichkeit, unterschiedliche Literaturmeinungen zu finden, ist beim Schneeballsystem höher.
- ☐ Beim Schneeballsystem wird auch aktuelle Literatur sicher erfasst.
- ☒ Die Bibliographische Methode deckt Zitierkartelle auf.

Das Vorgehen beim Schneeball- oder Lawinensystem ist nicht unsystematisch, folgt aber einem anderen Prinzip als die Bibliographische Methode. Die Bezeichnung der letzteren Methode als „systematische" beruht auf Konvention.

Die Ausbeute bei einer Recherche nach dem Schneeballsystem hängt stark von der Qualität der Quellen ab, mit denen die Suche beginnt. Aktuelle Literatur wird möglicherweise nicht erfasst.

S. Abschnitt 7.3.

4. Welche Leitsätze gelten für die Auswahl von Quellen?

- ☒ Quellen müssen veröffentlicht sein.
- ☒ Quellen müssen allgemein zugänglich sein.
- ☐ Aufsätze in Fachzeitschriften haben immer Vorrang vor Monographien.
- ☒ Fachspezifische Literatur hat Vorrang vor allgemeinen oder fachbezogenen Lexika.
- ☒ Der Ursprung der Quelle muss seriös sein.
- ☒ „Graue Literatur" ist nicht zitierfähig.

Quellen, die nicht veröffentlicht wurden (sogenannte „graue Literatur"), sind im Allgemeinen nicht zitierfähig. Ausnahmen von diesem Grundsatz müssen durch das Forschungsproblem begründet sein und sollten mit dem Prüfer abgestimmt werden.

Es gibt keinen zwingenden Zusammenhang zwischen der Publikationsform und der wissenschaftliche Qualität einer Arbeit. Allerdings sollten Sie sich bei der Literaturauswahl auf Quellen konzentrieren, die eine bestimmte Forschungshöhe aufweisen. Z. B. sollten Sie Lexikonartikel und populärwissenschaftliche Quellen nur ausnahmsweise und aus gutem Grund zitieren.

S. Abschnitte 7.4.1, 7.4.2 und 7.4.3.

5. **Welche Quellen dürfen in wissenschaftlichen Arbeiten nicht zitiert werden?**

☐ Monographien

☐ Aufsätze in Fachzeitschriften

☒ Artikel in Publikumszeitschriften

☐ Aufsätze in Sammelbänden

☐ Gesetzestexte

☐ Zeitungsartikel

☒ Unveröffentlichte unternehmensinterne Dokumente

☐ Geschäftsberichte von Unternehmen

☒ Vorlesungsunterlagen

☐ Texte, die auf Webseiten verfügbar sind

☒ Einträge bei Wikipedia

☒ Dokumente, die auf www.hausarbeiten.de zu finden sind.

Grundsätzlich sind nur veröffentlichte Quellen zitierfähig, weil nur sie vom Leser nachvollzogen und überprüft werden können. Ausnahmen von diesem Grundsatz müssen durch das Forschungsproblem begründet sein und sollten mit dem Prüfer abgestimmt werden.

Der Inhalt von Webseiten wie Wikipedia wird von den Nutzern generiert und nicht nach wissenschaftlichen Kriterien auf seine Richtigkeit überprüft. Wikipedia ist keine wissenschaftliche Quelle und darf insbesondere für Definitionen auf keinen Fall zitiert werden.

Sie dürfen nur Literatur zitieren, die eine bestimmte Forschungshöhe aufweist. Veröffentlichte studentische Arbeiten scheiden daher aus. Populärwissenschaftliche Literatur ist nur eingeschränkt zitierfähig, weil der Forschungsstand vereinfacht vermittelt wird. Gleiches gilt für Artikel in Printmedien. Solche Beiträge können aber unterstützend herangezogen werden, wenn es um die Berichterstattung über aktuelle Ereignisse geht, die für die Arbeit relevant sind.

S. Abschnitt 7.4.

6. **Wie aktuell sollten Quellen sein?**

☒ Quellen, die älter als zehn Jahre sind, sollten nur ausnahmsweise zitiert werden.

☐ Die meisten Zitate in der Arbeit sollten aus Quellen stammen, die im gleichen Jahr oder im Vorjahr erschienen sind.

☒ Historische Quellen dürfen bzw. müssen zitiert werden, wenn es die Themenstellung erfordert.

☐ Wenn ein Werk in mehreren Auflagen erschienen ist, sollte die erste Auflage zitiert werden.

☐ Das Schneeballsystem führt automatisch zu den aktuellsten Quellen.

Ihre Arbeit soll den aktuellen Stand der Forschung widergeben und die neuesten Erkenntnisse zu einem Thema berücksichtigen. Dazu müssen die Quellen möglichst aktuell sein.

Anders als die Systematische Methode der Literaturrecherche führt das Schneeballsystem ausschließlich zu Quellen, die vor dem Text entstanden sind, der Ausgangspunkt der Recherche ist. Aktuelle themenrelevante Werke werden daher leicht übersehen.

S. Abschnitte 7.3.2 und 7.4.4; s. auch Abschnitt 7.4.6.

7. Was tut man, wenn man auf bestimmte Literatur nicht zugreifen kann?

○ Wenn die Originalquelle (Primärliteratur) in der eigenen Hochschulbibliothek nicht verfügbar ist, darf aus Schriften anderer Autoren zitiert werden, die sich auf die Originalquelle beziehen (Sekundärliteratur).

○ Schwer zu recherchierende oder zu beschaffende Quellen dürfen vernachlässigt werden, wenn die Aussage auch anders belegt werden kann.

⊗ Primärliteratur hat immer Vorrang vor Sekundärliteratur.

Bequemlichkeit gehört nicht zu den Prinzipien wissenschaftlichen Arbeitens. Sie müssen sich die Mühe machen, Originalquellen zu beschaffen und zu sichten. Nur so gehen Sie sicher, dass Sie von anderen Autoren keine sinnentstellenden Darstellungen oder Zitierfehler übernehmen.

Für die Literaturrecherche und -beschaffung einschließlich der Fernleihe aus anderen Bibliotheken müssen Sie genügend Zeit einplanen.

S. Abschnitt 7.4.3; s. auch Abschnitt 12.1.

8. Was muss man bei Internetquellen beachten?

☒ Die Qualität der Quelle sollte dem Niveau einer wissenschaftlichen Arbeit entsprechen.

☒ Aussagen in Internetquellen sollten immer mit anderen Quellen abgesichert werden.

☐ Alle Internetquellen haben die gleiche Wertigkeit wie Fachbücher und Fachzeitschriften.

☒ Einträge in Online-Lexika wie Wikipedia sind nicht zitierwürdig.

Wissenschaftliche Beiträge, die online publiziert werden, sind ebenso zitierfähig und zitierwürdig wie Fachpublikationen. Ob eine online veröffentlichte Quelle zitierwürdig ist, hängt von ihrem wissenschaftlichen Anspruch und davon ab, wer sie verfasst hat.

Da die Inhalte bestimmter Webseiten von den Nutzern generiert werden, ist nicht gesichert, dass die darauf zu findenden Informationen wahr und aktuell sind. Sie sollten Internetquellen nur für eine erste Orientierung zu einem Thema nutzen und sich dann auf Quellen konzentrieren, deren Seriosität über jeden Zweifel erhaben ist. Dabei ist fachspezifische Literatur jeder Form von Lexikon vorzuziehen.

S. Abschnitte 7.4.2 und 7.4.5.

9. Wie viele Quellen sollten in einer wissenschaftlichen Arbeit zitiert werden?

☐ Der Richtwert für die angemessene Anzahl an Quellen in einer wissenschaftlichen Arbeit lautet „insgesamt ca. eine Quelle pro Textseite".

☐ Der Richtwert für die angemessene Anzahl an Quellen in einer wissenschaftlichen Arbeit lautet „insgesamt ca. drei Quellen pro Textseite".

☒ Die Anzahl der zitierten Quellen hängt von der Forschungsfrage ab.

☐ In einer Bachelor- oder Masterarbeit sollten mindestens 20 Quellen zitiert werden.

☒ Wie viele Quellen in einer Arbeit zitiert werden, hängt von der Literaturlage zum Thema ab.

☒ Für die Quellenauswahl gilt der Grundsatz „Qualität vor Quantität".

Welche Art und welcher Umfang an Quellen für eine Arbeit angemessen sind, hängt von ihrem wissenschaftlichen Anspruch und von der Themenstellung ab. Daher lassen sich zu dieser Frage keine allgemeinverbindlichen Angaben machen.

S. Abschnitt 7.4.6; s. auch Abschnitt 12.2.

10. Wie schlägt sich die Quellenarbeit im zugehörigen Verzeichnis nieder?

⊗ In das Literatur- bzw. Quellenverzeichnis werden nur diejenigen Quellen aufgenommen, die tatsächlich in der Arbeit zitiert wurden.

◯ Das Literaturverzeichnis sollte dem Leser der Arbeit weiterführende Hinweise auf Quellen liefern, die zwar nicht zitiert wurden, aber einen Bezug zum Thema haben.

Das Literaturverzeichnis ist ein Verzeichnis der Literatur, die in der Arbeit zitiert wurde. Es hat nicht die Funktion einer Bibliographie.

S. Abschnitte 7.4.6 und 13.1.

8 Formale und stilistische Anforderungen an wissenschaftliche Arbeiten

1. Bei welchen Passagen einer wissenschaftlichen Arbeit werden die Seitenzahlen mit römischen Ziffern angegeben?

- ☐ Titelblatt
- ☒ Vorwort
- ☒ Inhaltsverzeichnis
- ☒ Abbildungsverzeichnis
- ☒ Abkürzungsverzeichnis
- ☐ Text der Arbeit
- ☐ Anhang
- ☐ Literatur-/Quellenverzeichnis

Bei allen Passagen, die dem Textteil der Arbeit vorangehen, werden die Seiten mit römischen Ziffern nummeriert: Vorwort, Inhaltsverzeichnis, Abbildungsverzeichnis, Tabellenverzeichnis, Abkürzungsverzeichnis.

Bei den Elementen, die dem Text folgen (Anhang, Literatur- bzw. Quellenverzeichnis) wird die Paginierung mit arabischen Ziffern fortgesetzt.

Das Titelblatt und die eidesstattliche Versicherung werden nicht mit Seitenzahlen versehen.

S. Abschnitte 8.1 und 8.2.2.

2. Was muss man bei der optischen Gestaltung der Arbeit beachten?

- ☒ Man muss eine gut lesbare Schrifttype wählen.
- ☒ Bei Proportionalschriften wie Arial fällt der Text umfangreicher aus als bei einer Festbreitenschrift wie Times New Roman.
- ☐ Wichtige Aussagen und Begriffe kann man in seiner Lieblingsfarbe hervorheben.
- ☐ Man sollte dem Text ein möglichst originelles Layout geben (z. B. durch Spalten).
- ☒ Seiten werden einseitig bedruckt.

Eine wissenschaftliche Arbeit ist kein Designobjekt. Sie müssen die formalen Standards einhalten, auch wenn die Arbeit in der eingereichten Fassung optisch bei weitem nicht so ansprechend sein wird wie eine professionelle Präsentation oder ein Printprodukt.

S. Abschnitt 8.2.

3. Welche Formulierungen sind in einer wissenschaftlichen Arbeit stilistisch unangemessen?

- ☐ Um ihre Methodenkompetenz zu erhöhen, sollten alle Studierenden verpflichtet werden, an Kursen zum wissenschaftlichen Arbeiten teilzunehmen.
- ☒ Ich finde, Kurse zum wissenschaftlichen Arbeiten sollten für alle Studierenden Pflicht sein, um ihre Methodenkompetenz zu erhöhen.
- ☒ Nach herrschender Meinung (Klug 2007, 35; Klüger 2009, 127) sind obligatorische Kurse zum wissenschaftlichen Arbeiten sinnvoll. Ich halte sie aber für überflüssig, weil die wenigsten Studierenden eine wissenschaftliche Karriere anstreben.

Die „Ich"- bzw. „Wir"-Form darf nicht verwendet werden. Eine klare Aussage, die nicht mit einer Quellenangabe versehen ist, wird dem Verfasser auch ohne solche Ausdrücke zugeschrieben.

S. Abschnitt 8.3.1; s. auch Abschnitt 12.5.3.

4. Welche Formulierung entspricht dem Stil einer wissenschaftlichen Arbeit?

- ○ Man sollte Kurse zum wissenschaftlichen Arbeiten in jedem Studiengang zur Pflicht machen, um die Methodenkompetenz der Studierenden zu erhöhen.
- ⊗ Um die Methodenkompetenz der Studierenden zu erhöhen, sollten Kurse zum wissenschaftlichen Arbeiten im Curriculum obligatorisch sein.
- ○ Es wäre klasse, wenn alle Studenten an Kursen zum wissenschaftlichen Arbeiten teilnehmen müssten, denn dadurch würde ihre Methodenkompetenz ungeheuer verbessert.

Wendungen mit „man" sind in wissenschaftlichen Arbeiten nicht üblich. Stattdessen kann z. B. die passivische Form gewählt werden.

Umgangssprachliche Ausdrücke sind in einer wissenschaftlichen Arbeit nicht angemessen. Bemerkenswert ist außerdem, dass mit dem Wort „Studenten" keine geschlechtsneutrale Formulierung verwendet wird.

S. Abschnitte 8.3.1 und 8.3.2.

5. Welche Formulierungen sind geschlechtsneutral und für eine wissenschaftliche Arbeit zu empfehlen?

- ☐ Um ihre Methodenkompetenz zu erhöhen, sollten alle Studenten verpflichtet werden, an Kursen zum wissenschaftlichen Arbeiten teilzunehmen.
- ☒ Kurse zum wissenschaftlichen Arbeiten sollten für alle Studentinnen und Studenten Pflicht sein, um ihre Methodenkompetenz zu erhöhen.
- ☐ Für alle StudentInnen sollten Kurse zum wissenschaftlichen Arbeiten obligatorisch sein, um ihre Methodenkompetenz zu erhöhen.
- ☒ Um die Methodenkompetenz der Studierenden zu erhöhen, sollten Kurse zum wissenschaftlichen Arbeiten im Curriculum obligatorisch sein.

⊠ Nach herrschender Meinung (Klug 2007, 35; Klüger 2009, 127) eignen sich Kurse zum wissenschaftlichen Arbeiten dazu, die Methodenkompetenz der Studenten[1] zu erhöhen.

---

[1]   Maskuline Personenbezeichnungen gelten für beide Geschlechter.

„Studenten" bzw. „Studentinnen" sind keine geschlechtsneutralen Wörter, da jeweils das andere Geschlecht ausgegrenzt wird. Das großgeschriebene Suffix „Innen" ist zwar verbreitet, aber stilistisch unschön.

S. Abschnitt 8.3.2; s. auch Abschnitt 12.5.3.

9 Aufbau schriftlicher Prüfungsarbeiten

9.1 Gliederung

1. In welcher Reihenfolge werden die Elemente einer schriftlichen Prüfungsarbeit angeordnet?

Inhaltsverzeichnis mit Anhangverzeichnis
Abbildungsverzeichnis
Tabellenverzeichnis
Abkürzungsverzeichnis
Text der Arbeit
Anhang
Literatur-/Quellenverzeichnis
Eidesstattliche Versicherung

Das Inhaltsverzeichnis sowie Verzeichnisse der Abbildungen, Tabellen und Abkürzungen stehen vor der Abhandlung.

Der Abhandlung folgen erläuternde Materialien und die Quellen angaben. Wird ein Anhang aufgenommen, wird er vor dem Literatur- bzw. Quellenverzeichnis platziert. Das Verzeichnis der Anhänge wird normalerweise in das Inhaltsverzeichnis integriert, folgt diesem also unmittelbar.

Die eidesstattliche Erklärung bildet quasi die letzte Seite der Arbeit.

S. Abschnitte 8.1, 9.5 und 9.6 sowie Kapitel 13.

2. Welche Gliederung ist formal korrekt?

- ○ B Wissenschaft im Comic
  - I Wissenschaft in Graphic Novels
    - 1 Das Selbstexperiment
  - II Wissenschaft im Mainstream-Comic
- ⊗ B Wissenschaft im Comic
  - I Wissenschaft in Graphic Novels
    - 1 Das Selbstexperiment
    - 2 Logicomix: Eine epische Suche nach Wahrheit
  - II Wissenschaft im Mainstream-Comic
    - 1 Donald Duck: Die Seele der Wissenschaft
    - 2 Calvin & Hobbes: Wissenschaftlicher Fortschritt macht „Boing"

Ein Unterpunkt darf nicht allein stehen. In diesem Fall muss auf B.I.1 ein Punkt B.I.2 folgen. Gliederungen sollten ausgewogen sein.

S. Abschnitt 9.2.2; s. auch Abschnitt 1.2.

3. Warum ist der folgende Gliederungsansatz nicht logisch?

1 Wissenschaftler in der Literatur

    a) Wissenschaftler in epischen Werken

    b) Wissenschaftler im Drama

    c) Wissenschaftler im Spielfilm

Jeder übergeordnete Gliederungspunkt muss alle untergeordneten Punkte umfassen und vollständig klären. Hier wird der Gliederungspunkt c) inhaltlich nicht von der Überschrift zu 1 abgedeckt. (Außerdem werden nicht alle Literaturgattungen erfasst; es fehlt die Lyrik.)

S. Abschnitt 9.2.2.

4. Warum erfüllt das folgende Beispiel die Anforderungen an Gliederungslogik nicht?

1 Wissenschaftler im Comic

    a) Wissenschaftler im Comic

    b) Wissenschaftler in den Funny Comics

    c) Daniel Düsentrieb

    d) Balduin Bienlein

Unterpunkte dürfen übergeordnete Punkte nicht wiederholen, z. B. indem auf synonyme Begriffe Bezug genommen wird. Hier wiederholt a) die Überschrift zu 1.

In Abschnitt b) wird nur eine Form von Comics genannt, obwohl unter 1 weitere angesprochen werden müssten.

Die Inhalte von c) und d) sind inhaltlich Unterpunkte von b) und dürfen daher nicht auf der gleichen Gliederungsebene platziert werden.

S. Abschnitt 9.2.2.

5. Welcher logische Fehler steckt im folgenden Gliederungsansatz?

A Wissenschaftler in der Literatur

    I   Wissenschaftler in epischen Werken

    II Wissenschaftler in dramatischen Werken

    III Wissenschaftler in der deutschen Literatur

    IV Wissenschaftler in der englischsprachigen Literatur

Gliederungsprinzipien müssen durchgehalten werden. Ein Abschnitt sollte nur nach einem einzigen Gliederungskriterium unterteilt sein.

Hier werden die Gliederungskriterien „Literaturgattung" und „Geographischer Ursprung" miteinander vermischt. Entweder müssten III und IV jeweils Unterabschnitte von I und II bilden (Unterteilung der Literaturgattungen nach deutscher bzw. englischsprachiger Literatur) oder sowohl III als auch IV müssten nach den verschiedenen Literaturgattungen untergliedert werden. In beiden Fällen würde sich eine dritte Gliederungsebene ergeben.

S. Abschnitt 9.2.2.

6. **Welcher Auszug aus einer Gliederung entspricht formalen wissenschaftlichen Standards?**

⊗ 2 Medialisierung von Wissenschaft

    2.1 Popularisierung

    2.2 Medienorientierung

    2.3 Katastrophenkommunikation

○ 3 Wissenschaft und Medien

    3.1 Wissenschaftler entdecken die Medien.

    3.2 Die Medialisierung der Wissenschaft

    3.3 Der Wissenschaftler als Medienstar

    3.4 Schadet Medienprominenz der wissenschaftlichen Reputation?

Gliederungen werden in substantivierter Form ausgedrückt, d. h. die Gliederungspunkte müssen ohne Verben formuliert werden. Deshalb darf hinter den einzelnen Gliederungspunkten kein Punkt gesetzt werden. Gliederungspunkte dürfen auch nicht in Frageform formuliert werden.

S. Abschnitt 9.2.3; s. auch Abschnitt 3.1.

7. **Welche Elemente einer wissenschaftlichen Arbeit werden im Inhaltsverzeichnis mit Buchstaben und/oder Ziffern versehen?**

☐ Abbildungsverzeichnis

☐ Abkürzungsverzeichnis

☒ Einleitung

☒ „Hauptteil"

☒ Zusammenfassung

☐ Anhang

☐ Literatur-/Quellenverzeichnis

☐ Eidesstattliche Versicherung

Im Inhaltsverzeichnis werden nur diejenigen Manuskriptbestandteile mit Buchstaben und/oder Ziffern geordnet, die die Bearbeitung des Themas ausmachen. Das Stichwort Inhaltsverzeichnis taucht im Verzeichnis selbst nicht auf.

Der „Hauptteil" einer wissenschaftlichen Arbeit wird in der zugehörigen Überschrift nicht als solcher bezeichnet und besteht meist aus mehreren Kapiteln.

S. Abschnitte 8.1 und 9.3.

8. Welche Zeichenfolge ist bei einer alphanumerischen Gliederungsordnung üblich?

⊗   A I 1 a) α

◯   A a) aa) I 1

Eine alphanumerische Gliederungsordnung kombiniert Buchstaben und Ziffern. Zu finden sind verschiedene Varianten (Beginn mit A bzw. Beginn mit I). Das korrekte Beispiel zeigt die gebräuchlichste.

S. Abschnitt 9.4.

9. Wie sehen die Details einer numerischen Gliederungsordnung aus? Welche Gliederungsbeispiele sind formal korrekt?

☐   2. Wissenschaftskommunikation

        2.1. Innerwissenschaftliche Kommunikation

        2.2. Wissenschaftsjournalismus

        2.3. Wissenschafts-PR

☒   2. Wissenschaftskommunikation

        2.1 Innerwissenschaftliche Kommunikation

        2.2 Wissenschaftsjournalismus

        2.3 Wissenschafts-PR

☒   2   Wissenschaftskommunikation

        2.1 Innerwissenschaftliche Kommunikation

        2.2 Wissenschaftsjournalismus

        2.3 Wissenschafts-PR

Nach DIN wird bei einer numerischen Gliederungsordnung nach der letzten Ziffer kein Punkt gesetzt. Zur besseren Lesbarkeit wird mitunter empfohlen, auf der ersten Gliederungsebene nach der allein stehenden Ziffer einen Punkt zu setzen.

S. Abschnitt 9.4; s. auch Abschnitt 3.2.

10. Was macht eine gute Gliederung aus?

☒   Die Gliederung ist logisch aufgebaut.

☒   Der Aufbau der Arbeit ergibt sich aus der Forschungsfrage und der methodischen Vorgehensweise.

☐   Die interessantesten Aspekte des Themas werden aus dramaturgischen Gründen am Ende der Arbeit platziert.

☐   Die Gliederung bindet auch Nebenaspekte elegant ein.

☒   Die Gliederung ist inhaltlich und optisch ausgewogen.

☒   Die Arbeit wird gemessen an ihrem Umfang nicht in zu viele Abschnitte zergliedert.

Die Gliederung muss sich streng am Thema der Arbeit bzw. an der Forschungsfrage orientieren. Eine wissenschaftliche Arbeit soll keinen Spannungsbogen aufbauen. Es kommt auf eine sachliche und logische Darstellung an. Die „Spannung" ergibt sich aus der Originalität der Gedanken und der Klarheit ihrer Abfolge.

Auf Aspekte, die nicht unmittelbar themenrelevant sind und die Sie für Ihre Argumentation nicht zwingend benötigen, müssen Sie verzichten.

Bei einer Arbeit von bis zu 20 Seiten Umfang werden Sie mit zwei Gliederungsebenen auskommen.

S. Abschnitt 9.2.

9.2   Anhang

1. Muss eine wissenschaftliche Arbeit einen Anhang haben?

○   Zu jeder fundierten wissenschaftlichen Arbeit gehört ein Anhang. Ohne einen Anhang wäre bei empirischen Arbeiten z. B. nicht nachvollziehbar, wie die Ergebnisse zu Stande gekommen sind.

⊗   Ein Anhang sollte nur dann aufgemacht werden, wenn die Materialien zum Verständnis unbedingt erforderlich, aber zu umfangreich sind, um sie im Text unterzubringen.

Ein Anhang ist nicht bei jeder wissenschaftlichen Arbeit erforderlich. Viele Hausarbeiten kommen ganz ohne Anhang aus. Bei Prüfungsarbeiten, die auf einer empirischen Studie des Verfassers beruhen, sollten die Ergebnisse jedoch in einem Anhang dokumentiert werden (Fragebogen, Interviewleitfaden, Häufigkeitstabellen etc.), damit sie für Dritte überprüfbar sind. Solche Materialien würden den Textteil der Arbeit sprengen. Alles, was den Lesefluss stört, gehört in den Anhang.

S. Abschnitt 9.5; s. auch Abschnitte 3.2 und 11.1.

2. Welche Bestandteile der Arbeit gehören in einen Anhang?

☐   Abbildungsverzeichnis

☐   Abkürzungsverzeichnis

☐   Halbseitige Abbildungen/Tabellen

☒   Doppelseitige Abbildungen/Tabellen

☒   Rechtsquellen im Wortlaut

☒   Fragebogen zu einer schriftlichen Umfrage

☒   Interviewleitfaden

☒   Transkript (wortgetreues Protokoll) eines Interviews

Verzeichnisse gehören nicht in den Anhang, sondern werden mit Ausnahme des Literatur- bzw. Quellenverzeichnisses dem Text der Arbeit vorangestellt.

Abbildungen o. ä., die nicht so groß sind, dass sie den Lesefluss stören, werden i. d. R. im Text platziert.

S. Abschnitt 9.5.

3. Wo wird der Anhang platziert?

- ○ Unmittelbar nach dem Inhaltsverzeichnis
- ○ Nach dem Kapitel der Arbeit, das auf den betreffenden Anhang Bezug nimmt
- ⊗ Unmittelbar vor dem Literatur- bzw. Quellenverzeichnis
- ○ Unmittelbar nach dem Literatur- bzw. Quellenverzeichnis

Sämtliche Materialien werden in einem Anhang zusammengefasst, der unmittelbar vor dem Literatur- bzw. Quellenverzeichnis eingefügt wird. In manchen Fachdisziplinen wie z. B. in den Ingenieurwissenschaften ist es üblich, den Anhang auf das Verzeichnis der Quellen folgen zu lassen, weil die Materialien oft Sonderformate haben.

S. Abschnitte 8.1 und 9.5.

4. Welche Formvorschriften muss man bei einem Anhang beachten?

- ☒ Die Materialien im Anhang werden nummeriert.
- ☒ Jede Anlage wird mit einem Titel versehen.
- ☐ Wenn die Anlagen klein sind, können mehrere auf einer Seite platziert werden.
- ☐ Diejenigen Seiten der Arbeit, auf denen sich der Anhang befindet, werden nicht nummeriert.
- ☒ Wenn es sich um Anlagen handelt, die nicht selbst erstellt wurden, muss die Quelle angegeben werden.
- ☐ Quellenangaben zu Anlagen werden nicht in das Literatur- bzw. Quellenverzeichnis aufgenommen.

Jede Anlage beginnt auf einer neuen Seite. Sämtliche Seiten der Arbeit müssen mit einer Paginierung versehen werden. Ohne Seitennummerierung kann der Leser die Anlagen in einem umfangreichen Anhang nur mit Mühe auffinden.

Das Literatur- bzw. Quellenverzeichnis enthält ausnahmslos alle Quellen, die in irgendeiner Form in die Arbeit übernommen wurden.

S. Abschnitt 9.5.

5. Wie legt man ein Verzeichnis mehrerer Anlagen (Anhangverzeichnis) an?

- ☐ Das Anhangverzeichnis wird immer in das Inhaltsverzeichnis integriert.
- ☒ Das Verzeichnis der Anlagen kann dem Anhang unmittelbar vorangestellt werden.
- ☐ Ein Anhangverzeichnis ist überflüssig, wenn im Text korrekt auf die einzelnen Anlagen verwiesen wird.
- ☒ Das Anhangverzeichnis enthält die fortlaufende Nummer der Anlage, ihren Titel und die Seite, auf der sie in der Arbeit zu finden ist.

Ein Verzeichnis der nummerierten und betitelten Anlagen kann in das Inhaltsverzeichnis aufgenommen, aber auch unmittelbar vor dem Anhang platziert werden. Verweise ersetzen das Verzeichnis nicht.

S. Abschnitte 8.1 und 9.5; s. auch Abschnitt 12.4.3.

9.3   Verzeichnisse

1.   Wo werden die Verzeichnisse in einer wissenschaftlichen Arbeit platziert?

  ○   Bis auf das Inhaltsverzeichnis werden alle Verzeichnisse nach dem Textteil der Arbeit platziert.

  ⊗   Mit Ausnahme des Literatur- bzw. Quellenverzeichnisses werden alle Verzeichnisse vor dem Textteil der Arbeit platziert.

Das Inhaltsverzeichnis sowie Verzeichnisse der Abbildungen, Tabellen und Abkürzungen stehen vor dem Text. Das Literatur- bzw. Quellenverzeichnis schließt daran an. Ein Anhangverzeichnis kann in das Inhaltsverzeichnis integriert oder zwischen Text und Anlagen im Anhang platziert werden.

S. Abschnitte 8.1, 9.1.1, 9.5, 9.6.1, 9.6.2, 9.6.3, 9.6.4 und 13.1.

2.   Welche Manuskriptbestandteile werden im Inhaltsverzeichnis aufgeführt?

  ☐   Vorwort

  ☐   Inhaltsverzeichnis

  ☒   Abbildungsverzeichnis

  ☒   Tabellenverzeichnis

  ☒   Abkürzungsverzeichnis

  ☒   Anhangverzeichnis

  ☒   Text der Arbeit

Bei wissenschaftlichen Arbeiten, die über das Niveau einer Bachelor- oder Masterarbeit hinausgehen, wie z. B. bei Dissertationen, sind Vorworte üblich. Diese erscheinen nicht im Inhaltsverzeichnis, sondern gehören sozusagen zum Vorspann.

Die Gliederung der Arbeit wird mit dem Titel „Inhaltsverzeichnis" überschrieben. Dieser Titel wird aber nicht in das Verzeichnis selbst aufgenommen.

S. Abschnitte 8.1 und 9.6.1.

3.   Welche Manuskriptbestandteile werden nicht in das Inhaltsverzeichnis aufgenommen?

  ☒   Titelblatt

  ☒   Widmung

  ☒   Abstract

  ☐   Einleitung

  ☐   Zusammenfassung

  ☐   Glossar

  ☒   Eidesstattliche Versicherung

Ein Glossar ist ein Bestandteil des Anhangs und sollte als solches in das Inhaltsverzeichnis aufgenommen werden.

Die eidesstattliche Versicherung, dass die Arbeit selbstständig verfasst und alle Quellen angegeben wurden, steht am Ende der Arbeit. Sie wird weder mit einer Seitenzahl versehen noch im Inhaltsverzeichnis aufgeführt.

S. Abschnitte 8.1 und 9.6.1.

4. Wann muss ein Abbildungsverzeichnis angelegt werden?

○ Ein Verzeichnis muss selbst dann angelegt werden, wenn in der Arbeit nur eine einzige Abbildung auftaucht.

⊗ Ein Abbildungsverzeichnis ist sinnvoll, wenn die Arbeit mehr als eine Abbildung enthält.

Wenn in der Arbeit nur eine einzige Abbildung auftaucht, kann ein Verzeichnis mit einem Eintrag angelegt werden, doch zwingend erforderlich ist dies nicht. Abbildungs- und Tabellenverzeichnisse sollen dem Leser eine Orientierung ermöglichen. Bei einer einzigen Abbildung ist das jedoch nicht unbedingt erforderlich.

S. Abschnitt 9.6.2.

5. Welche formalen Standards muss man bei einem Abbildungsverzeichnis beachten?

☒ Abbildungen werden wie im Text fortlaufend nummeriert (Abb. 1 ff.).

☒ Die Bildunterschrift muss im Verzeichnis wortgetreu wiedergegeben werden.

☒ Die Seite, auf der sich die Abbildung befindet, muss angegeben werden.

☐ Die Quellenangabe (Klammerzusatz zur Bildunterschrift) wird in das Verzeichnis übernommen.

Die Seite, auf der sich die Abbildung in der Arbeit befindet, muss exakt angegeben werden. Textverarbeitungsprogramme erstellen dies automatisch. Wenn Sie solche Funktionen nicht nutzen, sollten Sie bei der abschließenden Durchsicht des Textes noch einmal überprüfen, ob die Angaben im Verzeichnis mit den Seitenzahlen übereinstimmen.

Quellenangaben werden nicht in das Abbildungsverzeichnis aufgenommen. Bei Textverarbeitungsprogrammen müssen die Verweise so angelegt werden, dass sie sich nur auf die Bildunterschrift beziehen und nicht auf die Quellenangabe.

S. Abschnitt 9.6.2; s. auch Abschnitt 11.3.

6. Wie legt man ein Tabellenverzeichnis an?

☒ Das Tabellenverzeichnis folgt auf das Abbildungsverzeichnis.

☐ Das Tabellenverzeichnis folgt auf das Abkürzungsverzeichnis.

☒ Das Verzeichnis enthält alle Tabellen, die sich im Text und im Anhang befinden.

☒ Die Reihenfolge der Tabellen im Verzeichnis entspricht der Reihenfolge im Text.

Ein Tabellenverzeichnis wird immer auf einer separaten Seite zwischen Abbildungsverzeichnis und Abkürzungsverzeichnis platziert. Die formalen Standards (Nummerierung, Titel, Seitenangabe etc.) entsprechen denen für das Abbildungsverzeichnis.

S. Abschnitte 8.1 und 9.6.3; s. auch Abschnitt 11.3.

7. Welche Funktionen erfüllt ein Abkürzungsverzeichnis?

☒ Das Abkürzungsverzeichnis erläutert Abkürzungen, die nicht im Duden vorkommen.

☐ Abkürzungen, die nicht im Duden vorkommen, aber im Fachgebiet gängig sind, brauchen nicht erläutert zu werden.

☒ Das Abkürzungsverzeichnis kann Zitierabkürzungen enthalten.

☐ Abkürzungen werden in der Reihenfolge ihres Erscheinens in der Arbeit im Verzeichnis gelistet.

Gängige, d. h. nach Duden anerkannte Abkürzungen können, aber müssen nicht unbedingt in das Abkürzungsverzeichnis aufgenommen werden.

Zitierabkürzungen wie „a.a.O.", „Aufl." und „et al." werden fachübergreifend als bekannt vorausgesetzt. Anders als fachspezifische Abkürzungen müssen sie daher nicht unbedingt in das Verzeichnis aufgenommen werden.

Die Einträge im Abbildungsverzeichnis werden in alphabetischer Reihenfolge aufgeführt.

S. Abschnitte 12.6 und 9.6.4.

8. Welche Abkürzungen müssen unbedingt in das Abkürzungsverzeichnis aufgenommen werden?

☐ a.a.O.   am angegebenen Ort

☐ Aufl.   Auflage

☒ Az.   Aktenzeichen

☐ et al.   et alii

☐ etc.   et cetera

☒ GG   Grundgesetz

☐ Nr.   Nummer

☐ u. a.   unter anderem

Alle Abkürzungen müssen erläutert werden, auch solche, die sich auf Rechtsquellen und Verwaltungsanweisungen beziehen (Gesetze, Verordnungen, Gerichtsurteile Erlasse etc.). Ausgenommen sind gängige Abkürzungen, d. h. anerkannte Abkürzungen laut Duden (z. B., u. a., usw., etc.). Diese können, aber müssen nicht unbedingt in das Abkürzungsverzeichnis aufgenommen werden.

Zitierabkürzungen wie „a.a.O.", „Aufl." und „et al." werden im wissenschaftlichen Bereich in der Regel als bekannt vorausgesetzt. Daher ist es nicht unbedingt erforderlich, Zitierabkürzungen in das Verzeichnis aufzunehmen.

S. Abschnitte 12.6 und 9.6.4.

9. Welche Begriffe und Ausdrücke dürfen im Text einer wissenschaftlichen Arbeit abgekürzt werden?

☒ Bundesministerium für Wirtschaft und Technologie   BMWI

☐ Bundestag   BT

☐	Bundesverfassungsgericht	BVerfG
☐	Grundgesetz	GG
☒	Seite	S.
☒	siehe	s.
☐	Wissenschaft	Wiss.

Auch lange Begriffe dürfen nicht aus reiner Bequemlichkeit oder um Platz zu sparen abgekürzt werden. Es sollten nur Abkürzungen, die in Rechtsquellen oder in der Fachliteratur allgemein üblich sind, sowie anerkannte Kurzbezeichnungen von Organisationen verwendet werden.

Bei Quellenangaben können dagegen z. B. bei Rechtsquellen offizielle Kürzel wie BT-Drs. oder BVerfG verwendet werden.

S. Abschnitte 12.6 und 9.6.4.

10. Muss die Abkürzung „Hrsg." für Herausgeber in das Abkürzungsverzeichnis aufgenommen werden?

    ◯   Ja. Alle Zitierabkürzungen müssen unbedingt in das Abkürzungsverzeichnis aufgenommen werden.

    ◯   Nein, denn die Abkürzung „Hrsg." wird im Literaturverzeichnis, aber nicht im Text verwendet.

    ◯   Nein. „Hrsg." braucht nicht in das Verzeichnis aufgenommen zu werden, weil das eine gängige Abkürzung ist, die im Duden aufgeführt wird.

    ⊗   Nein. „Hrsg". ist zwar keine Abkürzung aus dem allgemeinen Sprachgebrauch, aber unter Wissenschaftlern nicht erklärungsbedürftig.

Im Allgemeinen werden alle Abkürzungen im zugehörigen Verzeichnis erklärt, und zwar sowohl die, die im Text verwendet werden, als auch die, die im Literatur- bzw. Quellenverzeichnis oder im Anhang auftauchen.

Abkürzungen, die keine nach dem Duden anerkannten Kurzformen sind, müssen im Allgemeinen in das Abkürzungsverzeichnis aufgenommen werden.

Abweichend von diesen beiden allgemeinen Regeln gilt für Zitierabkürzungen, die bei bibliographischen Angaben in Fußnoten und in Verzeichnissen verwendet werden, eine Art Wahlrecht. Bei Zitierabkürzungen wird unterstellt, dass sie bekannt sind, obwohl sie nicht im Duden aufgeführt werden. Sie können, aber müssen nicht zwingend in das Verzeichnis aufgenommen werden.

S. Abschnitte 12.6 und 9.6.4.

10   Einleitung und Zusammenfassung

1. Was muss in der Einleitung einer wissenschaftlichen Arbeit stehen?

- ☐ Beschreibung eines Sachverhalts
- ☒ Problemstellung und Forschungsfragen
- ☒ Überblick über die gewählte Methodik
- ☐ Diskussion von Handlungsempfehlungen
- ☒ Gegenstand und Ziel der Arbeit
- ☐ Analyse der Ursachen eines Sachverhalts

In der Einleitung wird auf der Grundlage einschlägiger Definitionen auch der Untersuchungsgegenstand präzisiert.

Die ausführliche Darstellung und Analyse des Sachverhalts, Schlussfolgerungen und Handlungsempfehlungen gehören in den Hauptteil der Arbeit.

S. Abschnitte 9.1.1 und 10.1; s. auch Abschnitt 2.2.2.

2. Wie umfangreich darf die Einleitung sein?

- ○ Der Umfang der Einleitung hängt von der Komplexität der Themenstellung ab. Richtwerte sind nicht sinnvoll.
- ⊗ Die Einleitung sollte höchstens 10 % der Arbeit ausmachen.
- ○ Die Einleitung sollte höchstens 25 % der Arbeit ausmachen.

Die Einleitung und die Zusammenfassung sollten zusammen 10 % bis 20 % der Arbeit ausmachen. Umfangreiche Erläuterungen und notwendige Begriffsdefinitionen gehören ggf. in den Hauptteil der Arbeit.

S. Abschnitte 9.1.2 und 10.1.

3. Was wird im Hauptteil der Arbeit behandelt?

- ☐ Anlass der Arbeit
- ☒ Beschreibung eines Sachverhalts
- ☒ Analyse der Ursachen eines Sachverhalts
- ☐ Formulierung von Forschungsfragen
- ☒ Diskussion der Forschungsfragen
- ☒ Diskussion von Handlungsempfehlungen
- ☒ Auswahl von Handlungsempfehlungen

Der Anlass der Arbeit und die Formulierung von Forschungsfragen gehören in die Einleitung.

S. Abschnitte 9.1.1 und 10.1.

4. An welcher Stelle der Arbeit werden Begriffe definiert, die für das Thema relevant sind?

⊠   In der Einleitung müssen alle Begriffe, die in der Themenstellung enthalten sind, kurz definiert werden, um den Untersuchungsgegenstand abzugrenzen.

☐   Wenn Begriffe, die für das Thema relevant sind, in der Literatur nicht einheitlich definiert werden, müssen die Literaturmeinungen in der Einleitung ausführlich dargestellt werden, auch wenn dies mehrere Seiten beansprucht.

⊠   Die Definition und Abgrenzung zentraler Begriffe dient der Präzisierung der Forschungsfragen und kann die methodische Vorgehensweise beeinflussen.

☐   Wenn die Definition zentraler Begriffe zu komplex für die Einleitung ist, werden sie in der Einleitung gar nicht angesprochen, sondern im Hauptteil der Arbeit geklärt.

Begriffe, die für das Thema und damit für die Bearbeitung der Forschungsfragen zentral sind, müssen in der Einleitung geklärt werden. Wenn der Raum in der Einleitung nicht ausreicht, weil die Begriffsklärung schwierig ist (verschiedene Bedeutungen, Überschneidungen mit anderen Begriffen, verschiedene Literaturmeinungen, historische Entwicklung des Begriffsverständnisses etc.), wird in der Einleitung eine prägnante vorläufige Definition präsentiert und auf die ausführliche Darstellung im Hauptteil der Arbeit verwiesen.

S. Abschnitte 9.1.1 und 10.1; s. auch Abschnitt 2.2.2.

5. Was steht in der Zusammenfassung der Arbeit?

⊠   Wichtige Ergebnisse der Arbeit

☐   Diskussion der Forschungsfragen

⊠   Thesenartige Antworten auf die Forschungsfragen

☐   Handlungsempfehlungen

⊠   Ausblick

☐   Beurteilung von Lösungsvorschlägen

Die Herleitung der Antworten auf die Forschungsfragen und die Entwicklung von Handlungsempfehlungen gehören in den Hauptteil der Arbeit.

S. Abschnitte 9.1.1 und 10.2.

11   Grafiken und Tabellen

1.   Wie werden Abbildungen und Tabellen eingesetzt?

☒   Abbildungen und Tabellen fundieren und ergänzen die Argumentation.

☐   Eine aussagekräftige Grafik spricht für sich selbst und braucht nicht erläutert zu werden.

☐   Abbildungen sind eine elegante Möglichkeit, um einen zu langen Text zu kürzen.

☒   Großformatige Abbildungen und Tabellen werden im Anhang platziert.

☐   Abbildungen und Tabellen werden immer möglichst nah an der Textstelle platziert, auf die sie sich beziehen.

Schaubilder illustrieren den Text, dürfen ihn aber nicht ersetzen. Grafiken und Tabellen werden nur dann in den Textteil der Arbeit eingebunden, wenn sie so klein sind, dass sie den Lesefluss nicht stören.

S. Abschnitte 11.1 und 9.5.

2.   Welche Angaben müssen an welcher Stelle gemacht werden, wenn eine Abbildung aus einer Quelle originalgetreu übernommen wird?

☒   Abbildungen werden nicht mit einem Titel versehen, der direkt über der Abbildung steht, sondern mit einer Bildunterschrift.

☒   Die Abbildungen werden in der Arbeit fortlaufend nummeriert.

☐   Die Quelle der Abbildung wird in einer Fußnote angegeben. Das Fußnotenzeichen wird am Ende des Titels der Abbildung platziert.

☐   Die Quelle der Abbildung erscheint nicht im Literaturverzeichnis, weil dort nur die Quellen aufgeführt werden, aus denen im Text der Arbeit zitiert wurde.

Abbildungen werden mit einer Bildunterschrift versehen, die mit „Abbildung" oder „Abb." und einer fortlaufenden Nummer beginnt.

Die Quellen, aus denen Abbildungen stammen, werden nicht in Fußnoten angegeben, sondern direkt in der Bildunterschrift.

Im Literaturverzeichnis sind ausnahmslos alle Quellen anzugeben, die in der Arbeit verwendet wurden.

S. Abschnitt 10.3; s. auch Abschnitt 13.1.

3.   Welche ergänzenden Informationen sind bei Abbildungen üblich?

☒   Grafiken, die nicht originalgetreu übernommen werden, werden mit dem Zusatz „in Anlehnung an …" versehen, der die Quellenangabe einleitet.

- ☐ In der Bildunterschrift muss der Originaltitel der übernommenen Abbildung auftauchen.
- ☒ Um Zweifeln vorzubeugen, sollten selbst kreierte Abbildungen mit dem Zusatz „eigene Darstellung" versehen werden.
- ☐ Die Form der Quellenangabe entspricht derjenigen, die in der gesamten Arbeit verwendet wird (Voll- oder Kurzbeleg).
- ☒ Quellenangaben zu Abbildungen müssen u. a. auf die Seite verweisen, auf der diese zu finden sind.

Alle Abbildungen, die keine eigenen Darstellungen sind, müssen mit einer Quellenangabe versehen werden. Abweichungen vom Original müssen angezeigt werden. Sie können kommentarlos vom ursprünglichen Titel abweichen und eine andere Bildunterschrift wählen.

S. Abschnitt 10.3; s. auch Abschnitte 12.5.1 und 12.5.2.

4. Welche Art von Diagramm eignet sich zur Darstellung von Werten, die sich zu 100 % summieren?

Kreisdiagramm

(Dreidimensionale) Tortendiagramme sehen etwas anders aus, funktionieren aber nach dem gleichen Prinzip.

S. Abschnitt 11.2.

5. Stellt ein Balkendiagramm die gleichen Inhalte dar wie ein Säulendiagramm?

Beide Diagrammtypen illustrieren den Vergleich verschiedener Werte. Bei einem Balkendiagramm werden die Werte horizontal dargestellt. Eine vertikale Darstellung mit Hilfe von Säulen wird als Säulendiagramm bezeichnet.

S. Abschnitt 11.2.

12 Zitieren

12.1 Zitierfähigkeit

1. Welche Quellen dürfen in wissenschaftlichen Arbeiten zitiert werden?

- ☐ Vorlesungsunterlagen
- ☒ Monographien
- ☒ Aufsätze in Fachzeitschriften
- ☒ Aufsätze in Sammelbänden
- ☐ Unveröffentlichte Manuskripte
- ☒ Transkripte von Experteninterviews
- ☒ Gesetzestexte

Grundsätzlich sind nur veröffentlichte Quellen zitierfähig. Vor allem bei qualitativen Studien können Ausnahmen begründet sein. Wenn es z. B. um eine Inhaltsanalyse von Dokumenten geht, die nicht allgemein zugänglich sind, oder um die Auswertung von protokollierten Experteninterviews, können (wörtliche) Zitate die Präsentation der Ergebnisse unterstützen. In solchen Fällen können Sie dem Leser die Quellen über einen Anhang zur Arbeit zugänglich machen.

S. Abschnitte 7.4 und 12.1; s. auch Abschnitte 3.2.4 und 9.5.

2. Was versteht man unter „grauer Literatur"? Ist „graue Literatur" zitierfähig?

- ○ „Graue Literatur" ist eine Umschreibung für Bücher, die sozusagen inhaltlich ergraut, d. h. veraltet sind. Sie dürfen zitiert werden, sollten aber besser durch aktuelle Quellen ersetzt werden.
- ○ Wenn eine Forschungsarbeit auf „grauer" Literatur, d. h. auf vertraulichen Dokumenten beruht, darf ein Wissenschaftler seine Quellen nicht preisgeben, weil er gegenüber seinen Informanten zur Geheimhaltung verpflichtet ist.
- ⊗ Als „graue Literatur" bezeichnet man unveröffentlichte Quellen. Solche Quellen dürfen in wissenschaftlichen Arbeiten nicht zitiert werden.

Anders als Journalisten müssen Wissenschaftler ihre Quellen offen legen. Zu den Grundsätzen wissenschaftlichen Arbeitens gehört es, Aussagen zu beweisen. Wenn sich die Beweise auf Meinungen beziehen, die in der Literatur zu finden sind, dann müssen diese Fundstellen angegeben werden. Wenn eine Fundstelle weder öffentlich zugänglich ist noch im Rahmen der Arbeit vorgelegt werden kann (z. B. in einem Anhang), kann der Wahrheitsgehalt der Aussage von Dritten nicht überprüft werden.

S. Abschnitte 7.4 und 12.1; s. auch Abschnitt 1.4.1.

3. Darf man in einer wissenschaftlichen Arbeit mündliche Aussagen zitieren?

☐ Zitierfähig sind nur Aussagen, die in gedruckten Medien zu finden sind.

☐ Mündliche Aussagen dürfen nur zitiert werden, wenn Sie bereits in einer veröffentlichten Quelle dokumentiert wurden.

☒ Verbale Äußerungen sind zitierfähig, müssen aber durch Quellenangaben überprüfbar gemacht werden.

☐ Die Zitierfähigkeit verbaler Äußerungen hängt von der Seriosität des Sprechers ab.

☒ Experteninterviews sind zulässige Quellen, da sich neueste Entwicklungen zu einem Thema häufig nicht anders erkunden lassen.

In wissenschaftlichen Arbeiten dürfen sowohl gedruckte Quellen als auch andere Medien zitiert werden, und zwar sowohl wörtlich als auch sinngemäß.

Hörensagen ist wissenschaftlich nicht verwertbar, Experteninterviews sind es durchaus. Empirische Studien sind oft so ausgelegt, dass sie mit bestimmten Methoden mündliche Äußerungen dokumentieren und analysieren (z. B. Gruppendiskussion, persönliche Befragung).

Wörtliche oder sinngemäße Zitate aus Gesprächen lassen sich mit Wortprotokollen (Transkripten) belegen, die in den Anhang der Arbeit aufgenommen werden können.

Wenn es sich nicht um eine qualitative Studie mit Probanden handelt, sondern um Experteninterviews, sollten Sie ein Gesprächsverzeichnis anlegen, das den Namen und die Funktion Ihres Gesprächspartners sowie das Datum, das Thema und die Form (persönlich, telefonisch etc.) des Gesprächs angibt.

S. Abschnitte 7.4 und 12.1; s. auch Abschnitte 3.2.5 und 9.5.

4. Wie wird eine Quelle, die nicht zugänglich ist und ausnahmsweise indirekt über eine andere Quelle zitiert werden muss, korrekt belegt (Sekundärzitat)?

Thomas Mann, der sich fremde Texte aneignete und diese in seinen Romanen verarbeitete, beschrieb seine Arbeitsweise in einem Brief an Theodor W. Adorno vom 30.12.1945 als eine „Art von höherem Abschreiben".

Sekundärzitat

○ [1] Mann, Thomas, Briefe Bd. 2, 1937–1947, Frankfurt a. M. 1963, S. 470.

⊗ [1] Mann, Thomas, zitiert nach Lethem, Jonathan, Autoren aller Länder plagiiert euch!, in: Literaturen, 8. Jg., 2007, H. 6, S. 59–63, hier S. 59.

○ [1] Lethem, Jonathan, Autoren aller Länder plagiiert euch!, in: Literaturen, 8. Jg., 2007, H. 6, S. 59–63, hier S. 59.

In wissenschaftlichen Arbeiten müssen Originalquellen zitiert werden. Nur so können Sie ausschließen, dass Sie keine Zitierfehler anderer Autoren übernehmen. Wenn die Originalquelle nicht zugänglich ist, dürfen Sie ausnahmsweise ein Sekundärzitat anbringen. Dabei weisen Sie mit dem Zusatz „zitiert nach" oder „zit. nach" darauf hin, dass Sie sich nicht direkt auf das Original, sondern auf eine andere Quelle beziehen, in der der Gedanke aufgegriffen wird.

Im Beleg wird die Sekundärquelle angegeben. Außerdem werden die bibliographischen Angaben zur Originalquelle übernommen, die in der Sekundärquelle erscheinen.

S. Abschnitte 7.4 und 12.1.

5. Dürfen eigene Arbeiten zitiert werden (Selbstzitat)?

☒ Es ist üblich, auf eigene Forschungsergebnisse zu verweisen, wenn die Erkenntnisse, die präsentiert werden, auf früheren Arbeiten aufbauen.

☐ Eigene Texte dürfen ohne Quellenangabe wörtlich wiedergegeben werden.

☒ Selbstzitate müssen mit einer Quellenangabe versehen werden.

☐ In einer Masterarbeit kann die eigene Bachelorarbeit zitiert werden, wenn sich dort korrekte Hinweise auf die zitierten Quellen finden.

☐ Die eigene Bachelor- oder Masterarbeit ist zitierfähig, wenn sie öffentlich zugänglich ist.

Passagen aus eigenen Texten wörtlich zu übernehmen oder zu paraphrasieren, ist kein guter wissenschaftlicher Stil. Wissenschaftliche Arbeiten sollen nicht dem Recycling von Gedanken dienen, sondern dem Erkenntnisfortschritt.

Auch bei fortgeschrittenen Prüfungsarbeiten müssen Sie die Originalquellen angeben. Ob Ihre eigene Arbeit in Bezug auf eigenständige Erkenntnisse – z. B. aus einer empirischen Studie – zitierfähig ist, hängt nicht davon ab, ob sie veröffentlicht wurde, sondern von einschlägigen Bestimmungen in den (Prüfungs-)Ordnungen Ihrer Hochschule.

S. Abschnitt 12.1; s. auch Abschnitt 1.4.

12.2   Zitierpflicht

1. Wo muss ein Quellennachweis angebracht werden?

☐ Quellenangaben gehören entweder gesammelt an das Ende des Kapitels (Endnoten) oder an den Anfang. Das gewählte Prinzip muss in der Arbeit durchgehalten werden.

☒ Eine Fußnote oder ein Klammerzusatz muss immer unmittelbar im Anschluss an die Aussage angebracht werden, die zitiert wird.

☐ Wenn ein mehrseitiges Kapitel einer wissenschaftlichen Arbeit ausschließlich auf einer Quelle basiert, genügt es, diese Quelle am Ende des Kapitels anzugeben.

☒ Wenn sich eine Aussage auf mehrere Quellen bezieht, können diese in einer Fußnote bzw. in einer Klammer zusammengefasst werden.

Wenn ein mehrseitiges Kapitel einer wissenschaftlichen Arbeit ausschließlich auf einer Quelle basiert, Sie die Quelle aber nicht am Ende eines jeden Absatzes angeben wollen, müssen Sie dem Leser mitteilen, worauf sich die Darstellung bezieht. Dies kann durch eine Bemerkung im Text oder durch eine Anmerkung (Fußnote) geschehen. Beides bringen Sie am Anfang des Kapitels unter.

Die Harvard-Methode ist ein Zitierverfahren, bei dem der Beleg nicht in einer Fußnote, sondern in einem Klammerzusatz im fortlaufenden Text platziert wird.

Bei manchen Fachzeitschriften oder Sammelbänden haben deren Herausgeber besondere Zitiervorschriften festgelegt. Vor allem in der anglo-amerikanischen Literatur wird regelmäßig nicht mit Fußnoten am Seitenende, sondern mit Endnoten am Textende (References) gearbeitet. Die Verweise über Endnotenziffern werden wie bei jedem Zitierverfahren in der Regel unmittelbar nach der zitierten Aussage angebracht.

S. Abschnitt 12.2; s. auch Abschnitte 12.4 und 12.5.3.

2. Wie oft muss man einen Quellennachweis anbringen?

☐   Wenn eine Quelle einmal korrekt zitiert wurde, braucht sie nicht noch einmal angegeben zu werden.

☐   Wenn eine Quelle in der Arbeit mehrfach zitiert wird, wird die Quelle nur beim ersten Mal ausführlich bezeichnet, und zwar in einer Fußnote. Nachfolgende Zitate werden im fortlaufenden Text mit dem Klammerzusatz („a.a.O.") versehen.

☒   Wird eine Quelle im unmittelbar folgenden Absatz noch einmal zitiert, muss sie erneut genannt werden.

☐   Damit die Arbeit nicht zu viele Zitate enthält, sollten nur die wichtigsten Aussagen belegt werden.

Jede fremde Aussage muss belegt werden, ganz gleich, ob ein Text in der Arbeit nur einmal oder mehrfach zitiert wird.

Beim Zitieren mit Vollbelegen verzichtet man bei Mehrfachnennungen derselben Quelle darauf, jedes Mal die vollständigen bibliographischen Angaben zu machen. Das geschieht nur beim erstmaligen Zitieren der Quelle. Danach werden in der beim Vollbeleg obligatorischen Fußnote nur noch der Name des Verfassers, ggf. ein Kurztitel und die exakte Fundstelle (Seitenangabe) genannt. Auf alle anderen Informationen wird durch die Zitierabkürzung „a.a.O." (am [in der Fußnote oben] angegebenen Ort) verwiesen.

Quellen werden nur bei der Harvard-Methode im fortlaufenden Text nachgewiesen. Die Zitierabkürzung „a.a.O." darf dabei nicht verwendet werden.

S. Abschnitte 12.2 und 12.5.1; s. auch Abschnitte 7.4.6, 12.4 und 12.5.3.

3. Bei welchen Aussagen muss man eine Quelle angeben?

☒   Bei Aussagen, die originär vom Verfasser der Arbeit selbst stammen, wird auf eine Quellenangabe verzichtet.

☒   Jedes Zitat muss mit einer Quellenangabe versehen werden.

☐   Eine Quelle muss nur dann angegeben werden, wenn eine Aussage unverändert übernommen wird.

☐   Wenn eine Textpassage wortwörtlich übernommen wird, muss die Quelle angegeben werden. Wird der Text umformuliert, ist das nicht nötig.

☐   Quellenangaben sind sowohl bei wörtlichen als auch bei sinngemäßen Zitaten ein Muss, aber nur, wenn man sich auf Bücher und Zeitschriften bezieht.

☐   Was im Internet steht, ist frei verfügbare Information. Internetquellen braucht man daher nicht anzugeben.

☒   Eine Abbildung, die keine eigene Darstellung des Verfassers ist, braucht eine Quellenangabe.

Jeder Gedanke und jede Abbildung, den oder die Sie nicht selbst entwickelt, sondern von einem anderen Urheber übernommen haben, muss als Zitat gekennzeichnet werden, und zwar ohne Ausnahme. Dieser eherne Grundsatz wissenschaftlichen Arbeitens gilt sowohl für wörtliche als auch für sinngemäße Zitate bzw. originalgetreue und abgewandelte Übernahmen von Abbildungen. Er gilt unabhängig vom Medium, in dem die zitierte Aussage zu finden ist.

S. Abschnitte 11.3, 12.2 und 12.3; s. auch Abschnitte 1.4.1, 4.2 und 5.2.

4.   Wie geht man mit Querverweisen in der Literatur um?

☐   Man muss nur den Text zitieren, in dem man die Information gefunden hat, auch wenn in diesem Text darauf hingewiesen wird, dass die Information aus einer anderen Quelle stammt.

☒   Um Informationen aus „zweiter Hand" zu vermeiden, sollte man denjenigen Text zitieren, in dem ein Gedanke ursprünglich entwickelt wurde.

☒   Bei einem Zitat im Zitat wird die Originalquelle zitiert.

☒   Quellenangaben dürfen nicht ungeprüft übernommen werden.

Primärliteratur ist immer zitierwürdiger als Sekundärliteratur, die Aussagen aus anderen Quellen wiedergibt. Wenn Sie Informationen aus einem Text übernehmen wollen, der auf andere Quellen verweist, beschaffen Sie sich die Originalquellen. Auf diese Weise minimieren Sie das Risiko, dass Sie Inhalte oder bibliographische Angaben übernehmen, die der Verfasser des Textes (versehentlich oder absichtlich) verfälscht hat. Das gilt vor allem für wörtliche Zitate, bei denen es auf eine buchstabengetreue Wiedergabe ankommt.

S. Abschnitte 12.2 und 12.3.1; s. auch Abschnitte1.4.1, 4.2, 5.2 und 7.4.3.

5.   Welche Techniken werden im Umgang mit Quellen als Plagiat eingestuft?

☒   Wörtliche Wiedergabe einer Aussage ohne Kennzeichnung des Zitates mit Anführungsstrichen und ohne Quellenangabe

☒   Wörtliches Zitat ohne Anführungsstriche, aber mit Angabe der Quelle

☒   Abschreiben von Textpassagen und Ersetzen einzelner Wörter durch Synonyme, wobei auf den ursprünglichen Text verwiesen wird

☐   Wiedergabe fremder Gedanken mit eigenen Worten und Nachweis der Quelle, aus der die Gedanken stammen

☒   Eigenständige Kombination wörtlich übernommener Textbausteine zu einem sinngemäßen Zitat mit Quellenangabe

☒   Wiedergabe fremder Gedanken mit eigenen Worten ohne Quellenangabe

Wenn Sie Teile fremder Texte wörtlich wiedergegeben, ohne die Übernahme eindeutig zu kennzeichnen, begehen Sie ein Wortlautplagiat. Wenn Sie Textpassagen paraphrasieren, d. h. nur leicht umformulieren, begehen Sie ein Inhaltsplagiat, ganz gleich, ob Sie den Verfasser angeben oder nicht.

Wesentliche Gedanken aus einer anderen Arbeit zu übernehmen, gilt als Ideenplagiat. Technisch korrekte sinngemäße Zitate sind erlaubt.

S. Abschnitte 12.2 und 12.3; s. auch Abschnitte 1.4, 4.2 und 5.2.

12.3   Zitierweisen

1. Wann und wie sollte man wörtliche Zitate anbringen?

☒   Wörtliche Zitate sollten sparsam verwendet werden.

☒   Wörtliche Zitate sind angebracht, wenn es auf den exakten Wortlaut des Originals ankommt, wie z. B. bei einer Definition.

☐   In einer Arbeit sollte möglichst viel wörtlich zitiert werden, weil das beweist, dass die Quellen genau studiert wurden.

☒   Wörtliche Zitate sollten so kurz wie möglich gehalten werden.

Wörtliche Zitate sind in einer Arbeit die Ausnahme, nicht die Regel. Sie sollten sich nur auf einen Satz oder einen Halbsatz beziehen.

S. Abschnitt 12.3.1.

2. Wie müssen wörtliche Zitate im Text angezeigt werden?

○   Wörtliche Zitate werden immer in einfache Anführungsstriche gesetzt.

⊗   Wörtliche Zitate werden immer in doppelte Anführungsstriche gesetzt.

○   Wörtliche Zitate werden durch eine besondere Schriftart hervorgehoben (Kursivdruck, Fettdruck).

○   Wörtliche Zitate werden durch Einrücken und ggf. durch einen kleineren Schriftgrad angezeigt.

Wörtliche Zitate werden in doppelte Anführungsstriche gesetzt, um sie als wortgetreue Übernahmen kenntlich zu machen. Hervorhebungen durch einen kleineren Schriftgrad oder durch Einrücken können zusätzlich angebracht werden, wenn in der Arbeit mehrfach längere Textpassagen wörtlich zitiert werden.

S. Abschnitt 12.3.1; s. auch Abschnitt 8.2.1.

3. Welche Änderungen am Originaltext müssen beim wörtlichen Zitieren angezeigt werden?

☒   Weglassen eines Wortes innerhalb des Zitates

☒   Auslassungen mehrerer Wörter innerhalb des Zitates

☐   Auslassungen am Ende des Zitates

☐   Hinzufügen eines Wortes am Anfang des Zitates

☒   Ergänzung einzelner Buchstaben, um die Grammatik anzupassen

☒   Ergänzung eines oder mehrerer Wörter im übernommenem Text

☒   Weglassen einer Hervorhebung

☒ Fettdruck eines oder mehrerer Wörter

☐ Weglassen des Punktes am Satzende des Originalzitats

Bei wörtlichen Zitaten muss die Quelle buchstabengetreu wiedergegeben werden. Sie können den Inhalt verdeutlichen oder den Text lesbarer machen, indem Sie ein oder mehrere Wörter ergänzen, müssen diese aber in eckige Klammern setzen. Das Gleiche gilt für das Ergänzen einzelner Buchstaben.

Ergänzungen am Anfang oder am Ende des wörtlichen Zitats liegen ebenso wie Auslassungen außerhalb des Zitats, d. h. jenseits der Passage, die in Anführungsstriche gesetzt wird. Wenn Sie einen Satz unvollständig wörtlich zitieren, fügen Sie die Passage in Ihren eigenen Satz ein, ohne anzuzeigen, dass Sie am Anfang oder am Ende etwas weglassen haben.

Groß- und Kleinschreibung können ohne Vermerk angepasst werden, um ein wörtliches Zitat in einen Satz zu integrieren. Auch die Interpunktion kann ohne näheren Hinweis angepasst werden.

Formale Besonderheiten (Fettdruck, Kursivdruck etc.) werden entweder übernommen oder dem eigenen Text angepasst. In jedem Fall muss darauf hingewiesen werden, wer eine Textstelle hervorgehoben hat („Hervorhebung im Original", „Hervorhebung durch den Verfasser") oder angezeigt werden, dass der Text nicht originalgetreu übernommen wurde („im Original z.T. hervorgehoben").

S. Abschnitt 12.3.1.

4. Wie sieht der Kurzbeleg zu einer wörtlich zitierten Textpassage aus, die im Original Hervorhebungen enthält?

Originaltext

„Das Ziel der empirischen Wissenschaft ist, *befriedigende Erklärungen* zu finden für alles, was uns einer Erklärung bedürftig scheint."[1]

○ [1] Popper, Karl, Objektive Erkenntnis. Ein evolutionärer Entwurf. Hamburg 1998, S. 198, Hervorhebung im Original.

⊗ [1] Popper (1998), S. 198, Hervorhebung im Original.

○ [1] Vgl. Popper (1998), S. 198.

Ein Kurzbeleg besteht aus dem Verfassernamen, dem Erscheinungsjahr und ggf. einer Seitenangabe.

Belege zu wörtlichen Zitaten werden im Unterschied zu sinngemäßen nicht mit „Vgl." (vergleiche) eingeleitet.

Formale Besonderheiten (Fettdruck, Kursivdruck etc.) werden entweder übernommen oder dem eigenen Text angepasst. In jedem Fall muss darauf hingewiesen werden, wer eine Textstelle hervorgehoben hat („Hervorhebung im Original", „Hervorhebung durch den Verfasser") oder angezeigt werden, dass der Text nicht originalgetreu übernommen wurde („im Original z.T. hervorgehoben").

S. Abschnitte 12.3.1 und 12.4.2.

5. Wie übernimmt man ein Zitat im Zitat?

⊗   „Der Wissenschaftler kümmert sich um – vermeintlich ‚blutleere' – Fakten … und die Früchte seiner Arbeit sind – vermeintlich ‚wertfreie' – Zahlen und Modelle. Wer jemals selbst wissenschaftlich tätig war, der weiß, dass dies nicht so ist."[1]

○   „Der Wissenschaftler kümmert sich um – vermeintlich „blutleere" – Fakten … und die Früchte seiner Arbeit sind – vermeintlich „wertfreie" – Zahlen und Modelle. Wer jemals selbst wissenschaftlich tätig war, der weiß, dass dies nicht so ist."[1]

---

[1]   Spitzer, Manfred, Lernen, Gehirnforschung und die Schule des Lebens. Heidelberg/Berlin 2002, S. 453 f.

Bei einem Zitat im (wörtlichen) Zitat werden doppelte Anführungsstriche zu einfachen Anführungszeichen. Das Gleiche gilt, wenn die Anführungszeichen im Originaltext dazu dienen Wörter hervorzuheben.

In diesem Beispiel hat der Verfasser die Adjektive hervorgehoben, um sich von ihrem Sinn zu distanzieren.

S. Abschnitt 12.3.1.

6. Wie übernimmt man ein wörtliches Zitat, wenn die Originalquelle nicht greifbar ist, aber ein anderer Autor den geistigen Vater des Gedankens wörtlich zitiert hat (Sekundärzitat eines wörtlichen Zitats)?

Anders als bei einem Zitat im Zitat wird die wörtliche Übernahme nur in doppelte Anführungszeichen gesetzt und nicht in einfache Anführungszeichen, die von doppelten eingerahmt werden.

Das Zitat wird sowohl mit der Originalquelle als auch mit der Sekundärquelle belegt. Der Zusatz „zitiert nach" oder „zit. nach" macht auch bei einem wörtlichen Zitat deutlich, dass sich der Verfasser nicht direkt auf das Original, sondern auf eine andere Quelle bezieht, in der der Gedanke aufgegriffen wird.

S. Abschnitte 12.1 und 12.3.1.

7. Wie wird ein wörtliches Zitat sprachlich und formal korrekt so in den Text eingebunden, dass es den Lesefluss nicht stört?

☒   Groß- und Kleinschreibung dürfen bei wörtlichen Übernahmen flexibel gehandhabt werden, um ein Zitat grammatikalisch korrekt in die Aussage einzufügen.

☒   Ein wörtliches Zitat darf um Wörter ergänzt werden, wenn das Zitat in eine Aussage eingefügt wird und der Satzbau ohne die Ergänzung unvollständig oder falsch wäre.

☐   Rechtschreibfehler im Originaltext werden beim wörtlichen Zitieren verbessert.

☐   Beim wörtlichen Zitieren wird der zitierte Text an die Regeln der neuen deutschen Rechtschreibung angepasst.

Bei wörtlichen Zitaten muss die Quelle buchstabengetreu wiedergegeben werden. Ergänzungen zu Gunsten der Lesbarkeit sind zulässig, müssen aber außerhalb des Zitates oder in einem Klammerzusatz (eckige Klammern) angebracht werden.

Groß- und Kleinschreibung dürfen bei wörtlichen Zitaten zu Gunsten der Lesbarkeit bzw. der grammatikalischen Richtigkeit angepasst werden.

Rechtschreibfehler müssen aus dem Original buchstabengetreu übernommen werden. Das gilt auch für Schreibweisen, die nach dem amtlichen Regelwerk der neuen deutschen Rechtschreibung heute nicht mehr richtig sind. Um deutlich zu machen, dass sich der Fehler nicht beim Zitieren eingeschlichen hat, wird er mit dem Klammerzusatz „sic!" (lat. [wirklich] so!) gekennzeichnet.

S. Abschnitt 12.3.1.

8. Wie werden wörtliche Zitate korrekt ergänzt?

Einzelne Wörter, die ein wörtliches Zitat ergänzen,

- ⊗ werden in eckige Klammern gesetzt.
- ○ werden in runde Klammern gesetzt.
- ○ werden in einfache Anführungsstriche gesetzt.

Bei wörtlichen Zitaten muss die Quelle buchstabengetreu wiedergegeben werden. Ergänzungen zu Gunsten der Lesbarkeit sind zulässig, müssen aber außerhalb des Zitates oder in einem Klammerzusatz (eckige Klammern) angebracht werden. Das gilt nicht nur für einzelne Wörter, sondern auch für einzelne Buchstaben.

S. Abschnitt 12.3.1.

9. Wie werden Texte wörtlich zitiert, die Rechtschreibfehler enthalten?

- ○ Rechtschreibfehler werden beim wörtlichen Zitieren korrigiert.
- ○ Nach dem nicht korrigierten Rechtschreibfehler wird in eckigen Klammern der Zusatz „erratum!" (lateinisch Fehler!) eingefügt
- ⊗ Nach dem nicht korrigierten Rechtschreibfehler wird in eckigen Klammern der Zusatz „sic!" (lateinisch so!) eingefügt.
- ○ Nach dem korrigierten Rechtschreibfehler wird in eckigen Klammern der Zusatz „sic!" (lateinisch so!) eingefügt.

Bei wörtlichen Zitaten muss die Quelle buchstabengetreu wiedergegeben werden. Rechtschreibfehler müssen aus dem Original buchstabengetreu übernommen werden. Das gilt auch für Schreibweisen, die nach dem amtlichen Regelwerk der neuen deutschen Rechtschreibung heute nicht mehr richtig sind. Um deutlich zu machen, dass sich der Fehler nicht beim Zitieren eingeschlichen hat, wird er mit dem Klammerzusatz „sic!" (lat. [wirklich] so!) gekennzeichnet.

S. Abschnitt 12.3.1.

10. Wie zeigt man beim wörtlichen Zitieren Auslassungen an?

Originaltext

Die Halbwertzeit des Wissens – der Zeitraum, in dem sich die Gültigkeit von Wissen halbiert – beträgt fünf Jahre.

○   „Die Halbwertszeit des Wissens beträgt fünf Jahre."

○   „Die Halbwertszeit des Wissens .. beträgt fünf Jahre."

⊗   „Die Halbwertszeit des Wissens … beträgt fünf Jahre."

Auslassungen in wörtlichen Zitaten werden mit Punkten gekennzeichnet. Wenn nur ein Wort weggelassen wird, stehen an Stelle dieses Wortes zwei Punkte. Werden mehrere Wörter ausgelassen, werden drei Punkte gesetzt.

Die These, dass die Halbwertszeit des Wissens schwindet, wird von Forschern, die versucht haben, das Phänomen zu quantifizieren, angezweifelt. Die scheinbar immer schnellere Entwertung des Wissens kommt nicht dadurch zustande, dass das einmal gewonnene Wissens tatsächlich nicht mehr gültig ist, sondern dadurch, dass immer schneller neues Wissen gewonnen wird und somit das alte Wissen nur noch einen Bruchteil des gesamten Wissens ausmacht.

S. Abschnitt 12.3.1.

11. Wie werden wörtliche Übernahmen, die stilistisch an den Text angepasst werden müssen, korrekt wiedergegeben?

Originaltext

„Wissenschaft, im weitesten Sinn dasselbe was Erkenntniß, im engeren die systematische Zusammenstellung von Erkenntnissen."[1]

---

[1]   Herders Conversations-Lexikon, Bd. 5, Freiburg im Breisgau 1857, S. 733.

○   „Wissenschaft [ist] im weitesten Sinn dasselbe [wie] Erkenntniß [sic!]."

○   „Wissenschaft [ist] im weitesten Sinn dasselbe … [wie] Erkenntniß [sic!]."

⊗   „Wissenschaft [ist] im weitesten Sinn dasselbe .. [wie] Erkenntniß [sic!]."

○   „Wissenschaft ist im weitesten Sinn dasselbe wie Erkenntnis."

Bei wörtlichen Zitaten muss die Quelle buchstabengetreu wiedergegeben werden. Ergänzungen zu Gunsten der Lesbarkeit sind zulässig, müssen aber außerhalb des Zitates oder in einem Klammerzusatz (eckige Klammern) angebracht werden. Die Interpunktion kann ohne näheren Hinweis angepasst werden.

Auslassungen in wörtlichen Zitaten werden mit Punkten gekennzeichnet. Wenn nur ein Wort weglassen wird, stehen an Stelle dieses Wortes zwei Punkte. Werden mehrere Wörter ausgelassen, werden drei Punkte gesetzt.

Rechtschreibfehler müssen aus dem Original buchstabengetreu übernommen werden. Um deutlich zu machen, dass sich der Fehler nicht beim Zitieren eingeschlichen hat, wird er mit dem Klammerzusatz „sic!" (lat. [wirklich] so!) gekennzeichnet.

S. Abschnitt 12.3.1.

12. Wie zitiert man fremdsprachige Texte?

☐   Die Passage wird sinngemäß wiedergegeben und mit Anführungsstrichen versehen.

☒   Englische Texte können ohne Übersetzung wörtlich zitiert werden.

☐   Wörtliche Zitate müssen immer in der Originalsprache belassen werden.

☒ Wörtliche Zitate werden übersetzt und mit einem Hinweis auf den Übersetzer versehen.

Freie Übersetzungen sind keine wörtlichen, sondern sinngemäße Zitate. In deutschsprachigen Arbeiten dürfen (möglichst kurze) wörtliche Zitate aus englischsprachigen Quellen aufgenommen werden.

S. Abschnitt 12.3.1.

13. Welcher Beleg gehört zu einem wörtlichen Zitat, welcher zu einem sinngemäßen?

Dietrich 2003, S. 203. *Wörtliches Zitat*

Vgl. Dietrich 2003, S. 203. *Sinngemäßes Zitat*

Sinngemäße Zitate werden mit „Vgl." (vergleiche) eingeleitet. Bei wörtlichen Zitaten wird dieser Zusatz weggelassen. Diese Regeln gelten sowohl für Vollbelege als auch für Kurzbelege. Bei der Harvard-Methode wird bei der Quellenangabe nicht nach der Art des Zitats unterschieden.

S. Abschnitte 12.3.1, 12.3.2 und 12.4.2.

14. Woran erkennt man ein sinngemäßes Zitat?

☐ Die Aussage ist mit Anführungsstrichen versehen.

☒ Die Passage ist mit einer Quellenangabe versehen.

☒ Die Fußnote beginnt mit „Vgl.".

☐ Die Quellenangabe folgt in Klammern und nicht in einer Fußnote.

Die Quellenangabe zu einem sinngemäßen Zitat wird mit „Vgl." (vergleiche) eingeleitet. Bei einem wörtlichen Zitat fehlt diese Zitierabkürzung.

Quellenangaben, die in Klammern im Text eingeschoben sind, sind typisch für die Harvard-Zitierweise. Bei diesem Zitierverfahren wird bei der Quellenangabe nicht zwischen wörtlichen und sinngemäßen Zitaten unterschieden.

Wörtliche Zitate werden bei jedem Zitierverfahren in Anführungsstriche gesetzt, sinngemäße nicht.

S. Abschnitte 12.3.1, 12.3.2 und 12.4.2; s. auch Abschnitt 12.5.5.

15. Wo verläuft die Grenze zwischen einem erlaubten sinngemäßen Zitat und einem Plagiat?

☒ Fremde Gedanken dürfen mit eigenen Worten wiedergegeben werden, wenn ihr Urheber und die Quelle genannt werden.

☐ Wenn der Originaltext leicht umformuliert und die Quelle angegeben wurde, wurde richtig zitiert.

☒ Wenn der Inhalt des Originaltextes in eigenen Worten wiedergegeben und die Quelle angegeben wurde, liegt ein vorbildliches sinngemäßes Zitat vor.

☐ Wenn ein Gedanke aus einer anderen Arbeit ohne Quellenangabe, aber mit eigenen Worten wiedergegeben wurde, wurde korrekt zitiert.

Wenn Sie fremde Gedanken in eigenen Worten wiedergeben, ohne ihren Ursprung zu nennen, plagiieren Sie den Originaltext.

Eine bloße Paraphrase der Vorlage durch „kosmetische" Veränderungen gilt ebenfalls als Plagiat, und zwar auch dann, wenn die Quelle angegeben wird.

S. Abschnitte 12.2 und 12.3.2.

12.4   Fußnoten und Anmerkungen

1.   Wo werden Fußnoten platziert?

In der Regel erscheinen Quellenangaben und Anmerkungen am Ende der Seite, auf deren Inhalt sie sich beziehen.

Für Aufsätze in Fachzeitschriften oder Sammelbänden gelten gelegentlich andere Formvorschriften, die Endnoten vorsehen.

S. Abschnitt 12.4.

2.   Welche formalen Konventionen muss man bei Fußnoten beachten?

- ☒ Fußnoten werden den zugehörigen Textpassagen durch eine fortlaufende Fußnotenziffer zugeordnet.
- ☐ Zitierabkürzungen, die eine Fußnote einleiten, werden kleingeschrieben.
- ☒ Fußnoten werden durch einen Punkt abgeschlossen, wenn sie Anmerkungen enthalten.
- ☒ Fußnoten werden durch einen Punkt abgeschlossen, wenn Sie Quellenangaben enthalten.

Da Aussagen in Fußnoten bzw. Anmerkungen ganze Sätze bilden, beginnen sie immer mit einem (abgekürzten) Wort, das großgeschrieben wird, und enden mit einem Punkt als Satzzeichen.

S. Abschnitt 12.4; s. auch Abschnitt 12.6.

3.   Wie sieht ein korrekter Vollbeleg für ein sinngemäßes Zitat aus?

Seit Mitte des 17. Jahrhunderts wächst das Wissen exponentiell. Es verdoppelt sich innerhalb von etwa 15 Jahren.[1]

- ◯   [1]   de Solla Price, Derek J., Little Science – Big Science. Frankfurt a.M. 1974, S. 17.
- ◯   [1]   Vgl. de Solla Price, Derek J., Little Science – Big Science. Frankfurt a.M. 1974.
- ⊗   [1]   Vgl. de Solla Price, Derek J., Little Science – Big Science. Frankfurt a.M. 1974, S. 17.

Da es sich um ein sinngemäßes Zitat handelt, wird der Vollbeleg mit der Abkürzung „Vgl." (vergleiche) eingeleitet. Da sich das Zitat nicht auf die gesamte Monographie bezieht, ist eine Seitenangabe obligatorisch.

Aktuellere Schätzungen geben den Zeitraum, in dem sich das Wissen verdoppelt, mit zwölf Jahren an.

S. Abschnitte 12.3.2, 12.4.2 und 12.6.

4. Wie werden Gesetzestexte korrekt zitiert?

☒ Laut Urheberrechtgesetz (§ 106 Abs. 1 UrhG) macht sich strafbar, wer urheberrechtlich geschützte Werke unerlaubt verwertet.

☒ Wer urheberrechtlich geschützte Werke unerlaubt verwertet, macht sich nach § 106 Abs. 1 UrhG strafbar.

☒ Wer urheberrechtlich geschützte Werke unerlaubt verwertet, macht sich strafbar (§ 106 Abs. 1 UrhG).

☐ Wer urheberrechtlich geschützte Werke unerlaubt verwertet, macht sich strafbar.[1]

---

[1] S. § 106 Abs. 1 UrhG.

Rechtsquellen werden im Text und nicht mit einer Fußnote angegeben. Die Rechtsquelle kann abgekürzt werden, wenn es sich um ein allgemein bekanntes Gesetz handelt. Die Abkürzung wird im Abkürzungsverzeichnis der Arbeit erläutert.

S. Abschnitt 12.4; s. auch Abschnitt 9.6.4.

5. Welche Informationen kann man in Anmerkungen unterbringen?

☒ Verweise auf andere Teile oder Seiten der Arbeit

☐ Definitionen wichtiger Begriffe

☒ Hinweise zum Umgang mit geschlechtergerechter Sprache

☐ Hinweise auf Quellen, die im Zusammenhang mit einem bestimmten Aspekt gesichtet, aber nicht zitiert wurden

☒ Hinweise auf abweichende Literaturmeinungen

Anmerkungen sollten weder Aussagen aufnehmen, die für die Argumentation wichtig sind, noch solche, die überflüssige Zusatzinformationen liefern.

Begriffe, die für die Arbeit zentral sind, werden in der Einleitung definiert. Begriffe, die nicht definiert zu werden brauchen, weil sie allgemeines Fachwissen darstellen, verdienen keine Anmerkung.

S. Abschnitt 12.4; s. auch Abschnitte 8.3.2 und 9.5.

12.5   Zitierverfahren

1. Ordnen Sie den wörtlichen Zitaten das jeweils verwendete Zitierverfahren zu.

„Wissensgebiete ohne Erkenntnisfortschritt gehören nicht zur Wissenschaft." (Kuhn 1976, 171)

Harvard-Methode

„Wissensgebiete ohne Erkenntnisfortschritt gehören nicht zur Wissenschaft."[1]

---

1   Kuhn, Thomas, Die Struktur wissenschaftlicher Revolutionen, 2. Aufl., Frankfurt a.M. 1976, S. 171.

Vollbeleg

„Wissensgebiete ohne Erkenntnisfortschritt gehören nicht zur Wissenschaft."[1]

---

1   Kuhn 1976, S. 171.

Kurzbeleg

„Wissensgebiete ohne Erkenntnisfortschritt gehören nicht zur Wissenschaft." [15, S. 171]

Nummernsystem

Es existieren verschiedene Definitionen, was unter wissenschaftlichem Fortschritt zu verstehen ist. Unabhängig davon ist Kuhns Auffassung in der Wissenschaftstheorie umstritten.
S. Abschnitte 12.5.1, 12.5.2, 12.5.3 und 12.5.4.

2. Wie sehen Einträge im Literaturverzeichnis bei den verschiedenen Zitierverfahren aus? Nennen Sie das bzw. die zugehörigen Zitierverfahren.

Kuhn, Thomas S. (1988b): Die Struktur wissenschaftlicher Revolutionen, 9. Aufl., Frankfurt a.M.

Kurzbeleg, Harvard-Methode

Kuhn, Thomas S.: Die Struktur wissenschaftlicher Revolutionen, 9. Aufl., Frankfurt a.M. 1988

Vollbeleg

[15] Kuhn, Thomas S. (1988): Die Struktur wissenschaftlicher Revolutionen, 9. Aufl., Frankfurt a.M.

Nummernsystem

Da bei Kurzbelegen in den Fußnoten bzw. den Klammereinschüben im Text abgesehen von einer Seitenangabe nur der Nachname des Autors und das Erscheinungsjahr der Veröffentlichung auftauchen, leiten diese Informationen die bibliographischen Angaben im Literaturverzeichnis ein. Bei Vollbelegen kann sich der Leser anhand der Verfassernamen und des Titels der Veröffentlichung im Verzeichnis orientieren. Beim Nummernsystem wird die Quellenangabe durch eine Zahl zugeordnet. Im Text erscheinen keine bibliographischen Angaben, sondern nur die Zahl und die Seitenangabe für das Zitat.

Beim Zitieren mit Kurzbelegen oder nach der Harvard-Methode werden Arbeiten eines Verfassers, die aus demselben Jahr stammen, unterschieden, indem die Jahreszahl um Kleinbuchstaben ergänz wird.

S. Abschnitte 12.5.1, 12.5.2, 12.5.3, 12.5.4 und 13.4; s. auch Abschnitt 12.5.5.

3. Auf welche Angaben kann man bei einem Vollbeleg in der Fußnote verzichten, wenn man eine Monographie zitiert?

☐ Name des Autors/Namen der Autoren

☐ Titel und Untertitel

☐ Band

☒ Titel einer Reihe, Herausgeber der Reihe, Band der Reihe

☐ Erscheinungsort

☒ Verlag

☐ Erscheinungsjahr

☐ Zitierte Seite(n)

Eine Monographie ist ein Buch, in dem ein Thema in einem durchgehenden Text abgehandelt wird.

Vollbelege müssen alle Informationen enthalten, die der Leser braucht, um die Quelle und den zitierten Gedanken ohne zusätzliche Recherche im Original zu finden. Angaben zur Reihe und zum Verlag können, aber müssen nicht gemacht werden.

Einer der häufigsten Fehler beim Zitieren sind fehlende oder ungenaue Seitenangaben. Ohne Seitenangaben kann der Leser die aus der Literatur übernommenen Gedanken nicht nachvollziehen und überprüfen.

S. Abschnitte 12.5.1 und 12.5.5; s. auch Abschnitt 7.1.

4. Welche Angaben sind bei einem Vollbeleg in der Fußnote unbedingt erforderlich, wenn man einen Aufsatz aus einem Sammelband zitiert?

☒ Name des Autors/Namen der Autoren

☒ Titel des Aufsatzes

☒ Name(n) des/r Herausgeber(s) des Sammelbandes

☒ Titel des Sammelbandes

☒ Erscheinungsort

☒ Erscheinungsjahr

☒ Erste und letzte Seite des Aufsatzes

☒ Zitierte Seite(n)

Ein Sammelband vereint Beiträge mehrerer Autoren zu einem Thema.

Vollbelege müssen alle Informationen zu einem Aufsatz enthalten, die der Leser braucht, um ihn samt Zitat zu finden.

Einer der häufigsten Fehler beim Zitieren sind fehlende oder ungenaue Seitenangaben. Bei Aufsätzen, die zusammen mit Beiträgen anderer Autoren in einem Sammelband erschienen sind, müssen Sie sowohl die Anfangs- und Schlussseite des Aufsatzes als auch die zitierte(n) Seite(n) angeben.

S. Abschnitte 12.5.1 und 12.5.5; s. auch Abschnitt 7.1.

5. Welche Angaben sind bei einem Vollbeleg in der Fußnote unbedingt erforderlich, wenn man einen Aufsatz aus einer Zeitschrift zitiert?

☒ Titel der Zeitschrift

☐ Name(n) des/r Herausgeber(s) der Zeitschrift

☐ Jahrgang der Zeitschrift

☐ Erscheinungsort

☒ Erscheinungsjahr

☒ Heftnummer

☒ Erste und letzte Seite des Aufsatzes

☒ Zitierte Seite(n)

Vollbelege müssen alle Informationen enthalten, die der Leser braucht, um den zitierten Gedanken in der betreffenden Ausgabe der Zeitschrift schnell zu finden. Dazu sind Angaben, die sich auf die Zeitschrift im Allgemeinen beziehen (Herausgeber, Verlag, Verlagssitz bzw. Erscheinungsort) abgesehen vom Titel der Zeitschrift nicht erforderlich. Häufig wird darauf verzichtet, den Jahrgang der Zeitschrift zu nennen, da die Ausgabe mit dem Erscheinungsjahr allein zu finden ist.

Da der Leser die aus der Literatur übernommenen Gedanken ohne Seitenangaben nicht nachvollziehen und überprüfen kann, müssen Sie wie bei Beiträgen aus Sammelbänden die Anfangs- und Schlussseite des Aufsatzes und die die zitierte(n) Seite(n) anführen.

S. Abschnitte 12.5.1 und 12.5.5; s. auch Abschnitt 7.1.

6. Wie wird ein sinngemäßes Zitat aus einem Aufsatz, der in einem Sammelband erschienen ist, mit einem Vollbeleg versehen?

○ [1] Vgl. Krätz, Otto, Mad scientists und andere Bösewichter der Chemie in Literatur und Film, in: Griesar, Klaus (Hrsg.), Wenn der Geist die Materie küsst, Annäherungen an die Chemie, Frankfurt a. M. 2004, S. 131–147.

⊗ [1] Vgl. Krätz, Otto, Mad scientists und andere Bösewichter der Chemie in Literatur und Film, in: Griesar, Klaus (Hrsg.), Wenn der Geist die Materie küsst, Annäherungen an die Chemie, Frankfurt a. M. 2004, S. 131–147, hier S. 134.

○ [1] Vgl. Krätz, Otto, Mad scientists und andere Bösewichter der Chemie in Literatur und Film, in: Griesar, Klaus (Hrsg.), Wenn der Geist die Materie küsst, Annäherungen an die Chemie, Frankfurt a. M. 2004, S. 134.

Einer der häufigsten Fehler beim Zitieren sind fehlende oder ungenaue Seitenangaben. Ohne Seitenangaben kann der Leser die aus der Literatur übernommenen Gedanken nicht nachvollziehen und überprüfen.

Bei Aufsätzen, die zusammen mit Beiträgen anderer Autoren in einem Sammelband erschienen sind, müssen Sie sowohl die Seiten angeben, auf denen sich der Aufsatz befindet, als auch die Seite(n), auf denen die zitierte Aussage steht („hier S."").

S. Abschnitte 12.3.2, 12.5.1 und 12.5.5; s. auch Abschnitt 7.1.

7. Wie wird ein sinngemäßes Zitat aus einem Aufsatz, der in einer Zeitschrift erschienen ist, mit einem Vollbeleg versehen? Welche Schreibweisen sind korrekt?

☐ [1] Vgl. Weingart, Peter, in: International Journal for Philosophy of Chemistry, 1/2006, S. 31–44, hier S. 31.

☒ [1] Vgl. Weingart, Peter: Chemists and their Craft in Fiction Film. In: International Journal for Philosophy of Chemistry, 12. Jg., 2006, H. 1, S. 31–44, hier S. 31.

☒ [1] Vgl. Weingart, Peter: Chemists and their Craft in Fiction Film. In: International Journal for Philosophy of Chemistry, 1/2006, S. 31–44, hier S. 31.

☒ [1] Vgl. Weingart, Peter, Chemists and their Craft in Fiction Film, in: HYLE, 1/2006, S. 31–44, hier S. 31.

☐ [1] Weingart, Peter: Chemists and their Craft in Fiction Film, In: International Journal for Philosophy of Chemistry, 1/2006.

Vollbelege müssen alle Informationen enthalten, die der Leser braucht, um die Quelle und den zitierten Gedanken ohne zusätzliche Recherche oder Zeit raubendes Blättern im Original zu finden. Dazu gehört unbedingt der Titel des Aufsatzes.

Vornamen und Zeitschriftentitel können abgekürzt werden. Diese Technik muss dann jedoch bei allen Belegen einheitlich angewandt werden.

Sie können darauf verzichten, den Jahrgang der Zeitschrift anzugeben, wenn dies den Zitierrichtlinien des Prüfers bzw. des Verlages entspricht, in dem Ihre Arbeit erscheinen soll.

Seitenangaben sind obligatorisch.

S. Abschnitte 12.3.2, 12.5.1 und 12.5.5; s. auch Abschnitt 7.1.

8. In welche Reihenfolge werden die bibliographischen Angaben bei einem Vollbeleg gebracht?

⊗ Vgl. Sutton, Robert I./Staw, Barry M., What Theory is not, in: Administrative Science Quarterly, 40. Jg., 1995, H. 3, S. 371–384.

○ Vgl. Sutton, Robert I./Staw, Barry M.: What Theory is not, in: Administrative Science Quarterly, 40. Jg., H. 3, 1995, S. 371–384.

○ Vgl. Robert I. Sutton/Barry M. Staw: What Theory is not, S. 371–384, in: Administrative Science Quarterly, H. 3, Jg. 40, 1995.

Bei Vollbelegen gibt es verschiedene Varianten, die sich in Bezug auf die Interpunktion (Zeichensetzung), Großschreibung und Abkürzungen unterscheiden Die Reihenfolge der bibliographischen Angaben ist jedoch klar festgelegt.

S. Abschnitte 12.5.1 und 12.5.5; s. auch Abschnitt 12.6.

9. Welche der folgenden Aussagen über Kurzbelege sind richtig?

☒ Wenn mit Kurzbelegen gearbeitet wird, erschließen sich dem Leser der Arbeit die Quellen nicht ohne das Literaturverzeichnis.

☐ Anders als Vollbelege werden Kurzbelege nicht mit „Vgl." eingeleitet.

☐ Die Zitierabkürzung „a.a.O.", die bei Kurzbelegen verwendet wird, bedeutet „am angegebenen Ort".

☒ Bei Kurzbelegen wird auf die Angabe einer Seitenzahl verzichtet, wenn sich das Zitat auf die gesamte Quelle bezieht.

Beim Kurzbeleg erschließen sich die Quellen nur über das Literaturverzeichnis, in dem die vollständigen bibliographischen Angaben zu finden sind. Der Kurzbeleg enthält nur den Nachnamen des Autors, das Erscheinungsjahr der Veröffentlichung und eine Seitenangabe, sofern sich der Beleg nicht die ganze Quelle umfasst.

Die Zitierabkürzung „Vgl." zeigt sowohl beim Vollbeleg als auch beim Kurzbeleg an, dass es sich um die Quellenangabe zu einem sinngemäßen Zitat handelt. Zitiert man wörtlich, lässt man diese Abkürzung bei allen Zitierverfahren weg.

Die Zitierabkürzung „a.a.O." wird nur bei Vollbelegen verwendet. Sie verweist auf eine vorangehende Fußnote, in der die vollständigen bibliographischen Angaben zu finden sind.

S. Abschnitte 12.3.1, 12.3.2, 12.5.1, 12.5.2, 12.5.5 und 12.6.

10. Welche bibliographischen Angaben muss man in einen Kurzbeleg aufnehmen?

☒ Name des Autors/der Autoren

☐ Titel

☐ Name(n) des/r Herausgeber(s) eines Sammelbandes

☐ Erscheinungsort

☐ Informationen zur Auflage

☒ Erscheinungsjahr

☐ Erste und letzte Seite eines Aufsatzes

☒ Zitierte Seite(n)

Beim Kurzbeleg erscheinen die vollständigen bibliographischen Angaben nur im Literaturverzeichnis. Der Nachname des Autors und das Erscheinungsjahr der Veröffentlichung genügen, um die Quelle im Verzeichnis zu finden. Das Zitat selbst kann in der Originalquelle anhand der Seitenangabe nachvollzogen werden.

S. Abschnitte 12.5.2 und 12.5.5.

11. Wie sieht der Kurzbeleg zu einem sinngemäßen Zitat aus einem Aufsatz aus, der in einem Sammelband erschienen ist?

○ [1] Vgl. Pansegrau (2009).

○ [1] Vgl. Pansegrau in: Hüppauf/Weingart (2009), S. 380.

○ [1] Vgl. Pansegrau, Stereotypen, S. 380.

⊗ [1] Vgl. Pansegrau (2009), S. 380.

○ [1] Vgl. Petra Pansegrau (2009), S. 380.

Bei einem Kurzbeleg werden nur der Nachname des Autors und das Erscheinungsjahr der Veröffentlichung angegeben. Die vollständigen bibliographischen Angaben findet der Leser im Literaturverzeichnis.

Sofern sich der Beleg nicht auf den gesamten Aufsatz bzw. das gesamte Werk bezieht, müssen Sie die Seite angeben, auf der die zitierte Aussage zu finden ist.

Bei Zeitschriftenaufsätzen verfahren Sie genauso.

S. Abschnitte 12.3.2, 12.5.2 und 12.5.5; s. auch Abschnitt 7.1.

12. Worin liegen die Besonderheiten der Harvard-Methode?

☒ Die Quellenangaben werden in Klammern direkt im Text platziert.

☒ Man kann nur am Text, aber nicht am Beleg erkennen, ob es sich um ein wörtliches Zitat handelt.

☐ Genannt werden Vor- und Nachname des Autors.

☐ Der Titel des zitierten Werks wird kurz mit einem Wort angegeben.

☒ Das Jahr, in dem die Quelle erschienen ist, wird genannt.

☒ Zum Beleg gehört eine Seitenangabe. Dabei wird die Abkürzung „S." (Seite) in der Regel weggelassen und nur die Ziffer geschrieben.

☒ Auf eine Seitenangabe wird verzichtet, wenn sich das Zitat auf die Quelle als Ganzes bezieht.

Bei der Harvard-Methode wird nur der Nachname des Autors genannt. Bei häufigen Namen wird der Anfangsbuchstabe des Vornamens ergänzt.

Stichwortartige Kurztitel tauchen bei Vollbelegen auf, wenn ein Werk mehrfach zitiert wird, um den Verweis möglichst kurz zu halten.

S. Abschnitte 12.3.1, 12.5.3 und 12.5.5.

13. Welche Aussagen über Zitierverfahren treffen zu?

☐ Vollbelege sind leserfreundlicher als Kurzbelege.

☒ Beim Zitieren hat sich keine einheitliche Verfahrensweise durchgesetzt. Verlage, die wissenschaftliche Werke publizieren, verwenden Zitierverfahren, die in den Details (z. B. Interpunktion, Abkürzung von Vornamen) leicht voneinander abweichen.

☐ Die Reihenfolge der Einträge bei Quellenangaben ist nicht standardisiert.

☒ Wenn mit Vollbelegen gearbeitet wird, können die Vornamen abgekürzt werden.

☒ Bei Werken mit mehr als drei Verfassern bzw. Herausgebern braucht man sowohl bei Vollbelegen als auch bei Kurzbelegen nur einen zu nennen, wenn man „et al." hinzufügt.

Da in der Fußnote die vollständigen bibliographischen Angaben gemacht werden, hat es der Leser bei Vollbelegen leichter als bei Kurzbelegen. Das gilt allerdings nur an der Stelle, an der eine Quelle zum ersten Mal zitiert wird. Bei den nachfolgenden Zitaten wird mit der Zitierabkürzung „a.a.O." (am angegebenen Ort) auf das Literaturverzeichnis bzw. auf die

Fußnote verwiesen, in der die Quelle zum ersten Mal auftaucht. Wenn ein Literaturverzeichnis fehlt, was u. a. bei Aufsätzen in Fachzeitschriften vorkommen kann, kann die Suche mühsam werden.

Wenn eine Quelle mehrere Verfasser hat, können Sie den Beleg mit „et al." (et alii, lat. für und andere) abkürzen, müssen aber alle Autoren namentlich im Literaturverzeichnis aufführen.

S. Abschnitte 12.5.1, 12.5.2, 12.5.5; s. auch Abschnitte 12.6 und 13.4.

14. Wie sehen Vollbelege zu sinngemäßen Zitaten aus, die aus der gleichen Quelle stammen?

○   [1] Vgl. Haynes, Roslynn D., From Faust to Strangelove, Representations of the Scientist in Western Literature, Baltimore/London 1994, S. 193.

    [2] Vgl. Dietrich, Ronald, Der Gelehrte in der Literatur, Würzburg 2003, S. 203–207.

    [3] Vgl. Haynes, Roslynn D., From Faust to Strangelove, Representations of the Scientist in Western Literature, Baltimore/London 1994, S. 193.

⊗   [1] Vgl. Haynes, Roslynn D., From Faust to Strangelove, Representations of the Scientist in Western Literature, Baltimore/London 1994, S. 193.

    [2] Vgl. Dietrich, Ronald, Der Gelehrte in der Literatur, Würzburg 2003, S. 203–207.

    [3] Vgl. Haynes, Representations, a.a.O., S. 193.

○   [1] Vgl. Haynes, Roslynn D., From Faust to Strangelove, Representations of the Scientist in Western Literature, Baltimore/London 1994, S. 193.

    [2] Vgl. Dietrich, Ronald, Der Gelehrte in der Literatur, Würzburg 2003, S. 203–207.

    [3] Vgl. Haynes, a.a.O., S. 193.

○   [1] Vgl. Haynes, Roslynn D., From Faust to Strangelove, Representations of the Scientist in Western Literature, Baltimore/London 1994, S. 193.

    [2] Vgl. Dietrich, Ronald, Der Gelehrte in der Literatur, Würzburg 2003, S. 203–207.

    [3] Vgl. Haynes (1994), S. 193.

Mit der Zitierabkürzung „a.a.O." (am angegebenen Ort) wird auf das Literaturverzeichnis bzw. auf die Fußnote verwiesen, in der die Quelle zum ersten Mal auftaucht.

Ohne einen Kurztitel wären mehrere Werke des gleichen Verfassers im Literaturverzeichnis nicht zu unterscheiden.

S. Abschnitte 12.5.1 und 12.6 und 13.4; s. auch Abschnitt 12.5.2.

15. Welche (Zitier-)Abkürzungen sind bei Vollbelegen üblich?

☐   _____

    [1] Vgl. ebd.

    [2] Vgl. Popper, Karl, Logik der Forschung, 11. Aufl., Tübingen 2005, S. 50.

☒   _____

    [1] Vgl. Popper, Karl, Logik der Forschung, 11. Aufl., Tübingen 2005, S. 50.

    [2] Vgl. ebd., S. 51.

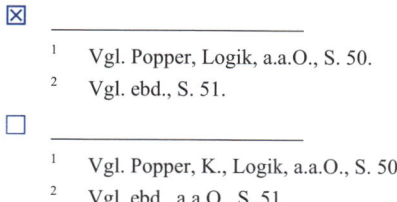

☒ _____

    [1]   Vgl. Popper, Logik, a.a.O., S. 50.

    [2]   Vgl. ebd., S. 51.

☐ _____

    [1]   Vgl. Popper, K., Logik, a.a.O., S. 50.

    [2]   Vgl. ebd., a.a.O., S. 51.

Eine Quelle, die wiederholt zitiert wird, wird bei Vollbelegen mit einem selbst gewählten Kurztitel abgekürzt, wenn Verwechslungsgefahr besteht. Ohne diesen Kurztitel wären mehrere Werke des gleichen Verfassers im Literaturverzeichnis nicht zu unterscheiden. Mit der Zitierabkürzung „a.a.O." (am angegebenen Ort) wird auf das Literaturverzeichnis bzw. auf die Fußnote verwiesen, in der die Quelle zum ersten Mal auftaucht.

Folgen auf der gleichen Seite zwei Verweise auf die gleiche Quelle unmittelbar hintereinander, kürzen Sie den Beleg mit „ebd." (ebenda) ab und geben die zitierte Seite an, wenn es nicht dieselbe ist, auf die Sie bereits in der vorangehenden Fußnote verwiesen haben. Da „ebd." auf die vorangehende Fußnote hinweist, wird auf den Verweis auf die erste Nennung („a.a.O.") verzichtet.

Die Zitierabkürzung „ebd." (ebenda) darf nur verwendet werden, wenn sie nicht in der ersten Fußnote auf einer Seite erscheint.

Der Vorname des Verfassers wird bei Folgezitaten abgekürzt oder ganz weggelassen.

S. Abschnitte 12.5.1, 12.5.5 und 12.6; s. auch Abschnitt 12.5.3.

16. In welcher Reihenfolge werden die zitierten Quellen aufgeführt, wenn sich ein Beleg auf mehrere Werke bezieht?

    ○ Vgl. Barnett (2008); Keller (2004); Krätz (2004); Tudor (1989); Weingart (2003).

    ⊗ Vgl. Tudor (1989); Weingart (2003); Keller (2004); Krätz (2004); Barnett (2008).

    ○ Vgl. Barnett (2008); Keller (2004); Krätz (2004); Weingart (2003); Tudor (1989).

Mehrere Quellen in einer Fußnote werden nicht nach der alphabetischen Reihenfolge der Namen ihrer Verfasser, sondern nach dem Erscheinungsdatum sortiert. D. h., die älteste Quelle wird zuerst genannt. Dadurch wird in der Quellenangabe angedeutet, welcher Autor für seine Arbeit evtl. älteres Gedankengut aufgegriffen hat. Stammen Quellen verschiedener Autoren aus dem gleichen Jahr, werden sie nach den Namen der Verfasser alphabetisch geordnet. Diese Regel gilt für alle Zitierverfahren.

In diesem Fall fehlen Seitenangaben, weil sich das Zitat auf die gesamte Quelle bezieht.

S. Abschnitt 12.5.5; s. auch Abschnitt 12.5.2.

17. Bei welchen der folgenden Kurzbelege werden die Zitierabkürzungen richtig eingesetzt?

     _____

    [1]   Vgl. Popper (2005), S. 50.

    [2]   Vgl. Popper (2005), S. 50.

○ _____

    [1]   Vgl. Popper (2005), S. 50.

    [2]   Vgl. ebd.

○ _____

    [1]   Vgl. Popper (2005), S. 50.

    [2]   Vgl. ders. (1983), S. 10.

Bei Kurzbelegen sind Abkürzungen wie „ders." (derselbe), „dies." (dieselben) und „ebd." (ebenda) unnötig und dürfen nicht verwendet werden.

S. Abschnitte 12.5.2 und 12.6.

18. Wie macht man korrekte Seitenangaben?

☒ [1]   Vgl. Popper (2005), S. 50 f.

☐ [1]   Vgl. Popper (2005), S. 50 ff.

☒ [1]   Vgl. Popper (2005), S. 50–55.

☐ [1]   Vgl. Popper (2005), 50–55.

Wenn sich ein Zitat auf mehrere Seiten bezieht, müssen die entsprechenden Seiten präzise angegeben werden. Es genügt nicht, die erste Seite zu beziffern und „ff." (fortfolgende) zu schreiben. So dürfen Sie allenfalls verfahren, wenn es sich nur um eine einzige Folgeseite handelt (S. # f.).

Verwenden Sie die Zitierabkürzung „S." für Seite, es sei denn, Ihre Arbeit wird veröffentlicht und die Herausgeber machen andere formale Vorgaben.

S. Abschnitte 12.5.5 und 12.6.

19. Wie werden Internetquellen richtig zitiert?

☐   Wenn ein mehrseitiges Dokument zitiert wird, das keine Seitenangaben enthält, wird die Zitierabkürzung „o. S." (ohne Seite) verwendet.

☒   Bei einem mehrseitigen Dokument, das keine Seitenangaben enthält, wird das Kapitel angegeben, aus dem zitiert wird.

☒   Inhalte von Webseiten werden zitiert, indem jeweils die konkrete Webseite angegeben wird.

☐   Inhalte von Webseiten werden zitiert, indem die Homepage (Startseite des Internetauftritts) genannt wird.

Übernahmen aus Internetquellen müssen so präzise wie möglich angegeben werden. Wenn Sie ein mehrseitiges Dokument ohne Seitenangaben zitieren, müssen Sie die genaue Fundstelle auf andere Weise anzeigen, z. B. mit Hilfe von Kapiteln oder Zeilen.

S. Abschnitt 12.5.6.

20. Wie kann man ein wörtliches Zitat aus einem Aufsatz, der im Internet veröffentlicht wurde, belegen?

☒ [1] Marx (2002), 5. Absatz.

☐ [1] Marx/Gramm 2002, URL: http://www.fkf.mpg.de/ivs/literaturflut.html [Abruf: 2011-12-15].

☐ [1] http://www.fkf.mpg.de/ivs/literaturflut.html [Abruf: 2011-12-15], 5. Absatz.

☒ [1] Marx, Werner/Gramm, Gerhard, Literaturflut – Informationslawine – Wissensexplosion. Wächst der Wissenschaft das Wissen über den Kopf?, Stand 2002, online unter URL: http://www.fkf.mpg.de/ivs/Literaturflut.pdf [Abruf: 2011-12-15], 5. Absatz.

Kurzbelege von Dokumenten aus dem Internet unterscheiden sich nicht von Kurzbelegen zu Literaturquellen. Bei Vollbelegen müssen neben den üblichen bibliographischen Angaben die Webseite und das Datum des Abrufs angezeigt werden. Bei beiden Zitierweisen muss die Fundstelle der Aussage mit einer Seitenangabe oder, wenn dies nicht möglich ist, auf andere Weise präzisiert werden.

S. Abschnitte 12.5.1, 12.5.2, 12.5.5 und 12.5.6.

12.6 Zitierabkürzungen

1. Mit welcher Zitierabkürzung wird die Quellenangabe zu einem sinngemäßen Zitat eingeleitet, wenn man mit Fußnoten arbeitet?

○ S.

⊗ Vgl.

○ Zit. nach.

Wenn die Quellen sinngemäßer Zitate mit Vollbelegen oder Kurzbelegen nachgewiesen werden, beginnt die Fußnote mit „Vgl." (Vergleiche). „S." (Siehe) gibt einen Hinweis auf weiterführende Literatur, die aber nicht zitiert wurde. „Zit. nach" (zitiert nach) wird bei Sekundärzitaten verwendet.

S. Abschnitte 12.3.2, 12.5.1, 12.5.2 und 12.6; s. auch Abschnitte 12.1 und 12.4.

2. Was bedeutet die Abkürzung „a.a.O." und wann setzt man sie ein?

☐ „A.a.O." verweist auf den Erscheinungsort einer Monographie oder eines Sammelbandes.

☐ Diese Abkürzung steht für „am angegebenen Ort". Sie wird im Literaturverzeichnis verwendet, wenn mehrere Aufsätze aus demselben Sammelband aufgeführt werden müssen. Die Angaben zu den Herausgebern, zum Titel, zum Erscheinungsjahr und zum Erscheinungsort brauchen nur einmal vollständig angegeben zu werden. Bei den nachfolgenden Einträgen wird mit „a.a.O." darauf verwiesen.

☒ Diese Abkürzung sagt aus, dass die zitierte Aussage „am angegebenen Ort" zu finden ist. Sie wird bei Vollbelegen verwendet, wenn eine Quelle mehrfach zitiert wird, und verweist auf die vollständigen Quellenangaben.

☒ Die Abkürzung „a.a.O." schreibt man in der Fußnote zwischen dem Nachnamen des Verfassers und der Seitenangabe für das Zitat.

☐ „A.a.O." bedeutet „am anderen Ort". Diese Abkürzung leitet die Quellenangaben zu einem Text ein, den man nur indirekt über einen anderen zitieren kann (Sekundärzitat). Die ursprüngliche Aussage ist nicht in der verfügbaren Quelle, sondern „an einem anderen Ort" zu finden.

Die Zitierabkürzung „a.a.O." steht für „am angegebenen Ort". Sie verweist auf eine vorangehende Fußnote, in der die vollständigen bibliographischen Angaben zu finden sind. Das ist immer diejenige Fußnote, die gesetzt wird, wenn die Quelle zum ersten Mal in der Arbeit zitiert wird. Die Aussage ist also an dem in dieser ersten Fußnote angegebenen Ort zu finden.

Dieser Verweis wird nur bei Vollbelegen verwendet. Bei Kurzbelegen ist er überflüssig, weil die vollständigen Quellenangaben nur im Literatur- bzw. Quellenverzeichnis auftauchen.

Der Verweis ersetzt alle bibliographischen Angaben bis auf den Namen des Verfassers und die genaue Fundstelle in der Quelle. Wenn zwei Werke desselben Autors durch einen Kurztitel unterschieden werden müssen, steht die Abkürzung nach dem Nachnamen und dem Kurztitel und vor der Seitenangabe.

Quellenangaben zu Sekundärzitaten werden mit der Formulierung „zitiert nach" versehen.

S. Abschnitte 12.5.1 und 12.6; siehe auch Abschnitte 7.1, 12.1, 13.2 und 13.4.

3.   Bei welchen Zitierverfahren wird die Abkürzung „Vgl." verwendet?

☒ Vollbeleg

☒ Kurzbeleg

☐ Harvard-Methode

☐ Nummernsystem

Die Abkürzung „Vgl." für „Vergleiche" leitet den Nachweis eines sinngemäßen Zitates in einer Fußnote ein. Zitierweisen, bei denen die Quellenangaben nicht in Fußnoten, sondern in Klammern im Text gemacht werden, verwenden diese Abkürzung nicht, weil bei der Quellenangabe nicht zwischen wörtlichen und sinngemäßen Zitaten unterschieden wird. Dass es sich um ein wörtliches Zitat handelt, erkennt man bei der Harvard-Methode und beim Nummernsystem nur an der Kennzeichnung des Textes mit Anführungsstrichen.

S. Abschnitte 12.5 und 12.6.

4.   Welche Zitierabkürzungen dürfen bei Kurzbelegen benutzt werden?

☒ Vgl.

☐ ders.

☐ ebd.

☒ S.

☒ f.

☐ ff.

Zitierabkürzungen, die den Fußnoteneintrag abkürzen, wenn eine Quelle mehrmals hintereinander zitiert wird („ders.", „dies", „ebd."), dürfen nur bei Vollbelegen genutzt werden.

Exakte Seitenangaben sind bei jedem Zitierverfahren obligatorisch. Verweise auf Textpassagen, die mehr als zwei Seiten umfassen, dürfen nicht durch „S. # ff." (S. # fortfolgende) verkürzt werden.

S. Abschnitte 12.5.2, 12.5.5 und 12.6.

5. Muss man Zitierabkürzungen in das Abkürzungsverzeichnis aufnehmen?

○ Wie alle Abkürzungen, die nicht im Duden als gängig gelistet sind, gehören Zitierabkürzungen in das Abkürzungsverzeichnis.

⊗ Zitierabkürzungen werden im „Wissenschaftsbetrieb" als bekannt vorausgesetzt. Sie brauchen daher nicht in das Abkürzungsverzeichnis aufgenommen zu werden.

Sie können Zitierabkürzungen (vollständig) in das Abkürzungsverzeichnis aufnehmen, müssen das aber nicht tun.

S. Abschnitte 9.6.4 und 12.6.

13 Literatur-/Quellenverzeichnis

1. Wann wird der Begriff Quellenverzeichnis an Stelle von Literaturverzeichnis verwendet?

☐ Der Begriff Quellenverzeichnis ist synonym zum Begriff Literaturverzeichnis. Er passt daher immer.

☐ Ein Literaturverzeichnis enthält nur Monographien. Wenn auch Aufsätze zitiert werden, wird die Liste mit Quellenverzeichnis überschrieben.

☒ Ein Literaturverzeichnis enthält nur Monographien und Aufsätze. Wenn auch andere Quellen, wie z. B. Rundfunksendungen, zitiert werden, wird es zum Quellenverzeichnis.

☒ Ein Literaturverzeichnis enthält nur Monographien (Bücher) und Aufsätze, die in Sammelwerken oder Zeitschriften erschienen sind. Wenn darüber hinaus Internetquellen zitiert werden, wird das Literaturverzeichnis zum Quellenverzeichnis.

Die Begriffe sind nicht gleichbedeutend. Ein Literaturverzeichnis enthält nur Monographien (Bücher) und Aufsätze, die in Sammelwerken oder Zeitschriften erschienen sind. Wenn darüber hinaus Internetquellen oder andere Quellen zitiert werden, wird das Literaturverzeichnis zum Quellenverzeichnis.

S. Abschnitt 13.1.

2. Welche Quellen müssen in das Literatur- bzw. Quellenverzeichnis aufgenommen werden?

☐ Das Literaturverzeichnis muss alle Quellen enthalten, die in der Arbeit zitiert wurden. Darüber hinaus sollte es Literaturhinweise zur vertiefenden Lektüre enthalten.

☒ Das Verzeichnis enthält alle Quellen, die in der Arbeit zitiert wurden, einschließlich der Quellen zu übernommenen Abbildungen oder Anlagen.

☐ Das Verzeichnis muss alle Quellen enthalten, die im Text der Arbeit zitiert wurden. Quellen zu Abbildungen oder Anlagen werden nicht aufgenommen.

☐ Wird in der Arbeit ausnahmsweise mit einem Sekundärzitat gearbeitet, wird die unzugängliche Originalquelle in das Verzeichnis aufgenommen, aber nicht die hilfsweise herangezogene Sekundärquelle.

☐ Bei Sekundärzitaten wird nur die Sekundärquelle aufgenommen, nach der zitiert wurde.

☐ Anmerkungen, die auf weitere Quellen zu einem bestimmten Aspekt verweisen, sind für das Verzeichnis nicht relevant.

☒ Gesetzestexte, Verordnungen und Gerichtsurteile werden im Quellenverzeichnis nicht aufgeführt.

Das Literaturverzeichnis ist keine Bibliographie, sondern enthält nur diejenigen Quellen, die in der Arbeit zitiert wurden. Das gilt auch dann, wenn im Zuge der Literaturrecherche weitere Quellen gesichtet und herangezogen wurden, um das Verständnis des Autors zu vertiefen. So würde z. B. ein Lexikonartikel nur in das Verzeichnis aufgenommen, wenn er (ausnahmsweise) wörtlich oder sinngemäß zitiert wurde.

Gesetze, Verordnungen und Gerichtsentscheidungen werden als bekannt vorausgesetzt und nicht in das Verzeichnis integriert.

Das Literatur- bzw. Quellenverzeichnis muss ausnahmslos alle Quellen enthalten, die in irgendeiner Form in die Arbeit aufgenommen wurden. Bei Sekundärzitaten wird sowohl die Originalquelle als auch diejenige Quelle aufgenommen, nach der zitiert wurde. Quellen, aus denen zwar keine Aussagen übernommen wurden, auf die aber in einer Anmerkung hingewiesen wurde, müssen ebenfalls in das Verzeichnis aufgenommen werden.

S. Abschnitte 12.1 und 13.1; s. auch Abschnitte 7.4.3 und 12.4.

3. Wie geht man bei der Anlage des Quellenverzeichnisses mit unterschiedlichen Arten von Quellen um?

- ☐ Das Quellenverzeichnis wird nach Arten von Quellen untergliedert. Monographien, Beiträge zu Sammelwerken, Zeitschriftenaufsätze und Internetquellen werden jeweils gesondert aufgeführt.

- ☐ Gedruckte Quellen werden im Literaturverzeichnis und Internetquellen in einem separaten Quellenverzeichnis ausgewiesen.

- ☒ In sich geschlossene Dokumente aus dem Internet, bei denen Verfasser, Titel und andere bibliographische Angaben genannt werden, werden im Allgemeinen zusammen mit Literaturquellen in einem Quellenverzeichnis aufgeführt.

- ☒ Webseiten werden getrennt von anderen Publikationsformen aufgeführt.

Ein einziges Quellenverzeichnis, in dem auch Internetquellen aufgeführt werden, erleichtert es dem Leser, die Fundstellen nachzuvollziehen. Das gilt besonders beim Zitieren mit Kurzbelegen, bei denen aus dem Beleg nicht unmittelbar ersichtlich ist, ob es sich um eine Online-Publikation handelt. Webseiten können dagegen in einem separaten Verzeichnis aufgeführt werden.

Davon abgesehen ist es empfehlenswert, eine Aufteilung des Quellenverzeichnisses nach Publikationsformen mit dem Prüfer abzusprechen.

S. Abschnitte 13.1 und 13.5; s. auch Abschnitt 7.1.

4. Wie werden Quellen aus dem Internet in einem Verzeichnis angegeben?

- ☒ Aufsätze oder Artikel in Zeitschriften oder Zeitungen, die im Internet veröffentlicht sind, werden zusammen mit anderer Literatur in einem einzigen Quellenverzeichnis aufgeführt. Dabei erscheinen die üblichen bibliographischen Angaben und die Fundstelle.

- ☒ Webseiten können in einem Quellenverzeichnis in einer eigenen Rubrik aufgeführt werden.

- ☒ Wenn im Text mit Hilfe von Kurzbelegen zitiert wird, darf das Quellenverzeichnis nicht in verschiedene Kategorien (Literatur, Internetquellen etc.) aufgeteilt werden.

Ein einziges Quellenverzeichnis, in dem auch Internetquellen aufgeführt werden, erleichtert es dem Leser, die Fundstellen nachzuvollziehen. Das gilt besonders beim Zitieren mit Kurzbelegen, bei denen aus dem Beleg nicht unmittelbar ersichtlich ist, ob es sich um eine Online-Publikation handelt. Webseiten können dagegen in einem separaten Verzeichnis aufgeführt werden.

Davon abgesehen sollten Sie eine Aufteilung des Quellenverzeichnisses nach Publikationsformen mit Ihrem Prüfer absprechen.

S. Abschnitte 13.1 und 13.5.

5. Wie werden Autorennamen im Literatur- bzw. Quellenverzeichnis angegeben?

- ☐ Zunächst wird der Vorname und dann der Nachname genannt.
- ☐ Vornamen werden nur angegeben, wenn Autoren mit gleichem Nachnamen unterschieden werden müssen.
- ☒ Vornamen dürfen abgekürzt werden.
- ☒ Wenn der Vorname nicht unmittelbar aus der Quelle hervorgeht, wird er durch einen Klammerzusatz vervollständigt.
- ☐ Akademische Titel eines Autors werden in abgekürzter Form genannt (z. B.: Einstein, Prof. Dr. Albert).

Vornamen dürfen abgekürzt werden, aber ein gewählter formaler Standard muss durchgehalten werden. Fehlt eine Notiz zu den Vornamen der Autoren, müssen diese nachrecherchiert werden, wenn alle anderen Autoren mit ihren Vornamen aufgeführt werden.

Akademische Titel werden in wissenschaftlichen Arbeiten niemals genannt, auch nicht in abgekürzter Form.

S. Abschnitt 13.2.

6. Wie geht man mit Quellen um, die keinen Verfasser haben?

- ◯ Wenn kein Verfasser identifiziert werden kann, wird die Quelle mit der Abkürzung „a." (anonym) aufgeführt.
- ⊗ Wenn kein Verfasser identifiziert werden kann, wird die Quelle mit der Abkürzung „o. V." (ohne Verfasser) aufgeführt.
- ◯ Quellen ohne Verfasser werden am Anfang des Verzeichnisses aufgeführt.
- ◯ Quellen ohne Namensangabe werden unterhalb des Literatur- bzw. Quellenverzeichnisses gesondert ausgewiesen.

Bei nicht bekannten Autoren ist die Zitierabkürzung „o. V." (ohne Verfasser) üblich.

Quellen mit unbekanntem Verfasser werden nicht gesondert ausgewiesen, sondern nach dem Anfangsbuchstaben der Zitierabkürzung „o. V." alphabetisch unter dem Buchstaben O aufgenommen.

S. Abschnitte 9.6.4, 12.5.5 und 13.2; s. auch Abschnitt 12.6.

7. Welche Angaben werden in das Verzeichnis aufgenommen, wenn eine Quelle mehrere Verfasser hat?

○ Hat eine Quelle mehr als einen Verfasser, wird nur der Name des ersten mit dem Zusatz „u. a." (und andere) oder lateinisch „et al." (et alii) angegeben.

○ Hat eine Quelle mehr als zwei Verfasser, wird nur der Name des ersten angegeben und mit einer Zitierabkürzung auf die anderen hingewiesen.

⊗ Hat eine Quelle mehrere Verfasser, müssen im Verzeichnis alle namentlich aufgeführt werden, auch wenn im Text nur einer genannt und mit einer Zitierabkürzung auf weitere Autoren hingewiesen wurde.

○ Innerhalb des Eintrages werden die Verfassernamen in alphabetischer Reihenfolge angegeben.

Bei Kurzbelegen im Text können Sie darauf verzichten, alle Autoren zu nennen, wenn eine Arbeit mehr als drei Verfasser hat. Das müssen Sie aber im Literatur- bzw. Quellenverzeichnis nachholen. Namen mehrerer Verfasser werden exakt in der Reihenfolge aufgeführt, die den bibliographischen Angaben des Verlages entspricht.

S. Abschnitte 12.5.5, 12.6 und 13.2.

8. In welcher Reihenfolge werden die Einträge im Literatur- bzw. Quellenverzeichnis aufgeführt?

○ Die Literaturquellen werden in der Reihenfolge ihres Erscheinens aufgeführt, und zwar beginnend mit der ältesten Quelle.

○ Die Literaturquellen werden in der Reihenfolge ihres Erscheinens aufgeführt, und zwar beginnend mit der aktuellsten Quelle.

⊗ Quellen werden in alphabetischer Reihenfolge der Namen ihrer Verfasser aufgeführt.

○ Die Quellen werden in der gleichen Reihenfolge aufgeführt, in der sie in der Arbeit erstmals zitiert werden.

Die Einträge werden zunächst alphabetisch nach Autorennamen sortiert. Liegen mehrere Quellen desselben Autors vor, werden diese im nächsten Schritt chronologisch nach ihrem Erscheinungsjahr geordnet und schließlich ggf. nach dem Typ der Quelle sortiert.

S. Abschnitt 13.3.

9. In welcher Reihenfolge werden Arbeiten von Autorenteams aufgeführt?

☐ Wenn ein Autor mit mehreren Quellen zitiert wird, bei denen es jeweils andere Ko-Autoren gibt, werden die Quellen in der Reihenfolge ihres Erscheinens gelistet.

☒ Wenn ein Autor mit mehreren Quellen zitiert wird, bei denen es unterschiedliche Ko-Autoren gibt, werden die Quellen in der alphabetischen Reihenfolge der betreffenden Namen gelistet.

☒ Werden mehrere Werke desselben Autorenteams zitiert, wird erst chronologisch sortiert und dann nach Typ der Arbeit (Monographien, Beiträge zu Sammelbänden, Aufsätze in Zeitschriften).

Die Reihenfolge der Einträge folgt einem bestimmten Schema, bei dem zunächst alphabetisch, dann chronologisch und dann nach dem Typ der Quelle vorgegangen wird.

S. Abschnitt 13.3; s. auch Abschnitt 7.1.

10. In welcher Reihenfolge werden Quellen bei Namensgleichheit von Autoren aufgeführt?

⊗ Werden zwei Autoren mit gleichem Nachnamen zitiert, wird im Literaturverzeichnis alphabetisch nach dem Vornamen sortiert.

○ Werden zwei Autoren mit gleichem Nachnamen zitiert, werden die Einträge chronologisch, d. h. beginnend mit der ältesten nach dem Erscheinungsdatum der Quellen geordnet.

Quellen werden dann in aufsteigender chronologischer Reihenfolge ihres Erscheinens angegeben, wenn mehrere Arbeiten desselben Verfassers zitiert wurden.

S. Abschnitt 13.3.

11. Wo und wie gibt man Werke von Autoren an, die einen Namenszusatz tragen?

○ Dirk von Gehlen (2011): Mashup. Lob der Kopie. Berlin.
 Stefan Römer (2001): Künstlerische Strategien des Fake. Kritik von Original und Fälschung. Köln.

○ Gehlen, Dirk von (2011): Mashup. Lob der Kopie. Berlin.
 Römer, Stefan (2001): Künstlerische Strategien des Fake. Kritik von Original und Fälschung. Köln.

⊗ von Gehlen, Dirk (2011): Mashup. Lob der Kopie. Berlin.
 Römer, Stefan (2001): Künstlerische Strategien des Fake. Kritik von Original und Fälschung. Köln.

○ Römer, Stefan (2001): Künstlerische Strategien des Fake. Kritik von Original und Fälschung. Köln.
 von Gehlen, Dirk (2011): Mashup. Lob der Kopie. Berlin.

Adelsprädikate werden bei der alphabetischen Sortierung der Einträge nicht berücksichtigt. Beim Eintrag werden sie trotzdem dem Nachnamen vorangestellt.

Der Nachname wird immer vor dem Vornamen angeführt.

S. Abschnitt 13.3.

12. In welcher Reihenfolge werden Arbeiten eines Autors aufgeführt, die aus demselben Jahr stammen?

☒ Werden mehrere Werke eines Autors aus demselben Jahr mit Kurzbelegen zitiert, wird die Jahresangabe mit dem Zusatz eines Kleinbuchstabens versehen: z. B. 2010a, 2010b usw.

☒ Werden mehrere Werke eines Autors aus demselben Jahr zitiert, werden sie in folgender Reihenfolge aufgeführt: Monographien, dann Aufsätze in Sammelbänden und schließlich Aufsätze in Zeitschriften in der Reihenfolge ihres Erscheinens.

☐ Werden mehrere Werke eines Autors aus demselben Jahr zitiert, werden sie in folgender Reihenfolge aufgeführt: Aufsätze in Sammelbänden, dann Aufsätze in Zeitschriften in der Reihenfolge ihres Erscheinens und schließlich Monographien.

Bei Kurzbelegen müssen die Publikationen, die im selben Jahr erschienen sind, eindeutig identifiziert werden können. Das wird durch die Kombination aus Jahreszahl und Buchstaben erreicht. Diese Technik wird vor allem dann gebraucht, wenn mehrere Quellen mit gleichem Erscheinungsjahr zitiert werden, bei denen die Verfasserangabe fehlt (o. V. 2010a; o. V. 2010 b).

S. Abschnitt 13.3; s. auch Abschnitte 7.1 und 12.5.2.

13. Wie werden Verlag und Erscheinungsort angegeben?

☐ Bei Monographien und Sammelbänden den Verlag anzugeben, ist im angloamerikanischen Sprachraum üblich und auch bei wissenschaftlichen Arbeiten, die auf Deutsch verfasst werden, unbedingt erforderlich.

☒ Bei Monographien und Sammelbänden muss immer der Erscheinungsort angegeben werden.

☒ Es ist üblich, bis zu drei Erscheinungsorte anzuführen. Bei mehr als drei Orten wird nur der erste, der Hauptsitz des Verlages, genannt und mit dem Zusatz „u. a." (und andere) versehen.

Bei Monographien und Sammelbänden können Sie darauf verzichten, den Verlag anzugeben, es sei denn, Ihr Prüfer macht entsprechende Vorgaben. Bei Zeitschriften wird weder der Verlag angegeben, der sie herausgibt, noch dessen Sitz.

S. Abschnitt 13.2.

14. Wie geht man mit unvollständigen bibliographischen Angaben um?

☒ Wenn der Verfasser einer Quelle nicht zu ermitteln ist, wird sie mit der Abkürzung „o. V." (ohne Verfasser) aufgeführt.

☒ Wenn der Vorname eines Autors in der Quelle abgekürzt wird, sollte er vervollständigt werden. Bis auf den ersten Buchstaben wird der Vorname in eckige Klammern gesetzt.

☐ Wenn zu einer Quelle eine Angabe zum Erscheinungsort fehlt, wird sie mit der Abkürzung „a.a.O." (am angegebenen Ort) aufgeführt.

☒ Wenn zu einer Quelle eine Angabe zum Erscheinungsjahr fehlt, wird sie mit der Abkürzung „o. J." (ohne Jahr) aufgeführt.

Achten Sie darauf, dass Sie bei der Quellenauswertung die bibliographischen Angaben immer vollständig notieren. Die Angaben im Verzeichnis müssen vollständig und einheitlich sein.

Wenn bestimmte Angaben wie z. B. ein nicht abgekürzter Vorname aus der Quelle selbst nicht hervorgehen, sollten Sie diese Angabe nach Möglichkeit nachrecherchieren und so vervollständigen, dass die Ergänzung ersichtlich ist.

Die Zitierabkürzung „a.a.O." (am angegebenen Ort) wird bei Vollbelegen verwendet. Sie taucht nie im Literaturverzeichnis auf, sondern nur in Fußnoten. Eine fehlende Ortsangabe wird mit „o. O." (ohne Ort) vermerkt.

S. Abschnitte 12.6 und 13.2; s. auch Abschnitt 12.5.1.

15. Auf welche Angaben wird im Literaturverzeichnis immer verzichtet?

☐ Die Einträge im Literaturverzeichnis werden durchnummeriert.

☐ Wenn der Verlag in der Titelei ausdrücklich angibt, dass es sich um die erste Auflage handelt, wird dies in die Quellenangabe übernommen.

☒ Die Auflage einer Monographie oder eines Sammelbandes wird erst ab der zweiten genannt (2. Aufl. usw.).

☒ Die ISBN- und die ISSN-Nummer werden nicht aufgenommen.

☐ Diejenigen Seiten, die in der Arbeit zitiert wurden, werden nach den bibliographischen Angaben angegeben.

Eine Information zur Auflage wird nur dann in die Quellenangabe aufgenommen, wenn es sich mindestens um die zweite Auflage handelt.

Die ISBN-Nummer (International Standard Book Number, Internationale Standardbuchnummer) und die ISSN-Nummer (International Standard Serial Number, Internationale Standardnummer für fortlaufende Sammelwerke) sind für den Vertrieb von Publikationen und im Bibliothekswesen relevant. In wissenschaftlichen Arbeiten spielen sie keine Rolle.

S. Abschnitt 13.2.

16. Welche Seitenangaben muss ein Eintrag im Literaturverzeichnis enthalten?

○ Bei jeder Quelle wird vermerkt, auf welcher Seite bzw. welchen Seiten der Arbeit sie zitiert wurde.

○ Bei jeder Quelle wird vermerkt, welche Seite(n) des Textes in der Arbeit zitiert wurde(n).

○ Bei Aufsätzen aus Zeitschriften werden wie in der Fußnote die Seitenangaben zum Aufsatz und die Seitenangabe zur zitierten Textstelle angegeben.

⊗ Bei Aufsätzen aus Sammelwerken werden die Seiten angegeben, auf denen der Beitrag im Sammelband abgedruckt wurde.

○ Im Literaturverzeichnis werden überhaupt keine Seitenangaben gemacht.

Welche Seiten eines Werkes Sie zitiert haben, wird aus den Belegen im Text Ihrer Arbeit ersichtlich. Im Literaturverzeichnis haben solche Informationen nichts zu suchen. Sie müssen aber diejenigen Seitenangaben in das Literaturverzeichnis übernehmen, die zu den bibliographischen Angaben gehören, damit der Leser die Quelle mühelos finden kann. Bei Monographien machen Seitenangaben keinen Sinn. Bei Aufsätzen, die in einer Zeitschrift oder in einem Sammelband erschienen sind, müssen Sie angeben, auf welchen Seiten der Beitrag genau zu finden ist.

S. Abschnitt 13.2; s. auch Abschnitt 12.5.5.

17. Welche Satzzeichen verwendet man bei Einträgen im Literaturverzeichnis?

- ☐ Posner, Richard A.; The Little Book of Plagiarism; New York 2007.
- ☐ Posner, Richard A.: The Little Book of Plagiarism, New York 2007.
- ☐ Posner, Richard A.: The Little Book of Plagiarism. New York 2007.
- ☒ Posner, Richard A.: The Little Book of Plagiarism, New York 2007
- ☒ Posner, Richard A.: The Little Book of Plagiarism. New York 2007

Das Standard-Trennzeichen bei Angaben im Literaturverzeichnis ist das Komma. Schreibweisen, bei denen auf Titel bzw. Untertitel ein Punkt folgt, sind ebenfalls zulässig. Jede Literaturangabe wird als Satz angesehen und endet mit einem Punkt.

S. Abschnitt 13.3; s. auch Abschnitt 12.5.5.

18. Wie werden Einträge im Literaturverzeichnis angelegt, wenn mit Kurzbelegen gearbeitet wurde?

- ☐ Der Autor und der Titel der Veröffentlichung werden zuerst genannt.
- ☒ Der Eintrag beginnt mit dem Namen des Autors und dem Jahr, in dem die Arbeit veröffentlicht wurde.
- ☐ Bei Monographien wird das Erscheinungsjahr in der Regel an zwei Stellen aufgeführt.
- ☒ Bei Aufsätzen, die in Fachzeitschriften erschienen sind, taucht die Jahresangabe meistens zweimal auf.
- ☒ Die erste Angabe des Erscheinungsjahres wird in Klammern gesetzt.

Bei Kurzbelegen müssen die Angaben, die in der Fußnote bzw. im Klammerzusatz im Text auftauchen, also Autor und Jahr der Veröffentlichung, im Verzeichnis zuerst genannt werden, damit der Leser die Quelle mühelos findet.

Bei Monographien und Aufsätzen in Sammelbänden wird das Erscheinungsjahr nur nach dem Namen des Verfassers bzw. der Verfasser aufgeführt. Bei Aufsätzen, die in Fachzeitschriften erschienen sind, wird die Jahresangabe bei den bibliographischen Angaben der Zeitschrift wiederholt.

S. Abschnitte 12.5.2 und 13.4; s. auch Abschnitt 7.1.

19. Wie werden Einträge im Literaturverzeichnis angelegt, wenn mit Vollbelegen gearbeitet wurde?

- ☒ Das Literaturverzeichnis bei Vollbelegen unterscheidet sich von dem Verzeichnis bei Kurzbelegen nur dadurch, dass bei Kurzbelegen das Erscheinungsjahr einer Veröffentlichung unmittelbar nach dem Autorennamen steht.
- ☐ Im Literaturverzeichnis werden der Name des Autors, ein Kurztitel und die Seite angegeben, auf der die Quelle im Text der Arbeit zum ersten Mal mit allen bibliographischen Angaben zitiert wird.
- ☐ Wenn mehrere Aufsätze aus einem Sammelband zitiert werden, erscheinen dessen vollständige bibliographische Angaben nur beim ersten Eintrag im Literaturver-

zeichnis. Bei den folgenden Aufsätzen werden nur noch die Herausgeber und ein Kurztitel mit dem Verweis „a.a.O." aufgeführt.

☒ Der Eintrag im Literaturverzeichnis enthält die gleichen Angaben, wie die Fußnote, mit der ein Zitat aus der Quelle in der Arbeit erstmals belegt wird.

Normalerweise wird dann mit Vollbelegen gearbeitet, wenn ein Literaturverzeichnis nicht vorgesehen ist, was bei Veröffentlichungen in Zeitschriften oder Sammelbänden vorkommt. Wenn Sie bei diesem Zitierverfahren ein Verzeichnis anlegen, müssen Sie die gleichen bibliographischen Angaben machen, wie in der Fußnote.

Verweise auf Quellen, die an anderer Stelle im Verzeichnis noch einmal aufgeführt werden, sind unzulässig. Die Zitierabkürzung „a.a.O." (am angegebenen Ort) wird zwar bei Vollbelegen verwendet, aber nur in den Fußnoten.

S. Abschnitt 13.4; s. auch Abschnitt 7.1.

20. Wie sieht ein Eintrag im Literaturverzeichnis aus, wenn mit Kurzbelegen zitiert wurde?

○ Ackermann, Kathrin: Fälschung und Plagiat als Motiv in der zeitgenössischen Literatur, Heidelberg 1992

⊗ Ackermann, Kathrin (1992): Fälschung und Plagiat als Motiv in der zeitgenössischen Literatur, Heidelberg

Wenn Sie mit Kurzbeleg oder nach der Harvard-Methode zitieren, belegen Sie das Zitat nur mit dem Nachnamen des Autors und dem Erscheinungsjahr sowie mit der Seitenangabe zur Fundstelle. Bei den Verzeichniseinträgen müssen Sie daher den Autor und das Jahr der Veröffentlichung zuerst nennen, damit der Leser die Quelle mühelos findet.

S. Abschnitt 13.4; s. auch Abschnitte 12.5.1, 12.5.2 und 12.5.3.

21. Wie werden Aufsätze in Sammelbänden im Literaturverzeichnis angegeben?

☐ Bei Aufsätzen in Sammelbänden wird sowohl beim Zitieren als auch im Literaturverzeichnis auf die bibliographischen Angaben zum Sammelband (Herausgeber, Titel, Erscheinungsort und Jahr) verwiesen und nicht auf den Autor und den Titel des Beitrags.

☒ Bei Aufsätzen in Sammelbänden wird immer der einzelne Artikel mit allen Angaben zitiert, nicht bloß der Sammelband.

☒ Bei Aufsätzen in Sammelbänden muss unbedingt angegeben werden, auf welchen Seiten sie zu finden sind.

☐ Seitenzahlen werden angegeben, indem die erste Seite genannt und mit der Abkürzung „ff." versehen wird.

Bei Aufsätzen in Sammelbänden wird im Literaturverzeichnis auf den Autor, den Titel des Beitrags und die bibliographischen Angaben zum Sammelband verwiesen.

Seitenangaben bei Aufsätzen in Sammelbänden (und Zeitschriften) müssen sich auf die erste und die letzte Seite beziehen. Die Abkürzung „ff." (fortfolgende) ist sowohl im Literaturverzeichnis als auch in Fußnoten unzulässig.

S. Abschnitte 12.5.5 und 13.2; s. auch Abschnitt 7.1.

22. Wie nimmt man einen Aufsatz in einem Sammelband in das Literaturverzeichnis auf (Zitierweise Vollbeleg)?

○ Mathis, Klaus/Zgraggen, Pascal: Eine rechtsökonomische Analyse des Plagiarismus, Berlin 2011

○ Mathis, Klaus/Zgraggen, Pascal: Eine rechtsökonomische Analyse des Plagiarismus, in: Gruber, Malte/Bung, Jochen/Kühn, Sebastian (Hrsg.), Plagiate – Fälschungen, Imitate und andere Strategien aus zweiter Hand, Berlin 2011

⊗ Mathis, Klaus/Zgraggen, Pascal: Eine rechtsökonomische Analyse des Plagiarismus, in: Gruber, Malte/Bung, Jochen/Kühn, Sebastian (Hrsg.), Plagiate – Fälschungen, Imitate und andere Strategien aus zweiter Hand, Berlin 2011, S. 159–176

○ Mathis, Klaus/Zgraggen, Pascal (2011): Eine rechtsökonomische Analyse des Plagiarismus, in: Gruber, Malte/Bung, Jochen/Kühn, Sebastian (Hrsg.), Plagiate – Fälschungen, Imitate und andere Strategien aus zweiter Hand, Berlin, S. 159–176

Bei Beiträgen zu Sammelbänden genügt es nicht, sich auf Angaben zum Beitrag selbst zu beschränken. Der Leser kann die Quelle nur nachvollziehen, wenn Sie u. a. den Titel des Sammelwerkes und dessen Herausgeber nennen. Vergessen Sie nicht, die Seiten anzugeben, auf denen der Beitrag in dem Band abgedruckt wurde, und zwar exakt mit der ersten und der letzten Seite.

Wenn mit Vollbelegen gearbeitet wird, steht das Erscheinungsjahr nach dem Verlagsort; bei Kurzbelegen wird es in Klammern nach den Autoren angegeben.

S. Abschnitte 12.5.5, 13.2 und 13.4; s. auch Abschnitt 7.1.

23. Welche Angaben werden bei Zeitschriftenaufsätzen nicht in das Literaturverzeichnis übernommen?

☐ Titel des Beitrags

☐ Titel der Zeitschrift

☒ Name des/r Herausgeber(s) der Zeitschrift

☐ Jahrgang der Zeitschrift

☐ Erscheinungsjahr

☐ Heftnummer

☐ Erste und letzte Seite des Aufsatzes

☒ Zitierte Seite(n)

Diese Technik entspricht den Konventionen wissenschaftlichen Arbeitens. Autorennamen, der Titel des Beitrags und der Zeitschrift sowie ausgewählte bibliographische Angaben reichen aus, um die Quelle zu finden.

Die Seiten, deren Inhalte im Text wörtlich oder sinngemäß zitiert werden, werden im Text mit einem Voll- oder einem Kurzbeleg angegeben. Diese Seitenangabe wird im Literaturverzeichnis nicht wiederholt.

S. Abschnitt 13.2.

24. Wie legt man einen Eintrag für einen Aufsatz an, der in einer Zeitschrift erschienen ist (Zitierweise Kurzbeleg)?

☐ Lethem, Jonathan (2007): Autoren aller Länder plagiiert euch!, in: Literaturen, 6/2007

☒ Lethem, Jonathan (2007): Autoren aller Länder plagiiert euch! In: Literaturen 6/2007, S. 59–63

☒ Lethem, J. (2007): Autoren aller Länder plagiiert euch!, in: Literaturen 6/2007, S. 59–63

☐ Lethem, Jonathan (2007): Autoren aller Länder plagiiert euch!, in: Literaturen, 8. Jg., 2007, H. 6, S. 59 ff.

☒ Lethem, Jonathan (2007): Autoren aller Länder plagiiert euch!, in: Literaturen, 8. Jg., 2007, H. 6, S. 59–63

Der Autorenname, der Titel des Beitrages, der Name der Zeitschrift, das Erscheinungsjahr, die Heftnummer und exakte Seitenangaben sind obligatorisch. Zusätzlich können Sie den Jahrgang der Zeitschrift angeben. Bei der Schreibweise haben Sie etwas Gestaltungsspielraum, solange Sie alle Einträge nach dem gleichen Schema anlegen.

S. Abschnitte 12.5.5 und 13.2.

25. Mit welchen Angaben müssen Dokumente, die im Internet veröffentlicht wurden, im Quellenverzeichnis aufgeführt werden?

☒ Autor(en)

☒ Titel

☒ Ort

☐ Verlag

☐ Seite

☒ Adresse/URL

☒ Datum der Veröffentlichung

☒ Datum des Abrufs der Seite (Zitationsdatum)

Die bibliographischen Angaben müssen es dem Leser ermöglichen, die Quelle zu finden. Sofern es sich nicht um Webseiten handelt, lassen sich im Allgemeinen die gleichen bibliographischen Angaben ermitteln wie bei gedruckten Quellen.

Da das Internet ein flüchtiges Medium ist, müssen Sie unbedingt angeben, wann Sie die Quelle gesichtet bzw. heruntergeladen haben (Zitationsdatum).

S. Abschnitt 13.5.

26. Mit welchen Zusätzen zu den bibliographischen Angaben muss man Internetquellen versehen, und welche Schreibweisen sind korrekt?

☐ online unter URL: http://www._____

☐ URL: http://www._____

☒ online unter URL: http://www._____ (Stand: 01.01.2010)

☒   online unter URL: http://www._____ [Stand: 2010-01-01]

☒   online unter URL: http://www._____ [Abruf: 2010-01-01]

☒   URL: http://www._____ (Abruf: 01.01.2010)

Wenn auf eine Webseite verwiesen wird, muss unbedingt das Datum der Recherche bzw. des Downloads angegeben werden, da das Medium schnelllebig ist und Quellen möglicherweise später nicht mehr auffindbar sind.

Dazu sind verschiedene Schreibweisen möglich. Im Hinblick auf die im internationalen Vergleich unterschiedlichen Schreibweisen von Datumsangaben ist, um Missverständnisse zu vermeiden, folgende Variante besonders zu empfehlen: [Abruf: JJJJ-MM-TT].

Die Formulierung „Abruf" ist unmissverständlicher als der Hinweis „Stand", da sich dieser auch auf die letzte Änderung der Webseite beziehen kann. Beide Begriffe sind gebräuchlich. S. Abschnitt 13.5.

27. Wie legt man einen Verzeichniseintrag für einen Text an, der auf einer Webseite veröffentlicht wurde (Zitierweise Kurzbeleg)?

◯   Spielkamp, Matthias (2005): Abschreiben verboten, 16.11.2005, online unter URL: http://www.irights.info [Abruf: 2011-11-11]

⊗   Spielkamp, Matthias (2005): Abschreiben verboten, 16.11.2005, online unter URL: http://www.irights.info/?q=node/34 [Abruf: 2011-11-11]

◯   Spielkamp, Matthias (2005): Abschreiben verboten, in: iRights.info (Hrsg.), Urheberrecht und kreatives Schaffen in der digitalen Welt, 16.11.2005, online unter URL: http://www.irights.info/?q=node/34 [Abruf: 2011-11-11]

Orientieren Sie sich an den bei gedruckten Quellen üblichen bibliographischen Angaben und bezeichnen Sie die Webseite. Deren Namen und deren Betreiber zu nennen, ist nicht üblich. Sie werden nur dann angegeben, wenn es sich nicht um ein abgeschlossenes Dokument mit eindeutiger Urheberschaft handelt, sondern um „normalen" Seiteninhalt.

Auf den Zusatz „o. O." (ohne Ort), der anzeigt, dass die Quelle keinen Erscheinungsort hat, können Sie verzichten. Bei Zeitungsartikeln wird der Erscheinungsort nicht genannt. Dagegen sollten Sie das Datum der Veröffentlichung z. B. bei einem Weblog (Blog) oder einem Zeitungsartikel so genau wie möglich angeben. Das Gleiche gilt für das Zitationsdatum. S. Abschnitt 13.5.

28. Wie geht man mit einem Aufsatz um, der sowohl in einer Zeitschrift als auch im Internet veröffentlicht wurde?

◯   Es braucht nur die Online-Publikation aufgeführt zu werden.

◯   Sowohl die Angaben zur gedruckten Publikation als auch die zur Online-Version müssen genannt werden. Bei der Online-Version kann auf die Nennung des Abrufdatums verzichtet werden, da der Aufsatz in der Druckfassung immer verfügbar bleibt.

⊗   Die Angaben zur gedruckten Publikation müssen genannt werden. Die Fundstelle im Internet kann mit Datum des Abrufs zusätzlich aufgeführt werden.

Da der Aufsatz in einer Zeitschrift erschienen ist, braucht die Fundstelle im Internet nicht unbedingt angegeben zu werden. Umgekehrt ersetzt die Angabe der Webseite in diesem Fall nicht die bibliographischen Angaben.

Wenn auf die Webseite verwiesen wird, muss das Datum der Recherche bzw. des Abrufs in jedem Fall angegeben werden, da das Medium schnelllebig ist und Quellen möglicherweise später nicht mehr auffindbar sind.

S. Abschnitte 13.2 und 13.5.

29. Mit welchen Angaben werden Webseiten im Quellenverzeichnis aufgeführt?

☒ Name der Organisation, die die Webseite führt, und/oder Titel der Seite

☐ Name der Person, die für die Webseite redaktionell verantwortlich ist

☐ Internet-Adresse/URL der Homepage

☒ Vollständige Internet-Adresse/URL der Webseite oder Adresse der Homepage mit betreffendem Kapitel/Menüpunkt

☒ Datum des Abrufs der Seite (Zitationsdatum)

☐ Datum der letzten Aktualisierung der Seite (Stand)

Ihre Angaben müssen es dem Leser ermöglichen, die Quelle mühelos zu finden. Der Verweis auf die Startseite (Homepage) genügt nicht.

Wenn Sie auf eine Webseite verweisen, müssen Sie unbedingt das Datum der Recherche bzw. des Downloads angeben, da das Medium schnelllebig ist und der betreffende Content möglicherweise später nicht mehr auffindbar ist. Das Datum der letzten Aktualisierung der Seite ist nicht immer ersichtlich.

S. Abschnitt 13.5.

30. Wie trennt man eine Internet-Adresse (URL) geschickt und trotzdem korrekt, wenn sie nicht in eine Zeile passt?

Barnett, David: Wild and crazy guys, Fiction's maddest scientists, The Guardian Books Blog, 10.09.2008, online unter URL:
http://www.guardian.co.uk/books/booksblog/2008/sep/10/fiction [Abruf: 2011-10-02]

○ http://www.guardian.co.uk/books/books-↵
blog/2008/sep/10/fiction

○ http://www.guardian.co.uk/books/booksblog/-↵
2008/sep/10/fiction

⊗ http://www.guardian.co.uk/books/booksblog/↵
2008/sep/10/fiction

○ http://www.guardian.co.uk/books/booksblog/ ↵
2008/sep/10/fiction

Legende
Das Symbol ↵ steht für den Zeilenumbruch.

Trennungen der Internet-Adressen (URL) am Zeilenende sollten Sie nicht mit einem verfälschenden Trennstrich (-) und ohne Leerzeichen vornehmen. Am besten setzen Sie Trennungen nach einem Schrägstrich in der Adresse (/).

S. Abschnitt 13.5.

Glossar

Abduktion

Verfahren der Erkenntnislogik, bei dem von einem beobachteten Phänomen auf der Grundlage einer allgemeinen Gesetzmäßigkeit auf die Ursache des Phänomens geschlossen wird (abduktives Schließen).

Ad-hoc-Hypothese

Hilfshypothese. Plausible Annahme zur Erklärung eines Phänomens, das einer (neuen) Theorie widerspricht.

Angewandte Wissenschaft

Anwendungsforschung. S. ebd.

Anmerkung

Randbemerkung. Anmerkungen werden in Fußnoten platziert

Antithese

Gegenthese. Entgegengesetzte Aussage. Gegenstück zur These.

Anwendungsforschung

Angewandte Wissenschaft. Forschung, die auf eine Verwertung der Erkenntnisse und einen praktischen Nutzen gerichtet ist.

Argument

Aussage, die eine These begründet.

Aussage

Sprachliche Formulierung, mit der ein Sachverhalt, eine Vermutung oder eine persönliche Meinung ausgedrückt wird.

Bibliographie

Systematische Auflistung von Literatur in Bezug auf eine wissenschaftliche Disziplin. Verzeichnis, das den Bestand an Literatur zu einem Fachgebiet ausweist und somit eine vollständige Übersicht der Literatur liefert.

Bibliographische Methode

Methode der Literaturrecherche. S. Systematische Methode.

Deduktion

Verfahren der Erkenntnislogik, bei dem von einer allgemeinen Gesetzmäßigkeit auf den Einzelfall geschlossen wird (deduktives Schließen).

Definition

Gleichsetzung eines bisher noch unbekannten Terminus mit einer Kombination bereits bekannter Termini (Ausdrücke). Möglichst eindeutige Bestimmung eines Begriffs und zugleich Abgrenzung gegenüber benachbarten Begriffen.

Deskription

Erfassung und Analyse von Informationen, die über einen Sachverhalt gewonnen wurden, mit Hilfe von Beschreibungen. Jede erfahrungswissenschaftliche Aussage beruht auf kontrollierter Beobachtung und Deskription. Auf diesem Gedanken basiert ein Untersuchungsansatz in der empirischen Forschung, der explorative Ansatz (explorative Studie).

Deskriptive Studie

Untersuchungsansatz in der empirischen Forschung. S. Deskription.

Diagramm

Grafische Darstellung von Daten, Sachverhalten oder Informationen.

Dissertation

Doktorarbeit. Eigenständige wissenschaftliche Arbeit, die zur Erlangung eines Doktorgrades verfasst wird.

Empirie

Erfahrungswissenschaftliche Forschungen, die sich direkt oder indirekt auf beobachtbare Sachverhalte beziehen. Suche nach Erkenntnissen durch die systematische Auswertung sinnlicher Erfahrungen mit Hilfe dazugehöriger Erhebungsmethoden. Mit Hilfe empirischer Studien werden theoretische Aussagen in der Realität wissenschaftlich überprüft.

Empirisch

Auf Erfahrung beruhend. Aus Erfahrung gewonnen. S. Empirie und Empirische Studie.

Empirische Studie

Erhebung, Analyse und Interpretation beobachtbarer Sachverhalte. S. Empirie.

Empirismus

Erkenntnistheoretische Richtung, nach der jede Erkenntnis unmittelbar aus der Sinneswahrnehmung resultiert. Die sinnliche Erfahrung ist die Quelle aller Erkenntnisse, d. h. Wissen und Theorien werden aus der Erfahrung oder Beobachtung der Wirklichkeit abgeleitet.

Epistemologie

Synonym für Erkenntnistheorie. S. ebd.

Erhebung

In der empirischen Wissenschaft das Sammeln von Daten zur Informationsgewinnung.

Erkenntnislogik

Teilgebiet der Erkenntnistheorie. Gegenstand sind Voraussetzungen und logische Regeln zur Überprüfung von Thesen, Hypothesen und Theorien.

Erkenntnistheorie

Epistemologie. Theorie des Denkens und des Verstehens. Teilgebiet der Philosophie bzw. Wissenschaftstheorie. Theorie, die sich damit befasst, wie Erkenntnis und Wahrheit zu erlangen und zu nutzen sind.

Ethik

Teilgebiet der Philosophie. Lehre bzw. Theorie vom Handeln gemäß der Unterscheidung von Gut und Böse (Lehre vom guten Handeln, Theorie der Moral).

Experiment

Systematisch angelegte Versuchsanordnung in einem Labor. Methode der empirischen Forschung.

Exploration

Voruntersuchung zur Strukturfindung und Auflösung eines bestehenden Problems im Rahmen einer empirischen Untersuchung. Untersuchungsansatz zur Erkundung einer oder mehrerer Hypothesen bei weitgehend unerschlossenem Untersuchungsbereich, der vorliegende Problemanalysen ausweitet und komplettiert und über Vorstudien oder Pilotprojekte zur Lösung eines vorliegenden Falls führt (explorative Studie).

Explorative Studie

Untersuchungsansatz in der empirischen Forschung. S. Exploration.

Fallstudie (case study)

Form der Sekundärforschung. Eine Fallstudie konzentriert sich auf einen oder wenige Fälle als Untersuchungsgegenstand, wobei Experteninterviews und Inhaltsanalysen zu den bevorzugten Methoden gehören.

Falsifikation

Synonym für Falsifizierung. S. ebd.

Falsifizierung (Falsifikation)

Nachweis der Ungültigkeit bzw. Widerlegen der Richtigkeit von Sachverhalten (Aussagen, Hypothesen, Theorien etc.). Versuch, durch Beobachtung Gegenbeispiele zu finden.

Forschungsethik

Dimension der Wissenschaftsethik. Reflexion der für Forschungsprozesse und ihre Folgen gültigen Werte und Normen ausgehend von der Verantwortung des Wissenschaftlers gegenüber der Gesellschaft.

Fußnote

Anmerkung, die aus dem Text ausgelagert wird und am unteren Seitenrand steht. Fußnoten enthalten Quellenangaben und Anmerkungen.

Graue Literatur

Werke und Dokumente, die weder über den Buchhandel vertrieben noch auf andere Weise veröffentlicht wurden. Beispiele sind interne Unternehmensdokumente und Vorlesungsskripte.

Grundgesamtheit

Population. In der empirischen Forschung die Menge aller potenziellen Untersuchungsobjekte für eine bestimmte Fragestellung. In der Statistik die Menge aller Merkmalsträger mit übereinstimmenden Eigenschaften.

Grundlagenforschung

Theoretische Wissenschaft. Erkenntnisorientierte, zweckfreie Forschung, die die systematischen und methodischen Grundlagen einer wissenschaftlichen Disziplin liefert.

Habilitationsschrift

Anspruchsvolle akademische Arbeit, die von promovierten Wissenschaftlern zum Erwerb der Lehrbefähigung an Universitäten angefertigt wird.

Harvard-Methode

Zitierverfahren, bei dem eine abgekürzte Quellenangabe (Name des Autors, Erscheinungsjahr, Seite) im Text platziert wird, und zwar in Klammern unmittelbar nach der zitierten Aussage.

Hypothese

Begründete Vermutung über Zusammenhänge zwischen mindestens zwei Sachverhalten.

Ideenplagiat

Ungekennzeichnete Übernahme zentraler Gedanken einer fremden Arbeit.

Induktion

Verfahren der Erkenntnislogik, bei dem vom beobachteten Einzelfall auf eine allgemeine Gesetzmäßigkeit geschlossen wird (induktives Schließen).

Inhaltsanalyse

Methode der empirischen Forschung, bei der Kommunikationsinhalte wie Texte (Dokumentenanalyse), Bilder und Filme untersucht werden. Die Aufgabe der Inhaltsanalyse besteht in der Analyse der Inhalte und ggf. in deren Interpretation.

Inhaltsplagiat

Teilplagiat. Leichtes Umformulieren fremder Textpassagen ohne Quellenangabe.

Interdisziplinarität

Zusammenführung der Methoden und Kenntnisse unterschiedlicher Einzelwissenschaften zur Lösung einer disziplinübergreifenden Problemstellung

Intersubjektive Überprüfung

Nachvollziehen eines Erkenntnisprozesses und der daraus resultierenden Forschungsergebnisse durch Dritte, z. B. in Form der erneuten Durchführung eines Experiments sowie der Auswertung und Interpretation der Ergebnisse.

junk science

Interessengeleitete Auftragsforschung. Forschung, die wissenschaftliche Methoden anwendet, aber nicht ergebnisoffen ist.

Kausalanalytische Studie

Untersuchungsform in der Empirie, mit der Hypothesen über Ursache-Wirkung-Zusammenhänge überprüft werden.

Konstruktivismus

Erkenntnistheorie, nach der die Realität subjektabhängig wahrgenommen wird. Das Gehirn konstruiert unser Wissen über die Realität. Dadurch entstehen eine individuelle Wahrheit und ein subjektives Wissen über die Wirklichkeit.

Kurzbeleg

Zitierverfahren, bei dem in einer Fußnote nur der Name des Autors, das Erscheinungsjahr der Quelle und die zitierte Seite angegeben werden.

Lawinensystem

Methode der Literaturrecherche. S. Methode der konzentrischen Kreise.

Methode der konzentrischen Kreise

Methode der Literaturrecherche, bei der ausgehend von einer verfügbaren Veröffentlichung zu einem Thema anhand von enthaltenen Literaturverweisen weitere Quellen (älteren Datums) ermittelt werden.

Methodik

In der Wissenschaftstheorie die Gesamtheit aller wissenschaftlichen Methoden (Erkenntniswege).

Methodologie

Lehre von den wissenschaftlichen Methoden. Teildisziplin der Wissenschaftstheorie. Die Methodologie fragt danach, welche Methode für ein bestimmtes wissenschaftliches Problem am besten geeignet ist.

Monographie

Eigenständige, vollständige und abgeschlossene Abhandlung über ein bestimmtes Thema in Form eines Buches.

Multidisziplinarität

Polydisziplinarität. Unverbundenes Nebeneinander von Einzelwissenschaften mit ihren jeweiligen Objektbereichen und Methoden.

Normativismus

Lehre vom Vorrang des als Norm Geltenden.

Nummernsystem

Zitierverfahren, bei dem die Quellenangabe durch eine eingeklammerte Ziffer ersetzt wird, die nach der zitierten Aussage im Text eingefügt wird und die auf einen nummerierten Eintrag im Literaturverzeichnis verweist.

OPAC (Online Public Access Catalogue)

Im Internet öffentlich zugänglicher elektronischer Bibliothekskatalog einer oder mehrerer deutscher bzw. internationaler Bibliotheken, die meist untereinander verbunden sind, um dem Nutzer eine gleichzeitige Recherche in mehreren Katalogen zu ermöglichen.

Paginierung

Seitennummerierung eines Schriftstücks.

Paradigma

Zu einer bestimmten Zeit vorherrschendes Denkmuster. Im Zusammenhang mit Wissenschaft Bezeichnung für grundlegende Fragestellungen, Methoden und theoretische Leitsätze.

Paraphrase

Umschreibung, sinngemäße Wiedergabe. Leichtes Umformulieren einer Textpassage, die aus einer anderen Arbeit übernommen wird. Im Unterschied zum sinngemäßen Zitat nahezu wörtliche Wiedergabe einer Aussage.

Parawissenschaft

Auffassungen, Praktiken, Theorien oder Forschungsprogramme, die sich mit Phänomenen befassen, deren Existenz aus wissenschaftlicher Sicht nicht bewiesen ist.

Peer Review

Gutachterverfahren. Ggf. mit Änderungsvorschlägen versehene fachliche Beurteilung (Review) eines Manuskripts oder eines Projektantrages durch anonyme Fachkollegen (Peers).

Plagiat

„Geistiger Diebstahl". Bewusstes Aneignen von fremdem Gedankengut, das als eigenes ausgegeben wird. Ein Plagiat liegt vor, wenn ein urheberrechtlich geschütztes Werk unerlaubt benutzt wird bzw. wenn bei einer zulässigen Benutzung des Werkes (z. B. Zitat) die Quellenangabe unterlassen wird.

Polydisziplinarität

Multidisziplinarität. S. ebd.

Populärwissenschaft

Vermittlung wissenschaftlicher Erkenntnisse an ein fachfremdes Publikum außerhalb der scientific community.

Positivismus

Bedeutendste Weiterentwicklung des Empirismus. Erkenntnistheoretische Grundhaltung, die nur positive Tatsachen als Quellen menschlicher Erkenntnis anerkennt. Der Positivismus lehnt alles als unwissenschaftlich ab, was nicht beobachtbar und durch wissenschaftliche Experimente erfassbar ist.

Prämisse

Voraussetzung, Annahme. In der Logik eine Aussage, aus der eine Schlussfolgerung gezogen wird.

Praxis

Konkrete Handlungen. In der Philosophie der Gegenpart der Theorie.

Primärforschung (field research)

Sammelbegriff für empirische Forschungsmethoden, mit denen Daten für ein Forschungsproblem originär erhoben werden, weil nicht auf vorhandene Informationen zurückgegriffen werden kann.

Prognose

Vorhersage von Ereignissen, Zuständen oder Entwicklungen in der Zukunft. Prognosen beruhen auf theoretischen Modellen und empirischen Beobachtungen in der Vergangenheit.

Pseudowissenschaft

Lehre, die den Anspruch auf alleinige Wahrheit erhebt, aber anerkannten wissenschaftlichen Methoden und Erkenntnissen widerspricht.

Qualitative Forschung

Untersuchungsrichtung in der empirischen Forschung, bei der keine Aussagen über Häufigkeiten oder quantitativ bezifferbare Unterschiede getroffen und zur Datenanalyse keine statistischen Verfahren herangezogen werden. Qualitative Forschung richtet sich auf das Erkennen, Beschreiben und Verstehen von Zusammenhängen. Damit dienen qualitative Studien der Entwicklung von Hypothesen und Theorien; sie folgen einer entdeckenden Forschungslogik.

Qualitative Studie

Forschungsrichtung in der Empirie. S. Qualitative Forschung.

Quantitative Forschung

Untersuchungsrichtung in der empirischen Forschung, die sich durch die Ermittlung quantitativ bezifferbarer, d. h. zählbarer Häufigkeiten, Unterschiede und Zusammenhänge sowie durch die Anwendung statistischer Verfahren der Datenanalyse auszeichnet. Quantitative Studien dienen der Prüfung von Hypothesen und Theorien; sie folgen einer überprüfenden Forschungslogik.

Quantitative Studie

Forschungsrichtung in der Empirie. S. Quantitative Forschung.

Rationalismus

Erkenntnistheoretische Position, die nur die Vernunft und den Verstand als Quelle der Erkenntnis anerkennt. Wissen und Theorien sind die Voraussetzung für die Erfahrung bzw. Beobachtung der Wirklichkeit.

Realismus

Erkenntnistheorie, nach der es eine unabhängige Realität gibt, die durch Wahrnehmung bzw. Denken vollständig, zumindest aber in wesentlichen Teilen erkannt werden kann.

Repräsentativität

Gütekriterium für empirische Forschungsergebnisse, die auf einem quantitativen Untersuchungsansatz beruhen. Eine Studie ist repräsentativ, wenn die Auswahl aus der Grundgesamtheit, die Stichprobe, die gleichen Merkmale und die gleiche relative Häufigkeit dieser Merkmale aufweist und damit ein exaktes Abbild der Grundgesamtheit darstellt.

Sammelband

Zusammenstellung mehrerer wissenschaftlicher Aufsätze verschiedener Verfasser zu einem bestimmten Thema, die als Buch herausgegeben wird.

Schneeballsystem

Methode der Literaturrecherche. S. Methode der konzentrischen Kreise.

scientific community

Forschergemeinschaft oder Wissenschaftsgemeinde. Gesamtheit aller Wissenschaftler, die am internationalen Wissenschaftsbetrieb teilnehmen.

Sekundärforschung (desk research)

Sammelbegriff für empirische Forschungsmethoden, mit denen bereits erhobene Daten oder vorhandene Informationen analysiert werden.

Sekundärliteratur

Literatur, die Aussagen aus anderen Literaturquellen (Primärliteratur) wiedergibt und zitiert.

Sekundärzitat

Zitat, das nicht aus der Originalquelle, sondern aus einer Sekundärquelle stammt. Sekundärzitate werden mit der einleitenden Floskel „zitiert nach" nachgewiesen.

Selbstzitat

Eigenzitat. Zitat, das auf eine eigene Publikation des Autors verweist.

Serendipität

Glücklicher Zufallsfund. Entdeckung einer nützlichen Sache, nach der nicht gesucht wurde.

Stichprobe

Teilauswahl einer Grundgesamtheit. Teilmenge aus der Menge aller potenziellen Untersuchungsobjekte, die nach bestimmten Kriterien ausgewählt wurde.

Strukturplagiat

Übernahme der Gliederung bzw. des Inhaltsverzeichnisses einer fremden Arbeit.

Systematische Methode

Methode der Literaturrecherche, bei der Buchveröffentlichungen und Zeitschriften systematisch nach themenrelevanten Beiträgen durchsucht werden. Aktuelle Veröffentlichungen sind Ausgangspunkt für die Ausweitung der Recherche in Richtung älterer Literatur.

Teilplagiat

Inhaltsplagiat. S. ebd.

Terminologie

Fachausdrücke (Termini) einer Wissenschaft bzw. eines Wissenschaftszweiges. Begriffe, Bezeichnungen und Fachwörter einer Fachsprache.

Theoretische Wissenschaft

Grundlagenforschung. S. ebd.

Theorie

Konzept zur systematischen Beschreibung und Erklärung eines in der Realität gegebenen Zustandes. System aus mehreren Hypothesen oder Gesetzen, mit denen Zusammenhänge beschrieben werden. In der Philosophie der Gegenpart der Praxis.

These

Zu beweisende Behauptung. Als Lehrsatz, dessen Wahrheitsgehalt eines Beweises bedarf, eine besondere Form der Aussage.

Titelei

Seiten eines Buches, die dem Text vorangestellt sind. Die Titelei enthält u. a. das Titelblatt und eine Seite mit bibliographischen Angaben.

Totalplagiat

Wortlautplagiat. S. ebd.

Transdisziplinarität

Aufhebung disziplinärer Grenzen und Veränderung disziplinärer Orientierungen durch das Prinzip integrativer Forschung. Lebensweltliche Probleme werden unabhängig von disziplinären Erkenntniszielen und durch Verbindung von wissenschaftlichem mit praktischem Wissen bearbeitet und gelöst.

Transkript

Abschrift, Niederschrift, Wortprotokoll. Niedergeschriebene Aufzeichnung gesprochener Sprache. Wortgetreue schriftliche Übertragung einer wörtlichen Rede oder eines Gesprächs.

Variable

In der Mathematik Platzhalter für veränderliche Zahlenwerte. In der empirischen Forschung Platzhalter für veränderliche Merkmale von Untersuchungsobjekten.

Verifikation

Synonym für Verifizierung. S. ebd.

Verifizierung (Verifikation)

Überprüfung von Sachverhalten (Hypothesen, Theorien, Daten etc.) auf deren Richtigkeit.

Vollbeleg

Zitierverfahren, bei dem in einer Fußnote die üblichen bibliographischen Angaben zu der zitierten Quelle sowie die zitierte Seite vollständig erscheinen.

Wissen

Wahre, mit einer Begründung versehene Aussage. Die durch zufällige Beobachtungen oder systematische Erfahrung gewonnene und durch Lernen von Wissensstoff angeeignete Summe an Erkenntnissen.

Wissenschaft

Inbegriff des durch Forschung, Lehre und überlieferter Literatur gebildeten, geordneten und begründeten, für gesichert erachteten Wissens einer Zeit. Ferner die für seinen Erwerb typische methodisch-systematische Forschungs- und Erkenntnisarbeit sowie ihr organisatorisch-institutioneller Rahmen.

Wissenschaftsethik

Sittliche und moralische Grundsätze für Wissenschaftler. Umfasst die Verantwortung für Auswirkungen des Forschungsprozesses auf die Gesellschaft (Forschungsethik) und Standards innerhalb der Forschergemeinschaft (berufsbezogenes Wissenschaftsethos).

Wissenschaftsethos

Verantwortung des Wissenschaftlers innerhalb der Wissenschaftsgemeinde (scientific community). Grundlage einer Berufsethik für Wissenschaftler.

Wissenschaftstheorie

Teilgebiet der Philosophie (philosophy of science). Gegenstand sind Voraussetzungen, Methoden und Ziele von Wissenschaften sowie die Gewinnung wissenschaftlicher Erkenntnisse.

Wortlautplagiat

Totalplagiat. Ungekennzeichnete wörtliche Übernahme von Textpassagen einer fremden Arbeit.

Zitat

Wörtliche oder sinngemäße Übernahme von Inhalten aus einem Text oder aus audiovisuellen Medien.

Zitierkartell

Gruppe von Autoren, die zu einem Fachgebiet die gleichen Ansichten vertreten und bei Veröffentlichungen ausschließlich auf Quellen verweisen, die von Mitgliedern der Gruppe verfasst worden sind.

Verzeichnis der zitierten Quellen

Ackermann, Kathrin: Fälschung und Plagiat als Motiv in der zeitgenössischen Literatur, Heidelberg 1992

von Aster, Cristian: Horror Lexikon, Von Addams Family bis Zombieworld, Die Motive des Schreckens in Film und Literatur, Köln 2001

Barnett, David: Wild and crazy guys, Fiction's maddest scientists, The Guardian Books Blog, 10.09.2008, online unter URL: http://www.guardian.co.uk/books/booksblog/2008/sep/10/fiction [Abruf: 2011-10-02]

Becher, Johannes/Becher, Viktor: Gegen ein Anti-Wikipedia-Dogma an Hochschulen, Warum Wikipedia-Zitate nicht pauschal verboten werden sollten, in: Forschung & Lehre, 18. Jg., 2011, H. 2, S. 116–118, online unter URL: http://www.forschung-und-lehre.de/Archiv [Abruf: 2011-08-02]

Benjamin, Walter: Zu Micky-Maus (1931), in: ders., Gesammelte Schriften, Bd. 6, Frankfurt a. M. 1991, S. 144

Ders.: Das Kunstwerk im Zeitalter seiner technischen Reproduzierbarkeit (Erste Fassung, 1935), in: ders., Gesammelte Schriften, Bd. 1, Frankfurt a. M. 1991, S. 431–470

Braun, Angelika: Phonetische Betrachtungen zu einem Phänomen im Tennissport, Eine explorative Studie zum grunting, in: Mauelshagen, Claudia/Seifert, Jan (Hrsg.), Sprache und Text in Theorie und Empirie, Beiträge zur germanistischen Sprachwissenschaft, Stuttgart 2001, S. 198–208

Cioran, Emil M.: Demiurgul cel rău (1969), Bukarest 2006

Darwin, Charles: The Origin of Species, London 1859

de Solla Price, Derek J.: Little Science – Big Science, Frankfurt a. M. 1974

Deiseroth, Dieter: Der offene und freie Diskurs als Voraussetzung verantwortlicher Wissenschaft, 2005, online unter URL: http://vdw-ev.de/whistleblower/Freier-Diskurs.pdf [Abruf: 2011-07-25]

Djerassi, Carl: Contemporary „Science-in-Theatre", A Rare Genre, in: Interdisciplinary Science Reviews, 27. Jg., 2002, H. 3, S. 193–201

Dietrich, Ronald: Der Gelehrte in der Literatur, Würzburg 2003

Flicker, Eva: Wissenschaftlerinnen im Spielfilm, Zur Marginalisierung und Sexualisierung wissenschaftlicher Kompetenz, in: Junge, Torsten/Ohlhoff, Dörthe (Hrsg.), Wahnsinnig genial, Der Mad Scientist Reader, Aschaffenburg 2004, S. 63–76

Dies.: Wissenschaftlerinnen im Spielfilm, Stereotype Geschlechterinszenierungen in Kino- und Fernsehfilmen seit 1929, Beitrag zur Workshow Visuelle Soziologie, Universität Wien, 23./24.11.2007, online unter URL: http://www.univie.ac.at/visuellesoziologie/Poster/VisSozPosterFlicker.pdf [Abruf: 2011-12-12]

Freud, Siegmund: Ueber Coca, in: Centralblatt für die gesammte Therapie, 2. Jg., 1884, S. 289–314

Ders.: Brief an Martha Bernays vom 02.06.1884, zitiert nach Jones, Ernest, Sigmund Freud, Leben und Werk, Bd. 1, München 1984, S. 102–124

von Gehlen, Dirk: Mashup, Lob der Kopie, Berlin 2011

Gerber, Alexander: Trendstudie Wissenschaftskommunikation 2009, Präsentation vom 01.12.2009, S. 31 f., online unter URL: http://www.slideshare.net/AlexanderGerber/gerber-wk-trends-2009-umfrage [Abruf: 2011-08-13]

Grafton, Anthony: Die tragischen Ursprünge der deutschen Fußnote, Berlin 1995

Harlfinger, Annette/Kaack, Johanna/Mütter, Bernd/Polier, Simone/Reiher, Caroline/Sporn, Mario (2011): Grenzfälle der Wissenschaft, Dokumentation, ZDF, History, ausgestrahlt am 06.02.2011 um 23.30 Uhr, online unter URL: http://www.zdf.de/ZDFmediathek/beitrag/video/1252214/Grenzfaelle-der-Wissenschaft#/beitrag/video/1252214/Grenzfaelle-der-Wissenschaft [Abruf: 2011-12-29]

Hauenstein, Evelyn: Ärzte im Dritten Reich, Weiße Kittel mit braunen Kragen, in: Via medici, 7. Jg., 2002, H. 5, S. 84–88, online unter URL: http://www.thieme.de/viamedici/zeitschrift/heft0502/3_topartikel.html [Abruf: 2011-10-06]

Hawking, Stephen W.: Black hole explosions?, in: Nature, 248 Jg., 1974, S. 30–31

Ders.: A Brief History of Time, From the Big Bang to Black Holes, New York 1988

Haynes, Roslynn D.: From Faust to Strangelove, Representations of the Scientist in Western Literature, Baltimore/London 1994

Dies.: Von der Alchemie zur künstlichen Intelligenz, Wissenschaftlerklischees in der westlichen Literatur, in: Iglhaut, Stefan/Spring, Thomas (Hrsg.), science + fiction, Zwischen Nanowelt und globaler Kultur, Berlin 2003, S. 192–210

Hubbard, L. Ron: Dianetics, The Modern Science of Mental Health, New York, 1950

Iglhaut, Stefan/Spring, Thomas: science + fiction, Wie sich Wissenschaft und Phantasiewelt durchdringen, in: dies. (Hrsg.), science + fiction, Zwischen Nanowelt und globaler Kultur, Berlin 2003, S. 15–23

Jones, Ernest: Sigmund Freud, Leben und Werk, Bd. 1, München 1984

Kakalios, James: Die Physik der Superhelden, Berlin 2006

Kamp, Marcel A./Slotty, Philipp/Sarikaya-Seiwert, Sevgi/Steiger, Hans-Jakob/Hänggi, Daniel: Traumatic brain injuries in illustrated literature, Experience from a series of over 700 head injuries in the Asterix comic books, in: Acta Neurochirurgica, 153. Jg., 2011, H. 6., S. 1351–1355

Kant, Immanuel: Kritik der reinen Vernunft, Methodenlehre, 2. Hauptstück, 3. Abschnitt, 2. Aufl., Riga 1787, zitiert nach Popper, Karl R., Logik der Forschung, Nachdruck der 10., verb. u. vermehrten Aufl., Tübingen 2002

Keller, Felix: Der Sinn des Wahns, Der Mad Scientist und die unmögliche Wissenschaft, in: Junge, Torsten/Ohlhoff, Dörthe (Hrsg.), Wahnsinnig genial, Der Mad Scientist Reader, Aschaffenburg 2004, S. 77–96

Kennedy, Peter: A Guide to Econometrics, Cambridge 2003

Kiesow, Rainer Maria: Wiederkäuen, in: Vec, Miloš/Beer, Bettina/Engelen, Eva-Maria/ Fischer, Julia/Freund, Alexandra M./Kiesow, Rainer Maria (Hrsg.), Der Campus-Knigge, Von Abschreiben bis Zweitgutachten, München 2008, S. 226–227

Kommission „Selbstkontrolle in der Wissenschaft" der Universität Bayreuth: Bericht an die Hochschulleitung der Universität Bayreuth aus Anlass der Untersuchung des Verdachts wissenschaftlichen Fehlverhaltens von Herrn Karl-Theodor Freiherr zu Guttenberg, Bayreuth 05.05.2011, online unter URL: http://www.uni-bayreuth.de/presse/info/2011/ Bericht_der_Kommission_m__Anlagen_10_5_2011_.pdf [Abruf: 2011-08-02]

Košenina, Alexander: Der gelehrte Narr, Gelehrtensatire seit der Aufklärung, Göttingen 2003

Krätz, Otto: Mad scientists und andere Bösewichter der Chemie in Literatur und Film, in: Griesar, Klaus (Hrsg.), Wenn der Geist die Materie küsst, Annäherungen an die Chemie, Frankfurt a. M. 2004, S. 131–147

Kuhn, Thomas S.: Die Struktur wissenschaftlicher Revolutionen, 2. Aufl., Frankfurt a. M. 1976

Ders.: Die Struktur wissenschaftlicher Revolutionen, 9. Aufl., Frankfurt a. M. 1988

Lem, Stanislaw: Solaris (1961), Berlin 1975

Lendrem, Dennis: Should John McEnroe grunt?, in: New Scientist, 99. Jg., H. 1367 vom 21.07.1983, S. 188–189

Leopardi, Giacomo: Tutte le opere, Zibaldone di pensieri (1937), 6. Aufl., Mailand 1961

Lethem, Jonathan: Autoren aller Länder plagiiert euch!, in: Literaturen, 8. Jg., 2007, H. 6, S. 59–63

Lieberson, Stanley: Making it Count, The Improvement of Social Research and Theory, Berkeley 1985

Lorenz, Maren: Der Trend zum Wikipedia-Beleg, Warum Wikipedia wissenschaftlich nicht zitierfähig ist, in: Forschung & Lehre, 18. Jg., 2011, H. 2, S. 120–121, online unter URL: http://www.forschung-und-lehre.de/Archiv [Abruf: 2011-08-02]

Lorenzen, Klaus F.: Das Literaturverzeichnis in wissenschaftlichen Arbeiten, Erstellung bibliographischer Belege nach DIN 1505 Teil 2, 2., erw. u. verb. Auflage, Hamburg 1997, online unter URL: http://www.bui.haw-hamburg.de/fileadmin/redaktion/diplom/ Lorenzen__litverz.pdf [Abruf: 2012-02-20]

Mann, Thomas: Briefe Bd. 2, 1937–1947, Frankfurt a. M. 1963

Marx, Werner/Gramm, Gerhard: Literaturflut – Informationslawine – Wissensexplosion, Wächst der Wissenschaft das Wissen über den Kopf?, o. O. 2002, online unter URL: http://www.fkf.mpg.de/ivs/literaturflut.html [Abruf: 2011-12-15]

Mathis, Klaus/Zgraggen, Pascal: Eine rechtsökonomische Analyse des Plagiarismus, in: Gruber, Malte/Bung, Jochen/Kühn, Sebastian (Hrsg.), Plagiate – Fälschungen, Imitate und andere Strategien aus zweiter Hand, Berlin 2011, S. 159–176

Matthews, Robert: Tumbling toast, Murphy's Law and the fundamental constants, in: European Journal of Physics, Bd. 16, 1995, Nr. 4, S. 172–176

Medawar, Peter B.: Ratschläge für einen jungen Wissenschaftler, München 1984

Mendel, Gregor: Versuche über Pflanzenhybriden, in: Verhandlungen des naturforschenden Vereins in Brünn, Bd. IV, Abhandlungen 1865, Brünn 1866, S. 3–47

Merton, Robert K.: The Normative Structure of Science (1942), in: ders., The Sociology of Science, Theoretical and Empirical Investigations, Chicago 1973, S. 267–280

Ders.: Auf den Schultern von Riesen, Ein Leitfaden durch das Labyrinth der Gelehrsamkeit, Frankfurt a. M. 1980

Meyer, Dirk: Über die Arbeit wissenschaftlicher Zeitschriften in der Ökonomie, in: Leviathan, 28. Jg., 2000, H. 1, S. 87–108

Miller, Joseph D./Case, Marianne J./Straat, Patricia Ann/Levin, Gilbert V.: Mars microbes may make methane, The Viking view, in: SPIE Newsroom, 25.08.2010, 10.1117/2.1201007.003176, online unter URL: http://spie.org/documents/Newsroom/Imported/003176/003176_10.pdf [Abruf: 2011-07-25]

Mulkay, Michael: Norms and Ideology in Science, in: Social Science Information, 15. Jg., 1976, H. 4–5, S. 637–656

o. V.: Wissenschaft, in: Herders Conversations-Lexikon, Bd. 5, Freiburg im Breisgau 1857, S. 733

o. V.: Apopudobalia, in: Der Neue Pauly, Enzyklopädie der Antike, Altertum Bd. I., 1. Aufl., Stuttgart 1996, S. 895

o. V.: Verschlafen, in: dtv-Lexikon in 20 Bänden, Bd. 19, 11., neu bearb. Aufl., München 1999, S. 159

o. V.: Steinlaus, in: Pschyrembel Klinisches Wörterbuch, 260., neu bearb. Aufl., Berlin 2004, S. 1728

o. V.: Kurschatten, in: Pschyrembel Naturheilkunde und alternative Heilverfahren, 3., vollst. überarb. Aufl., Berlin 2006, S. 206

o. V.: Forschersprache, in: Forschung & Lehre, 13. Jg., 2006, H. 7, S. 424

o. V., Leben auf dem Mars, Pupsende Mikroben entdeckt, online unter URL: http://www.bild.de/news/vermischtes/mars/nasa-glaubt-an-methan-pupsende-mikroben-7072564.bild.html, Stand 21.04.2010 [Abruf: 2011-07-25]

o. V.: Aberkannt und abgetreten, Eine Chronik der Plagiatsaffäre, in: Forschung & Lehre, 18. Jg., 2011, H. 4, S. 282–283, online unter URL: http://www.forschung-und-lehre.de/Archiv [Abruf: 2011-08-02]

o. V.: Social Media oder Weblogs – was passt besser zur Wissenschaft?, Interview mit Prof. Dr. Christoph Bieber vom 25.07.2011, Podcast, online unter URL: http://www.lisa.gerda-henkel-stiftung.de/content.php?nav_id=1735 (Dossier: Wissenschaft und Internet – Möglichkeiten und Grenzen) [Abruf: 2011-08-13]

o. V.: Vom Faust zum Fettwanst, Der Wissenschaftler in der Literatur, Radiosendung, Bayern 2, radioWissen, ausgestrahlt am 27.09.2011 um 9.05 Uhr

o. V. [Analyse]: Analyse der Dissertation von Dr. Bernd Althusmann, o. J., online unter URL: http://images.zeit.de/studium/hochschule/2011-07/Analyse-Althusmann-Endfassung-2.pdf [Abruf: 2011-08-02]

Pansegrau, Petra: Zwischen Fakt und Fiktion, Stereotypen von Wissenschaftlern in Spielfilmen, in: Hüppauf, Bernd/Weingart, Peter (Hrsg.), Frosch und Frankenstein, Bilder als Medium der Popularisierung von Wissenschaft, Bielefeld 2009, S. 373–386

Parsons, Talcott: The Structure of Social Action, A Study in Social Theory with Special Reference to a Group of Recent European Writers, 2. Aufl., New York 1949

Popper, Karl R.: Logik der Forschung (1934), Nachdruck der 10., verb. u. vermehrten Aufl., Tübingen 2002

Ders.: Objektive Erkenntnis, Ein evolutionärer Entwurf, Hamburg 1998

Posner, Richard A.: The Little Book of Plagiarism, New York 2007

Rieble, Volker: Das Wissenschaftsplagiat, Vom Versagen eines Systems, Frankfurt a.M. 2010

Rieß, Peter: Vorstudien zu einer Theorie der Fußnote (1984), in: ders./Fisch, Stefan/Strohschneider, Peter, Prolegomena zu einer Theorie der Fußnote, Münster/Hamburg 1995, S. 1–28

Roberts, Royston M.: Serendipity, New York 1989

Römer, Stefan: Künstlerische Strategien des Fake, Kritik von Original und Fälschung, Köln 2001

Rossner, Mike/Yamada, Kenneth M.: What's in a picture? The temptation of image manipulation, Erstveröffentlichung in: NIH Catalyst, 12. Jg., 2004, H. 3 (Online-Ressource), Nachdruck in: Journal of Cell Biology, 166 Jg., 2004, H. 1, S. 11–15

Sanchis-Segura, Carles/Spanagel, Rainer: Behavioral assessment of drug-reinforcement and addictive features in rodents: an overview, in: Addiction Biology, 11. Jg., 2006, H. 1, S. 2–38, online unter URL: http://www.zi-mannheim.de/fileadmin/user_upload/ pdfdateien/allgemein/berichte/Addict_Biol.pdf [Abruf: 2011-10-21]

Schimmel, Roland: Juristische Klausuren und Hausarbeiten richtig formulieren, 8., überarb. u. erw. Aufl., Köln 2009

Ders.: Von der hohen Kunst ein Plagiat zu fertigen, Eine Anleitung in 10 Schritten, Berlin 2011

Schummer, Joachim/Spector, Tami I.: Visuelle Populärbilder und Selbstbilder der Wissenschaft, in: Hüppauf, Bernd/Weingart, Peter (Hrsg.), Frosch und Frankenstein, Bilder als Medium der Popularisierung von Wissenschaft, Bielefeld 2009, S. 341–372

Schwanitz, Dietrich: Der Campus, München 1996

Shepherd-Barr, Kirsten: Science on Stage, From Doctor Faustus to Copenhagen, Princeton 2006

Simkin, Mikhail V./Roychowdhury, Vwani P.: Read before You Cite!, in: Complex Systems, 14. Jg., 2003, S. 269–274

Sinnett, Scott/Kingstone, Alan: A Preliminary Investigation Regarding the Effect of Tennis Grunting, Does White Noise During a Tennis Shot Have a Negative Impact on Shot Perception?, in: PLoS ONE, o. Jg., 2010, H. 5, online unter URL http://www.plosone.org/ article/info:doi/10.1371/journal.pone.0013148 [Abruf: 2011-09-30]

Sitzler, Susanne: Bilder die bilden, Wie Comics der Wissenschaft auf die Sprünge helfen, in: Das Parlament, Nr. 48 vom 27.11. 2006, online unter URL: http://webarchiv.bundestag.de/cgi/show.php?fileToLoad=1718&id=1149 [Abruf: 2012-02-20]

Slowiczek, Fran/Peters, Pamela M.: Discovery, Chance and the Scientific Method, in: Access Excellence Classic Collection, o. J., online unter URL: http://www.accessexcellence.org/AE/AEC/CC/chance.php [Abruf: 2011-08-07]

Sokal, Alan: Transgressing the Boundaries, Towards a Transformative Hermeneutics of Quantum Gravity, in: Social Text, o. Jg., 1996, H. 46/47, S. 217–252

Ders.: Transgressing the Boundaries, An Afterword, in: Dissent, 43. Jg., 1996, H. 4, S. 93–99

Ders. [Grenzen]: Die Grenzen überschreiten, Auf dem Weg zu einer transformativen Hermeneutik der Quantengravitation, in: ders./Bricmont, Jean, Eleganter Unsinn, Wie die Denker der Postmoderne die Wissenschaften mißbrauchen, München 1999, S. 262–309

Ders.: Die Grenzen überschreiten, Ein Nachwort, in: ders./Bricmont, Jean, Eleganter Unsinn, Wie die Denker der Postmoderne die Wissenschaften mißbrauchen, München 1999, S. 319–331

Spielkamp, Matthias: Abschreiben verboten, 16.11.2005, online unter URL: http://www.irights.info/?q=node/34 [Abruf: 2011-11-11]

Spiewak, Martin: Trübe Quellen, in: Die ZEIT, Nr. 28 vom 07.07.2011, zugleich ZEIT Online vom 06.07.2011, online unter URL: http://www.zeit.de/2011/28/Althusmann-Dissertation-Plagiat [Abruf: 2011-08-02]

Spitzer, Manfred: Lernen, Gehirnforschung und die Schule des Lebens, Heidelberg/Berlin 2002

Sutton, Robert I./Staw, Barry M.: What Theory is not, in: Administrative Science Quarterly, 40. Jg., 1995, H. 3, S. 371–384

Swift, Jonathan: Gullivers Reisen (1726), Ausgewählte Werke in drei Bänden, Bd. 3, Frankfurt a. M. 1982

Thomas, Peter: Bienleins Welt, Forscher in der Comic-Welt, faz.net vom 22.01.2008, online unter URL: http://www.faz.net/aktuell/wissen/forscher-in-der-comic-welt-bienleins-welt-1511653.html [Abruf: 2011-10-08]

Tieck, Wilhelm: Denkwürdige Geschichtschronik der Schildbürger in zwanzig lesenswürdigen Kapiteln (1796), in: ders., Die Schildbürger, Märchen, Kehl 1994, S. 13–75

Tudor, Andrew: Monsters and Mad Scientists, A Cultural History of the Horror Movie, Oxford 1989

Ders.: Seeing the worst side of science, in: Nature, 340. Jg., H. 6235 vom 24.08.1989, S. 589–592

Tullock, Gordon: A Comment on Daniel Klein's ‚A Plea to Economists Who Favor Liberty', in: Eastern Economic Journal, 27. Jg., 2001, H. 2, S. 203–207

Vec, Miloš: Sammelfußnote, in: ders./Beer, Bettina/Engelen, Eva-Maria/Fischer, Julia/ Freund, Alexandra M./Kiesow, Rainer Maria (Hrsg.), Der Campus-Knigge, Von Abschreiben bis Zweitgutachten, München 2008, S. 174–175

Verdicchio, Dirk: Vom Außen ins Innere (und wieder zurück), Medialisierung von Wissenschaft in Filmen über den Körper, in: Historische Anthropologie, 16. Jg., 2008, H. 1, S. 55–73

Watson, James D.: Die Doppel-Helix (1968), Reinbek 1973

Watson, James D./Crick, Francis H. C.: A Structure for Deoxyribose Nucleic Acid, in: Nature, 171. Jg., 1953, S. 737–738

Weber, Stefan: Das Google-Copy-Paste-Syndrom, Wie Netzplagiate Ausbildung und Wissen gefährden, Hannover 2007

Weingart, Peter: Von Menschenzüchtern, Weltbeherrschern und skrupellosen Genies, Das Bild der Wissenschaft im Spielfilm, in: Iglhaut, Stefan/Spring, Thomas (Hrsg.), science + fiction, Zwischen Nanowelt und globaler Kultur, Berlin 2003, S. 211–228

Ders.: Chemists and their Craft in Fiction Film, in: International Journal for Philosophy of Chemistry, 12. Jg., 2006, H. 1, S. 31–44

Ders.: Wissenschaft im Spielfilm, in: Schroer, Markus (Hrsg.), Gesellschaft im Film, Konstanz 2008, S. 333–355

Ders.: Dem Ingeniör ist nichts zu schwör, Wissenschaftler und Ingenieure in den ‚funny‘ Comics, in: Gegenworte, 20. Heft, 2008, S. 60–62

Ders.: Frankenstein in Entenhausen?, in: Hüppauf, Bernd/Weingart, Peter (Hrsg.), Frosch und Frankenstein, Bilder als Medium der Popularisierung von Wissenschaft, Bielefeld 2009, S. 387–406

Wolfe-Simon, Felisa/Switzer Blum, Jodi/Kulp, Thomas R./Gordon, Gwyneth W./Hoeft, Shelley E./Pett-Ridge, Jennifer/Stolz, John F./Webb, Samuel M./Weber, Peter K./Davies, Paul C.W./Anbar, Ariel D./Oremland, Ronald S.: A Bacterium That Can Grow by Using Arsenic Instead of Phosphorus, in: Science, 02.12.2010, Science DOI: 10.1126/science.1197258, online unter URL: http://www.sciencemag.org/content/early/2010/12/01/science.1197258.full.pdf [Abruf: 2011-11-25]

Ziegler, Elke: Alte Jungfer, einsame Heldin – Forscherinnen im Film, 21.11.2008, online unter URL: http://sciencev1.orf.at/science/news/153442 [Abruf: 2010-05-01]

Ziman, John: Real Science, What it is, and what it means, Cambridge/New York 2000

Webseiten

http://de.guttenplag.wikia.com
GuttenPlag Plagiatsdokumentation [Abruf: 2011-08-02]

http://de.wikipedia.org/wiki/Wikipedia
Wikipedia, Eintrag Wikipedia [Abruf: 2011-08-02]

http://gummibaeren-forschung.de
Psychologisches Institut der Universität Bonn, Gummibären-Forschung
[Abruf: 2011-08-13]

http://on1.zkm.de/zkm/sciencefiction
Zentrum für Kunst und Medientechnologie Karlsruhe (ZKM), „science + fiction"
[Abruf: 2011-10-08]

http://scienceblogs.com
ScienceBlogs [Abruf: 2011-08-13]

http://www.d-nb.de/sammlungen/kataloge/opac.htm
Deutsche Nationalbibliothek, OPAC [Abruf: 2011-08-25]

http://www.info.sciverse.com/sciencedirect/about
SciVerse, About ScienceDirect [Abruf: 2011-08-02]

http://www.kunst-als-wissenschaft.de/
    Kunst als Wissenschaft [Abruf: 2011-10-08]

http://www.nesc.ac.uk/nesc/define.html
    National e-Science Centre, Defining e-Science [Abruf: 2011-09-30]

http://www.sciencedirect.com/
    Elseviers ScienceDirekt [Abruf: 2012-05-17]

Literaturempfehlungen

Bänsch, Axel/Alewell, Dorothea: Wissenschaftliches Arbeiten, 10. Aufl., München 2009

Balzert, Helmut/Schäfer, Christian/Schröder, Marion/Kern, Uwe: Wissenschaftliches Arbeiten – Wissenschaft, Quellen, Artefakte, Organisation, Präsentation, 2., korr. Aufl., Herdecke/Witten 2008

Berger, Doris: Wissenschaftliches Arbeiten in den Wirtschafts- und Sozialwissenschaften – Hilfreiche Tipps und praktische Beispiele, Wiesbaden 2010

Brink, Alfred: Anfertigung wissenschaftlicher Arbeiten, 2., völlig überarb. Aufl., München/Wien 2005

Brunner, Hans/Knitel, Dietmar/Resinger, Paul Josef: Leitfaden zur Bachelorarbeit, Einführung in wissenschaftliches Arbeiten und berufsfeldbezogenes Forschen an (Pädagogischen) Hochschulen, Marburg 2011

Chalmers, Alan F.: Wege der Wissenschaft, Einführung in die Wissenschaftstheorie, 6., verb. Aufl., Berlin 2006

Ebel, Hans Friedrich/Bliefert, Claus/Greulich, Walter: Schreiben und Publizieren in den Naturwissenschaften, 5. Aufl., Weinheim 2006

Ebster, Claus/Stalzer, Lieselotte: Wissenschaftliches Arbeiten für Wirtschafts- und Sozialwissenschaftler, 3., überarb. Aufl., Wien 2008

Eco, Umberto: Wie man eine wissenschaftliche Abschlussarbeit schreibt, 13. Aufl., Heidelberg 2010

Franck, Norbert/Stary, Joachim (Hrsg.): Die Technik wissenschaftlichen Arbeitens, Eine praktische Anleitung, 16., überarb. Aufl., Paderborn 2011

Heesen, Bernd: Wissenschaftliches Arbeiten, Vorlagen und Techniken für das Bachelor-, Master- und Promotionsstudium, Heidelberg 2009

Hunzicker, Alexander W.: Spass am wissenschaftlichen Arbeiten, So schreiben Sie eine gute Semester-, Bachelor- oder Masterarbeit, 4. Aufl., Zürich 2010

Jele, Harald: Wissenschaftliches Arbeiten – Zitieren, 2. Aufl., München 2006

Karmasin, Matthias/Ribing Rainer: Die Gestaltung wissenschaftlicher Arbeiten, 6. Aufl., Heidelberg 2011

Kerschner, Ferdinand: Wissenschaftliche Arbeitstechnik und -methodik für Juristen, 5., völlig neu bearb. Aufl., Wien 2006

Kornmeier, Martin: Wissenschaftstheorie und wissenschaftliches Arbeiten, Eine Einführung für Wirtschaftswissenschaftler, Heidelberg 2007

Ders.: Wissenschaftlich schreiben leicht gemacht, für Bachelor, Master und Dissertation, 4. Aufl., Bern 2011

Kremer, Bruno P.: Vom Referat bis zur Examensarbeit, Naturwissenschaftliche Texte perfekt verfassen und gestalten, 3. erw. u. akt. Aufl., Berlin/Heidelberg 2010

Lorenzen, Klaus F., Das Literaturverzeichnis in wissenschaftlichen Arbeiten, Erstellung bibliographischer Belege nach DIN 1505 Teil 2, 2., erw. u. verb. Auflage, Hamburg 1997, online unter URL: http://www.bui.haw-hamburg.de/fileadmin/redaktion/diplom/Lorenzen__litverz.pdf [Abruf: 2012-02-20]

Lück, Wolfgang/Henke, Michael: Technik des wissenschaftlichen Arbeitens – Seminararbeit, Diplomarbeit, Dissertation, 10., überarb. u. erw. Aufl., München 2009

Rossig, Wolfram E./Prätsch, Joachim: Wissenschaftliche Arbeiten – Leitfaden für Haus- und Seminararbeiten, Bachelor- und Masterthesis, Diplom- und Magisterarbeiten, Dissertationen, 8. Aufl., Weyhe 2010

Samac, Klaus/Prenner, Monika/Schwetz, Herbert: Die Bachelorarbeit an Universität und Fachhochschule, Ein Lehr- und Lernbuch zur Gestaltung wissenschaftlicher Arbeiten, Wien 2009

Schimmel, Roland: Juristische Klausuren und Hausarbeiten richtig formulieren, 8., überarb. u. erw. Aufl., Köln 2009

Scholz, Dieter: Diplomarbeiten normgerecht verfassen, Tipps zur Gestaltung von Studien-, Diplom- und Doktorarbeiten, Würzburg 2006

Schülein, Johann August/Reitze, Simon: Wissenschaftstheorie für Einsteiger, 2. Aufl., Wien 2005

Sesink, Werner: Einführung in das wissenschaftliche Arbeiten, inklusive E-Learning, Web-Recherche, digitale Präsentationen, u. a., 9., akt. Aufl., München 2012

Siever, Torsten: Zitieren von Internet-Quellen, Stand: 22.04.2009, online unter URL: http://www.mediensprache.net/de/publishing/zitieren/ [Abruf: 2011-12-12]

Standop, Ewald/Meyer, Matthias L.G.: Die Form der wissenschaftlichen Arbeit, 18., bearb. u. erw. Aufl., Heidelberg 2008

Stickel-Wolf, Christine/Wolf, Joachim: Wissenschaftliches Arbeiten und Lerntechniken – Erfolgreich studieren – gewusst wie! 6., akt. u. erw. Aufl., Wiesbaden 2011

Theisen, Manuel René: ABC des wissenschaftlichen Arbeitens, Erfolgreich in Schule, Studium und Beruf, 3. Aufl., München 2005

Ders: Wissenschaftliches Arbeiten, 15., akt. u. erg. Aufl., München 2011

Trimmel, Michael: Wissenschaftliches Arbeiten, 2. Aufl., Wien 2009

Voss, Rödiger: Wissenschaftliches Arbeiten … leicht verständlich!, 2. Aufl., Stuttgart 2011

Register